トランジスタ技術
SPECIAL

超小型/高効率DC-DCコンバータから低ノイズ・スイッチング・レギュレータまで

クルマとパワエレの
電源トランス&コイル技術教科書
[LTspice対応]

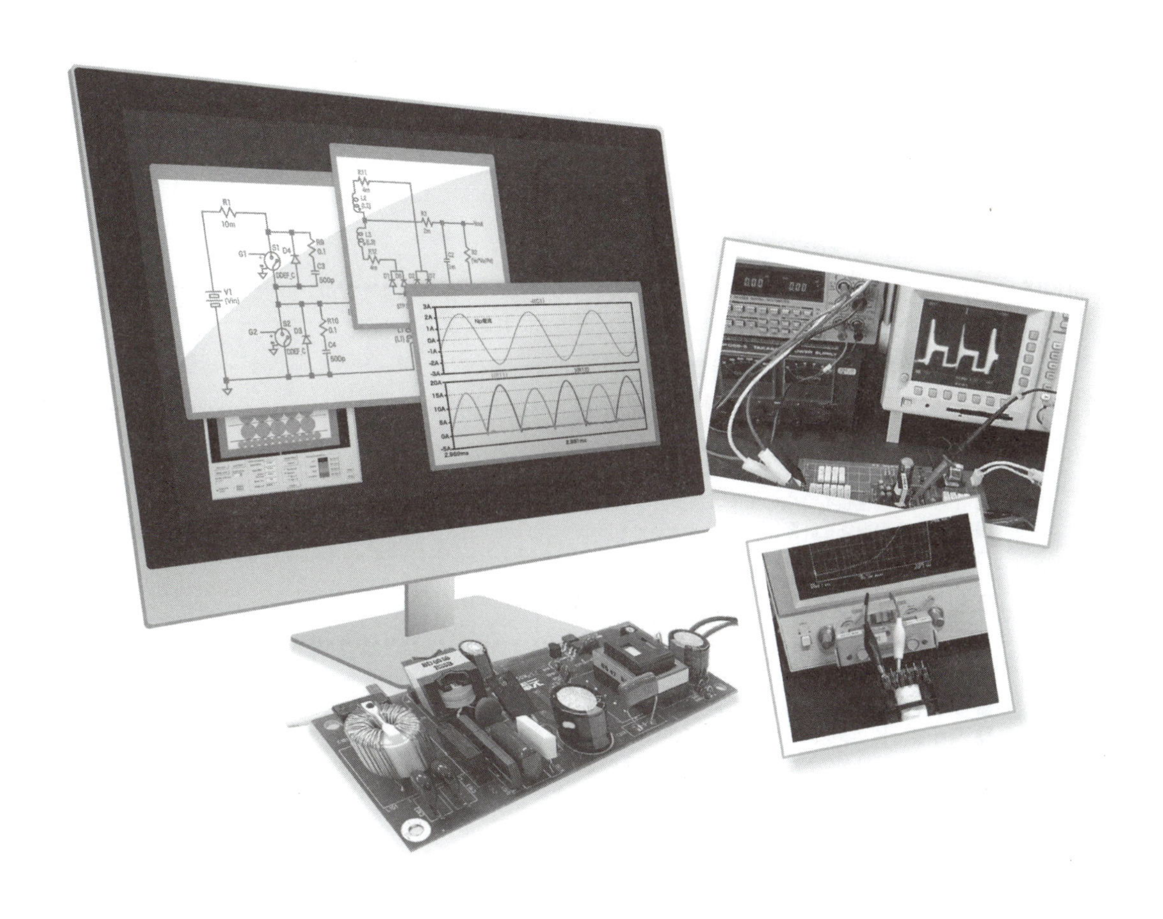

CQ出版社

トランジスタ技術SPECIAL

CONTENTS

表紙／扉デザイン：ナカヤ デザインスタジオ（柴田 幸男）
本文イラスト：神崎 真理子

付属DVD-ROMの使い方

■ ソフトウェア

●電子回路シミュレータ「LTspice XVII」
▶フォルダ名：Windows または mac os
●トランス・インダクタ設計解析ツール「Magnetics Designer」
▶フォルダ名：MDDemo
● 3D プリンタでトランス・ボビン作り！ 3 次元 CAD「DesignSpark Mechanical 4.0」
▶フォルダ名：DSM_1_9

■ LTspice 用のシミュレーション回路＆モデル

●第 15 章…トランス・モデル，フライバック・コンバータ，LLC 電流共振型コンバータ
▶フォルダ名：flyback_LLC
●第 16 章…電流モード降圧型 DC - DC コンバータ
▶フォルダ名：CurrentDC - DC
●第 17 章…インダクタ・モデル，降圧型 DC - DC コンバータ
▶フォルダ名：Inductor

■ トランス・ボビン用 3D CAD サンプル・データ

▶フォルダ名：3DCADdata

■ LTspice 基本操作ムービ 15 本

▶フォルダ名：movie

※ DVD-ROM に収録されているソフトウェアをインストールしたり，シミュレーション回路の解析を実行したりする際は，必ずパソコンのハード・ディスク（または SSD）にデータをコピーしてから行ってください．
※収録されているムービをご覧になるには MP4 ファイルの再生環境が必要です．
※家庭用 DVD プレーヤには対応しておりません．

本書の以下の章は『トランジスタ技術』誌に掲載された記事を元に，加筆・再編集したものです．特に断りのないものは書下ろしです．

イントロダクション～第 2 章，2013 年 10 月号 特集「EV 時代の電源＆パワエレ技術」

第 3 章～第 13 章，2005 年 6 月号～ 2006 年 7 月号，連載「パワー・フェライトによるトランス＆コイルの設計」

第 15 章，2017 年 7 月号，8 月号，スイッチング電源と中枢部品「トランス」のパソコン設計術

第 18 章，2010 年 5 月号，スイッチング電源用トランスのシミュレーション

走るkWモータ・カーがエレクトロニクスを牽引中！

学ぶなら電気自動車に！今どき電源＆パワエレ技術

エコ時代の電気屋必見！

電気自動車は最新パワエレ全部入り！

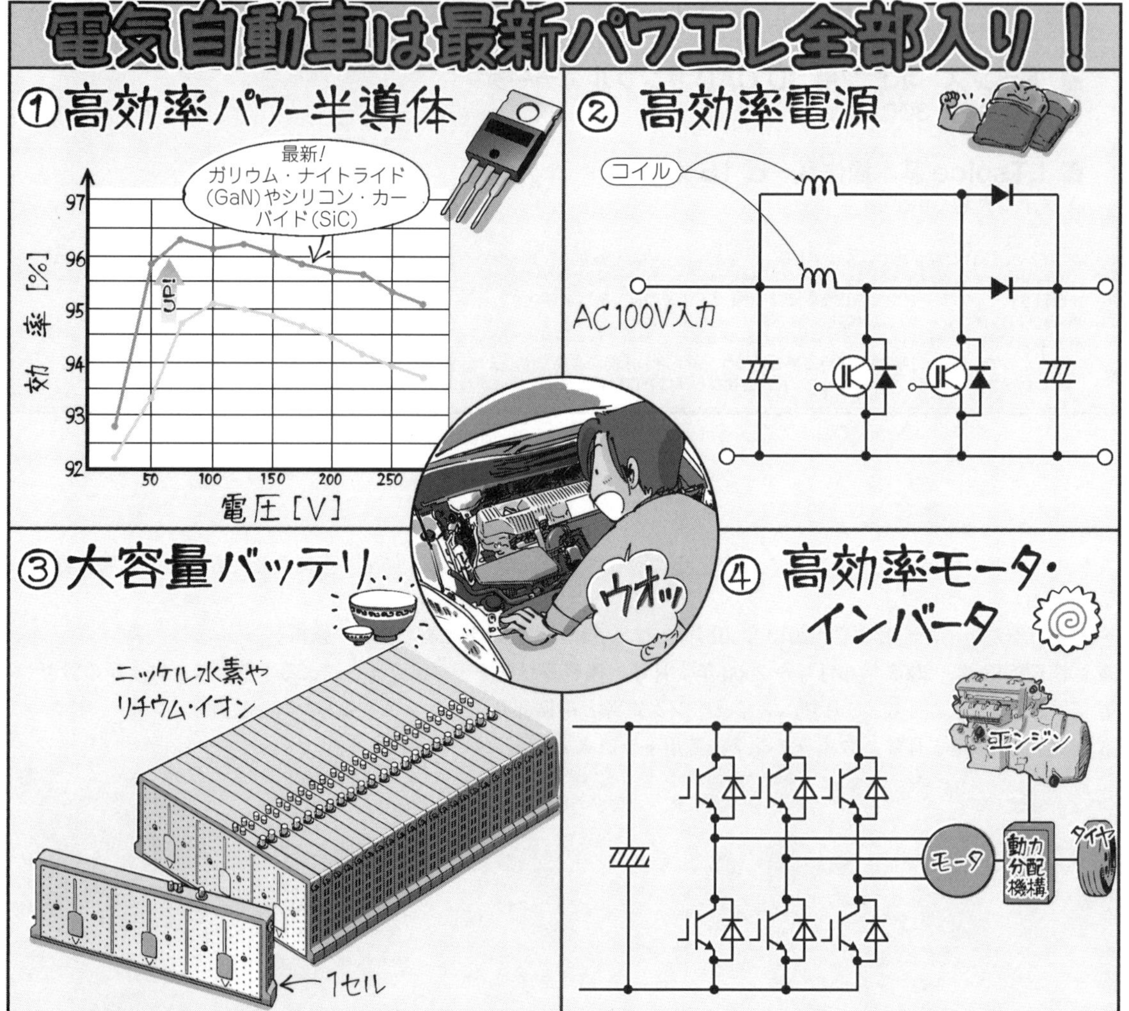

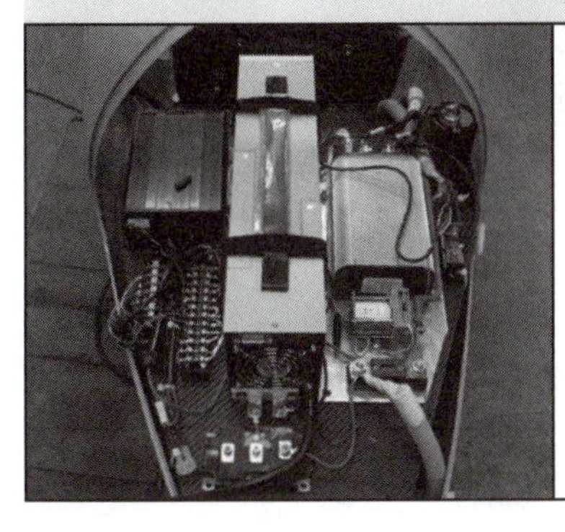

第1章 クルマはこうやって進化してきた

パワー回路の進化とEV時代の到来

宮村 秀夫
Hideo Miyamura

写真1　自動車の始祖(出典：トヨタ博物館)
フランス製の蒸気自動車「キュニョーの砲車」の模型

自動車を動かすパワーの源…原動機の進化

18世紀中ごろ…自動車の原動機の原点「蒸気機関」

自動車の歴史は，18世紀中ごろから走り始めた**写真1**に示す「**蒸気自動車**」に端を発します．蒸気自動車は，ワットが発明した蒸気機関を原動機とする自動車で，乗合自動車などとして活躍しました．蒸気エンジンは，お湯を沸かして蒸気を発生させる必要があったので，走り出すまでに長い準備時間が必要なこと，水の補給が頻繁に必要なことなどから徐々に姿を消していきました．

19世紀…2つの原動機が出現「ガソリン・エンジンと電気モータ」

19世紀になると，今日でも大活躍の代表的な2つの原動機が出現しました．一つはドイツの発明家ニコラウス・アウグスト・オットー(以下，オットー)が発明したガソリン・エンジンなどの内燃機関，もう一つはイギリスの化学者マイケル・ファラデー(以下，ファラデー)が発明した電気モータ(以下，モータ)です．

この2つの原動機も，出現とともに自動車への応用研究が始まりました．1876年にガソリンを燃料とする内燃機関をオットーが発表し，その9年後の1885年にはドイツの技術者ゴットリープ・ヴィルヘルム・ダイムラー(以下，ダイムラー)がガソリン自動車の特許を出願しました．一方1821年にはモータが発明され，諸説ありますが，1840年代には電池とモータを搭載した電動の乗り物がスコットランドで登場したとされています．

取り扱い易く乗り心地が良い電気自動車が人気

19世紀末から20世紀初頭の自動車れいめい期には，電気自動車のほうが人気があったようです．**写真2(a)**に示すT型フォードの大量生産で有名な，アメリカの自動車会社フォード・モーターの創設者ヘンリー・フォードの妻は，**写真2(b)**に示すデトロイト・エレクトリック社製の電気自動車を愛用していたといわれて

イントロ 1 2 3 4 5 6 7 8 9 10 11 12 13 14 15 16 17 18

(a) T型フォード(出典：トヨタ博物館)

(b) 1916年式 デトロイト・エレクトリック(GSユアサ)

写真2　T型フォードとデトロイト・エレクトリックの電気自動車
「自動車王」ヘンリー・フォードの妻はデトロイト・エレクトリック製の電気自動車を愛用していたという

図1　れいめい期のエンジン始動
エンジン始動にはコツと体力が必要だったが，電気自動車はスイッチONですぐ走れた

います．

当時のエンジン車は，エンジンの始動が難しかったようです．**図1**に示すようにエンジンの始動はエンジンのクランク・シャフトを手で回して行っていたうえ，燃料の供給方式も原始的であったこと，燃料の質もよくなかったことから，エンジンの始動には技術と体力を要しました．

走り出したら走り出したで排気ガスのにおいがするうえ，振動や騒音も大きかったのです．そこへいくと電気自動車はスイッチONですぐ走り出せて，エンジン車に比べて静かで振動が少なく，排気ガスのにおいもなかったことから，取り扱いが容易で快適な乗り物として喜ばれたのです(1)．

● 燃料「石油」の安定供給とエンジンの性能向上でエンジン車に人気が移る

自動車のれいめい期には始動が簡単，静かで快適と喜ばれた電気自動車でしたが，エンジン車も日進月歩

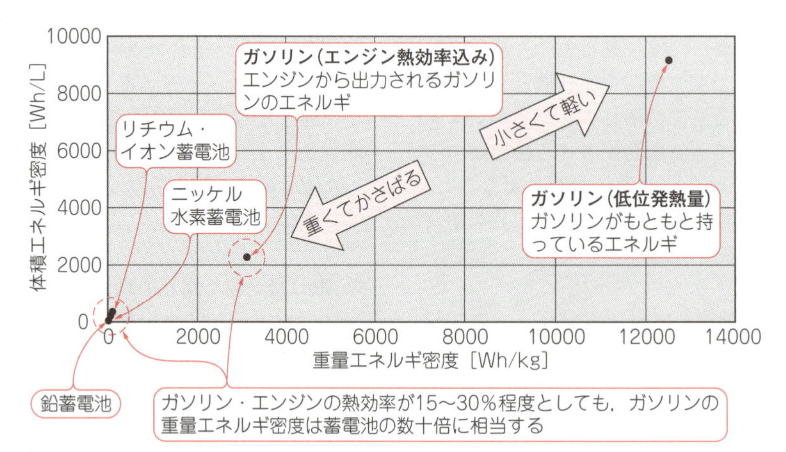

図2　ガソリンと蓄電池のエネルギ密度比較
同一体積・重量で比べるとガソリンの方が蓄電池よりエネルギ量が2けたも大きい

（a）OS電氣自動車（小型乗用）

（b）神鋼電氣自動車（乗り合い）

写真3　戦前の国産電気自動車（出典：国立国会図書館）
石油の入手が困難な時代，当時豊富とされていた水力発電の電力利用が推奨された

の発展をとげました．

ベルト・コンベアを使った近代的な生産方式で史上初めて量産されたエンジン車であるT型フォードの登場は1908年ですが，開発当初はエタノールを燃料にすることを計画していました．

しかし，アメリカで原油の機械掘りがはじまり石油が安定供給されるようになって石油を燃料としたことと，エンジンの始動を手動式から現在のようなモータで始動する方式を後に取り入れたことなどから，エンジンの始動が簡単になりました．すると，取り扱いの容易さが電気自動車に追いついてきて，エンジン車の人気も電気自動車に追いついてきます．また，**図2**に示すように石油などの液体燃料は，単位体積・単位重量当たりのエネルギ量を示すエネルギ密度が電池よりも二けたほど大きく「より遠くへ走っていける」という性質をエンジン車はもっているので，次第に電気自動車の市場はエンジン車に奪われていきました．

こうして，始動性と快適さがうりものであった電気自動車は，徐々にその割合を減らしていきました．

戦前～戦後…日本の自動車事情

● 戦前…日本でも電気自動車が活用されていた

日本では，1917年にアメリカ製の電気自動車が初めて輸入されました．この当時は，電気自動車がアメリカで乗り合いバスやタクシとして活躍した時代なので，日本でも電気自動車の商業利用が相当調査研究されていました[2]．また，国内でも**写真3**に示すような電気自動車が製作されるようになりました．

年号が大正から昭和になり，世界情勢の変化とともに国内のエネルギ情勢が変化していきました．特に，満州事変勃発後，国内では石油の入手が難しくなるばかりで，民間の自動車では石油に代わる代替燃料の適用研究が盛んに行われるようになりました．当時の日本の自動車は乗合自動車やトラックがほとんどですが，代替燃料として薪・木炭・天然ガス，そして電気をその研究対象としていたようです[3]．電動の乗り合いバスやトラックの製作については，当時の電気協会から設計基準が発行されています[4]．この当時の文献には(a)～(d)などの記述がみられます．

(a)電気自動車用の車体や電動機，蓄電池などの標準化が検討されていた．
(b)電気自動車には夜間の余剰電力を活用することが推奨されていた．
(c)モータなどの構成装置の配置の自由度を生かした意匠設計が取り入れられていた(例：**写真4**)．
(d)走行用電池の交換システムが欧米で運用されていた[2]

現代の電気自動車でも同じことが言われています．

● 戦後…一度電気自動車は消えた

1945年に終戦を迎え，混乱期にあった日本ではガソリンなどの石油製品が依然統制物資として扱われていたため，終戦後数年は国産の電気自動車が生産・販売されていました[1]．しかし，原油の輸入が再開され，国内のエネルギ事情が改善してガソリンなどの石油製品が安定供給されるようになると，電気自動車をはじめ，薪や木炭で走るバスやトラックもガソリン車やディーゼル車にとって変わりました．その理由は次に示す(1)～(3)の通りです．

(1)電気自動車は，大量の蓄電池を搭載するわりには短い距離しか走れず充電に時間がかかる．
(2)薪や木炭で走る自動車は燃料が固形物であり取り扱いが不便．
(3)ガソリン車やディーゼル車に比べてパワー不足．

(a) 内燃機関(エンジン)車の乗合自動車の例

(b) 電動の乗合自動車の例

写真4　戦前のエンジン車と電気自動車のデザイン(出典：国立国会図書館)
電気自動車の利点を生かした設計が既にされていた

復活！電気自動車…パワー半導体や電動機，電池が改良

戦後一度姿を消した電気自動車ですが，1970年代あたりから電気自動車の研究開発が再開されます．理由は，2度にわたるオイル・ショックで石油の供給不安が問題になったこと，もう一つは当時深刻だった大気汚染への対応です．

日本でも1971年から76年にかけて，通商産業省(現在の経済産業省)の大型プロジェクトとして電気自動車開発が進められました．

戦前の電気自動車は，直流直巻きモータの界磁巻き線を複数用意して，直列接続と並列接続を切り替えたり，電機子への直列抵抗の挿入を接点で切り替えてモータの出力を制御していました．

パワー・デバイスの進化

70年代の電気自動車では，**図3(a)**のようにサイリスタを使うなど，電動機の出力制御にパワー半導体を適用することで，現在のような無段変速が行われるようになりました．しかし，電気自動車が一般に市販されるには至りませんでした．

90年代に入ると，大気汚染に悩むアメリカのカリフォルニア州でZEV(ゼロ・エミッション・ヴィークル規制)法が施行され，再び電気自動車の研究開発が盛んになります．ZEV法とは，自動車メーカが販売する車両のうちある一定比率をZEV(Zero Emission Vehicle，無排出車)としなければならないとするカリフォルニア州の規制です．

アメリカでは，大気汚染に関するカリフォルニア州の規制を他の州が後を追うようにとり入れる傾向があるため，自動車の巨大市場であるアメリカで自動車メーカが商売を続けるには，排気ガスが出ない電気自動車をある程度作って販売する必要があったのです．

このころにはパワー半導体に大容量のバイポーラ・トランジスタやMOSFET，さらにはIGBTが出現し

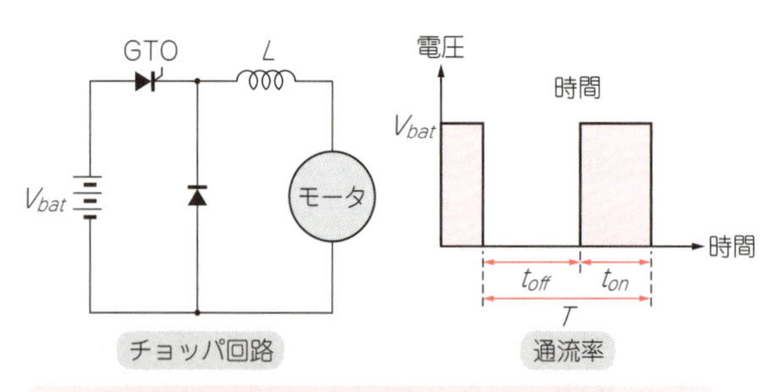

GTO (Gate Turn Off) サイリスタを使った直流機用チョッパ回路．直流機をPWM制御できるようになって，無段階で出力制御が可能

(a) 70年代～

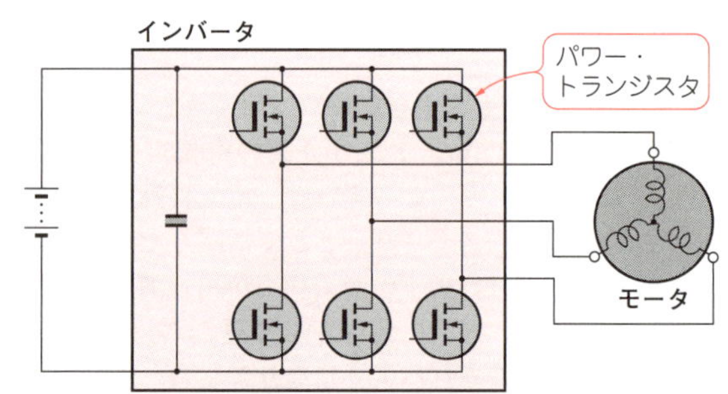

電力用MOSFETやIGBTの出現とマイコンの発達で3相インバータが作れるようになった
→交流機の可変速ドライブが可能

(b) 80年代末から90年代以降

図3　大電力を扱える半導体素子の発達につれて回路方式が変遷していった

(a) 1995年式 トヨタ RAV4 EV(出典：トヨタ博物館)

(b) ホンダ EVプラス(出典：ツインリンクもてぎ)

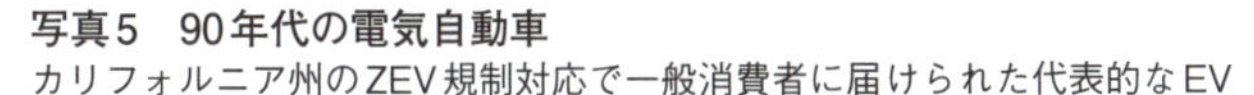

写真5　90年代の電気自動車
カリフォルニア州のZEV規制対応で一般消費者に届けられた代表的なEV

ていました．これらにマイコンを組み合わせることで**図3(b)**に示すように，誘導モータや永久磁石式の同期モータといった交流モータが電気自動車に適用されるようになりました．

● 蓄電池の進化

蓄電池には，それまで主流だった鉛蓄電池にかわり，より小型軽量なニッケル水素蓄電池が搭載されるようになりました．自動車用の交流モータやそのインバータの開発に，自動車メーカが本格的に取り組むようになったのは，このころからといえます．GM，フォード，クライスラーといったアメリカの自動車メーカ・ビッグ3や，**写真5**に示す日本のトヨタ，ホンダが作った電気自動車は，実際にアメリカの一般消費者の元に届けられました．しかし，価格や走行できる距離の問題からごく限られた生産台数に留まりました．いまでもたまに，アメリカでトヨタが当時販売した電気自動車が走っているのを目撃することがあります．

● 電気自動車向けパワエレ技術の見通し

今も昔も変わらず求められる自動車向けの技術の一つに，小型・軽量化が挙げられます．これは電気自動車やハイブリッド車も例外ではありません．

自動車向けのパワエレ技術では，パワー半導体の材料を現在のシリコン(Si)から炭化シリコン(SiC)や窒化ガリウム(GaN)へ置き換えることで損失低減と装置全体の小型・軽量化が期待されています．また電池技術では，現状のリチウム・イオン蓄電池のエネルギ密度を一けた上回ることを目標に，リチウム空気蓄電池(コラム参照)などが実用化に向け研究されています．

今世紀…クルマの電動化が本格化

● ハイブリッド車

90年代の電気自動車開発で本格的に自動車メーカが取り組んだインバータ技術やモータ技術は，ハイブリッド車向けの電気駆動システムとして花開きます．1997年にはトヨタが，1999年にはホンダが一般向けにハイブリッド車の市販を開始しました．

ハイブリッド車は，エンジンの燃料消費量が大きい領域は積極的にモータを使用することで燃費の改善を図ります．ハイブリッド車は，それまでのエンジン車

コラム　酸素で発電！「リチウム空気蓄電池」
エネルギ密度がリチウム・イオンのナント10倍！

リチウム空気蓄電池は,次世代の蓄電池です．まだ，実用化されていませんが，通常の蓄電池と同じように使えるように研究が進められています．

これまでの蓄電池と決定的に違うのはその構造です．蓄電池の充放電は，二つの物質間の酸化還元反応で行います．既存の蓄電池は，活物質と呼ばれる酸化還元を行う2種類の物質を両方とも蓄電池に内蔵します．これが重く大きくなる原因の一つです．

リチウム空気蓄電池は，活物質にリチウムと空気中の酸素を用います．内蔵する活物質はリチウムだけで，もう一つの活物質は，外気からほぼ無限に供給される酸素です．これにより劇的な小型・軽量化が期待でき，既存のリチウム・イオン蓄電池の10倍以上のエネルギ密度が得られるものと期待されています．

〈宮村 秀夫〉

(a) 日産 LEAF

(b) 三菱自動車 i-MiEV(出典：三菱自動車)

写真6　現代の電気自動車
エネルギ源の多様化，気候変動問題へのソリューションとして再び脚光を浴びている

(a) 自作電気自動車の例(プロミネンスP.C.D.)

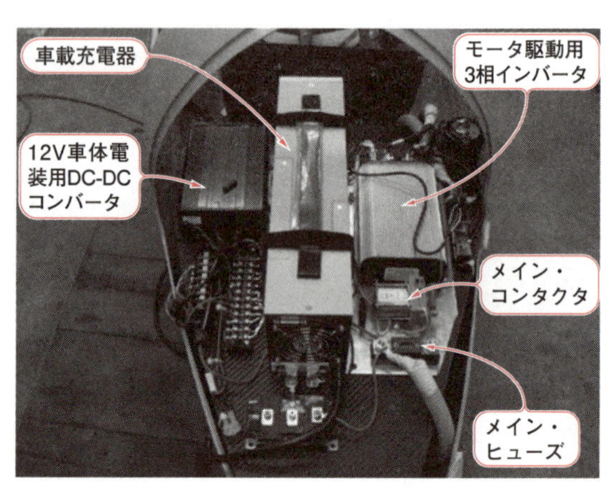

(b) P.C.D.の高圧電装部品

写真7　自作電気自動車と高圧電装部品
インターネット通販で，自宅にいながら電気自動車の自作に必要な部品が世界中から買える

と比べ燃料消費率を約半分にできたうえ，エンジン車と変わらない使い勝手を両立できたことから，現在の日本の新車販売におけるハイブリッド車比率が約3割に達するなど，もはやあたりまえの自動車技術になりました．

● 電気自動車

2009年に三菱自動車から，2010年には日産からリチウム・イオン蓄電池を搭載した電気自動車が本格量産され一般消費者が購入できるようになりました(**写真6**)．一般消費者向け電気自動車の本格量産は，自動車の歴史上大きなトピックと言えます．

部品の入手性が向上…個人でも電気自動車の製作を試せる時代がきた

電力用半導体やマイコンなどの高機能化と低価格化，インターネットによる商業活動の活発化で，個人が世界中から**写真7**に示すような電気自動車の製作に必要な部品を自宅で購入できるようになり，その気になれば自分で電気自動車を製作できる時代になりました．これも，今世紀ならではの変化です．

電気自動車にかけられる期待，また**図2**に示すような蓄電池のエネルギ密度が液体燃料より劣る点などの問題点は，歴史を紐解くと現在とあまり変わっていない気がします．現在は，自動車メーカでなくとも電気自動車を試すことができる時代になったので，今後読者から革新的な電気自動車が生み出されることを期待してやみません．

◆参考文献◆

(1) 御堀 直嗣；興味深い電気自動車の歴史とこれからのEV，JAMAGAZINE 2011年8月号2011年8月号，日本自動車工業会．
(2) 東京市電気局調査課；電気自動車に関する調査，調査資料 第7巻 第4号，1926年10月．
(3) 日本乗合自動車協会；代用燃料車の総括的研究　代用燃料車研究講習会速記録，1939年7月．
(4) 電気協会；電気自動車設計基準，1940年12月．

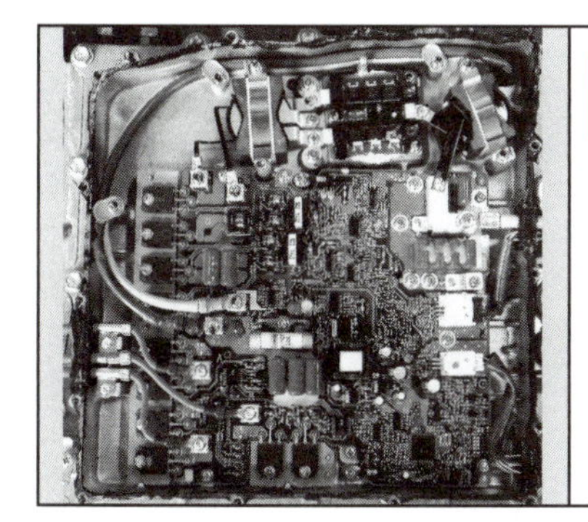

第2章 バッテリとモータ間のエネルギの流れをスムーズに！

写真で見る電気自動車のパワー制御回路

山本 真義
Masayoshi Yamamoto

自動車もこれからは環境を考えた車をという思想のもと，二酸化炭素排出量の少ないすなわち，燃費が良いハイブリッド電気自動車(以下HEV)や，まったく二酸化炭素を排出しない電気自動車(以下EV)が各自動車メーカより販売されています．これらの環境に配慮した自動車は「エコカー」とも呼ばれています．

市販されている主なEVとHEVをまとめたものが**表1**です．バッテリ電圧を昇圧する回路があるものとないものに大きく二分できます．本章では，モータとバッテリの間で流れるkW超の巨大なエネルギの流れをインテリジェントに制御しているパワー・コントロール・ユニット(PCU；Power Control Unit)のエレクトロニクスを見てみます．

● プリウスの電気系

EVやHEVでは，従来の自動車にはない「バッテリ」と「PCU」と「モータ」が組み込まれています．

図1に，プリウスの電気系のシステム図を示します．

表1 販売されている主な電気自動車とハイブリッド電気自動車
現在はエンジンとモータを組み合わせたHEVが主流

メーカ名	電気自動車	ハイブリッド電気自動車	昇圧回路
本田技研工業	−	インサイト，フィット，フィットシャトル，CR-Z，フリード，フリードスパイク，アコードハイブリッド	なし
三菱自動車工業	i-MiEV	アウトランダーPHEV，ディグニティ	なし
ダイハツ工業	−	ハイゼットカーゴ，メビウス，アルティス	なし
スズキ	−	ランディ	なし
富士重工業	−	インプレッサXV	なし
日産自動車	リーフ	セレナ，シーマ，フーガ	なし
トヨタ自動車	−	アクア，プリウス，プリウスα，SAI，アルファード，ヴェルファイア，エスティマ，カムリ，クラウン，プリウスPHV レクサス：CT，HS，IS，GS，LS，RX	あり

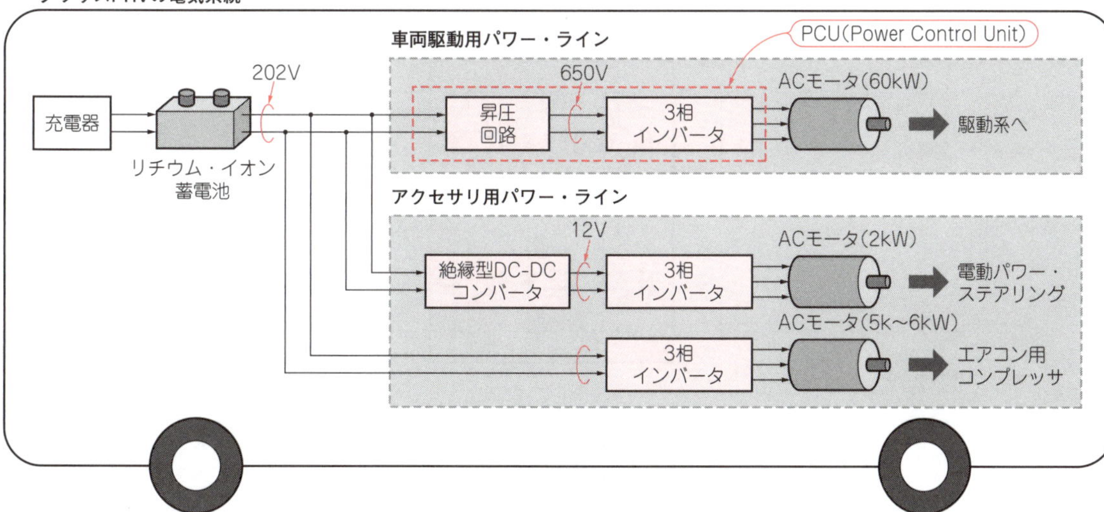

図1 ハイブリッド電気自動車の電源供給ライン

これまでの自動車は，駆動にエンジンを使用していました．EVやHEVでは，バッテリからの電力をPCUでコントロールしながらモータを回し，駆動系を補佐することでエンジンの負担を減らし，燃費を向上させています．

電気システムの主な動作を説明します．ニッケル水素蓄電池202 V(正確には201.6 V)から，駆動系モータ，電動パワー・ステアリング(EPS)用モータ，エアコン用コンプレッサ駆動用モータへ電力を供給します．それぞれの負荷に対して必要な電圧，電力となるように，パワー・エレクトロニクス装置を用いて電力を変換します．一般的に，車両駆動用パワー・ラインの電力変換装置を総称してPCUと呼びます．

● モータ類

現行(2013年8月)プリウスの駆動系用モータの出力は60 kWです．電動パワー・ステアリング用モータは約2 kW，エアコン用モータは5 k～6 kWが必要です．

エアコン用モータは家庭用に比べてかなり大きな電力が必要です．その理由の一つは，車は日光に対する窓などの開口部が大きいことです．

もう一つは，EVやHEVは車両停止時はエンジンも停止することです．ガソリン車では車両停止時でもエンジンは回っており，その回転力をファン・ベルト介してコンプレッサを回していました．エンジンが停止してもエアコンが使用できるように，大きいものを使用してマージンを取ってあります．

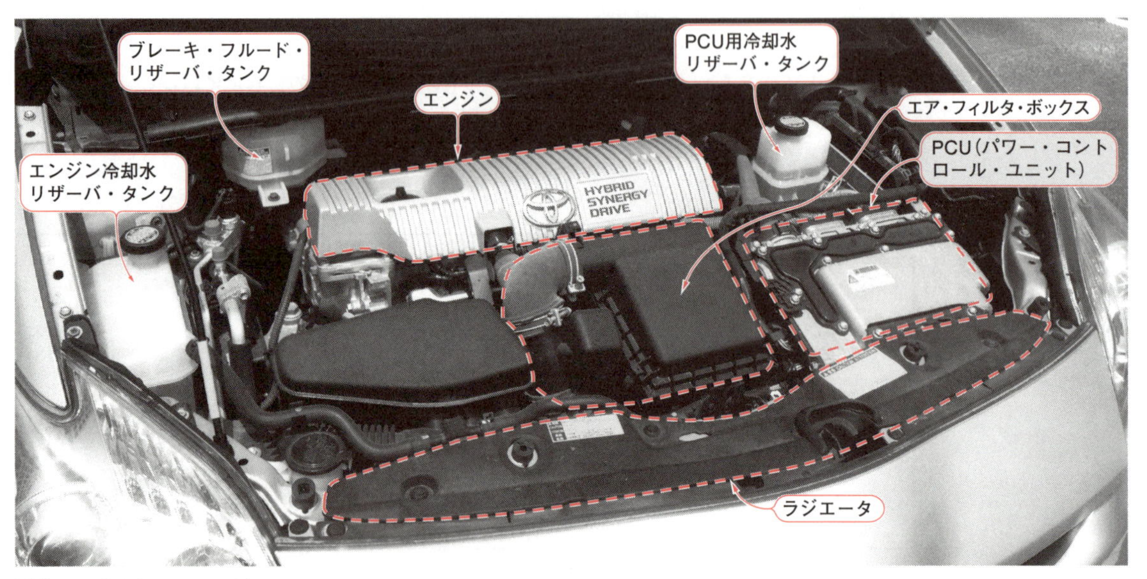

写真1　プリウスのエンジン・ルーム

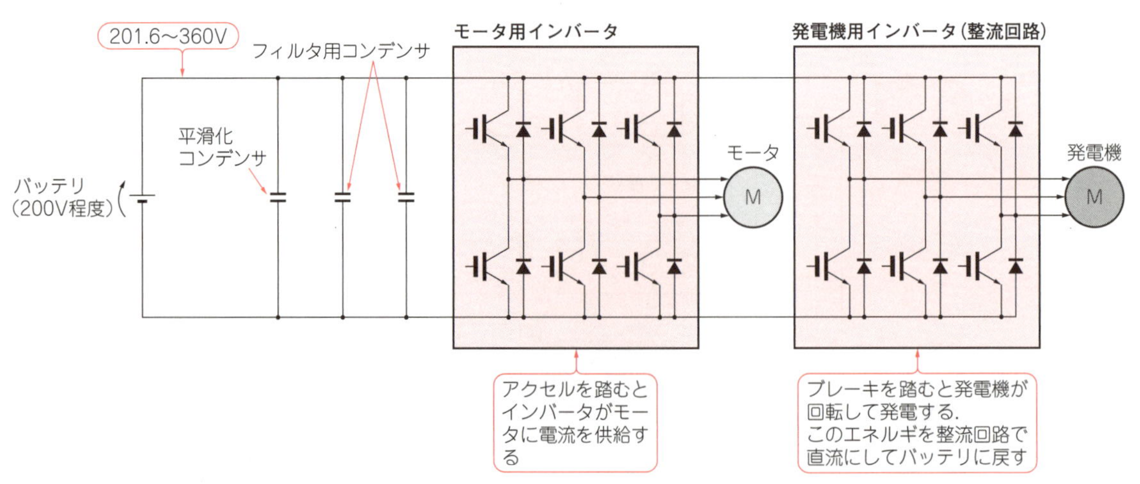

図2　多くのEVが搭載するパワー・コントロール・ユニットの電子回路ブロック
現時点では，プリウスが搭載する昇圧コンバータをもたないものが多い

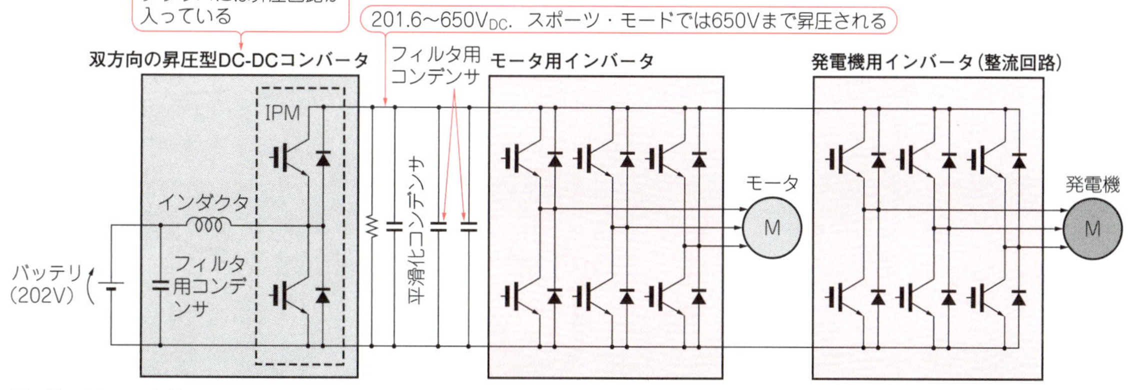

図3[2] 昇圧回路付きPCU回路
2代目以降のプリウスに搭載．最大650Vまで昇圧してインバータを駆動させる

心臓部 パワー・コントロール・ユニットをもう少し詳しく観察

バッテリの電圧を上げ下げするDC-DCコンバータを搭載

写真1のように，プリウスのエンジン・ルームを開けるとエンジンが搭載されており，助手席側にガソリン車にはない特別な部品が搭載されています．これがPCUです．

図2にバッテリ電圧で直接インバータを駆動させるPCU回路を示します．バッテリにはインバータとモータ，発電機と整流回路が接続されており，アクセルを踏んだらインバータが駆動してモータが回転し，ブレーキを踏んだら発電機が回転してその電力を整流回路で直流に変換してバッテリへ戻します．

プリウスにはPCUに上記の回路に昇圧回路(昇圧チョッパ)が加わっています．このPCUの等価回路を**図3**に示します．バッテリとインバータの間に昇圧チョッパが挿入されています．

図4のように，初代プリウスでは昇圧回路は入っていませんでしたが，2代目から昇圧回路が入り，走行安定性が増しました．バッテリ電圧が200Vでも，その出力は走行条件や温度条件により150〜300Vまで変動します．これではモータの出力は安定しないので，昇圧回路を入れることにより，一定電圧をインバータに供給し，安定した動作を実現しています．さらにモータの許容電流が同じだった場合は，電圧を高くすることでより大きなパワーが得られます．

プリウスと同じ昇圧回路を持つHEVとして，レクサスLS600hがあります．レクサスLS600hのモータ出力は165kWでプリウス(3代目)の2倍以上です．

図5はレクサスLS600hの最新PCUです．制御回路部とパワー半導体+冷却部，平滑キャパシタ部，DC-DCコンバータ部の4層構造となっています．平滑キャパシタ部の層には，昇圧回路のインダクタも入っています．

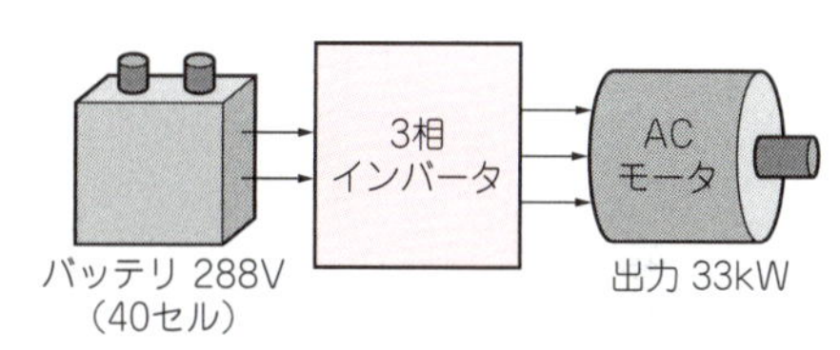

(a) 初代プリウス(1997〜2003)

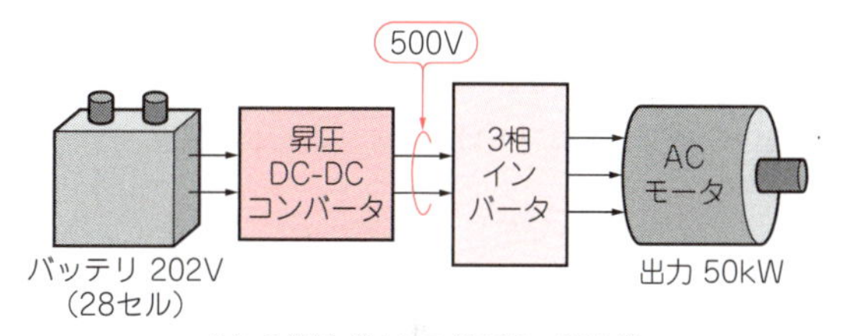

(b) 2代目プリウス(2003〜2011)

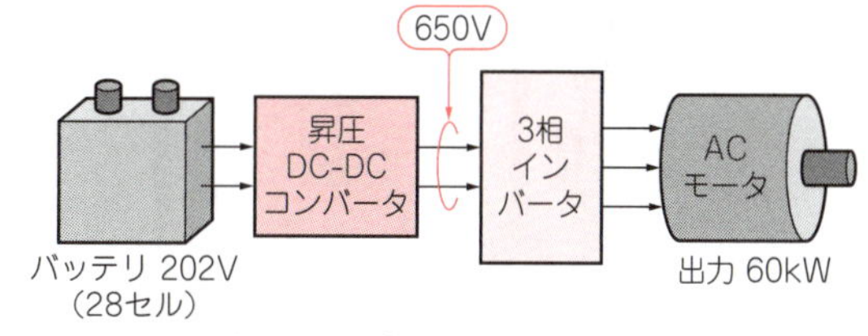

(c) 3代目プリウス(2011〜現在)

図4 昇圧回路は走行状態や温度によってモータに加える電圧を最適に制御する

パワー半導体を65℃のラジエータで冷却

図6が冷却システムです．図の内側がエンジンの冷却系では，ポンプにより最大温度が110℃の冷却水が循環しています．走行時には車両前方から入ってくる空気によってラジエータで冷却され，エンジンを冷やしています．

図の外側はインバータの冷却システムです．エンジ

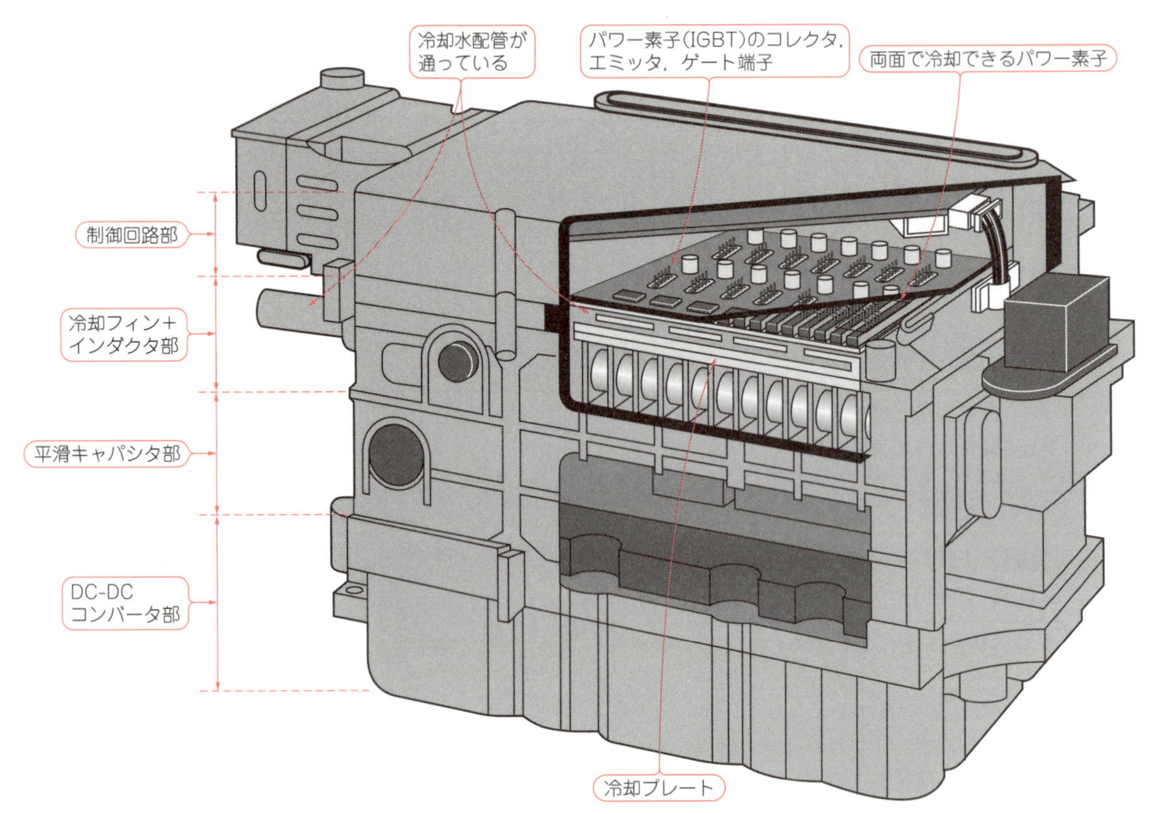

図5[1] **パワー・コントロール・ユニットの構造**(レクサスLS600h)

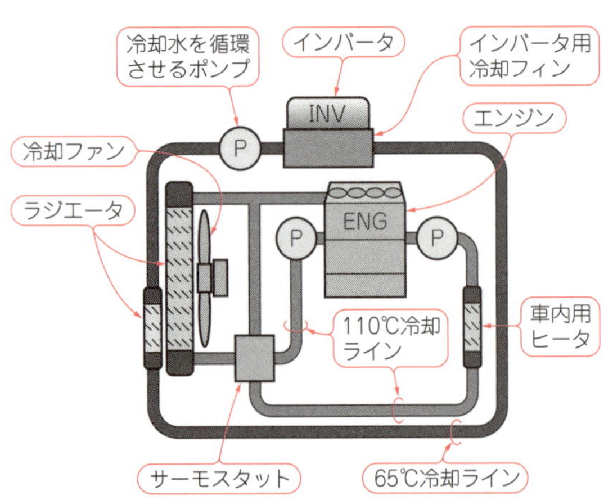

図6[2] **HEVはインバータ専用のラジエータを搭載している**(エンジン用ラジエータもある)

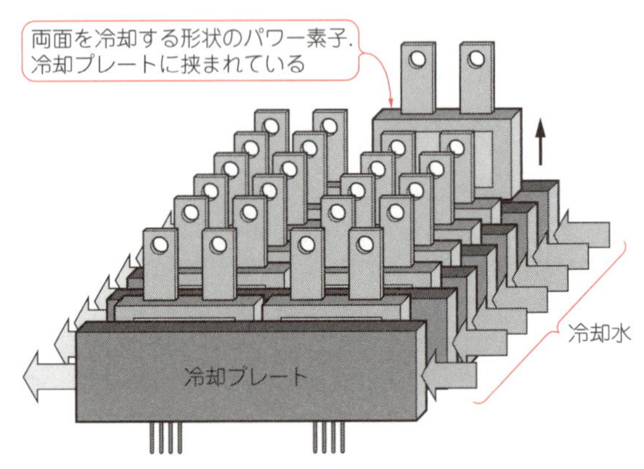

図7[1] **インバータ用冷却装置**
冷却プレートが並んでいる

ン冷却システムほど温度が高くないですが，ラジエータで冷却され，最大温度の65 ℃の冷却水が循環しています．できればエンジンを冷却する110 ℃のシステムで統一したいのですが，インバータの駆動温度がそこまで高くないことと，ほかの電子部品や接合はんだなどが熱に弱いことから，電気系の冷却には向いていません．

レクサスLS600hで実際に使用されているパワー半導体冷却システムを**図7**に示します．冷却プレートが蛇腹(じゃばら)のように並んでいます．パワー半導体はこの冷却プレートの間にサンドイッチされ，両面から冷却されています．冷却システムを上から見た図を**図8**に示します．冷却水が流れる配管が通っており，冷却水を冷却プレート内部の空洞を通過させることで，パワー半導体を冷やしています．

冷却効率が上がることにより，従来の片面冷却と比較して両面冷却パワー素子における1チップあたりの電流密度を1.6倍にできます．言い換えると，同じ電

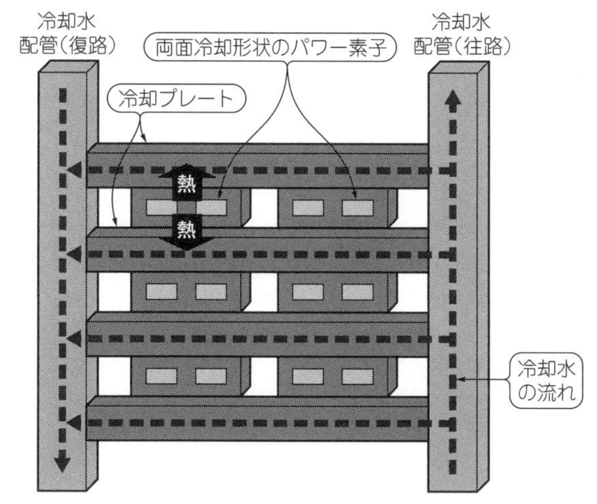

図8[(1)] **冷却プレートの中に冷却水を通過させてパワー半導体素子(IGBT)の温度を下げる**

流容量であれば冷却システムのサイズを40％低減できます．移動体としてスペースが限られる車載用電源として小型化は重要です．

● 昇圧回路をもう少し詳しく観察

図9のように，PCUの昇圧チョッパ部では三つのIGBTを並列接続した回路を二つ，3相インバータ部では二つのIGBTを並列接続した回路を六つ，回生用整流器部ではIGBTを六つの，合計24個のIGBTを使用しています．

写真2(p.18)に2代目プリウスのPCUを分解した写真を示します．黒い大きな箱は平滑コンデンサです．**図3**における昇圧チョッパ入力部のフィルタ・コンデンサと出力部の平滑コンデンサを合わせたものが一緒に入っています．黒い箱の下には，インバータの昇圧チョッパのパワー半導体が収まっています．その隣の大きなインダクタは，昇圧チョッパ用です．

次にPCUの裏面を**写真3**(p.18)に示します．ここにはアクセサリ用DC-DCコンバータが収まっています．

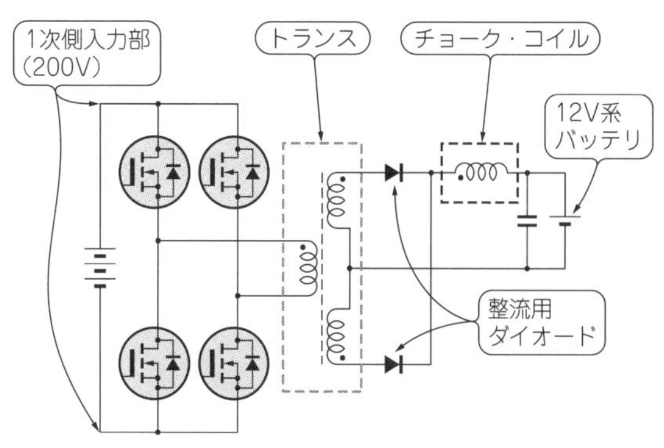

図10[(2)] **プリウス(2代目)のDC-DCコンバータ回路**

図1に示したアクセサリ用パワー・ラインのうち，絶縁DC-DCコンバータとエアコン・コンプレッサ用3相インバータが見えます．

▶絶縁型DC-DCコンバータ

写真4(p.19)に絶縁型DC-DCコンバータ部を拡大します．このコンバータの入力はニッケル水素蓄電池の200 Vで，出力は鉛蓄電池の12 Vです．電圧比が非常に大きく，12 V系のアースから200 V系のアースを切り離すため(200 V系パワー・ラインは安全のため浮かしておきたい)，絶縁トランスが用いられます．同じ電力を供給するなら，電圧が低い方が電流は大きいので，1次側のラインに比べて2次側は非常に太い配線になっています．

絶縁型DC-DCコンバータの回路を**図10**に示します．オーソドックスな構成で出力側はダイオード整流されています．整流後はチョーク・コイルとコンデンサでフィルタリングされ，通常の12 Vの鉛蓄電池へ電力供給されます．ただし，この回路構成ではトランスとチョーク・インダクタという2つの磁気部品が必要となり，結構なスペースを取っていることが分かります．

このDC-DCコンバータは，レクサスLS600hで**図11**のような回路構成に置き換わりました．トランス

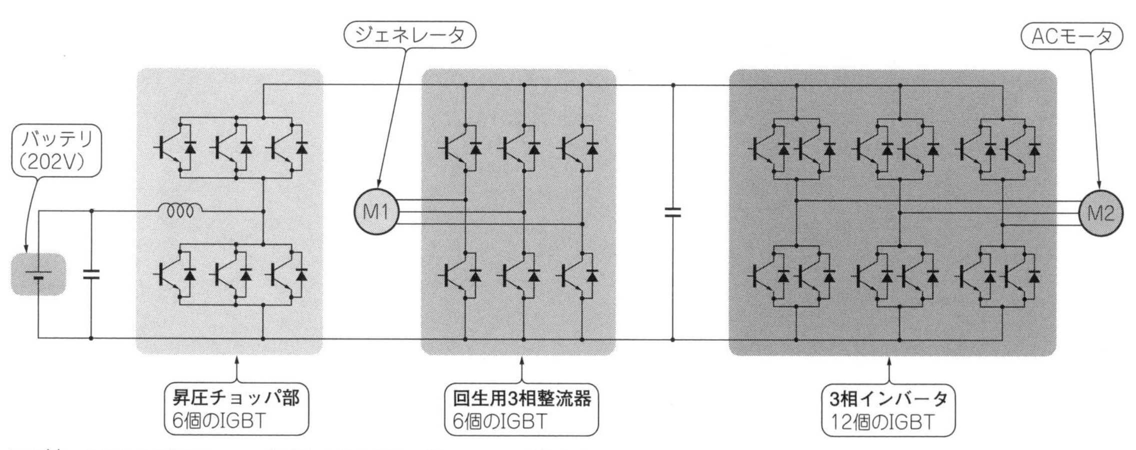

図9[(2)] **PCUの昇圧チョッパ回路では合計24個のIGBTが使われている**

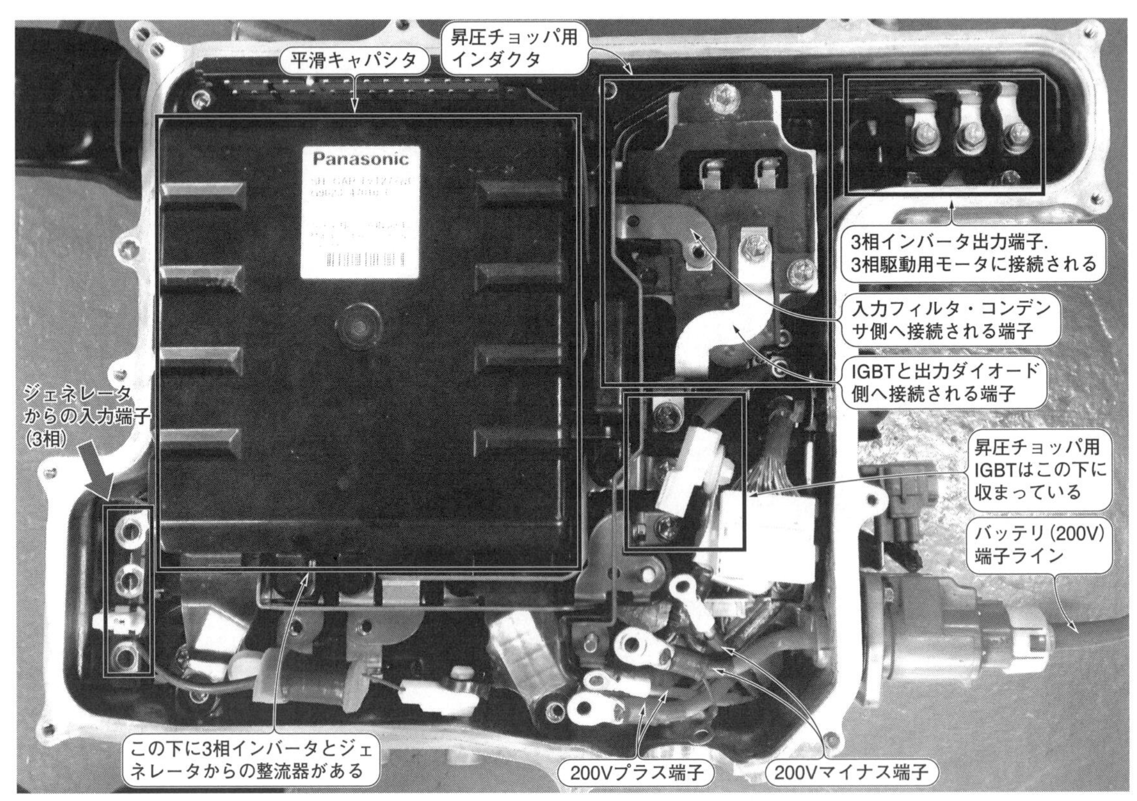

写真2　PCUの表面…平滑用コンデンサと昇圧チョッパ用インダクタがある(2代目プリウス)

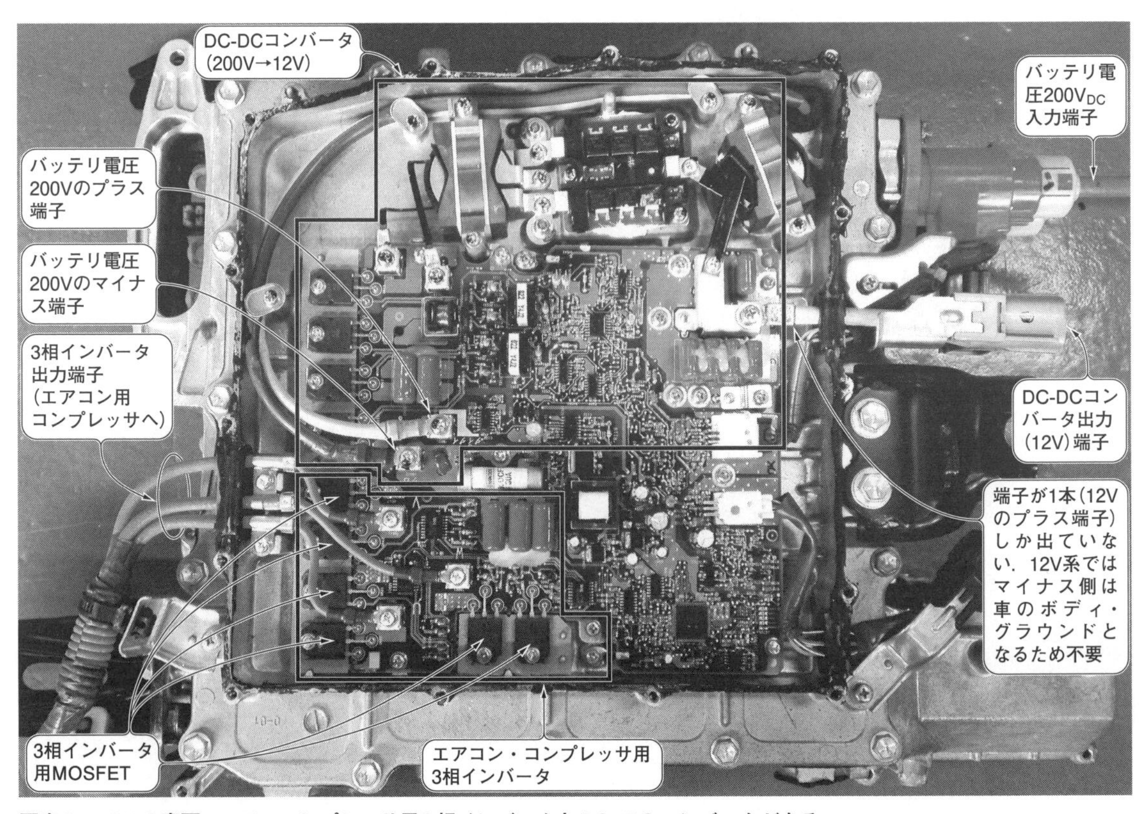

写真3　PCUの裏面…エア・コンプレッサ用3相インバータとDC-DCコンバータがある

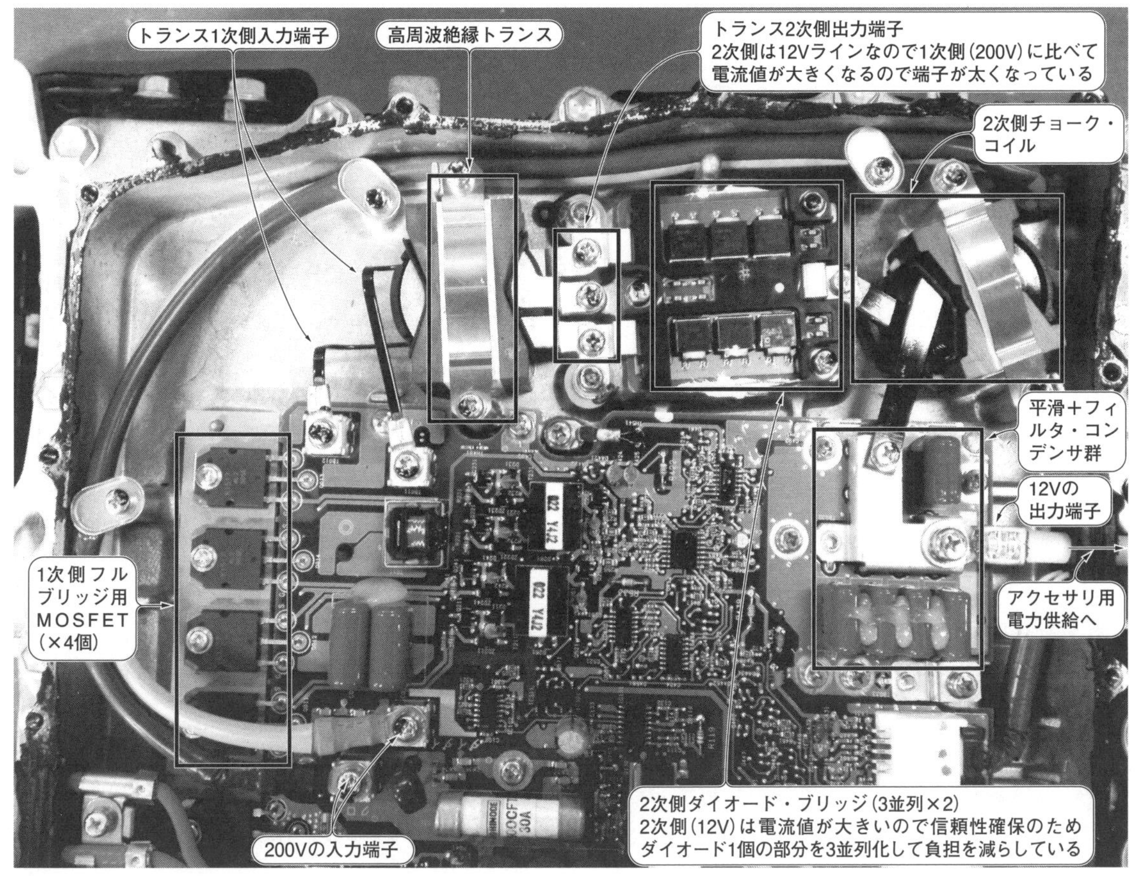

写真4 DC-DCコンバータ部を拡大したようす

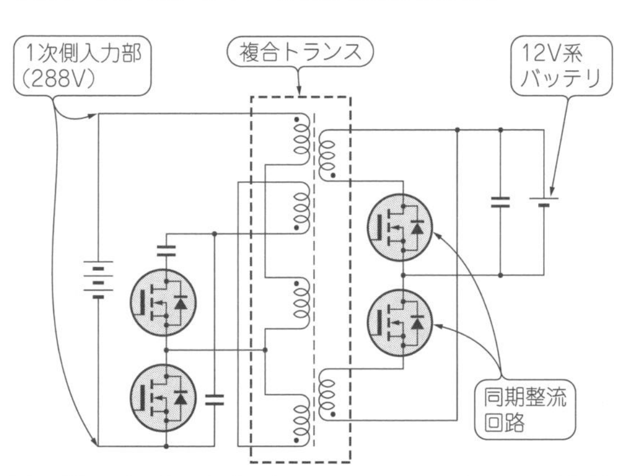

図11[2] プリウス(3代目)のDC-DCコンバータの回路図

部に二つの磁気部品が必要ですが，図12に示すように一体化させることで容積を12％低減させています．この一体化させたトランスを複合2トランスと呼んでいます．

この回路では2次側をダイオードではなく**低オン抵抗のMOSFETを使用することで96％という高効率**を実現しています．これにより，これまで冷却システムが水冷であったのに対して，空冷での冷却が可能になりました．

◆参考・引用*文献◆

(1) ㈱デンソー；高出力パワーコントロールユニット，http://www.denso.co.jp/ja/aboutdenso/technology/product/powertrain/pcu/index.html
(2) ㈱デンソー；デンソーテクニカルレビュー，http://www.denso.co.jp/ja/aboutdenso/technology/dtr/index.html

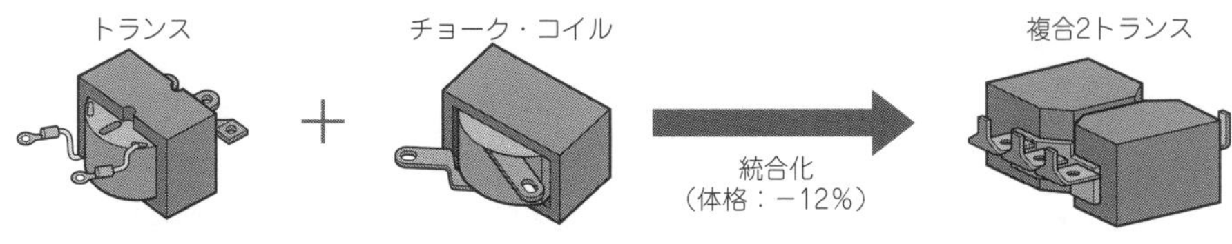

図12[2] トランスとチョーク・インダクタが複合2トランスに置き換わる

Appendix

半導体もひっぺがして超実測！

うわさのプリウス大解剖サイト

必見！

● 米国の公的機関によるレポート

トヨタのハイブリッド・システムの解説をした論文が2011年に米国のエネルギ省から公開されています．論文を書いたのはオークリッジナショナル研究所という公的機関です．科学技術で世界の先端にいると自負する米国が日本の民間企業の1技術を本気で解析しようとしています．米国のほんとの凄さはこんなところにあるのかもしれません．解析されているのは2008年式レクサスLS600h，2007年式ハイブリッド・カムリ，2004年式プリウス，2010年式プリウスの4台です．

- **論文タイトル**
  FY2011
  EVALUATION OF THE 2010 TOYOTA PRIUS HYBRID SYNERGY DRIVE SYSTEM
  Prepared by:
  Oak Ridge National Laboratory
  Mitch Olszewski, Program Manager
- **論文入手先**
  http://www.osti.gov/bridge/product.biblio.jsp?osti_id=1007833

● 目的は同等以上のものを作ること（3ページ目）

はじめに，この論文の趣旨が書かれています．トヨタのハイブリッド・システムの構造を裸にして，その特性と限界を示し将来ビジョンを与える，というものです．**図1**では「代替部品を用意して同等品を作り，制御アルゴリズムを作り，限界性能，連続性能，効率，動作特性を見極める」という解析の流れが書かれています．

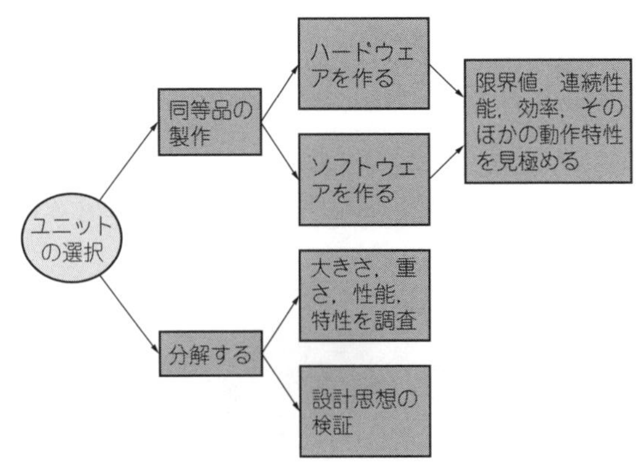

図1　ベンチマークをテストするアプローチ（Fig.1.1より）

つまり解析さえしてしまえば米国でも容易に同等品は作れるし，一気に抜きさることも可能なはずという意図で書かれた論文です．本気で解析することにより，トヨタ&デンソーの技術の深さが見えてきます．

● バッテリは昇圧して使うのが定石（4ページ目）

一部を和訳してみます．

2010プリウスはハイブリッド・シナジ・ドライブというハイブリッド・システムを使っています．これはエンジンとモータの発電機からなるものです．遊星ギアを使った動力分配機構を使っていて，さまざまな走行モードに対応します．

モータ（MG2）は走行時にエンジンを助け駆動力を与えるとともに，減速時には運動エネルギを回生して電気エネルギにしてバッテリを充電する働きをします．もう一つのモータである発電機（MG1）はエンジンの出力を使って発電し，発電した電力をバッテリの充電に使うとともに，発電した電力をただちにモータの駆動エネルギとしても利用します．

この構造はECVT（Electro Continuously Variable Transmission）と呼ばれます．その理由は，エンジンの力を発電する分と車の駆動する分に振り分けて，その比を変えることにより変速機のように働き，クラッチや変速機の働きをするからです．

この構造は2004プリウスや2007カムリにも使われています．これらの車種はEV走行も可能であり，何らかの理由によりエンジンに手助けが必要になるまでモータだけで動くことができます．何らかの理由とは，もっとトルクが必要，バッテリの充電量が少なくなった，バッテリの温度が高くなってしまった，エンジンが適正温度になった，などです．

このECVTは，常にエンジンが最高効率の回転数とトルクで動作させて，そのエネルギを発電機（MG1）とモータ（MG2）に振り分けています．パワー・コントロール・ユニット（PCU）がこのエネルギの流れを制御しています．

（以下，和訳部分は色背景）

バッテリの電圧をそのまま使ったのは1997年初代のプリウスだけで，2004年式プリウス以降は昇圧回路が使われています．昇圧回路の目的は，バッテリの変動する電圧に対して安定した駆動力を得ること，回生エネルギを効率よくバッテリに戻すことです．

2010プリウス，レクサス，カムリの動作電圧は650 Vに対して，2004プリウスの動作電圧は500 Vです．DC-DCコンバータで動作電圧を一定電圧に昇圧することにより，バッテリによる動作電圧の不安定さを解決し，バッテリと駆動系の設計を切り離しています．2004プリウスと2010プリウスは同じバッテリを使いながら，出力が20.9 kWから26.8 kWに向上しているのはバッテリ冷却技術が進んだからです．

● 進化を続けるハイブリッド・システム(6ページ目)

表1は，レクサス，カムリ，2004プリウス，2010プリウスの4車種のハイブリッド・システムの比較です．時代とともに小型軽量大出力になっています．モータ位置がレクサスとカムリは並列でプリウスは直接になっていることや，システムの冷却法の違いなどにも，本論文は注目しています．

DC-DCコンバータは双方向タイプで，バッテリのチャージにも使われています．つまり，モータを駆動するときと，回生するときの電圧を変えて，両方の効率を上げることができます．

▶ハイブリッドの回路(9ページ目)

図2に2010プリウスの回路図を，各車種での回路定数などを**表2**に示します．2010プリウスの場合，DC-DCコンバータに使われているインダクタは225.6 μHで，150 A程度の電流が流れます．バッテリからモータへの昇圧と，モータからバッテリへの回生の両方に使われます．ダンピング用に53.8 kΩの抵抗が使われているので，ここで10 W程度の電力が常時消費されます．

▶回路の動作周波数とコンデンサの役割(19ページ目)

● 昇圧時の動作

下側(グラウンド側)のIGBTがONになり，インダクタに電流が右向きに流れて徐々に増えます．次に下

表1　ハイブリッド・システムのスペック比較(Table 2.1.より)

項　目	2010プリウス	2004プリウス	レクサスLS600h	ハイブリッド・カムリ
モータ出力 [kW]	60	50	165	105
最大トルク [Nm]	207	400	300	270
回転速度 [rpm]	13500	6000	10230	14000
2モータ	○	○	○	○
発電機スペック [kW]	42	33	非公開	非公開
モータ電源	発電機とバッテリ	発電機とバッテリ	発電機とバッテリ	発電機とバッテリ
PMSMロータ	V	V	三角	V
モータ位置	直列	直列	並列	並列
ロータ極数	8	8	8	8
動作電圧	200～650	200～500	288～650	250～650
DC-DCコンバータ出力 [kW]	27	20	36.5	30
PMSM冷却方式	カムリと同じ 直接冷却なし	カムリと同じ	カムリと同じ オイル散布構造付き	オイルクーリング 水冷併用
インバータ冷却	水グリコール	水グリコール	水グリコール	水グリコール
変速機	カムリと同じ	遊星ギア	カムリと同じ 高速低速ギア併用	遊星ギア 減速ギア付き
バッテリ容量	201.6 V，6.5 Ah，27 kW	201.6 V，6.5 Ah，20 kW	288 V，6.5 Ah，36.5 kW	244.8 V，6.5 Ah，30 kW

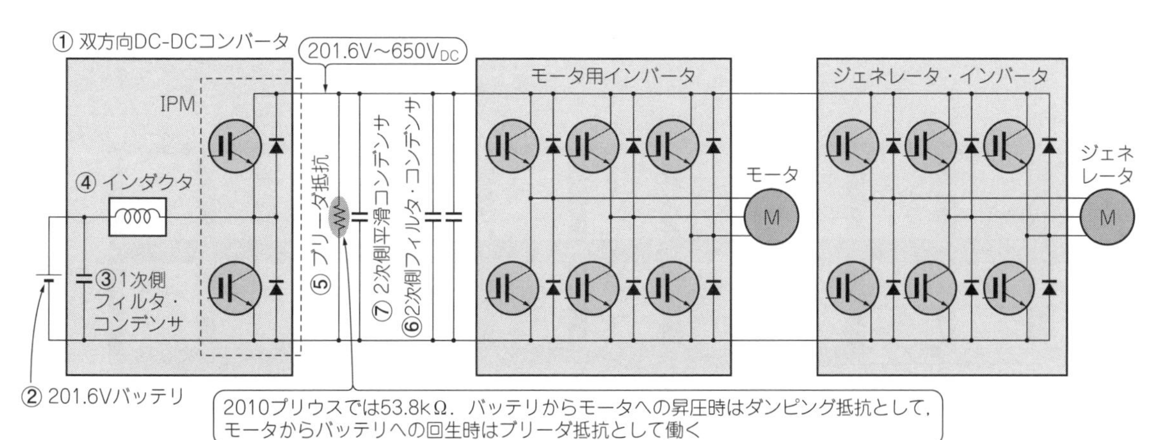

図2　2010プリウスPCUの回路(Fig.2.5より)

表2　PCUのスペック(Table 2.2.より)

項　目	2010プリウス	2004プリウス	レクサスLS600h	ハイブリッド・カムリ
①DC-DCコンバータ出力［kW］	27	20	36.5	30
②バッテリ電圧［V］	201.6	201.6	288	244.8
③フィルタ・コンデンサ	470 V_{DC}, 315 μF	600 V_{DC}, 282 μF	500 V_{DC}, 378 μF	500 V_{DC}, 378 μF
④インダクタ［μH@1 kHz］	225.6	373	329	212
⑤ブリーダ抵抗値［kΩ］	53.8	64.3	53.8	53.8
⑥2次側コンデンサ	860 V_{DC}, 0.562 μF 900 V_{DC}, 0.8 μF 950 V_{DC}, 0.562 μF	750 V_{DC}, 0.1 μF	750 V_{DC}, 0.6 μF 750 V_{DC}, 1.2 μF	750 V_{DC}, 0.9 μF
⑦2次側平滑コンデンサ	750 V_{DC}, 888 μF	600 V_{DC}, 1130 μF	750 V_{DC}, 2629 μF	750 V_{DC}, 2098 μF

側のIGBTをOFFにして,上側のIGBTをONにすると,インダクタに蓄えられた電流が2次側に流れて，徐々に減ります.

●降圧時の動作

上側のIGBTをONにするとインダクタに左向きに電流が流れて徐々に増えます．次に上側のIGBTをOFFにして，下側のIGBTをONにすると電流は徐々に減ります.

＊

上記二つのモードを，モータ駆動時には昇圧，回生時には降圧というように切り替えます．この回路の動作速度は5k～10kHzでデューティは可変です．デューティを可変にすることにより出力電圧も変動します.

このようにDC-DCコンバータではインダクタに蓄えられた磁気エネルギと電気エネルギの交換を繰り返すので，原理的に大きなリプル電圧が生じます．コンデンサを使って，このリプル電圧を吸収し過大な過渡電圧が出ることを防いでいます．インダクタは二つの巻き線を直列にして，コアは樹脂封入され固定されています.

● IGBTでスイッチング(16ページ目)

22個のIGBTのレイアウトを**図3**に示します．IGBTの数より，発電機の電流がモータに流れる電流の半分ぐらいという設計になっています．IGBTを横から見ると，非常に大きなシリコン・ウェハそのものであり，足がたくさん出た巨大なICです.

2010プリウスのDC－DCコンバータは部品点数が減りコンパクトになりました．導体の長さも短くなり，放熱性の改善と寄生容量，抵抗の減少がみられます．これにより，ICのボンディングの改善と合わせて大きな性能の向上があります.

IGBTの電源の極性を合わせて並べて，極太の配線にすることで最短距離で配線できると論文中で褒めています．逆にいうと，こんな構造を取られていては簡単には同等品が作れませんと，認めたのかもしれません.

● ICの冷却技術は大進化(24ページ目)

2004プリウスから2010プリウスへの違いは半導体の冷却技術であると解説されています．主なインシュレータは窒化アルミニウムで，2004プリウスではその下にアルミニウム，はんだ，アルミニウム，酸化亜鉛，アルミニウムと積層されてましたが，2010プリウスではアルミニウムだけになり，熱設計の技術の進化が伺えます.

● 直列共振するコンデンサ(28ページ目)

プリウスの2次側の平滑化に使われている888 μFのコンデンサの周波数特性が**図4**と**図5**示されています.

2010プリウスのコンデンサ888 μF 750 V_{DC}の性能は温度範囲－40～＋140 ℃の範囲で，1k～20kHzの周波数で調べられました．非常に興味深いのは，このコンデンサの容量が周波数13kHzあたりで無限大に近づくことです[訳者注].

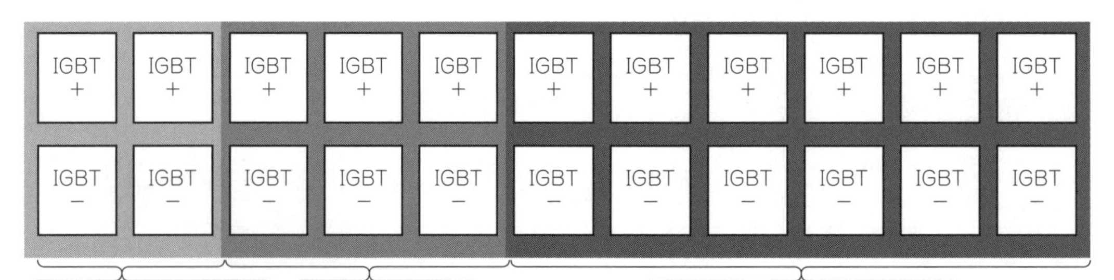

図3　2010プリウスのIGBTのレイアウト図(Fig.2.15より)

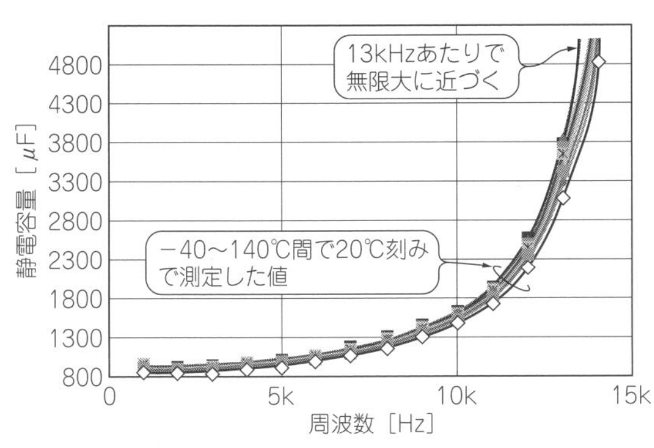

図4　2010プリウスの平滑コンデンサの容量と周波数の関係(Fig.2.33.より)

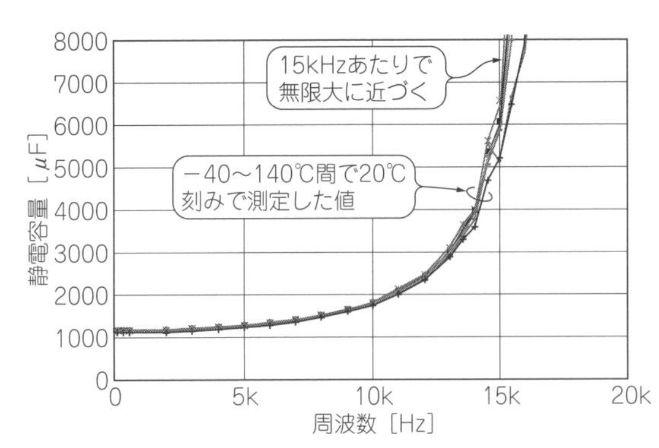

図5　2004プリウスの平滑コンデンサの容量と周波数の関係(Fig.2.34.より)

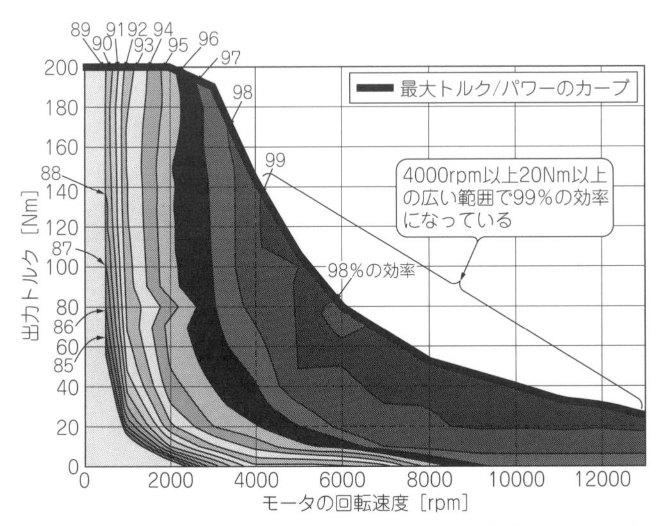

図6　650 V_{DC}の時の2010プリウスのインバータ効率(Fig.3.12.より)

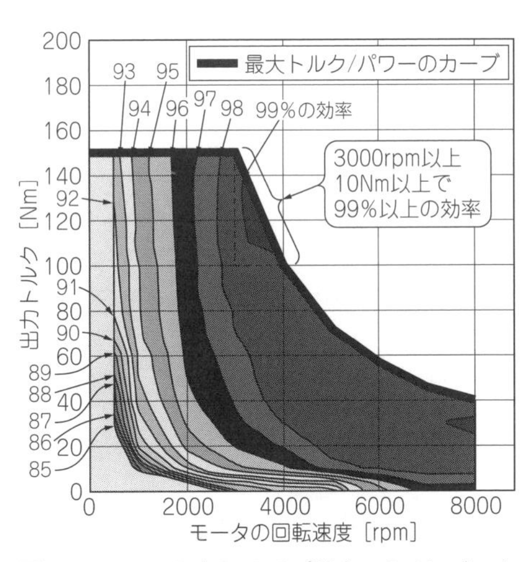

図7　500 V_{DC}の時の2010プリウスのインバータ効率(Fig.3.13.より)

このコンデンサの*ESR*，*ESL*はともに低いですが，この小さな*ESL*がコンデンサの特性に甚大な影響を与えています．それは13 kHzあたりで共振を起こし，リアクタンス成分が容量性から誘導性に変化することです．共振周波数より上ではこのコンデンサのインピーダンスは誘導性になります．

周波数によって容量が変わったりするはずもなく，これはもちろん微小な*L*が直列に入っていることによる直列共振です．この直列共振は2004プリウスでも同じ現象があります．

この時定数を計算してみると

$$t = 1/(2\pi \times 15 \times 10^3) = 10.61\ \mu s$$

この時定数を作っているインダクタンス成分は，

$$\sqrt{LC} = 10.61\ \mu s$$

$$L = 0.112\ \mu H$$

となり，電源の配線だけで作れるインダクタンスです．

むしろ普通に配線してしまうと*L*はもっと大きくなるので，共振周波数が下がり，高速スイッチングができなくなります．

つまりこの*L*は意図的に入れたというより，最適値になるように*L*を小さくする工夫がされています．このインダクタンスによりIGBTがONになった時に数μsしてから電流が最大になるようにできています．

● 高効率インバータ(64ページ目)

プリウスのインバータの効率を**図6**と**図7**に示します．*x*軸がモータの回転速度，*y*軸が出力トルクです．動作電圧650 Vでは4000 rpm以上20 Nm以上の出力で，広い範囲で99 %の驚異的な効率を実現していることがわかります．動作電圧500 Vでも3000 rpm以上100 Nmで98 %以上の効率になります．

〈小林 芳直〉

訳者注：直列共振してインピーダンスが低くなる現象

第2部　トランスとコアの基本

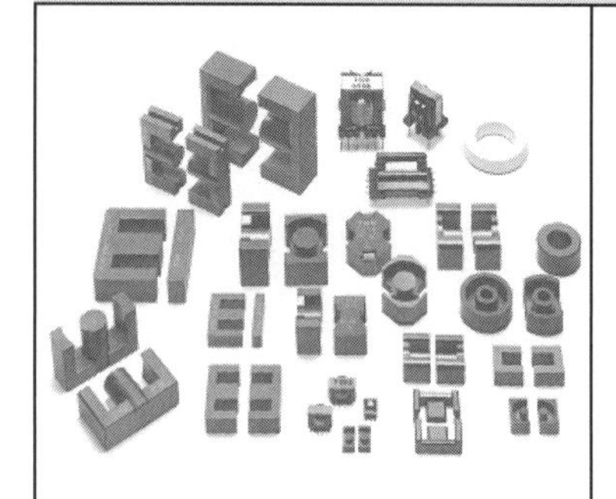

第3章　コア，ボビン，ワイヤ，絶縁材料，…

パワエレのキー・パーツ「トランス」の構造

野澤 正亨
Masataka Nozawa

トランスを作るために最低限必要なのは，次に示す5つの部材です．

(1) コア，(2) ボビン，(3) ワイヤ，(4) テープ，(5) ワニス

必要な特性を確実に引き出せるかどうかは，これらの構成部品の選びかたと作り込みにかかっています．

本章では，トランスがどのような部品で構成されており，どのように組み上げられているのか，その過程を写真を見ながら追いかけてみましょう．

トランスを構成する部材

図1に示すのは絶縁トランスの一般的な構造，**写真1**に示すのは完成品の外観です．

● フェライト・コア

パワー回路用のトランスに適しているコア材質は飽和磁束密度が高く，損失の小さいMn-Zn系です．

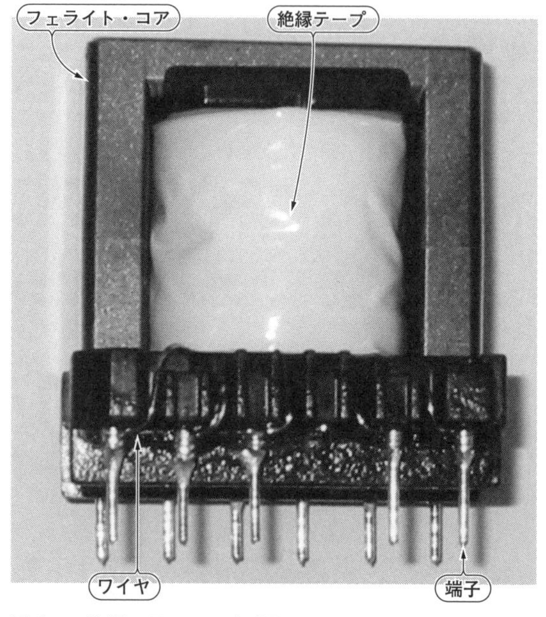

写真1　絶縁トランスの完成品

形状は，EER型(**写真2**)，EE型，EI型が最もポピュラです．

● ボビン

Mn-Zn系のコアは比抵抗が低いため，樹脂の成型品を使ってコイルとコアを絶縁します．

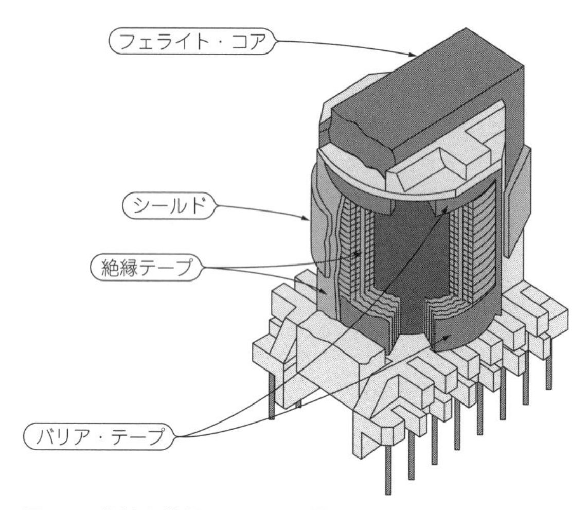

図1　一般的な絶縁トランスの構造

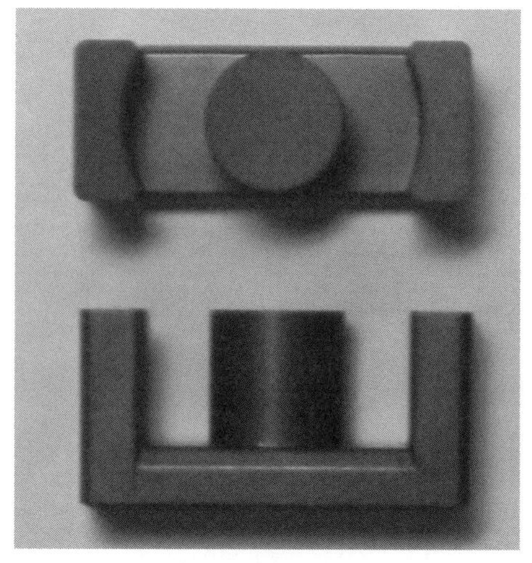

写真2　フェライト・コアの外観(EER型)

写真3　ボビンの外観(端子が成型品に埋め込まれたタイプ)

絶縁トランスには，**写真3**に示すような端子が成型品に埋め込まれた構造のボビンが適しています．端子を埋め込んだトランスは，トランス自体の製造コストも安くでき，基板へのアセンブリが容易で量産性に優れ，コスト・メリットが大きいです．信号系のパルス・トランスの場合は，埋め込み型のボビンを使うこともありますが，複雑な構造の表面実装タイプが多く使用されています．

ボビンに使用される樹脂には次のような種類があります．

①フェノール(PF)やジアリル・フタレート(DAP)などの耐熱性の高い熱硬化性樹脂
②ポリブチレン・テレフタレート(PBT)，ポリフェニレン・サルファイド(PPS)，ポリエチレン・テレフタレート(PET)などの耐ショック性の強い熱可塑性樹脂

近年，小型化，高周波化に対応するためトランス自体の発熱が大きくなり，その熱を放散させる目的で，熱伝導性の良い高熱伝導性樹脂の使用，また，絶縁性能を向上させる目的で，絶縁破壊に繋がるトラッキングが起きにくいCTI(Comparative Tracking Index)値の高いナイロン，DAPなどの樹脂を使用するケースも増えてきています．

● ワイヤ

写真4に示すのは，後述のバリア・テープを巻き付けたボビンに，1次巻き線(UEWタイプ)を巻き付けているところです．

ワイヤの巻き線は，ボビンにコアを組み入れる前に行われます．トランスに使われるワイヤには次の3種類あります．

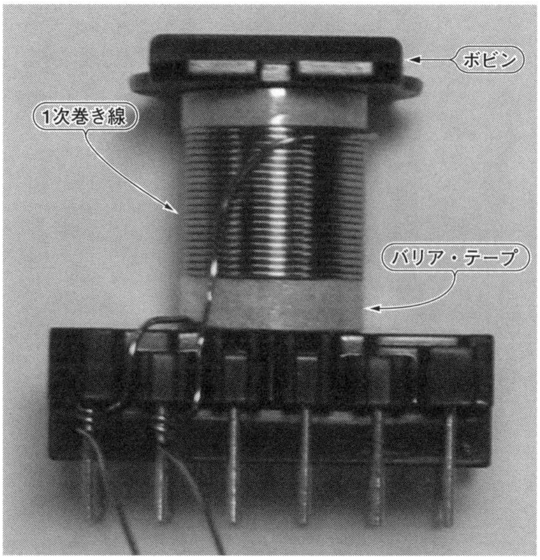

写真4　ボビン(写真3)に1次巻き線を巻き付けているところ
バリア・テープを巻き付けたボビンにワイヤを巻いている

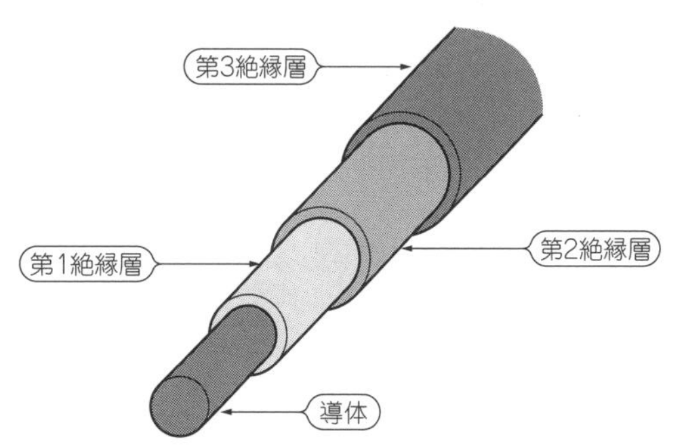

図2　3層絶縁ワイヤの構造

▶汎用タイプ

通常，使い勝手やコストの面からウレタン被膜銅線(UEW)を使います．UEWは，はんだ揚げ時に被膜が溶けて，端子と電気的に接続します．丸線だけでなく，平角形状のものもあります．

▶被膜の温度限度が高い高耐熱タイプ

高耐熱性が必要なトランスに使用します．ポリエステル線(PEW)，ポリエステル・イミド線(AMW)，ポリアミド・イミド線(AIW)などがあります．

このタイプはUEWと異なり，はんだ揚げと同時に電気的に接続することはありません．機械的または薬品を使って被膜を剥離(はくり)してから，端子と電気的に接続します．

▶3層絶縁ワイヤ

最近は，**図2**に示すような導体に絶縁体を付加した構造の3層絶縁タイプが市販されています．このタイプを使用すると，必要な沿面距離が長く，3層絶縁電線の使用量が少ない場合に，トランスを小型化できることがあります．

コラム　トランスは1次-2次間の距離が強く意識される

一般に，2つの導電体部間の絶縁物表面に沿って測定した最短距離のことを**沿面距離**と言います．

絶縁型トランスを設計する際，沿面距離を考慮しなければならない箇所は，**図A(a)**に示す①の部分(1次巻き線と2次巻き線との間)と②の部分(1次端子と2次端子の間)です．

距離を測るときは，絶縁物表面に沿うすべての場所が対象になります．沿面距離がとれていても，空間的な距離が短い場合は，空間距離が優先されます．**巻き線だけでなく，引き出し線部も対象になります**．

フェライト・コアは金属と同様の扱いになるため，**図A(b)**に示す③の部分(1次巻き線とコアの間)と④の部分(2次巻き線とコアの間)を加えた距離が1次巻き線と2次巻き線間の沿面距離になります．

絶縁トランスの内部において，安全規格上義務付けられた沿面距離を確保するためには，絶縁物であるバリア・テープを使うのが一般的です．**図B**に示すように，ワイヤがバリア・テープの上に乗り上げないよう，コイルの巻き高さよりもバリア・テープの厚みを厚くする必要があります．　**〈野澤 正亨〉**

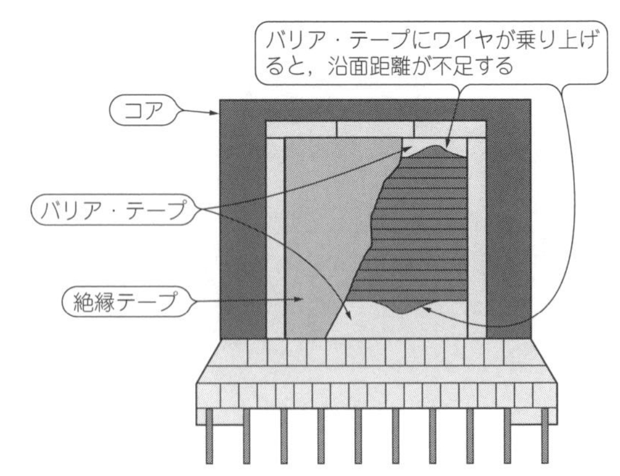

図B　バリア・テープはワイヤが上に乗り上げることのないよう厚く巻く

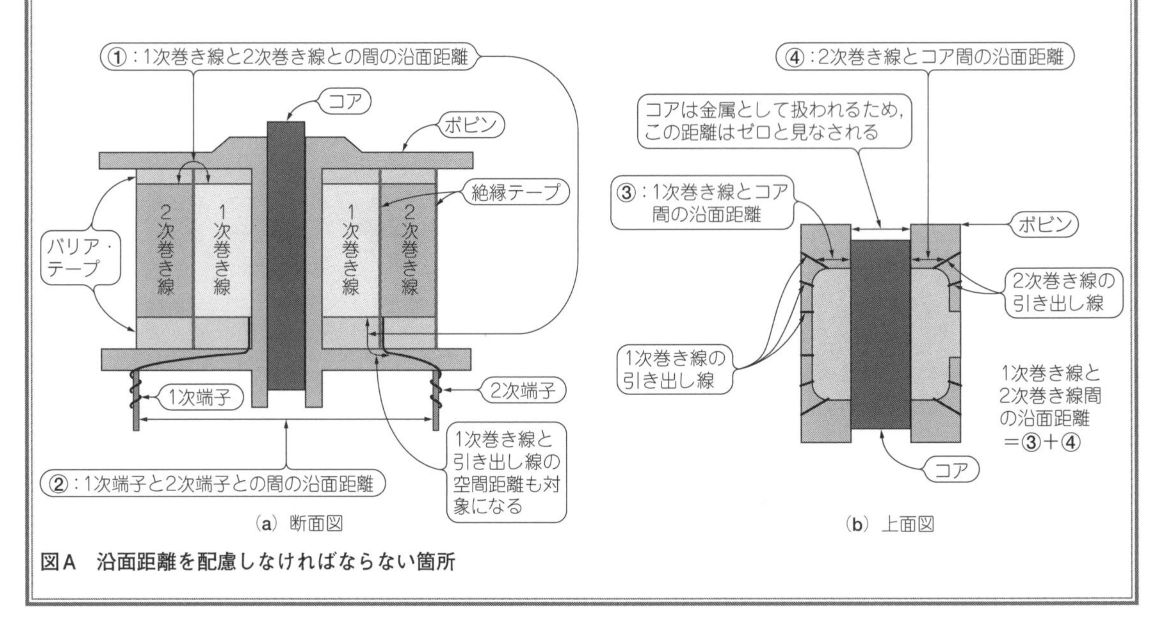

図A　沿面距離を配慮しなければならない箇所

● テープ

トランスには次の2つの目的で，絶縁テープとバリア・テープという2種類のテープが使われています．

① 1次側巻き線や各2次側巻き線を絶縁する
② 沿面距離を稼ぐ

写真5に示すのは，1次側の巻き線を巻き終わり(**写真4**)，その上に絶縁テープを巻いて，2次側の巻き線を巻いたところです．

▶絶縁テープ

コイル間の絶縁を目的とする絶縁テープには，通常使い勝手，コストの面からポリエステル・テープを使います．ワイヤと同様に耐熱性が要求される場合は，PPSテープやカプトン・テープなどを使います．

▶バリア・テープ

沿面距離を稼ぐために使われるテープで，ポリエステル不織布製を使います．

巻き枠を確保するための壁を作り上げる役割りもあるため，テープ自体に厚みが要求されます．使い勝手をよくするため，使い始めは厚く，上から押さえ付けると薄くなる構造になっています．

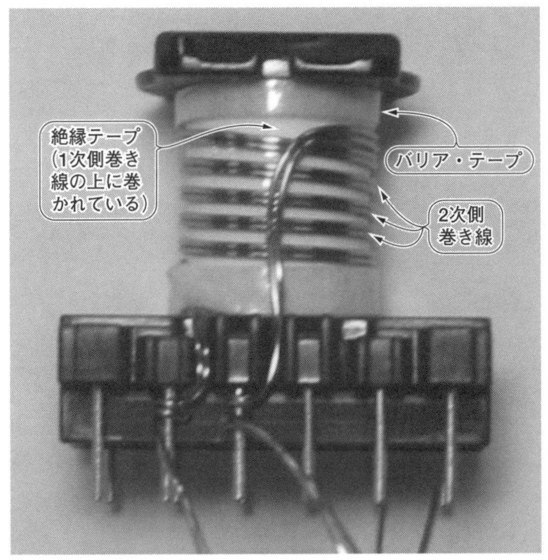

写真5　絶縁テープの上に2次側用のワイヤを巻き付けているところ
絶縁テープの下層には1次側の巻き線がある

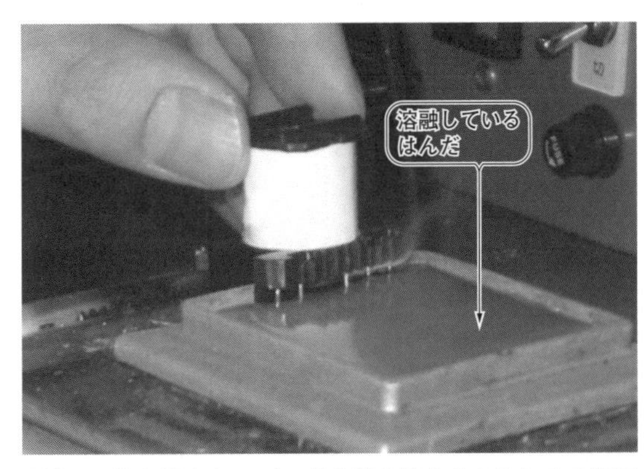

写真6　巻き線とテーピング作業を終えたトランスの端子部をはんだ槽に浸しているところ

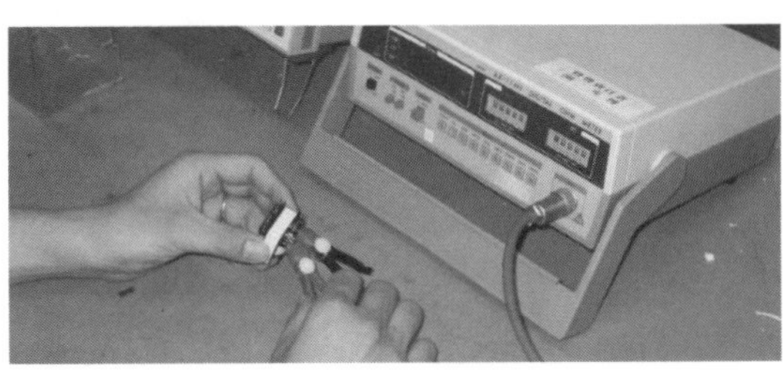

写真7　できあがったトランスは特性評価を行う
インダクタンス，リーケージ・インダクタス，直流抵抗，絶縁耐電圧などを測定する

● はんだ

一般に，ワイヤとボビンの端子は，はんだ付けによって継線します．**写真6**に示すのは，巻き線とテーピング作業を終えたトランスの端子部をはんだ槽に浸しているところです．

最近は，環境の問題から鉛**フリーはんだ**を使うようになりました．従来のはんだ，つまり共晶はんだと比較すると，**はんだ揚がりが悪く，銅食われ現象が起きやすい**のではんだ揚げ条件を吟味する必要があります．

特に$\phi 0.1$以下のワイヤでは，この線細り現象が原因で断線事故につながる場合もあります．

銅食われ現象とは，トランスに使用しているワイヤ(銅線)の銅がはんだ揚げ時にはんだ中のすずに溶解し，ワイヤ自体が細くなってしまう現象のことを言います．その度合いははんだの組成，はんだ揚げ温度，時間によって異なります．

また，トランスに付着していたはんだ玉が，トランス基板実装後に脱落してショート不良を引き起こした不具合事例があることから，近年ではワイヤとボビン端子の継線に溶接工法を用いたSMDトランスも出てきています．

● シールド

トランスから漏れる磁束が，ハム・ノイズなどの雑音の発生原因になることがあります．

必要な場合は，**図1**に示すように，トランスの最外周に銅板を巻き付けると，この漏れ磁束が低減します．**磁束を遮蔽する効果は，幅よりも厚みが利きます．**

● ワニス

トランスに使用するボビン，ケース，金具などをフェライト・コアと接着し固定するための材料です．この材料に熱膨張係数が大きいものを選んでしまうと，熱衝撃時にコアにクラックが発生することがあります．

おのおのの熱膨張係数が異なる材料に急激な温度変化を加えると，おのおのの材料がそれぞれの熱膨張係数で熱収縮するため，その応力によってコア・クラックを誘発します．その発生頻度はコアの形状，寸法，厚みなどに依存するので，使用環境に合わせて十分に確認しておく必要があります．

また近年では，環境を配慮して溶剤系のワニスを使用せず，接着剤で代用した製品も増えてきています．

● 測定工程

トランスが完成したら下記の特性を測定します．

- インダクタンス
- リーケージ・インダクタス
- 直流抵抗
- 絶縁耐電圧

写真7に示すのは実際の作業のようすです．

◆参考文献◆
(1) フェライト・コア・カタログ，TDK㈱．
(2) 北原 覚；トランスの設計法その①，トランジスタ技術2005年8月号，CQ出版社．

Appendix

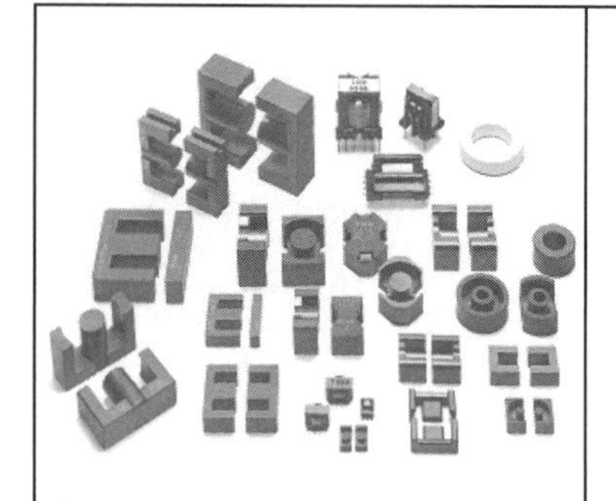

電源の性能を決めてるのはトランスとコイル

本書の構成と読み進めかた

北原 覚
Satoru Kitahara

2005年から2006年にかけて,『トランジスタ技術』誌で,「パワー・フェライトによるトランス&コイル設計」と題して連載させていただきました.それから10年以上が経過しました.その間にエレクトロニクスの分野はさらなる発展をとげ,スマートフォンが普及し,現在ではIoTだAIだと,エレクトロニクス関連分野の進歩はとどまるところを知らない,という状況です.

そうしたなかで,本書が取り上げるトランス,コイルという部品は,IoT,インターネットといった華々しい分野と違って,地味なアナログ技術の世界の部品であり,技術的にも成熟した分野に属するものです.しかし,電子装置の電源にはなくてはならない部品であり,装置の小型/軽量化にとって大変重要な位置づけとなる電子部品です.

本書では,このようなトランス,コイル類について理論面から解説し,使われるコア材料についても解説を行ったうえで,実際のスイッチング電源で使えるトランスを設計する事例を解説します.

■ 電源作りの9割はトランス設計で決まる!

エレクトロニクスの分野においては,半導体集積技術の発展に伴い,電子機器の小型/軽量化,省電力化が急速に進んでいます.これら電子装置の電源は,現在ではほとんどの場合,スイッチング電源が使われています.そこでは電力を扱うために,半導体などで進んでいる集積技術の適用は難しく,その結果,電子装置全体に占める電源部分の体積の割合は年々増加する傾向にあります.

そして,その電源部分においてトランス,コイル類が占める割合は大きく,したがって電子装置の小型/軽量化のためには,トランス,コイル類を最適設計して高い効率で動作させて小型化することがますます重要になってきています.トランス設計の良し悪しが電源の完成度に大きな影響を与えますので,少しオーバーな言いかたかもしれませんが,電源作りの9割はトランス設計で決まる,と言えると思います.

■ 良いトランス,悪いトランス

スイッチング電源を設計する場合,トランス類は標準品から選択できるケースはほとんどなく,その電源に合ったトランスを設計することになります.

ここで,トランス設計の良し悪しを簡単に表現すると,まず「良いトランス」とは最適に設計されたトランスです.これは,電源仕様で決められた入出力条件の範囲内で,決められた温度上昇以内で動作し,手に入る標準的なコアのなかで最も小型なコアを使ったトランス…ということになると思います.

一方,「悪いトランス」とは,入出力条件の範囲内でコアが飽和してしまったり,温度上昇が高すぎる,無駄に大きなコアを使っている,などの問題があるトランス…と言えると思います.

■ トランスの最適設計は難しい

それでは良いトランスを設計する,すなわちトランスの最適設計を行うにはどのようにすればよいのでしょうか.

トランス設計に関する書籍やウェブサイト上の情報,ツール類はたくさんありますので,電源の入出力電圧などを入力すると,現在ではおおよそのトランスが設計できてしまいます.トランスの詳細な動作を理解していなくても一応は設計できることになりますが,本当に最適な設計ということになると,理論面も理解する必要があります.

また,トランス,コイルは電気と磁気を扱う「電磁装置」ということができ,電気的側面だけでなく磁気的側面の理解が必要になります(1).

そのような基礎的な理論面を理解したうえで,電源要求に応じた最適設計を導くことはなかなか難しいことです.電源の性能を決定する要素が複雑に絡み合っているためだと考えられますが,本書ではトランスの基礎的な理論面も解説したうえで,実際の電源で使われることを想定したトランスの設計事例を紹介していきます.

■ トランス設計はコアの選定が鍵…コア材料

トランスを設計するうえで最も重要な要素の一つはコアです．その磁性材料の材質と形状およびサイズが非常に重要な要素となります．磁性材料には大きな分類として，フェライト系，金属およびその合金系があります．

透磁率，飽和磁束密度といった磁気特性の特徴のみならず，その材料ごとに実用的な製造しやすさや，高周波における損失低減の目的から，材料形態(材料の形や構造)があり，それによって実用されているコア形状も違います．

実際の応用においては，これらの磁気特性やコア形状の違いなどから，用途によって最適な磁性材料，コア形状が使われます．**表1**および**図1**に，現在実用されているおもな磁性材料の種類を表します[(2)]．

フェライトは鉄の酸化物(セラミック)であり，固有抵抗が高く渦電流が生じにくいので高周波における損失が小さい特長がありますが，飽和磁束密度は金属系材料の半分以下となっています．一方の金属系材料は，飽和磁束密度はフェライトと比較して大きいのですが，高周波損失はフェライトと比較して大きいという欠点があります．材料それぞれで一長一短がありますので，トランスが使用される動作条件にあったコア材料を適切に選択します．

一方，トランス用コア材料に要求される性能としては，トランスを動作させる周波数域において

(1) 透磁率が高いこと
(2) 飽和磁束密度が高いこと
(3) 損失が低いこと

などがあげられますが，トランスを動作させる周波数域において飽和磁束密度が大きく，損失が小さな材料を選ぶことがトランスのサイズの小型化につながります．

図1のグラフは周波数100 kHzでの関係を示しており，本書で扱うスイッチング電源の周波数帯です．したがって，この図からフェライトと同等以上の性能が期待できるのは，センダストやアモルファスになることが読み取れます．しかし，実際に使用する際のコア形状の自由度やコストの観点で課題があり，性能とコストのバランスの良いフェライトが結果として一番多く使用されています．こうした背景から，本書ではコアの磁性材料についてはフェライトについて解説します．

なお，最近の用途として，スマートフォンやハイブリッド自動車のパワー回路といった用途で高磁界におけるインダクタンスが要求されるパワー・インダクタ用に，圧粉合金系材料を焼結したコアの開発/実用化が進んでいますが，これについては別の機会に譲ります．

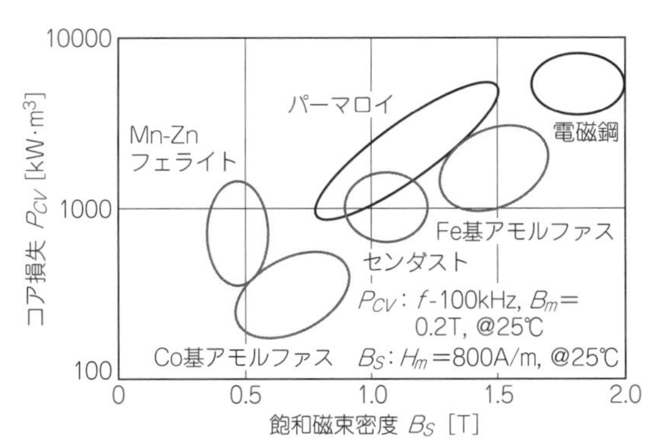

図1[(2)] **軟磁性体材料の損失と飽和磁束密度**

■ コアのサイズはどうやって決めるのか

次に必要なことは，コアのサイズを決めることです．この部分は従来から多くの設計手引書，解説書においては，これまでの経験側にもとづいてサイズを選定する方法が説明されています．

電源回路トポロジ(コラム参照)とスイッチング周波数から決まるコア・サイズを，従来の経験から最初に選定します．そのコアで設計してみて，そのコア・サイズでコアが飽和しないか，逆に余裕がありすぎないか，などの確認を行って，必要ならコア・サイズを一段階変える，という作業をしてきました．

スイッチング電源が一般的になって長い年月が経っているため十分な経験があり，この方法で間違いはないのですが，もう少し理論的なアプローチで必要なコア・サイズを求めてみます．

表1 おもな磁性材料

材料系	磁性材料名	材料の状態	コア形成方法/形状
フェライト系	Mn-Znフェライト	セラミック	プレス成型
	Ni-Znフェライト		
金属合金系	珪素鋼板	シート	シート積層
	パーマロイ	シート，粉末	シート積層/巻回 プレス成型
	センダスト		
	アモルファス(Fe系)	極薄リボン	リボン巻回
	ナノ結晶		

その方法の1つがエリア・プロダクトAPによる求めかたです．トランスがハンドリングするパワーと，コアの断面積(A_C)と巻き線部分の巻き枠の面積(A_W)の積

$$AP = A_C\,A_W$$

の関係式から，必要なコア・サイズが求められます．

本書ではこの方法も説明します．

■ トランス設計を決める重要パラメータ

スイッチング電源の性能はトランスの設計の良し悪しで左右されると言ってきましたが，その設計を決めるパラメータは非常に多くの項目があります．最適な設計をするためにはたくさんのパラメータを考慮する必要があります．おおよそのサイズ，巻き線仕様を決めるために最低限必要なパラメータを，少々乱暴ですが絞り込みますと，下記の5つの項目になります．

(1) 入力電圧範囲：$V_{in\mathrm{min}}$，$V_{in\mathrm{max}}$
(2) 出力電圧，電流：V_{out}，I_{out}
(3) スイッチング周波数：f_{SW}

ただし前提として，回路トポロジを決め，デューティ・レシオ(D_{max})，フェライト・コアの最大磁束密度(B_S)，許容温度上昇値(ΔT)などを一般的な値に設定した場合です．

これらの値が決まればトランスのコア・サイズ，インダクタンス，巻き線仕様をおおよそ決めることができます．

本書の具体的な設計事例において，その詳細を解説します．

■ パソコンでトランス一発設計？

トランス設計を支援するツールとしては，トランス自体を設計するツールと，設計されたトランスの動作をシミュレーションする回路シミュレータの2種類に分けられます．

後者の回路シミュレータは，現在では "LTspice" が無償で制限なしで利用できるようになったこともあり，広く一般的に使われるようになっています．

一方，前者のトランス設計ツールとして有名なものに "Magnetics Designer" がありますが，高価であり無償版では制約もあるため，まだ広く使われるまでにはなっていません．

しかし前節で述べたような少ない重要パラメータで概略設計するレベルであれば，ウェブ上で公開されているオンライン設計ツールが利用できます．ICメーカのサイトでそのメーカのICを使う前提の電源に使用するトランスの設計，という形が多いようです．

以下にそのようなサイトの例をURLで示します．

▶オンライン・トランス設計ツールの例

(1) 設計支援サイト

http://ryos-web.mydns.jp/design/index.html

(2) ICメーカのサイト

- ローム

http://www.rohm.co.jp/web/japan/search/parametric/-/search/Isolated%20Converters%20%28AC~DC,%20DC~DC%29?AcdcDesignerFlag_num=1

- パナソニック

http://news.panasonic.com/jp/topics/2014/38305.html

- Power Integration

https://ac-dc.power.com/design-support/pi-expert/pi-expert-online/

- 富士電機

http://www.fujielectric.co.jp/products/semiconductor/model/power_supply/technical/fly-back_transformer_design.html

これらのICメーカのツールは自社のICを使うのが前提になっていますが，ローム社のツールのようにコア・サイズまで設定して，トランスの構造図まで示してくれるものもありますので，確認してみてください．

(3) 部品メーカのサイト

- Wurth Electronics：Magnetic Builder

https://www.poweresim.com/index.jsp?LeaseLink=Y&Submit=true&username=lease_wurth&password=jlzaenxz

このサイトは，入出力条件だけの入力と回路トポロジーの選択で推奨回路(Reference Design)や巻き線構造まで含めたトランスの詳細設計データを示してくれます．参考にしてみるとよいと思います．

■ 本書の構成

第1部　入門！電気自動車のエレクトロニクス

一昔前，自動車はほとんど機械制御で，エレクトロニクスはパワー・ステアリングやアクセサリなどの一部に限定されていました．新しいデバイスの採用にも消極的な印象でした．しかし最近は打って変わって，エンジンに代わり大出力モータで駆動したり，AI処理が可能なステレオ・カメラで自動運転したり，超高速無線通信でクラウドと連携したりと，最新の電子技術を積極的に導入するようになりました．特に，EV化は急ピッチで進んでおり，インバータの高効率化やバッテリの大容量化，パワー部品の小型化など，パワー・エレクトロニクスの進化が強く求められています．

第1部では，電気自動車の歴史と，代表的なハイブリッド自動車「プリウス」に搭載されているパワー・エレクトロニクスを研究します．

第2部　トランスとコアの基本

良いトランスを設計するためには，まずトランスの動作を理解する必要があります．一般的なトランスの構造や材料を理解した後，設計に必要な基礎的な理論

を解説します．トランス設計の中心となるコア・サイズの求めかたについても解説します．そして，コア材として一般的に使用されるフェライト・コアについて詳しく解説します．

第3部　電源＆トランスの設計事例

第3部では，具体的なスイッチング電源の回路方式別に，それに使用されるトランス，チョークの設計事例を解説します．リンギング・チョーク(RCC)方式，フォワード方式DC-DCコンバータ，PFC用チョーク・コイル，LLC共振電源用トランスなどの設計事例を解説します．

第4部　設計を強力アシスト！回路シミュレーション

第4部では，電源回路の動作をシミュレーションする際に必要となるトランス，インダクタのSpiceモデル作成の方法と，それを使用した電源回路のシミュレーションの事例を紹介します．また，使用される場合の多い降圧コンバータのなかでも採用メリットの大きい「電流モード降圧コンバータ」の動作解析についてはページ数を割いて詳細に解説しています．

次にトランス，インダクタ類の設計/解析ツールである“Magnetics Designer”の使用事例を紹介します．

◆参考・引用*文献◆

(1) 日本磁気学会編，早乙女 英夫，他著；パワーマグネティクスのための応用電磁気学，pp.51～53，2015年，共立出版．

(2)* 鈴木 幸春；スイッチング電源に使われる磁性部品のあらまし，トランジスタ技術増刊，電源回路設計 2009，pp.33～37，CQ出版社．

(3) 落合 政司；スイッチング電源の原理と設計，p.43，2015年，オーム社．

コラム　トランスの動作はスイッチング電源の回路方式によって違う

本書はスイッチング電源用のトランスの解説書ですが，トランスの動作は，スイッチング電源の回路方式によって多少異なります．この回路方式のことをトポロジといいます．代表的な回路方式を**表A**に示します(3)．

大きくは非共振型(矩形波)と共振型に分けることができ，さらに非共振型は，非絶縁型コンバータと絶縁型コンバータに分けることができます．

絶縁型コンバータのなかでも特にフライバック型はその部品点数の少なさもあり，100 W以下の電子機器のほとんどにフライバック型(RCC型を含む)が使用されています．

共振型は，電力変換効率が高く，かつノイズの発生が少ないという特徴から，近年の薄型液晶テレビなどの強い需要に応える形で普及してきました．LLC共振型と呼ばれることの多い回路方式です．

本書では一般の民生用電子機器に使用されることが多い，フライバック型やフォワード型，そしてLLC共振型，PFCなどに使われるトランス，チョーク・コイルの具体的な設計事例を紹介します．

〈北原 覚〉

表A　スイッチング電源の代表的な回路方式

<table>
<tr><th>回路方式</th><th>絶縁/非絶縁</th><th>回路方式名</th><th>本書で解説</th></tr>
<tr><td rowspan="9">非共振型(矩形波)コンバータ</td><td rowspan="3">チョッパ方式非絶縁型</td><td>降圧型(buck converter)</td><td>−</td></tr>
<tr><td>昇圧型(boost converter)</td><td>○</td></tr>
<tr><td>昇降圧型(buck-boost converter)</td><td>−</td></tr>
<tr><td rowspan="6">絶縁型</td><td>リンギング・チョーク型(RCC，自励式フライバック型)</td><td>○</td></tr>
<tr><td>フライバック型(ON-OFF型，他励式フライバック型)</td><td>−</td></tr>
<tr><td>フォワード型(ON-ON型)</td><td>○</td></tr>
<tr><td>プッシュプル型(センタ・タップ型)</td><td rowspan="3">−</td></tr>
<tr><td>ハーフブリッジ型</td></tr>
<tr><td>フルブリッジ型</td></tr>
<tr><td rowspan="3">共振型コンバータ</td><td rowspan="3">絶縁型</td><td>電流共振型(LLC共振型)</td><td>○</td></tr>
<tr><td>電圧共振型</td><td rowspan="2">−</td></tr>
<tr><td>部分共振型</td></tr>
</table>

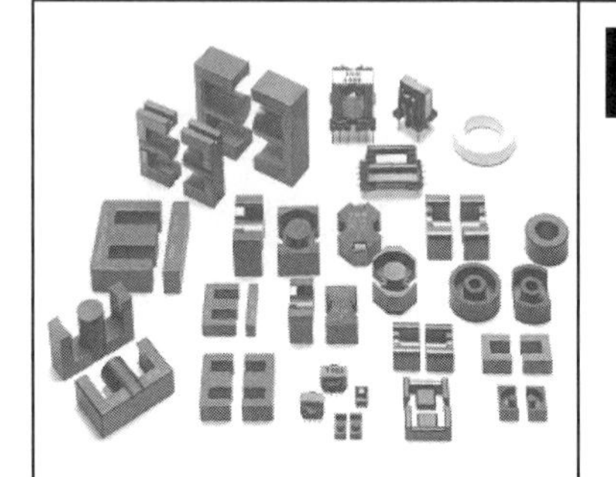

第4章 等価回路の理解と損失の計算方法

トランス設計 基礎の基礎

北原 覚
Satoru Kitahara

多くの電子回路は，市販の電子部品を購入し，それらを組み合わせて作ります．

ところが，スイッチング電源などのパワー回路の場合は，回路設計や部品選定だけでなく，トランスという部品そのものの設計も必要です．これは，パワー回路の仕様が一品一様で，その仕様に合う標準品が手に入る可能性が低いからです．部品メーカに任せるのではなく，その都度，自分で最適なものを設計しなければならないわけです．

トランスは，パワー回路の性能にもっとも大きな影響を与えるキー・パーツです．逆に言えば，最適なトランスの設計が完了したということは，パワー回路設計の多くが終わったことを意味します．また他と差別化するための聖域ともいえるでしょう．

トランスの設計は難しいと考えている人が多いようです．それは，トランスやコイルの動作を理解するためには，電気ではなく磁気の世界で考えなければならないからではないでしょうか．本章では，トランスを設計するために最低限知っておかなければならない基礎を解説し，トランスの等価回路の表しかたについて理解を深めます．

さらに，トランスに使うコアのサイズを算出する際に必要になる損失の求めかたを紹介します．トランスに発生する損失は熱に変換されて，トランスの温度を上昇させます．

損失は，コアと巻き線という2つの構成部品において発生します．

トランスの理解に必要な最低限の知識

図1は，電気と磁気の関係を示した図です．

このように磁気工学で扱う磁気量は，電気工学が扱う電気量と類似させると理解しやすくなります．これについては稿末の参考文献(1)や(2)で紹介されています．

■ 電気界と磁気界をつなぐ2つの法則

図2に示すのは，磁気特性と電気特性の関係を説明するものです．

● **ファラデーの法則**(Faraday's law)

磁束および磁束密度と電圧を関係付ける法則です．

> 閉じた導体のコイルを貫く磁束が時間の経過とともに変化すると，磁束の時間変化率に比例した電流が流れてコイルに起電力が発生する．その電流の方向は磁束の時間変化を妨げる向きである

という法則です．この法則を磁性体コアに巻き線したコイルに適用すると，**図3**のようになります．

● **アンペールの法則**(Ampere law)

磁界および起磁力と電流を関係付ける法則です．

> 磁場Hの空間内にある閉じたループ上の起磁力の線積分は，ループ内を貫通する電流に等しい

という法則です．この法則を磁性体コアに巻き線したコイルに適用すると，**図4**のようになります

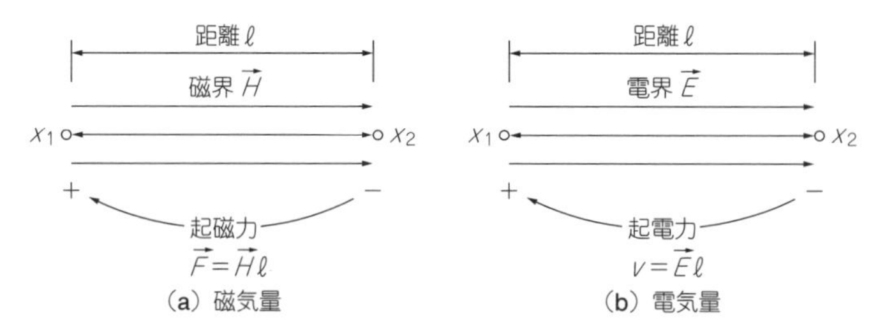

図1 電気と磁気の関係
磁気工学で扱う磁気量は電気工学が扱う電気量と類似させると理解しやすくなる

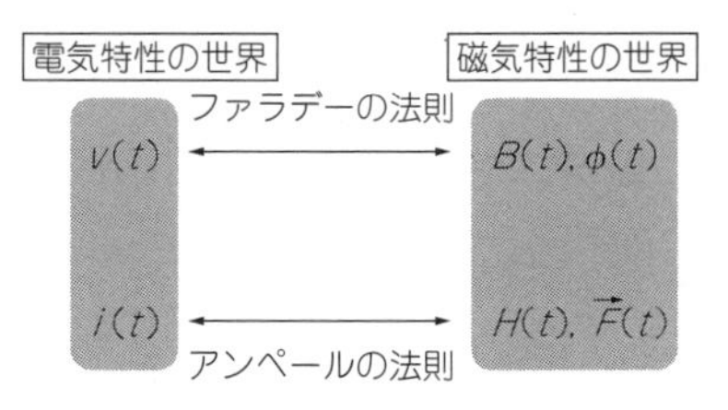

図2 磁気特性と電気特性の関係

■ トランスの特性を決める コアのB-H特性と透磁率

トランスの動作を理解するためには，まずコアを構成する磁性体の特性(磁気特性)を知る必要があります．コアの磁気特性は，実際にトランスを設計するときにも考慮しなければなりません．

なかでも重要なのは，コアのB-H特性です．**図5(a)**に示すのは，空間や非磁性体のB-H特性です．この傾きを透磁率(μ_0)と呼びます．**図5(b)**は磁性体のB-H特性を示したものです．飽和とヒステリシスの2つの非線形要素を含んでいます．

透磁率は，加える磁界Hの大きさと温度によって変化することが多く，これがトランスやコイルの動作をわかりにくくしている原因の1つになっています．

■ トランスのインダクタンス

● 磁性体コアをもたないコイルの場合

インダクタンスは電磁誘導の起こりやすさを示す物理量です．インダクタンスには，

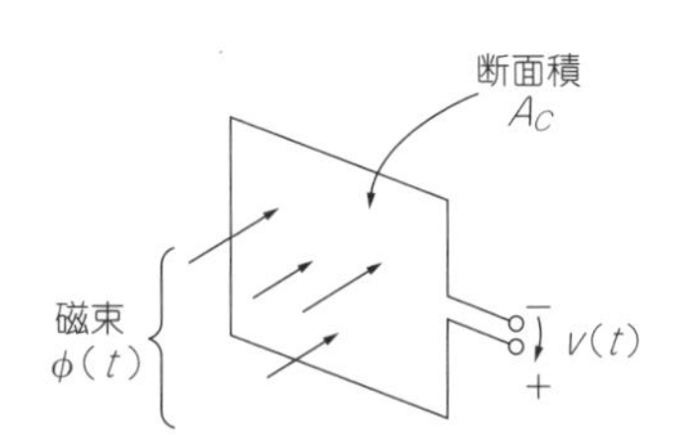

コイルを貫く磁束の時間変化に比例した大きさの逆起電力$v(t)$が発生する．つまり次式が成り立つ．

$$v(t)=\frac{d\phi(t)}{dt}$$

均一磁束分布とすると，

$$\phi(t)=B(t)A_C$$

$$\therefore v(t)=A_C\frac{dB(t)}{dt}$$

(a) ファラデーの法則

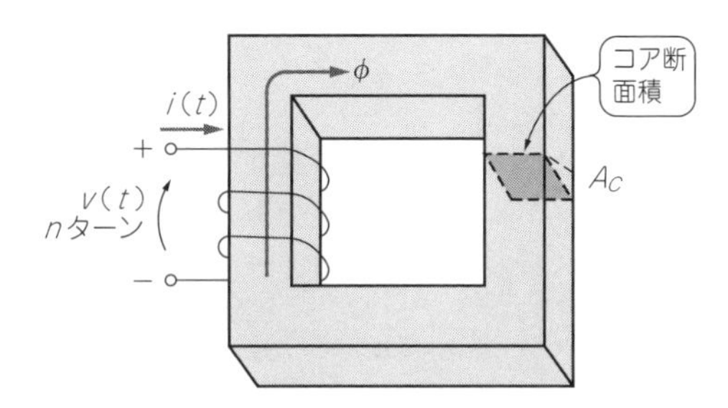

ファラデーの法則から，コイル1ターン当たりについて次式が成り立つ．

$$v_{turn}(t)=A_C\frac{dB(t)}{dt}$$

nターンの合計電圧は，

$$v(t)=nv_{turn}(t)=nA_C(t)\frac{dB(t)}{dt}$$

(b) 磁性体コアに巻いたコイルへの適用

図3 ファラデーの法則を磁性体に巻き線したコイルに適用

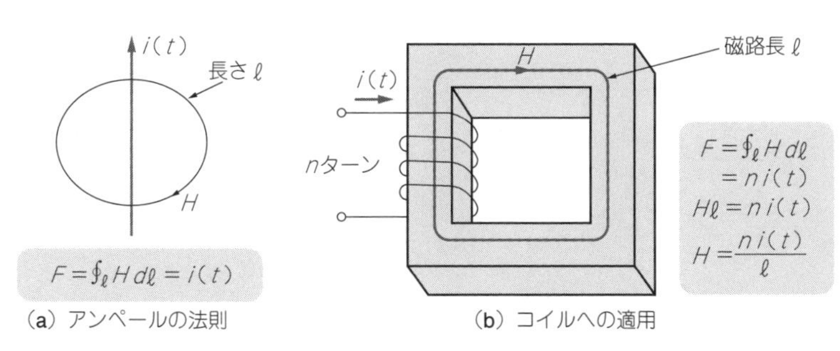

(a) アンペールの法則　(b) コイルへの適用

図4 アンペールの法則を磁性体に巻き線したコイルに適用

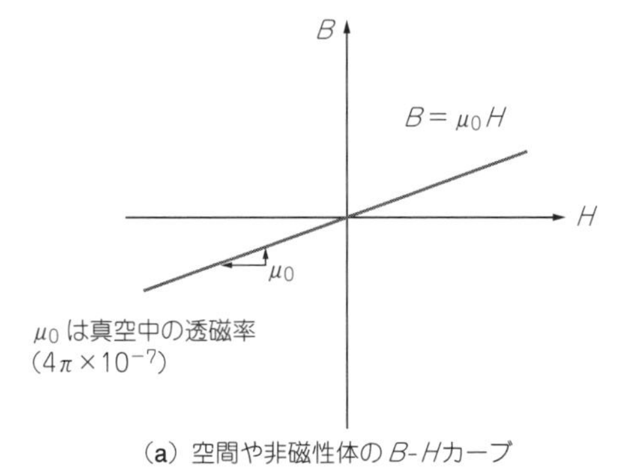

(a) 空間や非磁性体のB-Hカーブ

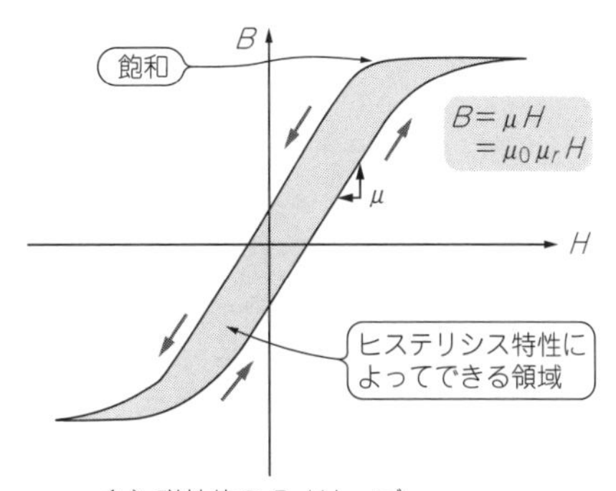

(b) 磁性体のB-Hカーブ

図5 トランスの特性を決めるコアのB-H特性と透磁率

- 相互インダクタンス
- 自己インダクタンス

の2つがあります．考えかたとしては，相互インダクタンスを理解してから，自己インダクタンスを理解すると理解しやすいでしょう．

▶相互インダクタンス(mutual inductance)

相互誘導とも言います．**図6**に示すように，コイル1に流れる電流I_1の時間変化dI_1/dtがコイル2に電圧v_2を生じさせている状態を考えます．

v_2の生じやすさを相互誘導Mと定義します．電磁誘導の生じやすさは，コイル1に流れた電流が作った磁束がどれだけコイル2を貫くか，という効率で定義します．式で書くと，

$$\phi_2 = MI_1 \quad \cdots\cdots (1)$$

ただし，ϕ_2：**図6**のコイル2を貫く磁束[Wb]，M：相互インダクタンス［H］，I_1：コイル1を流れる電流［A］

になります．式(1)にファラデーの法則を適用すると，

$$v_2 = d\phi_2/dt = -MdI_1/dt \quad \cdots\cdots (2)$$

ただし，v_2：コイル2に誘起される電圧［V］

となり，電圧と電流だけを使った関係式が得られます．

▶自己インダクタンス(self inductance)

コイルに流れる電流を変化させると，自分自身にも誘導が起き，その電流を大きくしていくと，自分を貫く磁束が大きくなります．

ファラデーの法則から，

$$v_1 = -d\phi_1/dt \quad \cdots\cdots (3)$$

ただし，v_1：コイル1に誘起される電圧［V］，ϕ_1：コイル1を貫通する磁束［Wb］

が成り立ちます．相互誘導と同じように扱うために，

$$\phi = LI \quad \cdots\cdots (4)$$

というように自己インダクタンスL［H］を定義すると，

$$v_1 = -LdI_1/dt \quad \cdots\cdots (5)$$

が得られます．

● 磁性体コアのあるコイルの場合

これまでの法則を磁性体コアをもつコイルに適用して，インダクタンスとコアの形状やコイルの巻き数との関係を導くと，**図7**のようになります．

ファラデーの法則およびアンペールの法則とコアの透磁率の定義式から，BとHを消去して，電圧と電流の関係式を導くと，コイルの諸条件(巻き数，コアの透磁率，コアの断面積と磁路長)とインダクタンスの関係が得られます．

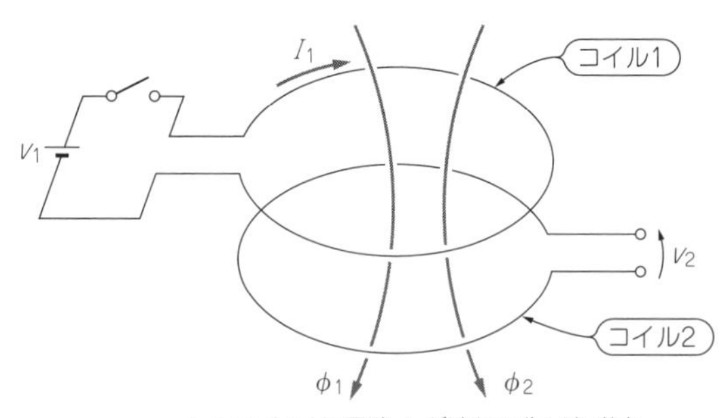

ϕ_1：コイル1に電流I_1が流れて生じた磁束
ϕ_2：ϕ_1のうちコイル2を貫く磁束

コイル2への電磁誘導の生じやすさをMとし，

$$\phi_2 = MI_1 \quad \cdots\cdots (1)$$

と定義する．ファラデーの法則から，

$$v_2 = \frac{d\phi_2}{dt} = M\frac{dI_1}{dt} \quad \cdots\cdots (2)$$

このMを相互インダクタンスという．
コイル1において，

$$v_1 = \frac{d\phi_1}{dt} \quad \cdots\cdots (3)$$

が成り立つ．ここで，相互インダクタンスと同じように扱えるように，

$$\phi = LI \quad \cdots\cdots (4)$$

と定義すると，次式が成立する．

$$v_1 = -L\frac{dI_1}{dt} \quad \cdots\cdots (5)$$

このLを自己インダクタンスという

図6　インダクタンスには「相互インダクタンス」と「自己インダクタンス」の2種類がある

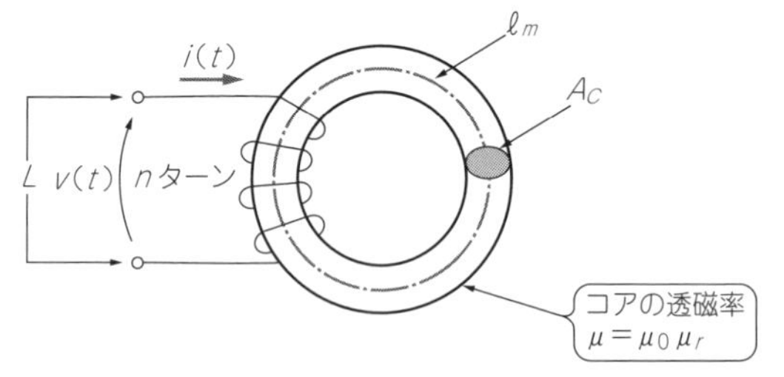

ファラデーの法則から，

$$v(t) = nA_C\frac{dB(t)}{dt} \quad \cdots\cdots (6)$$

アンペールの法則から，

$$H(t)\ell_m = ni(t) \quad \cdots\cdots (7)$$

コアの透磁率の定義から，飽和しない領域において，

$$B = \mu H \quad \cdots\cdots (8)$$

が成り立つ．式(6)，式(7)，式(8)からBとHを消去して，vとiの関係を導くと次のようになる．

$$v(t) = \mu nA_C\frac{di(t)}{dt} = \frac{\mu n^2 A_C}{\ell_m}\frac{di(t)}{dt} \quad \cdots\cdots (9)$$

この式は，

$$v(t) = L\frac{di(t)}{dt} \quad \cdots\cdots (10)$$

の形を成している．このとき次式が成り立つ．

$$L = \mu n^2\frac{A_C}{\ell_m} \quad \cdots\cdots (11)$$

図7　磁性体コアのあるコイルのインダクタンス，コアの形状，巻き数の関係

トランスの等価回路

トランスの動作は，等価回路で表すと理解しやすくなります．等価回路を作るときは，磁気回路と磁気抵抗の考えかたを導入します．

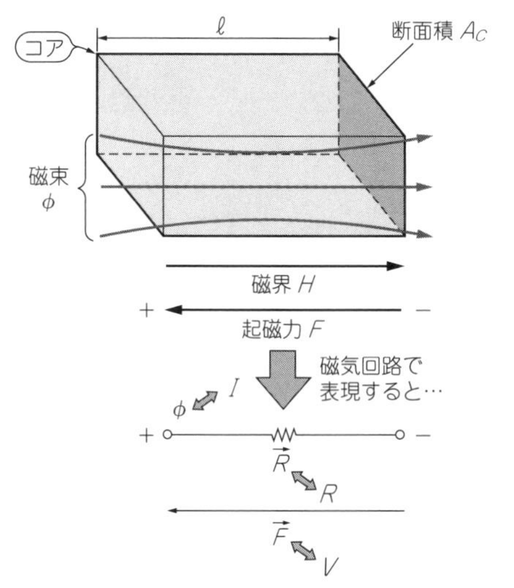

直方体のコアの端面間の起磁力$\vec{F}$は次式で表される．

$$\vec{F}=H\ell \quad \cdots\cdots(12)$$

$$B=\mu H \quad \cdots\cdots(13)$$

$$H=\frac{B}{\mu} \quad \cdots\cdots(14)$$

が成り立つ．

$$\phi=BA_C \quad \cdots\cdots(15)$$

から，

$$B=\phi/A_C \quad \cdots\cdots(16)$$

が成り立つ．

$$\vec{F}=H\ell=\frac{B}{\mu}\ell=\frac{\ell}{\mu A_C}\phi=\vec{R}\phi \quad \cdots(17)$$

とおくと次式が得られる．

$$\vec{R}=\frac{\ell}{\mu A_C} \quad \cdots\cdots(18)$$

これを磁気抵抗（リラクタンス）と定義する．

$\vec{F}$，ϕ，$\vec{R}$の関係は電気工学におけるV，I，Rに対応するため，磁気回路を電気回路のように扱うことができる．つまり次式が成り立つ．

$$\vec{F}=\phi\vec{R} \quad \cdots\cdots(19) \leftarrow \text{磁気回路}$$

$$V=IR \quad \cdots\cdots(20) \leftarrow \text{電気回路}$$

図8　磁気抵抗Rはコアの透磁率 μ と断面積A_Cで決まる

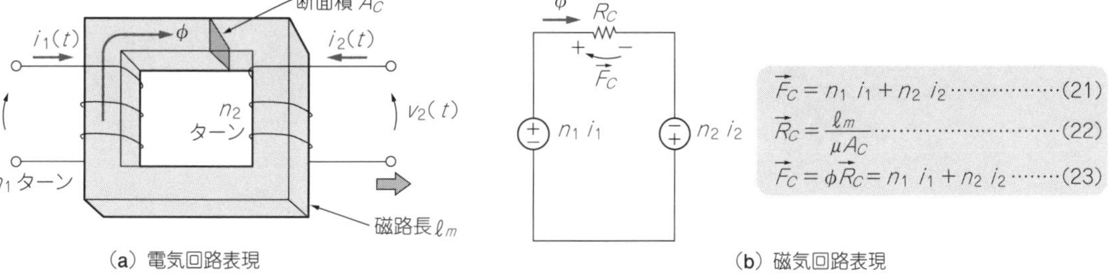
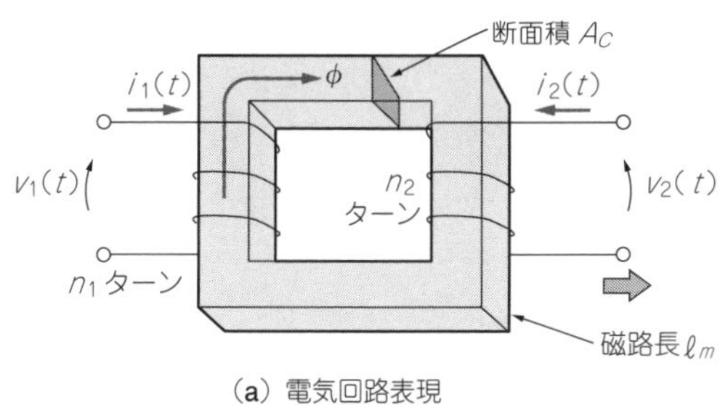

（a）電気回路表現　（b）磁気回路表現

図9　トランスを磁気回路で表すと…

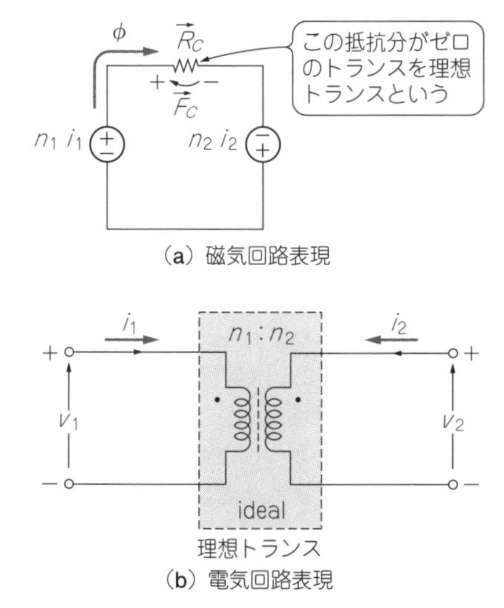

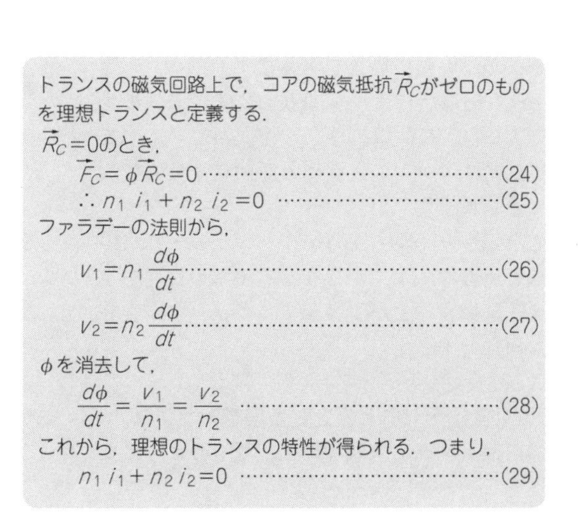

トランスの磁気回路上で，コアの磁気抵抗$\vec{R}_C$がゼロのものを理想トランスと定義する．

$\vec{R}_C=0$のとき，

$$\vec{F}_C=\phi\vec{R}_C=0 \quad \cdots\cdots(24)$$

$$\therefore n_1 i_1+n_2 i_2=0 \quad \cdots\cdots(25)$$

ファラデーの法則から，

$$v_1=n_1\frac{d\phi}{dt} \quad \cdots\cdots(26)$$

$$v_2=n_2\frac{d\phi}{dt} \quad \cdots\cdots(27)$$

ϕを消去して，

$$\frac{d\phi}{dt}=\frac{v_1}{n_1}=\frac{v_2}{n_2} \quad \cdots\cdots(28)$$

これから，理想のトランスの特性が得られる．つまり，

$$n_1 i_1+n_2 i_2=0 \quad \cdots\cdots(29)$$

図10　理想トランスの磁気回路と等価回路
理想トランスとは磁気抵抗がゼロのトランス

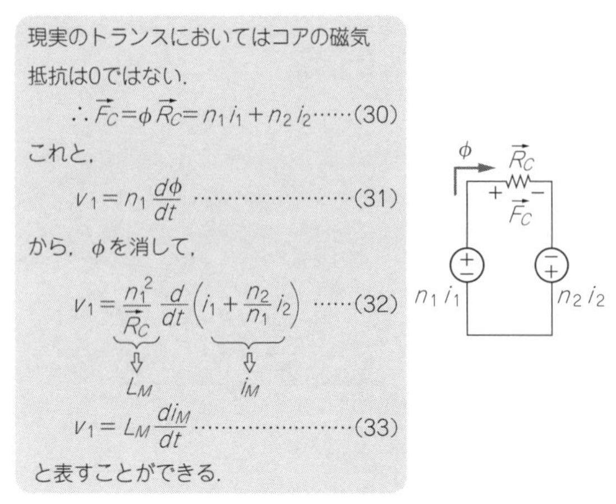

（a）磁気回路表現

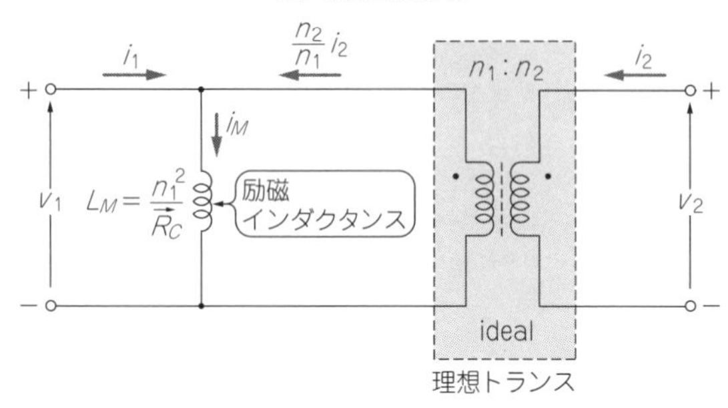

（b）電気回路表現

図11　現実のトランスに存在する励磁インダクタンス
理想トランス(図10)に励磁インダクタンスを追加して現実に近づける

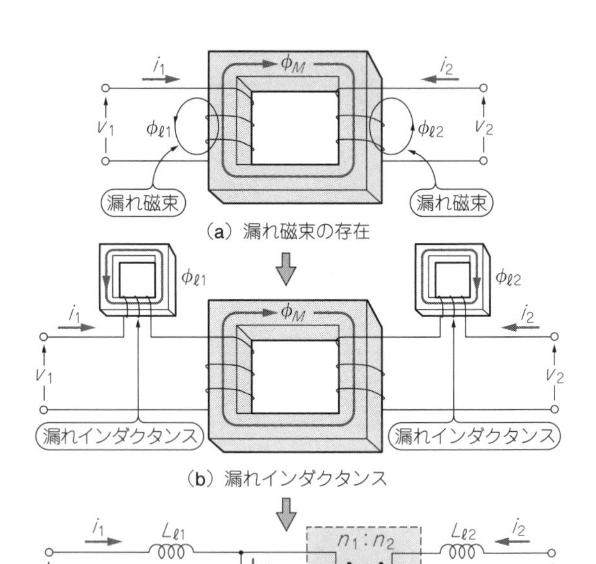

（a）漏れ磁束の存在

（b）漏れインダクタンス

（c）リーケージ・インダクタンスを等価回路に反映

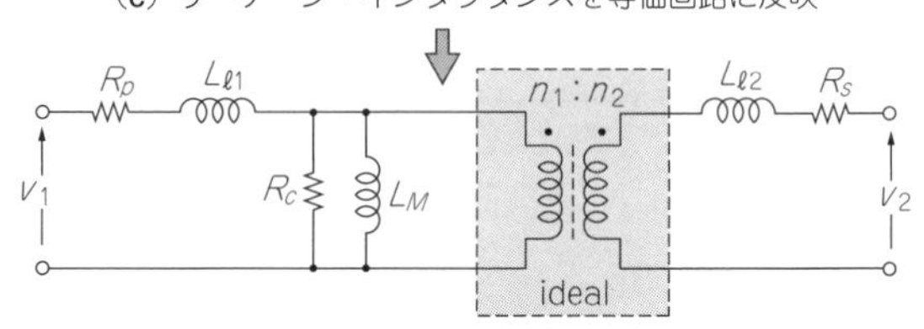

（d）巻き線の抵抗と鉄損を等価回路に追加

図12　現実のトランスには漏れインダクタンスが存在する

■ 理想的なトランスの等価回路

● 磁気回路と磁気抵抗(リラクタンス)

図8に示すように，透磁率μ，断面積A_Cの磁性体コアに磁束ϕが流れ込む場合を考えます．

起磁力(F)，磁束(ϕ)，磁気抵抗(R)は，電気の世界では起電力(電圧V)，電流(I)，抵抗(R)に対応します．磁気抵抗Rは，コアの透磁率と断面積を使って次式のように表されます．

$$R = \ell / \mu A_C \quad \cdots\cdots (18)$$

この方法を使えば，コアが存在する磁気の世界を電気回路のように扱うことができます．ギャップが存在するコアも同様です．

● コアの磁気抵抗をゼロと仮定した理想トランス

トランスを磁気回路で表現すると，**図9**のようになります．

このモデルにおいて，コアの磁気抵抗をゼロと仮定したものを理想トランスと呼びます．理想トランスを磁気回路と等価回路で表すと**図10**のようになります．

■ 実際のトランスの等価回路

現実のトランスの等価回路は，理想トランスに各種の結合成分や損失成分を追加していくと得られます．

● 理想トランスに励磁インダクタンスを追加する

理想トランスはコアの磁気抵抗をゼロと仮定していますが，現実にはゼロではありません．

図11に示すように，磁気回路で導かれる関係式から，トランスの等価回路は，1次側にインダクタンスが並列に接続されたものになります．このインダクタンスを励磁インダクタンスと呼んでいます．

● 理想トランスに漏れインダクタンスを追加する

図12(a)に示すように，現実のトランスでは，1次巻き線から発生する磁束すべてが2次巻き線を貫くこ

とはなく，一部の磁束が漏れます．この現象は2次側でも同様なことが起こります．

これら1次側と2次側の漏れ磁束は，互いに交差することはない，**図12(b)**に示すように，独立したインダクタンスとして機能します．このインダクタンスを漏れインダクタンスと呼びます．これを等価回路に表現すると，**図12(c)**のように表現できます．

● 巻き線の抵抗成分を追加する

さらに実際のトランスでは，巻き線部分の抵抗や，コアの損失である鉄損も考慮しなければなりません．

*

最終的には，実際のトランスの等価回路は**図12(d)**のようになります．信号伝送用途などのトランスの場合には，この等価回路にさらに浮遊容量や巻き線容量などを考慮する必要がありますが，通常のパワー回路では，ここまでで十分でしょう．

トランスに生じる2つの損失「鉄損」と「銅損」

パワー回路に使用するトランスは，扱う電力が大きい場合が多いため，その損失特性を知っておくことはとても重要です．

トランスには，鉄損と銅損の2つが生じます．

■ コアに生じる損失「鉄損」

● コアのヒステリシス特性によるもの

図13に示すように，トランスの1次側のコイルに交流電圧を加えたときの，トランスが蓄積し放出するエネルギ(1周期ぶん)を計算してみます．

ファラデーの法則とアンペールの法則を使って，コアに加わる磁界Hと磁束密度BでエネルギWを表すと，

$$W = V_e \int HdB \quad \cdots\cdots (36)$$

ただし，V_e：コアの実効体積(断面積A_Cと磁路長ℓ_mの積)［m^3］

になります．これはB-H特性の曲線と縦軸で囲まれた面積です．

図14の点ⓐから点ⓑまで磁束密度Bが変化すると，A＋Bの面積で表されるエネルギがコアに蓄えられます．次に点ⓑから点ⓒまで変化すると，今度はコアからエネルギが放出されます．そのエネルギ量はAの面積に相当します．

差し引きBの面積，すなわちB-H特性で囲まれた部分の面積で表されるエネルギは損失になります．この損失をヒシテリシス損と呼びます．

▶巻き線に加える電圧の周波数に比例する

このヒステリシス損は，ループを1回 回るたびに発生しますから，加える電圧の周波数が高くなるほど，ヒステリシス損失は大きくなります．つまり，ヒステリシス損は周波数に比例します．

▶磁束密度の大きさによっても変化する

ヒステリシス損P_h［W］は，磁束密度Bの大きさによっても変化します．次に示すスタインメッツ(Steinmetz)の式が有名です．

$$P_h = K_h f B_{max}{}^{\alpha} V_e \quad \cdots\cdots (37)$$

ただし，K_h：ヒステリシス損失係数，f：磁束密度変化の周波数［Hz］，α：定数，V_e：コアの実

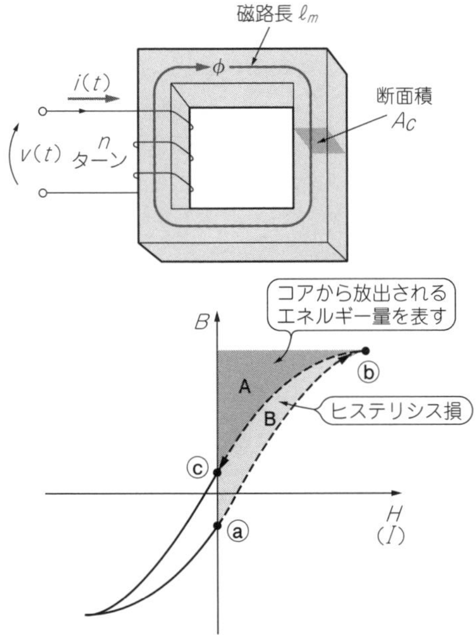

磁路長 ℓ_m

ϕ

$i(t)$

断面積 A_C

$v(t)$ n ターン

コアから放出されるエネルギー量を表す

ヒステリシス損

B, H (I), A, B, ⓐ, ⓑ, ⓒ

1周期当たりのエネルギWは，次式で表される．

$$W = \int v(t)\, i(t)\, dt \quad \cdots\cdots (34)$$

ファラデーの法則から，次式が成り立つ．

$$v(t) = n A_C \frac{dB(t)}{dt} \quad \cdots\cdots (35)$$

アンペールの法則から，次式が成り立つ．

$$H(t)\ell_m = n\, i(t)$$

式(34)に代入すると次のようになる．

$$W = \int \left(n A_C \frac{dB(t)}{dt}\right)\left(\frac{H(t)\ell_m}{n}\right) dt$$

$$= A_C \ell_m \int H\, dB = V_e \int H\, dB \quad \cdots\cdots (36)$$

$\int H\, dB$ は B-Hカーブの曲線と，B軸で囲まれた面積を意味する．

ⓐ→ⓑ でコアに蓄えられるエネルギはA＋Bの面積で表される．

ⓑ→ⓒ で放出されるエネルギはAの面積で表される．

差し引きBの部分は，コアの内部損失となる．これがヒステリシス損である．

図13　コアに磁束が流れると損失(ヒステリシス損)が生じる

効体積［m^3］，B_{max}：最大磁束密度［Wb/m^2］

● **コアに生じる渦電流によるもの**

一般に，磁性体はある程度電気を通す導電体です．

図14に示すように，磁性体内に磁束が貫通すると逆起電力が発生し（ファラデーの法則），磁性体内に電流（渦電流）が流れます．この電流は，加えられた磁束と反対方向の磁束が発生するような方向に流れて，磁束の変化を妨げます．

渦電流損失P_e［W］は，磁束の周波数fの2乗に比例します．ヒステリシス損と同様にスタインメッツの式が有名です．

$$P_e = K_e f^2 B_{max}{}^2 V_e \cdots\cdots (40)$$

ただし，K_e：渦電流損失係数

とされています．

＊

トランスの鉄損P_{Fe}［W］は，上記のヒステリシス損と渦電流損の合計であり，次のように表せます．

$$P_{Fe} = P_h + P_e = K_{Fe} \Delta B^{\beta} V_e \cdots\cdots (41)$$

ただし，K_{Fe}：鉄損係数，β：定数

フェライト・コアの場合，βは材質の違いによって値が異なり，2.3～2.8程度です．

■ 巻き線に生じる損失「銅損」

トランスの巻き線抵抗によって生じる損失を銅損と呼んでいます．

図15に示すように，巻き線に流れる電流の周波数が高くなってくると，導体内に渦電流と呼ばれる電流が流れ始めます．この電流が損失の要因になります．

渦電流による損失の増加は，表皮効果と近接効果の2つに分けられます．

● **表皮効果によるもの**

導線に電流iが流れると，その周りに磁束ϕが発生してこの磁束が渦電流を発生させます．

導線の中心付近では，渦電流は電流iと反対方向に流れて，この電流の流れを打ち消そうとします．その結果電流密度は，導線の内側ほど低く，外側ほど高くなります．これが表皮効果と呼ばれる現象です．

▶渦電流の表面からの深さを表すパラメータ「表皮深さ」

電流密度が，導体表面の電流密度J_0［A/m^2］の$1/e$（eは自然対数の底）になる深さを表皮深さと呼び，δ［m］で表します．表皮深さを使えば，巻き線に流れる全電流が，表面からδの深さまでの間で一様に流れていると考えることができます．

▶100 ℃，100 kHzのときの表皮深さは0.24 mm

図15に示すように，100 ℃，100 kHzにおける表皮深さは0.24 mmです．この数値は覚えておくと便利です．

表皮深さδ［m］と巻き線を流れる信号の周波数f

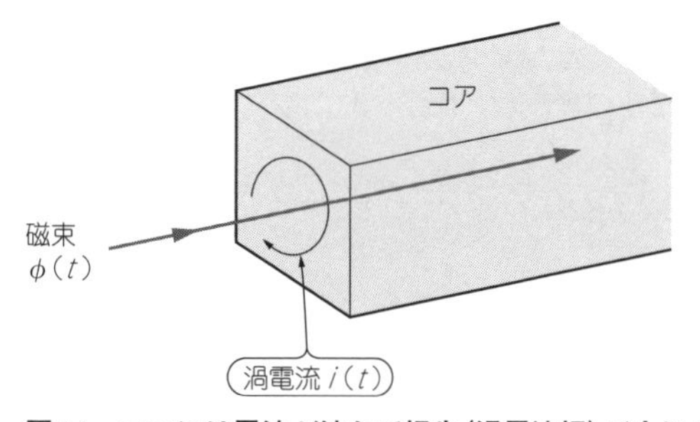

ファラデーの法則から，

$$v(t) = \frac{d\phi(t)}{dt} \cdots\cdots (38)$$

コア材料の抵抗をRとすると，渦電流$i(t)$は次式で表される．

$$i(t) = \frac{v(t)}{R} = \frac{1}{R}\frac{d\phi(t)}{dt} \propto f \cdots\cdots (39)$$

渦電流損失は$i^2(t)R$なので，f^2に比例する

図14　コアには電流が流れて損失（渦電流損）が生じる

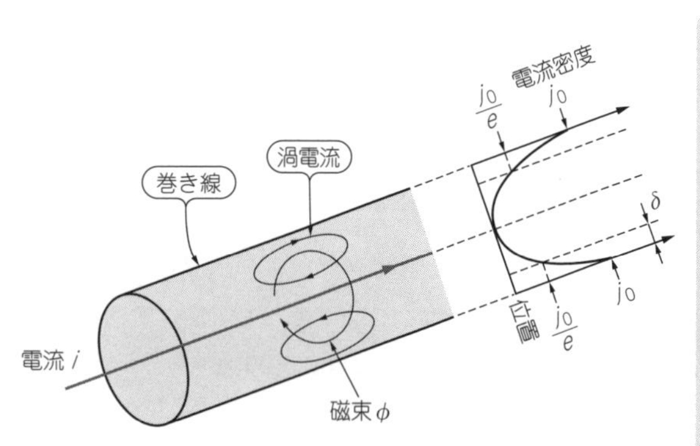

表皮深さδ[m]は次式で表される．

$$\delta = 10^{-3} \times \sqrt{\frac{\rho}{\pi \mu f}} \cdots\cdots (42)$$

ただし，ρ：銅の抵抗率(1.72×10^{-8}) [Ωm]，f：周波数[Hz]，μ：透磁率($4\pi \times 10^{-7}$)

巻き線が銅で常温の場合は，

$$\delta = 10^{-3} \times \frac{66}{\sqrt{f}} \cdots\cdots (43)$$

100℃で100kHzの場合は，表皮深さδは，

$$\delta \fallingdotseq \sqrt{\frac{2.3 \times 10^{-8}}{\pi \times 4\pi \times 10^{-7} \times 100 \times 10^3}} = 0.24\ \mathrm{mm} \cdots\cdots (44)$$

と表すことができる．

図15　巻き線に高周波電流が流れると渦電流が発生して損失の原因となる

［Hz］との関係は次のとおりです．

$$\delta = 2.4 \times 10^{-4} \sqrt{\frac{100000}{f}} \quad \cdots\cdots (44)$$

▶ワイヤ径を小さくするほど交流抵抗の増大を抑えられる

図16に示すのは，表皮効果によって直流抵抗R_{DC}に対して交流抵抗R_{AC}が増大する割合を巻き線径と周波数を変えながら，計算で調べた結果です．

▶正弦波より方形波のほうが交流抵抗の増加率が大きい

スイッチング電源のように，電流波形が正弦波でない場合は，高調波成分により正弦波のときよりさらに抵抗が増加します(4)．

● 近接効果によるもの

電流が同じ向きに流れるトランスの巻き線を近接させて巻くと，互いの電流によって発生する磁束が影響し合い，電流が片側に集中する現象が起きます．これを近接効果と呼んでいます．

図17(a)に示すのは，1次側の巻き線と2次側の巻き線が1つずつあるトランスの例です．それぞれの巻

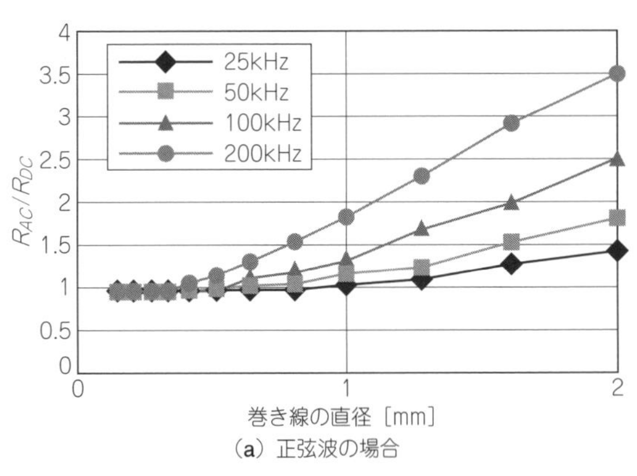

(a) 正弦波の場合

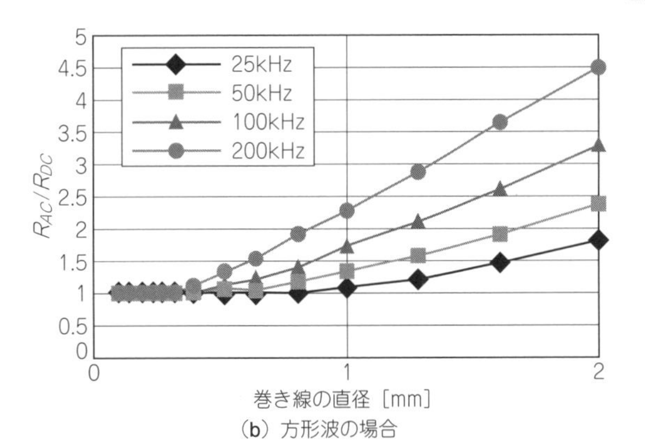

(b) 方形波の場合

図16　巻き線の直径や巻き線に流れる信号の波形と表皮効果の影響

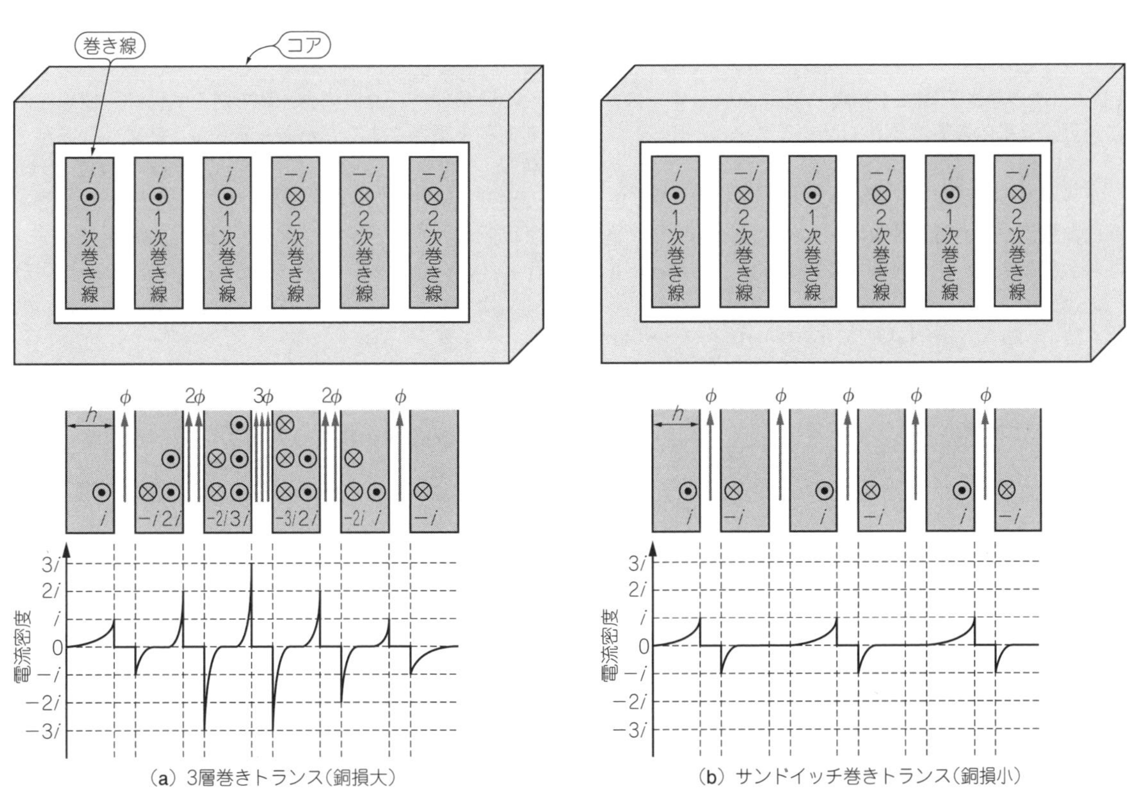

(a) 3層巻きトランス(銅損大)　(b) サンドイッチ巻きトランス(銅損小)

図17　同じ向きに電流が流れている巻き線が近接していると電流が集中して銅損が大きくなる

き線は，3層構造になっています．互いに近接する導体による磁束の影響で，導体表面の電流密度が高くなり，結果として損失が増加します．

図17(b) に示すのは，サンドイッチ巻き構造にすることにより，電流密度の過度な集中を避けた例です．結果として銅損が減少します．

図18 に示すのは，巻き線の層数と導体の厚みによる交流抵抗の増加の割合(F_R)を計算して，グラフにプロットした結果です[(3)]．

図中の$P_{pri.dc}$は1次巻き線の直流における銅損です．これに対して，dcが付いていないものは，交流における銅損です．

横軸のϕは，**図17**の導線の厚みhと表皮深さδの比で，次式で表されます．

$$\phi = \frac{h}{\delta}$$

周波数が高くなるほどδが小さくなるので，ϕの値は大きくなります．**図18**から読み取れるのは，同じ銅板の厚さであれば周波数が高いほど，近接効果の影響によりF_Rが大きくなり，銅損が大きくなるということです．

この結果からわかるように，近接効果による高周波抵抗の増加は，表皮効果によるものより大きな値になっています．

▶1次と2次に同時に電流が流れない場合は影響が小さい

フライバック・コンバータ用のトランスのように，1次と2次の巻き線電流が同時に流れないトランスでは，近接効果の影響は小さくなります．

＊

以上の2つの効果(表皮効果と近接効果)が原因で，高周波電流が巻き線に流れると抵抗値が増加して，巻き線全体の損失，つまり銅損が増します．結局，銅損P_{Cu}［W］は次のように表せます．

$$P_{Cu} = I_{DC}{}^2 R_{DC} + I_{AC}{}^2 R_{DC} F_R \quad \cdots\cdots (45)$$

ただし，I_{DC}：巻き線に流れる電流の直流成分［A］，I_{AC}：巻き線に流れる電流の交流成分［A］，R_{DC}：導き線の直流抵抗値［Ω］

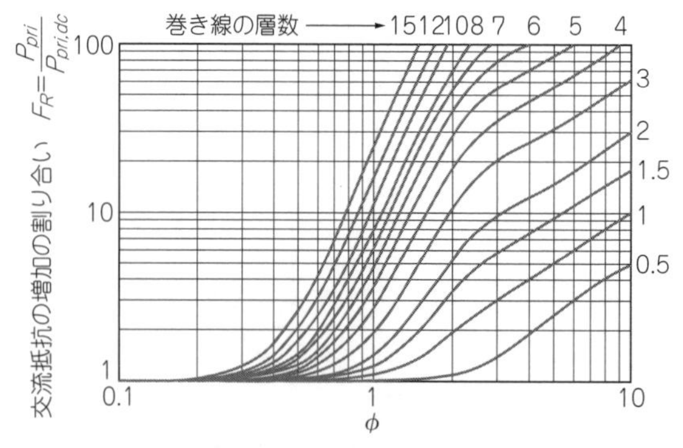

図18　高周波抵抗の増加は表皮効果より近接効果によるもののほうが大きい

トランスの損失を計算してみる

与えられたコアに巻けるだけ巻いた場合，鉄損と銅損がどのように変化するかを考えてみましょう．

● 鉄損を求める式

鉄損は，磁束密度Bの変化の約2.4乗に比例すると仮定します．

図3に示したファラデーの法則の説明にある，

$$v(t) = nA_C \frac{dB(t)}{dt}$$

の式において，コアの大きさ(A_C)と加える電圧$v(t)$を固定すると，巻き数nと$B(t)$は反比例の関係になります．

鉄損P_{Fe}［W］と1次巻き線の巻き数N_P［ターン］の関係は次式のように表せます．

$$P_{Fe} = \frac{K_{Fe}}{N_P{}^{2.4}} \quad \cdots\cdots (46)$$

● 銅損を求める式

与えられたある形状のコアに導線を巻けるだけ巻くという状態を想定すると，コアの断面積A_Cは一定で，巻き線を施すことができる巻き枠の面積A_wも一定です．

この条件下において巻き数を増やすには，巻き線の断面積を小さくするしかありません．結果として巻き数N_P［ターン］の2乗に比例して抵抗が増加します．つまり，銅損P_{Cu}［W］は次のように表すことができます．

$$P_{Cu} = K_{Cu} N_P{}^2 \quad \cdots\cdots (47)$$

ただし，K_{Cu}：定数，N_P：1次巻き線の巻き数［ターン］

● トランス全体の損失

トランス全体の損失をP_L［W］とすると次のようになります．

$$P_L = \frac{K_{Fe}}{N_P{}^{2.4}} + K_{Cu} N_P{}^2 \quad \cdots\cdots (48)$$

▶鉄損と銅損の比は1：1にするのがベスト！

これをグラフで表現したのが**図19**です．鉄損と銅損がほぼ等しいときに，トランス全体の損失が最小となることがわかります．一般にトランスの設計に際し，鉄損と銅損の比を1：1にすることが最も損失が小さくなる条件になります．

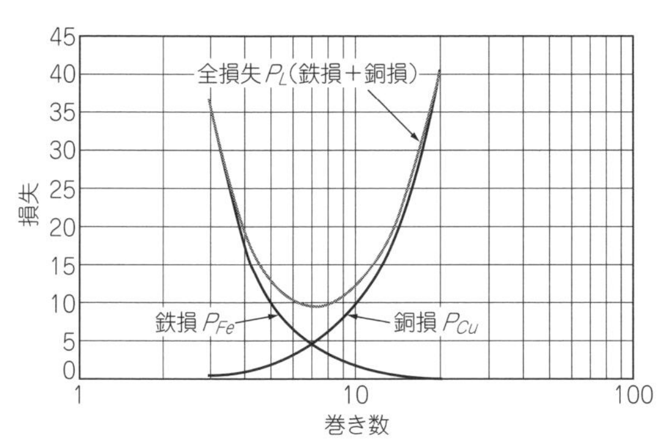

図19　鉄損と銅損が等しいときにトランス全体の損失が最小となる

■ トランスの温度上昇はコアの熱抵抗データから予測できる

トランスの温度上昇ΔT［℃］は，銅損と鉄損の合計の損失と，トランス全体の熱抵抗R_T［W/℃］から次式のように決まります．

$$\Delta T = R_T P_L \cdots\cdots (49)$$

逆にトランスの熱抵抗がわかっていれば，損失の大きさP_L［W］から温度上昇を推定できます．

図20に示す例のように，コア・メーカは，コアの形状ごとに熱抵抗のデータをデータシートなどに掲載しています．これを使えば，全損失がわかっている場合には，温度上昇を計算できます．

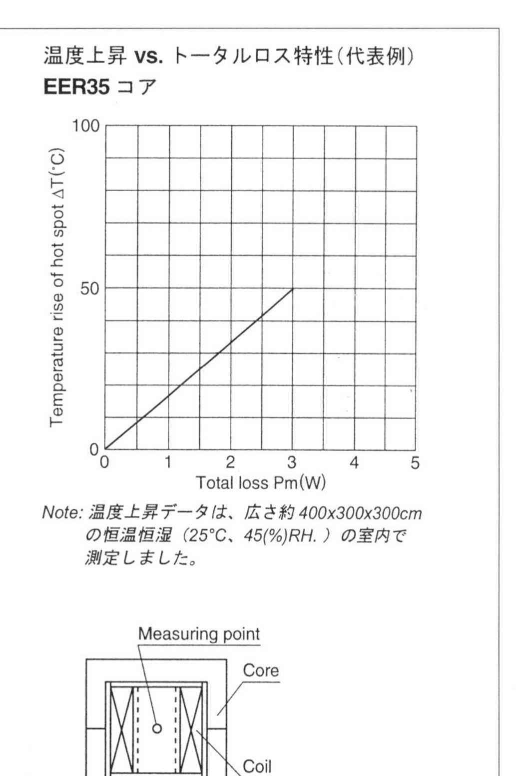

図20　トランスの温度上昇はコアの熱抵抗データから予測できる(TDK社EER35データシートから)

◆参考文献◆

(1) 馬場清太郎；わかる!!アナログ回路教室，トランジスタ技術，2002年10月号，pp.236～242，CQ出版社．

(2) Robert W. Erickson；Fundamentals of Power Electronics, Chapter 13：Basic Magnetics Theory, 1997, chapman & Hall.

(3) Robert W. Erickson；Fundamentals of Power Electronics, Chapter 13：Basic Magnetics Theory, 1997, Chapman & Hall.

(4) Abraham I. Pressman；Switching Power Supply Design, Second edition, pp.303～308, McGraw－Hill, 1998.

コラム　双対変換による電磁回路解析

● トランス，コイルの構造から等価回路を導く

本文ではトランスの等価回路を導く方法として，磁気回路と磁気抵抗の考えかたを使って，磁気回路から電気回路に変換していますが，磁気デバイスの構造を直接反映したものにはなっていません．

例えば，あるトランスの等価回路があったとして，この等価回路を使って電源回路シミュレーションを実施したとします．トランスの等価回路定数をいろいろ変化させて最適な回路定数が得られたとしましょう．そこで，この定数を実現するトランスに改善することになりますが，トランスの構造のどこの部分を改善するのかがわかるようにはなっていません．トランスの等価回路がトランスの構造に1対1で対応していないからです．

回路シミュレーションが以前より格段に実施しやすい環境になってきているため，シミュレーションで判明した最適条件を実際の磁気デバイスに反映させることができるということは，実際の電源の動作の最適化の実現に貢献できることになります．

このコラムでは，上記のような磁気デバイスの構造に対応した等価回路を導く一方法として，電気と磁気の類似性(analogy)と双対性(duality)の関係を利用した方法を紹介します．詳細な解説が参考文献(1)でなされており，その内容をここで紹介します．

● 磁気デバイス構造の簡略化

まず最初に行うべきことは，磁気デバイスの構造に適当な簡略化を行って集中定数化することです．漏れ磁束などは複雑な形で分布していますが，ある程度の正確さは維持しつつ，他と比較して小さな部分を省略します．これには，これまでの経験や直感，洞察が必要にはなると思います．

コア：ETD34
- A_E =1cm^2
- ℓ_E =10cm
- ℓ_G =0.2cm
- μ_R =3000
- n =15ターン

(a) ギャップ付きコイル

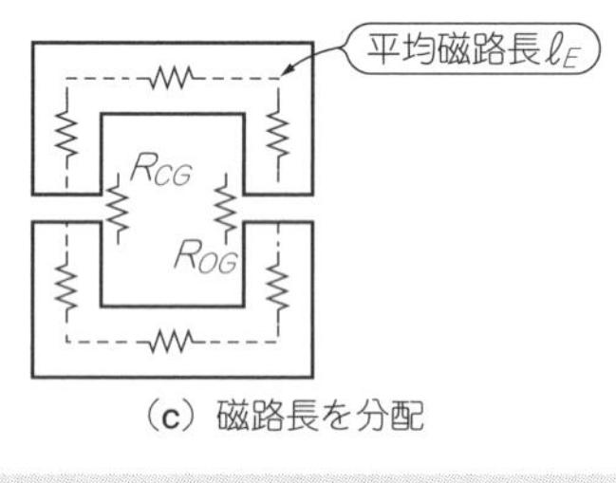

(c) 磁路長を分配

- ℓ_Eの部分を，R_CとR_Oに分配して割り当てる
- ℓ_Gの部分を，それぞれR_{CG}，R_{OG}と割り当てる

$$R_C = R_O = \frac{\frac{\ell_E}{2}}{\mu_0 \mu_1 A_E} = \frac{10\times10^{-2}/2}{3000\times4\pi\times10^{-7}\times1\times10^{-4}} = 0.133\times10^6$$

$$R_{CG} = R_{OG} = \frac{\ell_G}{\mu_0 A_e} = \frac{0.2\times10^{-2}}{4\pi\times10^{-7}\times10^{-4}} = 15.9\times10^6$$

$$R_S = 10\times10^6$$

$$P_C = P_O = \frac{1}{0.133\times10^6} = 7.5\times10^{-6}$$

$$P_{CG} = P_{OG} = \frac{1}{15.9\times10^6} = 0.062\times10^{-6}$$

$$P_S = \frac{1}{10\times10^6} = 0.1\times10^{-6}$$

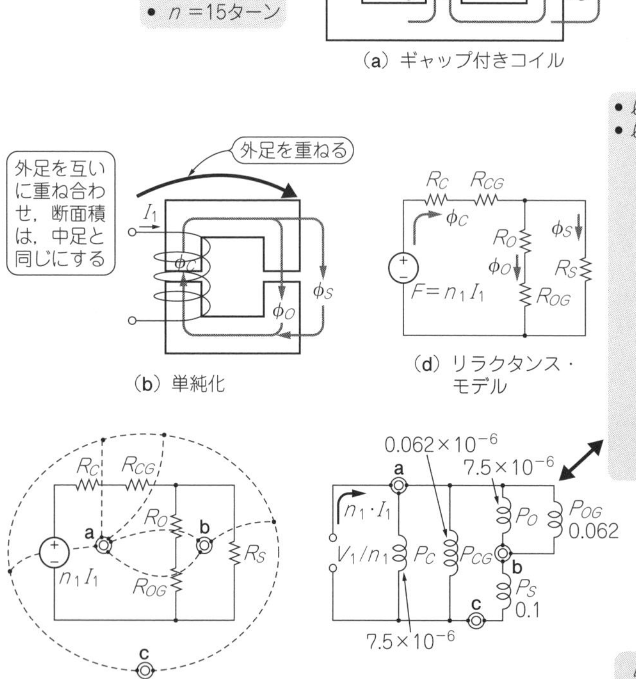

(b) 単純化

(d) リラクタンス・モデル

(e) 電磁気の双対性を使って磁気回路と双対の関係のある電気回路を導く

(f) パーミアンス・モデル

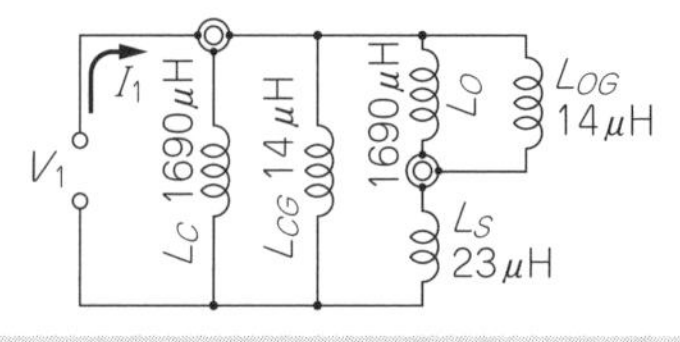

$$L_C = L_O = n^2 P_C = 15^2\times7.5\times10^{-6} = 1687.5\times10^{-6}$$
$$L_{CG} = L_{OG} = n^2 P_{CG} = 15^2\times0.062\times10^{-6} = 13.95\times10^{-6}$$
$$L_S = n^2 P_S = 15^2\times0.1\times10^{-6} = 22.5\times10^{-6}$$

(g) 巻き数nでスケーリング

図A　ギャップ付きインダクタの双対変換による等価回路の導出

例として，図A(a)のようなギャップ入りの単巻きコイルを取り上げます．ETD型のフェライト・コアの中足部分にコイルを巻いた構造で，中足，外足の両方にギャップがあるとします．実際のコア形状で計算してみるため，具体的な数値例を図中に示します．磁束はできるかぎり単純化します．コアは2つの外足を重ねるようにしてロの字形状にすることにより，中足と外足の断面積が同じになり，さらに単純化できます．これを図A(b)に示します．

● リラクタンス・モデル

次に行うことは，リラクタンス・モデルに表すことです．この例ではコアの断面積がどこも同じで，磁路長の半分ずつを磁気抵抗R_CとR_Oに割り当てます［図A(c)］．

これにより，図A(d)のようにリラクタンス・モデルが描けます．

● 電気と磁気の双対性(duality)

電磁気において,「静的な電気と磁気(電場と磁場)には双対性がある」といいます．

これは，片方についてのある公式が成り立つとき，他方についても類似した公式が成り立つことを言います．1949年にイギリスのE. Colin Cherryという人が論文を発表し(2)，トランスの電気的な等価回路が，双対性の位相幾何学の原理を応用して，磁気回路から導くことができることを示しました．

電気回路と磁気回路の双対な関係の代表的なものは表Aのようになります．

ここでパーミアンス(permeance)とは，リラクタンス(reluctance)の逆数で，

$$P=\frac{1}{R}=\frac{\mu A}{\ell}$$

で表されます．この式からわかるように，これは1ターン当たりのインダクタンスに相当しますので，コイルの巻き数nの2乗(n^2)をかけたものが，nターン・コイルのインダクタンスになります．

表A　電気と磁気の双対関係

電気	磁気
接続点(nodes)	網目(meshes, loops)
開放(open)	短絡(short)
直列(series)	並列(parallel)
起磁力(MMF)	アンペアターン(Ampere-turn)
磁束変化($d\Phi/dt$)	電圧$/n$(Volt/turn)
リラクタンス(reluctance)	パーミアンス(permeance)

● 双対回路の作成

次に，リラクタンス・モデルから双対な回路を次のような方法で導きます．図A(e)において，

① まず，リラクタンス・モデルの網目(mesh)またはループを確認します．この例では網目の数は3つ(a，b，c)になります(回路の外側も1つの網目と考えるから)．この点が，双対な回路の接続点になります．

② 次に，各接続点どうしを点線で結びます．この際，外側の点(c)はこの点を含んでリラクタンス・モデルの回路の外側をぐるっと囲む線にすると回路を描きやすいです．

③ この各点をつないだそれぞれの岐路は，その点線が横切った元の岐路に双対な素子になります．

リラクタンスはパーミアンスに，巻き線は電圧がV_1/n_1の端子対になり，起磁力はアンペア・ターンn_1I_1として端子対にシリーズな電流となります．

これは図A(f)のように書き直せますが，ここまでは巻き数nが1ターン前提となっています．これを実際の15ターンの値にするには，端子対には15を掛け，電流は15で割ってI_1となり，パーミアンスは15の2乗を掛けてインダクタンスになります．これが最終的な等価回路の図A(g)となります．

● 考察

この例では，5つの磁気抵抗からなるリラクタンス・モデルが5つのインダクタンスからなる電気回路に変換されました．この5つのインダクタンスの直/並列接続を計算して合成すると約10 μHになりますが，このモデルの重要な点は，等価回路の5つの各素子が元の磁気回路の磁気抵抗にそれぞれ対応していることです．

リラクタンス・モデルでコアの中足や側足のシリーズな磁気抵抗(R_C，R_O)は，等価回路では並列接続のインダクタンス(L_C，L_O)になっています．そして，側足で生じた漏れ磁束の磁気抵抗(R_S)はリラクタンス・モデルでは並列になっていますが，等価回路では対応したインダクタンス(L_S)は直列接続となっています．

これらからわかることは，コアの中足や側足で生じた大きなインダクタンスは，ギャップや漏れ磁束で生じた小さなインダクタンスに並列接続されているため，大きな意味をもたないということです．反

4 トランス設計 基礎の基礎

コラム　双対変換による電磁回路解析（つづき）

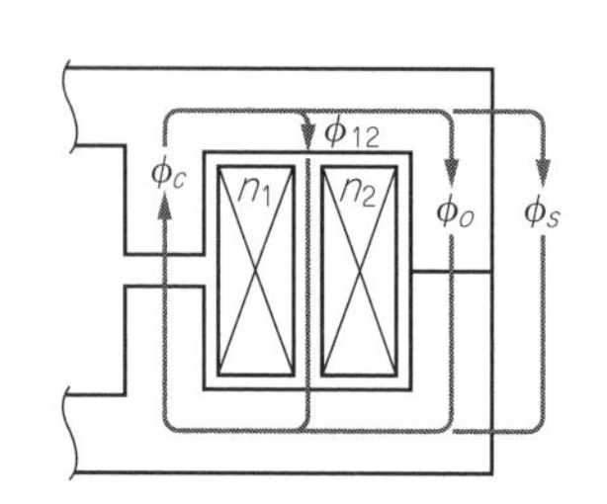

(a) 内鉄形，同心配置コイル構造の2巻き線トランス

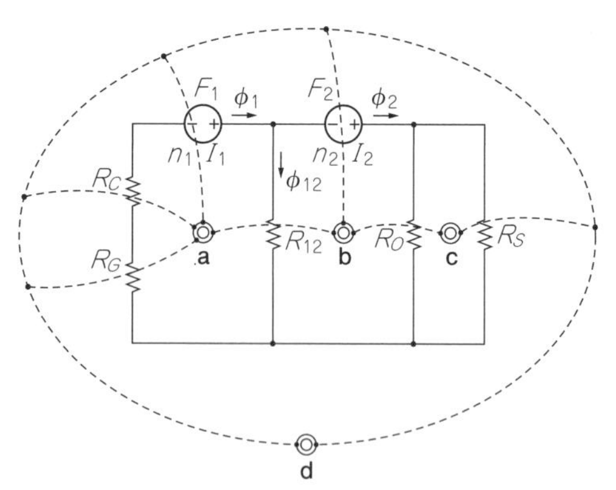

(b) リラクタンス回路と双対変換

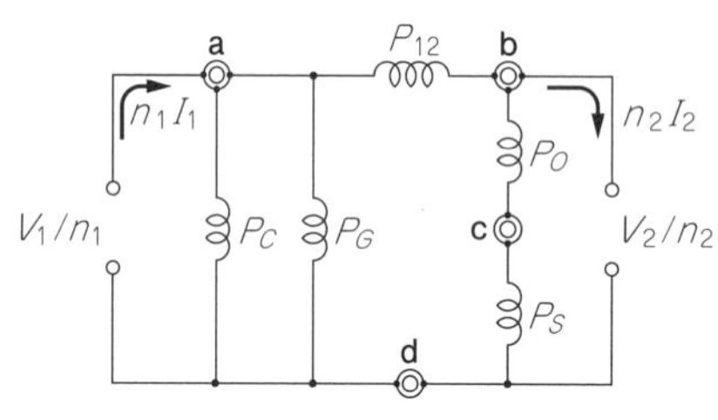

(c) 双対変換で得られたパーミアンス・モデル

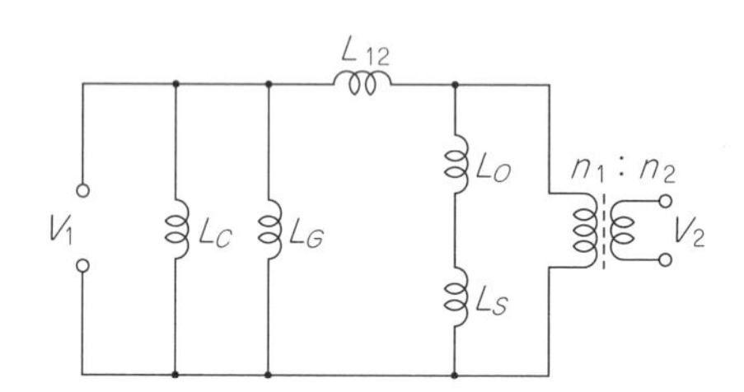

(g) 巻き数n_1でスケーリングし，理想トランスで2次側への巻き数比と絶縁を実現

図B　2巻き線トランスの双対変換による等価回路の導出

対に，ギャップで生じた漏れ磁束がこのコイル全体のインダクタンスに大きな影響を与える，ということがこの等価回路からも理解できます．

● トランスの等価回路

ここまでは，単純なインダクタンスの事例でしたが，同様の手法で，より複雑な構成のトランスの等価回路も導くことができます．

図B(a)は一般的な構造の2巻き線のトランスの例です．コアの中足にセンタ・ギャップのある構造です．

図B(b)でリラクタンス・モデルと双対変換のための点線を示します．これから**図B(c)**のパーミアンス・モデルが得られ，これをさらにトランスの巻き数でスケーリングをします．トランスの巻き数比は理想トランスを入れて，絶縁も含めて実現します．

このように，磁気と電気の双対性を使ってコイル，トランスの等価回路を，磁気構造に対応させて求めることができます．

この方法で求めた等価回路で電源の回路シミュレーションを行うことによって，動作を最適化する場合に，トランス構造のどこを改善すればよいのかがわかりやすくなります．

〈北原 覚〉

◆参考文献◆

(1) L. Dixon ;"Deriving the Equivalent Electrical Circuit from the Magnetic Device Physical Properties", Magnetic Design Handbook (Ed. Texas Instruments Incorporated, USA, 2001).

(2) E. Colin Cherry ;"The Duality between Interlinked Electric and Magnetic Circuits and the Formation of Transformer Equivalent Circuits", Proc. Physical Society, vol.62B, pp.101 ～ 111, 1949.

(3) 日本磁気学会，早乙女英夫 他：応用電磁気学，pp.51 ～ 83，2015，共立出版．

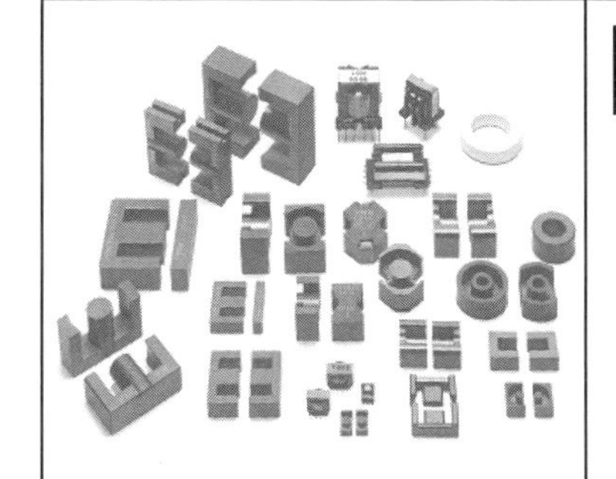

第5章 エリア・プロダクトによる設計手法を使う

コア・サイズの求めかた

北原 覚
Satoru Kitahara

前章の後半では，トランスに発生する損失には，コアから発生する鉄損と巻き線から発生する銅損の2つあることを説明し，その求めかたを示しました．本章では，トランスに要求される容量の仕様から，必要なコア・サイズを求める方法を紹介します．

通常，必要な出力を扱うことができるコア・サイズを決める際，試行錯誤的な手法が使われることが多いようです．つまり，フェライト・コア・メーカのカタログなどに記載されている出力とコア・サイズの関係からいったんコア・サイズを仮決めし，損失などの計算を行い設計を進めていきます．そして温度上昇などを確認して余裕がなければ，サイズを1ランク大きいものに換えて，一から再計算します．

ここで紹介するエリア・プロダクト(area product)の考えかたを使えば，必要なコア・サイズを精度良く，一度の計算で求めることができます．どういうわけか，日本ではあまり利用されておらず，欧米でよく使われているようです．

エリア・プロダクトとは

● コアが扱える最大電力の指標

エリア・プロダクトは，言葉のとおり，面積(area)の積(product)です．掛け合わせる面積は，コアの実効断面積と巻き線部の巻き枠の面積です．単位は面積の2乗，あるいは長さの4乗［m^4］です．

図1にコア形状とエリア・プロダクトの関係を示します．エリア・プロダクトAPは次式のように定義されています．

$$AP = A_w A_e \cdots\cdots (1)$$

ただし，AP：エリア・プロダクト，A_w：巻き線部の巻き枠の面積，A_e：コアの実効断面積

式(1)の導出過程は，稿末の参考文献(3)と(4)に譲りたいと思います．コラムも参照してください．

一般に，コアの実効断面積が大きくなるほど，大きな電力をハンドリングできます．また巻き枠の面積が大きいほど，より太いワイヤを巻くことができるため，大きな電力を扱うことができます．

● トランスが扱える電力とエリア・プロダクトの関係

トランスが扱える電力とエリア・プロダクトの関係式は，回路トポロジによって異なります．

図2に示すON-OFF型のフライバック・コンバータに組み込むトランスは，1次側がON時にエネルギを磁気エネルギの形で蓄え，OFF時に放出します．フォワード・コンバータ(ON-ON型)のトランスとは働きが異なるため，コアが扱える最大電力とエリア・プロダクトの関係式は違うものになります．

フォワードとフライバックのどちらの場合も，コア・サイズを決めるときは，**コアの飽和による制限と**

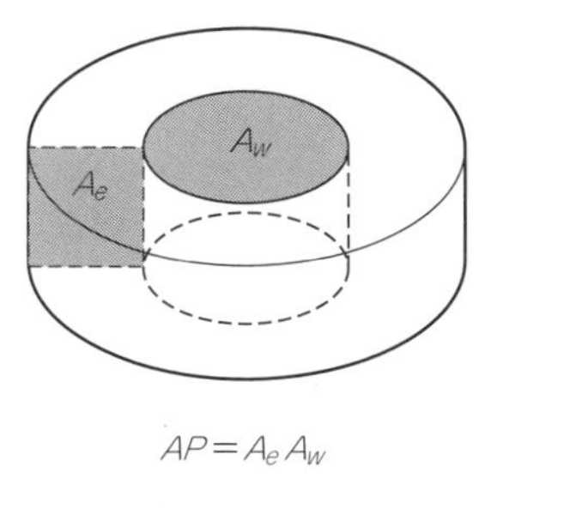

(a) トロイダル・コア

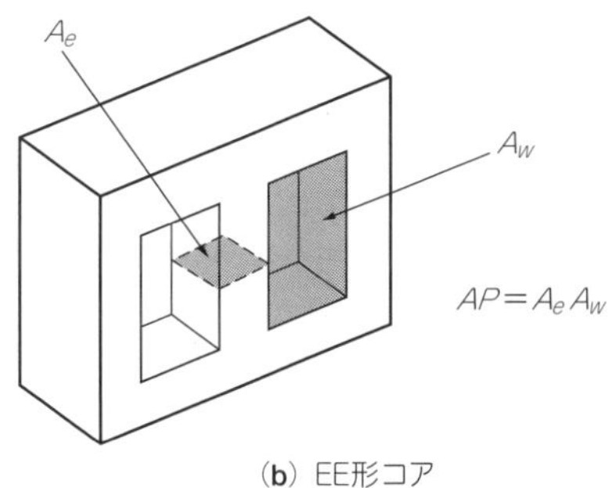

(b) EE形コア

図1 エリア・プロダクトはコアの実効断面積と巻き線部の巻き枠の面積の積

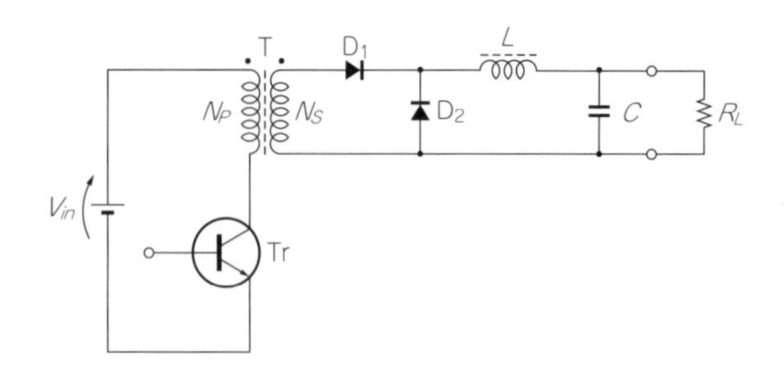

・TrがONのときにD_1が導通して，出力に電力を送る
・TrがOFFのときはD_2が導通して，Lに残っていたエネルギが出力に送られる
・トランスにはエネルギは蓄えられない

(a) ON-ON型(フォワード・コンバータ)

・TrがONのときにトランス(T)にエネルギを蓄える
・TrがOFFのときにTに蓄えたエネルギを出力に送る

(b) ON-OFF型(フライバック・コンバータ)

図2　ON-ON型コンバータ(フォワード・コンバータ)とON-OFF型コンバータ(フライバック・コンバータ)
コンバータの方式によってコアが扱える最大電力とエリア・プロダクトの関係式が異なる

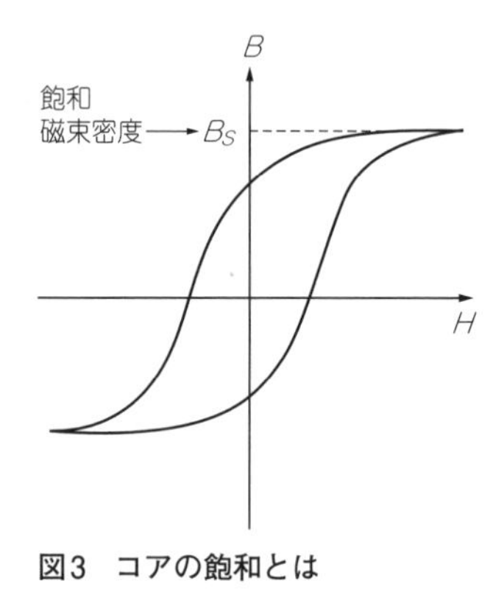

コアに加わる磁界(H)を増やしていくとこれ以上磁束が変化しない状態になる．この状態を磁気飽和という．
ファラデーの法則から次式が成り立つ．

$$v(t)=N_P A_e \frac{dB(t)}{dt}$$

したがって，トランスに加えられる電圧は，
・1次巻き線の巻き数(N_P)
・コアの断面積(A_e)
・コアの磁束密度(B)
の3つの要素で決まる

図3　コアの飽和とは

鉄損による制限の双方について計算し，どちらか制限の厳しいほうから必要なコア・サイズを決める必要があります．

フライバック・コンバータ用トランスのコア・サイズの算出

■ 動作周波数が低い場合

動作する周波数が比較的低い場合には，**コアの飽和と銅損の2つの制約によってサイズが決まります．**

動作周波数が低いとは，鉄損の影響が出てこないような周波数のことです．鉄損の影響は，コアの鉄損の値と周波数の関係，およびコアの大きさからくる放熱のしやすさ(熱抵抗の小ささと言ってもよい)との関係で違ってきます．

例えば，PC40材でEER35(TDK社)ぐらいの形状の場合，50 kHz程度の周波数でもコア・ロスの影響が無視できなくなります．これよりずっと小さいコア形状，たとえばEE16の場合は，250 kHzぐらいまでコア・ロスの影響は出てきません．

● コアの飽和によるサイズの制約

コア・サイズがコアの飽和(**図3**)によって制約を受ける場合，次式で求まるエリア・プロダクトAPが必要です．

$$AP=\frac{L\, I_P\, I_{FL}\times 10^4}{J\, K\, B_{max}} \cdots\cdots (2)$$

ただし，L：1次インダクタンス [H]，I_P：1次巻き線に流れる電流のピーク値 [A]，I_{FL}：1次巻き線に流れる電流の実効値 [A]，J：ワイヤの電流密度 [A/cm^2]，K：巻き枠のワイヤ占積率，B_{max}：最大磁束密度 [T]

● 銅損によるサイズの制約

ここでは，鉄損の影響が小さい低い周波数での動作を前提としているため，トランスの損失のほとんどは銅損と仮定します．

経験的に，トランスの温度上昇を30℃とした場合，ワイヤの許容電流密度J_{30} [A/cm^2] とエリア・プロダクト [cm^4] の間に，次のような関係が成り立ちます．

$$J_{30}=450\times AP^{-0.25} \cdots\cdots (3)$$

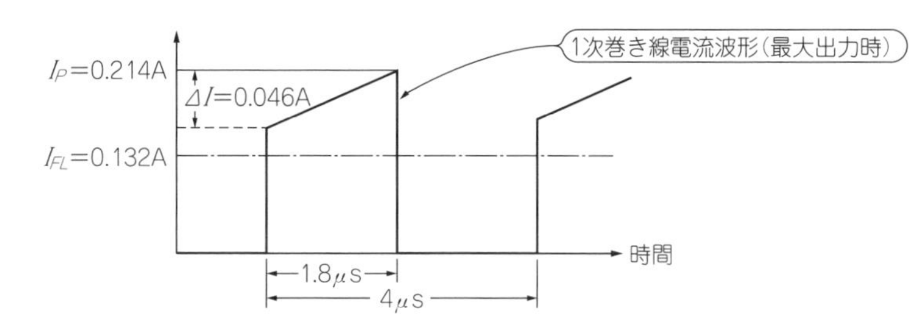

回路方式：フライバック，電流連続モード
周波数：250kHz
入力電圧：100～200V$_{DC}$
最大オン・デューティ：0.45
出力1：3.3V，1.5A
出力2：5V，0.6A
} 7.95W
効率：90%
最大入力電力：8.83W
1次インダクタンス：5mH

・必要なAPの計算

$$AP=\left(\frac{L\,I_P\,I_{FL}\times 10^4}{450\times 0.2\times B_{max}}\right)^{1.143}=\left(\frac{5\times 10^{-3}\times 0.214\times 0.132\times 10^4}{450\times 0.2\times 0.25}\right)^{1.143}\fallingdotseq 0.0423\text{cm}^4=423\text{mm}^4$$

ただし，B_{max}として，一般的なフェライト・コアを想定して0.25Tとした

(a) 回路の動作条件と1次電流波形

コアの種類＼寸法	A_e [mm^2]	E [mm]	F [mm]	D [mm]	$A_W=(E-D)\times F$ [mm^2]	$AP=A_e\times A_W$ [mm^4]
EE13	17.1	10.0	4.6	2.75	33.35	570
EE16	19.2	11.7	5.18	4.0	26.10	500
EE19	23.0	14.2	5.6	4.55	39.10	900
EE25.4	40.3	18.5	6.48	6.35	78.7	3173

カタログ・データから（A_e～D）　計算値（A_W，AP）

必要なAPは423mm^{4}なのでEE16を選定する

$$A_W=\frac{E-D}{2}\times F\times 2=(E-D)\times F$$

(b) コア形状とA_P値の例

図4　フライバック・コンバータにおけるコア・サイズの選定例
コア・ロスの影響がなく，飽和の条件だけでコア・サイズが決まる場合の算出例

ただし，J_{30}：温度が30℃上昇するときの電流密度［A/cm^2］

ワイヤの巻き枠に対する占積率Kは，フライバック・コンバータの場合，一般に0.2とされています．

式(3)の関係とKの値を式(2)に代入すると，

$$AP=\left(\frac{L\,I_P\,I_{FL}\times 10^4}{450\times 0.2\times B_{max}}\right)^{1.143}\cdots\cdots(4)$$

が得られます．

式(4)は，フライバック・コンバータ動作に必要なインダクタンスと電流の大きさがわかれば，温度上昇が30℃以下になるだいたいのコア・サイズがわかることを示しています．

■ コア・サイズの選定例

● コアの仮決め

図4に示すのは，コア・ロスの影響がなく，飽和の条件だけでコア・サイズが決まる場合の算出例です．

図4(a)に示すのは，スイッチング周波数250 kHz，最大出力約8 Wのフライバック・コンバータ用のトランスに必要なエリア・プロダクトを求めた例です．1次インダクタンスは5 mHです．

トランスの1次巻き線の電流波形から，エリア・プロダクトの計算に必要なピーク電流値I_Pと実効値I_{FL}を求めます．これらの値を式(4)に代入して，エリア・プロダクトの値を求めると423 mm^{4}となります．

標準形状コアのエリア・プロダクトの値は，コアのカタログ値から，**図4(b)**のように求まります．423 mm^{4}より大きなエリア・プロダクトをもち，小型なコアを探すと，EE16が適当だということがわかります．

● コア・ロスの影響を考慮すべきか否かを確認する

図4(a)のトランスの1次巻き線電流波形から，ΔBは53.7 mTと求まります．この値とTDK社のPC40材のコア・ロス-ΔBのグラフから，コア・ロスの値をグラフから読み取ります．カタログのグラフは，正弦波駆動を前提としているので，53.7 mTの半分の約27 mTのときのコア・ロスの値を読み取ります．

一般に，コアのカタログに載っているコア・ロス-磁束密度のグラフは，トランスを正弦波で駆動した場合を前提にして書かれています．正弦波でトランスを駆動する場合は，コアの動作点は，B-Hカーブの第1象限と第3象限を移動します．しかし，フライバック・コンバータの場合は，B-Hカーブ上の第1象限だけで駆動されますから，トランスの1次巻き線に流れる電流から算出した磁束密度を1/2倍してから，**図5**と照らし合わせる必要があります．

図5に示すTDKのカタログ・データでは，50 mT以下のデータがありませんが，一般的なコア・ロスの目安となる，100 kW/m³より十分に小さな値であることが確認できます．このことから，この設計事例においては，コア・ロスの影響を考慮しなくてよいと判断できます．

■ 動作周波数が高い場合

● 鉄損によるサイズの制約

動作周波数が高くなってくると，鉄損による発熱によって温度が上昇するため，大きな磁束密度を加えられなくなります．温度上昇を抑えるためには，コア・サイズを大きくする必要があります．

式(2)において，B_{max}の代わりに，鉄損を決める磁束密度の振幅ΔB_mを使います．すると次式が得られます．

$$AP = \frac{L\ \Delta I_m\ I_{FL} \times 10^4}{J\ K\ \Delta B_m} \cdots\cdots (5)$$

ただし，ΔI_m：1次電流のピーク・ツー・ピークの振幅［$A_{P\text{-}P}$］

● 鉄損＝銅損になるように設計する

前章で説明したとおり，銅損と鉄損が1：1になるような設計が理想です．トランスの温度上昇を最大30 ℃としたい場合は，銅損による発熱が15 ℃，鉄損による発熱も15 ℃になるように設計します．

先ほどと同様，ワイヤの電流密度［A/cm²］とエリア・プロダクト［cm⁴］の経験的な関係において，温度上昇が15 ℃の場合，

$$J_{15} = 318 \times AP^{-0.125} \cdots\cdots (6)$$

が成り立っています．

単位体積当たりの鉄損P_{Fe}［W/cm³］とΔB_m，およびコアの損失係数には次の関係があります．

$$P_{Fe} = \Delta B_m^{2.4}(K_h f + K_e f^2) \cdots\cdots (7)$$

ただし，K_h：コアのヒシテリシス係数，K_e：コアの渦電流係数

経験的に，トランス全体の熱抵抗θ_T［℃/W］とAPの間に次の関係が成り立っています．

$$\theta_T \fallingdotseq 23 \times AP^{-0.37} \cdots\cdots (8)$$

これも経験的に，コアの体積V_e［cm³］とAPの間に，次のような関係があることがわかっています．

$$V_e \fallingdotseq 5.7 \times AP^{0.68} \cdots\cdots (9)$$

温度上昇ΔT［℃］と熱抵抗θ_T［℃/W］の間には，理論的に次の関係が成り立ちます．

$$\Delta T = \theta_T V_e \cdots\cdots (10)$$

ここで温度上昇ΔTは15 ℃です．

式(6)から式(10)の関係を式(5)に代入することにより，次の関係が導き出されます．

$$AP = \left(\frac{L\ \Delta I_m\ I_{FL} \times 10^4}{130\,K}\right)^{1.34} \times (K_h f + K_e f^2)^{0.559} \cdots\cdots (11)$$

フォワード・コンバータ用トランスのコア・サイズの算出

● コアの飽和によるサイズの制約

前述のフライバック回路に組み込まれているトランスは，エネルギを蓄えるインダクタとして動作しますが，フォワード回路の場合は，トランスは電圧と電流を変換する本来の動作をします．

次に示すのは，比較的動作周波数の低い場合の出力と必要なエリア・プロダクトの関係式です．コアの飽和がコア・サイズを制約します．式の導出過程は，参考文献(3)と(4)に譲ります(コラムも参照)．

$$AP = A_w A_e$$

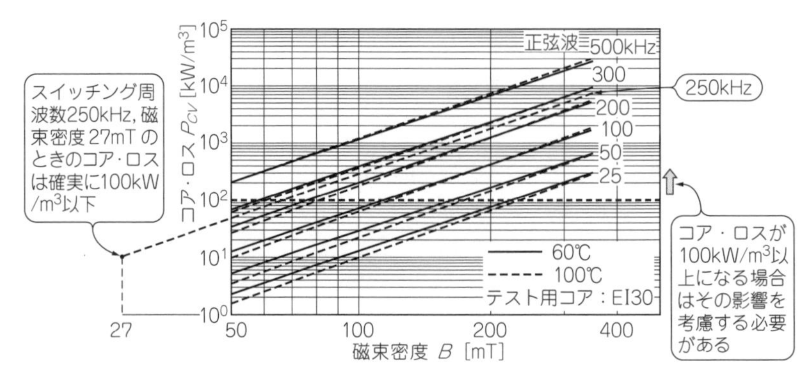

図5　コアのカタログから引用した磁束密度-コア・ロス特性(TDK社データシートから)

$$= \frac{P_{in(\max)}}{K_t K_u K_p J_{max} \ \Delta B \times 2f} \cdots\cdots (12)$$

$K_t = I_{in(DC)}/I_{P(RMS)}$

ただし，K_t：回路トポロジによって決まる係数，K_u：巻き枠をワイヤで使用できる占積率，K_p：ワイヤの中で1次巻き線が占める割り合い，$I_{in(DC)}$：フォワード・コンバータの1次電流のDC成分，$I_{P(RMS)}$：1次電流の実効値の最大値

J_{max}は，トランスの温度上昇を30℃とすれば，式(3)が使えますから，式(12)は次のようになります．

$$AP = A_w A_e$$
$$= \left(\frac{P_{in(\max)} \times 10^4}{K \times 450 \times \Delta B \times 2f} \right)^{1.143}$$
$$= \left(\frac{11.1 \times P_{in(\max)}}{K \Delta B f} \right)^{1.143} \cdots\cdots (13)$$

Kは，3つの係数(K_t，K_u，K_p)の積で，**表1**の関係があります．

● 鉄損によるサイズの制約

フライバックの場合と同様な手法で，次の関係が導き出されます．

$$AP = \left(\frac{P_{in(\max)} \times 10^4}{130K} \right) \times (K_h f + K_e f^2)^{0.559} \cdots\cdots (14)$$

＊

式(13)と式(14)の両方から計算されるエリア・プロダクトの大きいほうを満足するコア形状を選べば，設計を開始するときの目安になります．

これらのエリア・プロダクトの関係式は，あくまでも目安であり，その形状から設計計算を開始して，余裕がまだあれば1ランク小さいコアを，余裕がなければ1ランク大きいコアで再設計することが必要です．

エリア・プロダクトから推定するトランスの温度上昇

前章の説明で，トランスの温度上昇の求めかたを示しましたが，エリア・プロダクトを使うとコアの熱抵抗データが手に入らなくても，だいたいの温度上昇値を算出できます．

トランスの温度上昇ΔT［℃］と損失P_L［W］は，トランスの表面積A_S［cm^2］で変化します．経験的に次のような関係が成り立ちます[3]．

$$\Delta T = \frac{800 P_L}{A_S} \cdots\cdots (15)$$

A_Sとエリア・プロダクトAPの間には経験的に次の関係があります．

$$A_S = 34 AP^{0.51} \cdots\cdots (16)$$

これを式(15)に代入すると次式が得られます．

$$\Delta T = \frac{23.5 P_L}{\sqrt{AP}} \cdots\cdots (17)$$

表1　エリア・プロダクトを算出する際に必要な係数Kと回路方式との関係

回路方式＼係数	$K = K_t K_u K_p$	K_t	K_u	K_p
フォワード・タイプ	0.141	0.71	0.4	0.5
フル/ハーフ・ブリッジ	0.164	1	0.4	0.41
プッシュプル・タイプ	0.141	1.41	0.4	0.25

表2　トランスに関する各国の安全規格

対象機器	対象国	規格No.	1次-2次間耐電圧	空間/沿面距離	絶縁物の厚み	絶縁テープへの要求
情報処理装置 ICT機器	国際規格(IEC規格)	IEC 60950-1	AC3000 V，1分	6.4 mm	0.4 mm以上	1層でAC 3 kVの耐圧性能を持つテープの2層構成または，2層でAC 3 kVの耐圧性能を持つテープの3層構成
	米国(UL規格)	UL 60950-1				
	カナダ(CSA規格)	CSA C22.2 No.60950-1				
	欧州(EN規格)	EN 60950-1				
	日本(J規格)	J 60950-1				
AV機器	国際規格(IEC規格)	IEC 60065-1	AC3000 V，1分	6.0 mm	規定なし	規定なし
	米国(UL規格)	UL 60065-1				
	カナダ(CSA規格)	CSA C22.2 No.60065-1				
	欧州(EN規格)	EN 60065-1				
	日本(J規格)	J 60065-1				
生活家電機器	国際規格(IEC規格)	IEC 60335-1	AC3750 V，1分	6.0 mm	規定なし	規定なし
	米国(UL規格)	UL 60335-1				
	カナダ(CSA規格)	CSA C22.2 No.60335-1				
	欧州(EN規格)	EN 60335-1				
	日本(J規格)	J 60335-1				

絶縁種別：強化絶縁，動作電圧：300 V，汚損度：2，絶縁材料グループ：IIIa

表3　巻き線用ワイヤの種類と仕様

ワイヤの種類		絶縁材料	ワイヤの名称	温度クラス	はんだ付け	安規上の絶縁
エナメル線	単線	ポリウレタン	UEW	B(130℃)	可能	強化絶縁とは見なされない
		ポリエステル	PEW	F(155℃)	不可	
		ポリアミド	AIW	H(180℃)		
	リッツ線	ポリウレタン	UEW	B(130℃)	可能	−
3層絶縁ワイヤ		変性ポリエステル，ポリアミド樹脂	TEX-E	UL：A(105℃)，CSA/TUV他：E(120℃)	可能	強化絶縁

表4　絶縁用テープの*CTI*グレードと絶縁距離の関係(IEC60950)

絶縁テープの *CTI*グレード	最小沿面距離 (300 Vの場合)
材料ランクⅠ 600＜*CTI*	3.2 mm
材料ランクⅡ 400＜*CTI*＜600	4.4 mm
材料ランクⅢa 175＜*CTI*＜400	6.4 mm
材料ランクⅢb 100＜*CTI*＜175	6.4 mm

トランスに適用される安全規格

● 各国の安全規格

パワー回路に使われるトランスは，一般に安全規格の対象になります．

適用される安全規格は，使われる機器の種類と使われる国によって異なります．**表2**に示すのは，主な安全規格とそれに対応するトランスへの主な要求項目をまとめたものです．

電源トランスを設計する場合，**表2**の要求項目を考慮して，ボビン，ワイヤ，テープなどの材料選定と構造を決めます．

表3に，トランスに使用される巻き線用ワイヤの種類と特徴を示します．

表4は，絶縁テープに要求される性能のうちの，*CTI*値(相対トラッキング指数)をまとめたものです．

トラッキングとは，絶縁物の表面において，微小放電が繰り返されることによって電路が形成され，絶縁破壊に至る現象のことです．*CTI*(Comparative Tracking Index)とは．この現象の起こりにくさを評価する値です．一定条件下において，どのレベルの電圧までなら放電しないかを評価して，絶縁物ごとにクラス分けしています．

IEC60950においては，使用する絶縁テープの*CTI*値によって必要となる最小沿面距離が違います．

表4から，トランスを小型化するには，より*CTI*値の高い絶縁テープを使う必要があることがわかります．

このように使用する絶縁材料は，適用する安全規格を考慮して選定する必要があります．

● トランスの温度定格とB種絶縁システム

電子機器に一般に使われているトランスの多くは，定格温度がA種(105℃)やE種(120℃)です．

ULではE種の規格そのものがないので，A種とせざるを得ません．しかし，**機器の小型化への要求からB種(130℃)認定のニーズが増しています．**

B種認定を受けるには，次の2つの場合があります．

① トランスの機種ごとに温度定格試験をして認定を受ける

② UL1446絶縁システムとしてULの認定を受ける

②は，トランスの機種ごとに温度定格試験をするのではなく，さまざまなトランスの要素を盛り込んだ疑似トランスを製作し，これを代表的な部品と見なして温度定格試験を受け，温度定格認定を得る方法です．トランスに使用する材料として，このシステムで規定された材料を使いさえすれば，トランス機種ごとの温度定格試験が免除されます．この方法は，申請にかかる費用と時間を節約できるため，近年使われるようになってきました．

ボビンの材料メーカなどが，一般によく使われる材料を選定して認定を取得しているので，これを活用することが得策です．

将来的には，産業機器，通信機器などの用途で，より高い温度定格のトランスの需要が増加してくることが予想されます．また，F種(155℃)の絶縁システムの取得も考慮されています．

◆参考文献◆

(1) Lloyd H. Dixon；Magnetics Design for Switching Power Supplies, Section 1.

(2) Abraham I. Pressman；Switching Power Supply Design, Second edition, pp.303～308, McGraw-Hill, 1998.

(3) Keith Billings；Switchmode Power Supply Handbook, Second Edition：3.54～3.59, 3.94～3.96, McGraw-Hill, 1999.

(4) Lloyd H. Dixon, Jr；Filter Inductor And Flyback Transformer Design for Switching Power Supplies.

コラム　エリア・プロダクトの数式の導出

この章では，エリア・プロダクトの計算式［式(2)，式(12)］がいきなり出てきましたが，この式の導出過程をある程度知って活用したほうがよいと思いますので，本コラムでその式を導く流れを説明します．

フライバック・コンバータのようにコアに磁気エネルギを蓄える，いわばチョークと言えるトランスと，フォワード・コンバータのように純然たるトランスでは，トランスにおける電磁気の挙動が違いますので，エリア・プロダクトの計算式も違います．そのそれぞれについて説明します．

● フライバック・コンバータ用トランスのエリア・プロダクトの計算式導出

フライバック・コンバータのトランスは，磁気エネルギを蓄えるチョークとして動作しますので，この蓄積するエネルギについて考えます．

前提として，コア部分の磁気抵抗(リラクタンス)はギャップ部に比べて小さく，したがってすべての蓄積エネルギはギャップ部に蓄えられると考えます．

図Aのような，単純なギャップ入りのチョーク・コイルを考えます．

ファラデーの法則より，

$$e = N\frac{d\phi}{dt} = L\frac{dI}{dt}$$

$$\phi = A_g B$$

$$\therefore e = NA_g\frac{dB}{dt} \quad \cdots\cdots (1)$$

アンペールの法則より，

$$\int Hdl_y = Hl_g = NI \quad \cdots\cdots (2)$$

磁束密度は$B = \mu_0 \mu_r H$ですが，ギャップ部においては$\mu_r = 1$なので，$B = \mu_0 H$

$$\therefore H = \frac{B}{\mu_0}$$

一方，$e = L\dfrac{dI}{dt}$

$$\therefore edt = LdI$$

この両辺にIを掛けて積分すると，これは回路に蓄えられるエネルギであり，

$$\int eIdt = \int LIdI = \frac{1}{2}LI^2 = J \quad \cdots\cdots (3)$$

次にギャップ部に蓄えられるエネルギを考えます．式(1)と式(2)を掛け合わせると，

$$ei = \cancel{N}A_g\frac{dB}{dt}\frac{H}{\cancel{N}}l_g = A_g l_g H\frac{dB}{dt}$$

$$\therefore eidt = A_g l_g HdB$$

両辺を積分して，

$$J = \int eidt = A_g l_g \int HdB$$

$$= A_g l_g \int \frac{B}{\mu_0}dB$$

$$= A_g l_g \frac{1}{\mu_0}\frac{B^2}{2}$$

$$= \frac{1}{2}A_g l_g \frac{B}{\mu_0}B$$

$$= \frac{1}{2}A_g l_g BH \quad \cdots\cdots (4)$$

回路で蓄えられるエネルギとギャップ部に蓄えられるエネルギは等しいので，式(3) = 式(4)より，

$$\frac{1}{2}LI^2 = \frac{1}{2}A_g l_g BH$$

ここに式(2)より，$Hl_g = NI$を代入して，

$$LI^2 = BA_g NI$$

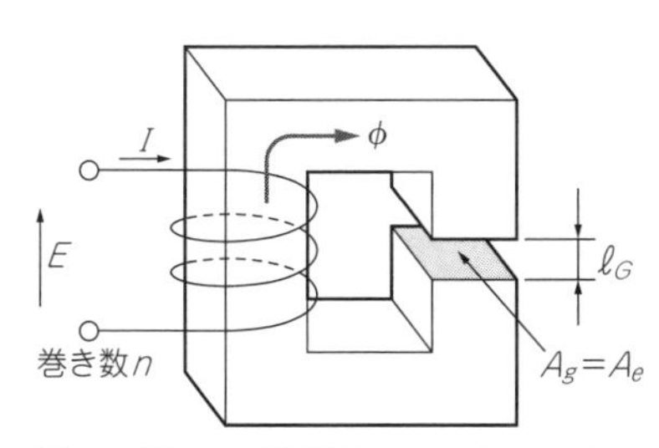

図A　ギャップ入りのチョーク・コイル

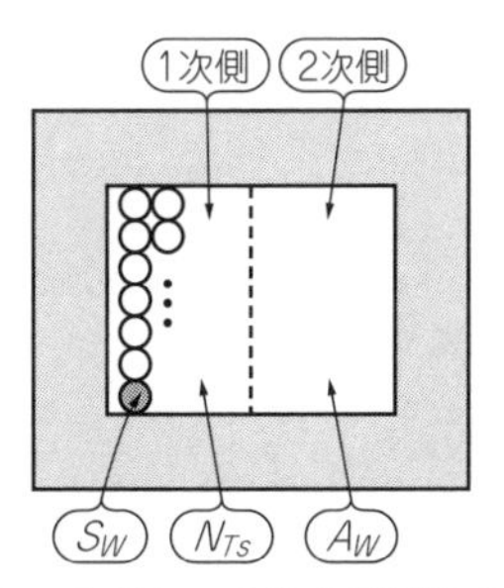

図B　トランスの巻き線構造の例

コラム　エリア・プロダクトの数式の導出(つづき)

$$\therefore LI = BA_g N$$

$$\therefore N = \frac{LI}{BA_g} \cdots\cdots (5)$$

次に，巻き線について考えます．トランスの巻き線構造を図Bのように定義します．

- ワイヤの断面積：S_w
- コアの全窓面積：A_w
- ワイヤの許容電流密度：J
- 1次巻き線の占積率：K

とすると，許容電流

$$I_{RMS} = JS_w \cdots\cdots (6)$$

巻き線の銅部分の占める面積は，$S_w N = A_w K$と表せるので，ここからS_wを消去すると，

$$NI_{RMS} = JS_w N = JA_w K$$

$$\therefore N = \frac{A_w JK}{I_{RMS}} \cdots\cdots (7)$$

式(5)と式(7)が等しいはずなので，

$$\frac{A_w JK}{I_{RMS}} = \frac{LI}{BA_g}$$

$$\therefore A_w Ag = \frac{I_{RMS}}{JK} \cdot \frac{LI}{B} = \frac{LII_{RMS}}{JKB} = A_w A_e = AP \cdots\cdots (8)$$

となります．

● フォワード・コンバータ用トランスのエリア・プロダクトの計算式の導出

トランスへの入力電流P_{in}，入力電圧V_{in}，平均DC電流をI_{dc}とすると，

$$I_{dc} = \frac{P_{in}}{V_{in}} \cdots\cdots (9)$$

1次巻き線の最大実効電流をI_{pm}とすると，

$$I_{pm} = \frac{I_{dc}}{K_t} \cdots\cdots (10)$$

K_t：コンバータの回路構成(Circuit Topology)で変わる(**表1**参照)

式(10)に式(9)を代入して，

$$I_{pm} = \frac{P_{in}}{K_t V_{in}} = \frac{P_{in}}{K_t V_{in(\mathrm{min})}} \cdots\cdots (11)$$

(1次巻き線電流は入力電圧V_{in}が最少のときに最大となるので)

一方，1次巻き線がコアの窓面積の中で専有できる面積をApとすると，

$$Ap = A_w K_p K_u \cdots\cdots (12)$$

と表せます．

ここで，A_w：総窓面積，K_p：1次巻き線が占有する割合［これはコンバータの回路方式で変化(0.25～0.5)］，K_u：1次巻き線部分で銅が占有する割り合い(通常0.4～0.5)

ワイヤの電流密度Jとワイヤの断面積S_wの関係は式(6)より，

$$JS_w = I_{pm}$$

また，$Ap = N_p S_w$なので，

$$N_p = \frac{A_p}{S_w} = \frac{J}{I_{pm}} Ap$$

この式に式(11)と式(12)を代入して，

$$N_p = \frac{A_w K_p K_u K_t J V_{in(\mathrm{min})}}{P_{in}} \cdots\cdots (13)$$

一方，ファラデーの法則より，

$$E = N\frac{d\phi}{dt} = NA\frac{dB}{dt} \rightarrow Edt = NAdB$$

これを1次回路に適用して，

$$V_{in(\mathrm{min})} t_{on(\mathrm{max})} = N_p A_e \Delta B$$

$$\therefore A_e = \frac{V_{in(\mathrm{min})} t_{on(\mathrm{max})}}{N_p \Delta B} \cdots\cdots (14)$$

ここで，$t_{on(\mathrm{max})}$は最大でも$T/2$(T：周期)だから，

$$t_{on(\mathrm{max})} = \frac{1}{2f} \cdots\cdots (15)$$

式(14)に式(15)を代入して，

$$A_e = \frac{V_{in(\mathrm{min})}}{N_p \Delta B 2f}$$

$$\therefore N_p = \frac{V_{in(\mathrm{min})}}{A_e \Delta B 2f} \cdots\cdots (16)$$

式(13)と式(14)は等しいので，

$$\frac{\cancel{V_{in(\mathrm{min})}}}{A_e \Delta B 2f} = \frac{A_w K_p K_u K_t J \cancel{V_{in(\mathrm{min})}}}{P_{in}}$$

$$\therefore A_e A_w = \frac{P_{in}}{K_p K_u K_t J \Delta B 2f} = AP$$

となります．

〈北原 覚〉

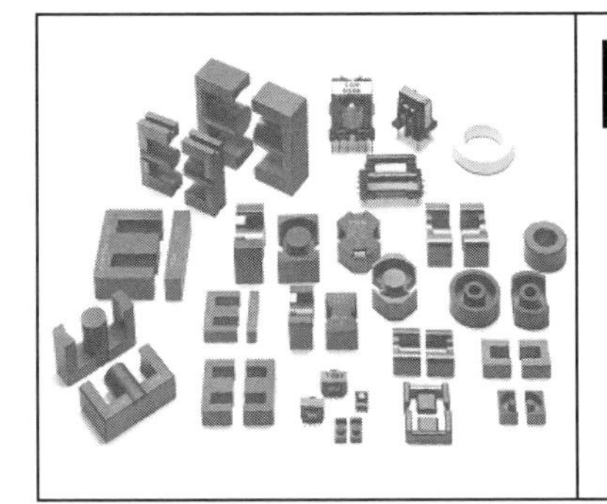

第6章 パワー・フェライト材料の種類と特性

フェライト・コアの基礎知識

伊藤 信一郎
Shinichiro Ito

スイッチング・パワー回路には，いろいろな電子部品が使用されていますが，キー・デバイスであるにもかかわらず，実際の設計において一番苦労するのは，トランスやコイルなどの磁気部品を利用した部品ではないでしょうか．

これらの磁気部品を使いこなすには，磁心であるフェライトを理解することから始める必要があります．フェライトにもいろいろな種類がありますが，本章では特にパワー・エレクトロニクスに向くパワー・フェライト材料を主役として，材料の基礎知識から，トランス設計の方法，実際のスイッチング電源設計を通してのトランスの作りかたの手順を解説します．

● フェライトとは…磁石にくっつく酸化物

磁石にくっつくものを(強)磁性体と言います．身近な磁性体として，釘やクリップなどに使われている金属，つまり「鉄」が思い浮かぶと思います．

鉄は錆びる(酸化する)と赤錆になり，磁石にくっつかなくなります．しかし，この赤錆(酸化鉄)とある金属酸化物を混ぜ合わせ，高温で焼くと磁性をもつようになり，磁石にくっつくようになります．このような磁性体をフェライト(ferrite)と言います．フェライトは，鉄や珪素鋼板，アモルファス金属，センダストなどの金属磁性材料に対して，酸化物磁性材料と分類されます．

なぜ，フェライトか？

● フェライトは高周波で特徴が生かせる

なぜ磁性材料として，金属磁性材料だけではなくフェライトが必要とされるのでしょうか？

フェライトは，磁性をもつ金属イオンのほかに，余分な酸素を含んでいるため，そのぶんだけ磁性が薄まっています．難しい言葉で言うと飽和磁束密度が低くなっています．一般にフェライトは，金属磁性材料の半分以下の飽和磁束密度しか得られません．

この説明だけでは「メリットがないじゃないか」と思うかもしれませんが，フェライトには，金属材料にはない特徴があるのです．

それは，**体積抵抗が高く，高周波での使用に適している**ということです．

体積抵抗とは，固有抵抗または抵抗率のことです．抵抗は導体の断面積や長さで変わるので，単位面積や単位長さ当たりの抵抗値に変換して，材料が本来もつ内部抵抗を評価しています．

● コア材が導体だとトランスが機能しない

金属のような導体の磁性材料からできた磁心(コア)を使って，トランスを作った場合を考えてみましょう．

図1にトランスの動作原理を示します．1次巻き線に流す電流をいったんコア内の磁束の流れに変換し，この磁束を2次巻き線に誘起される電圧として取り出します．もしコアが導体だと，磁束の変化をキャンセルする方向の磁束を発生させるような電流(渦電流)がコア内に流れます．この電流によって，コア内の磁束の流れはキャンセルされ，コア内に磁束が流れなくなるため，結果としてトランスは機能しません．

● 金属コアは薄板で構成する

金属磁性材料では，この問題をクリアするためいろいろな対策がとられています．たとえば，コアを複数の金属の薄板で構成し，板と板の間を絶縁して渦電流

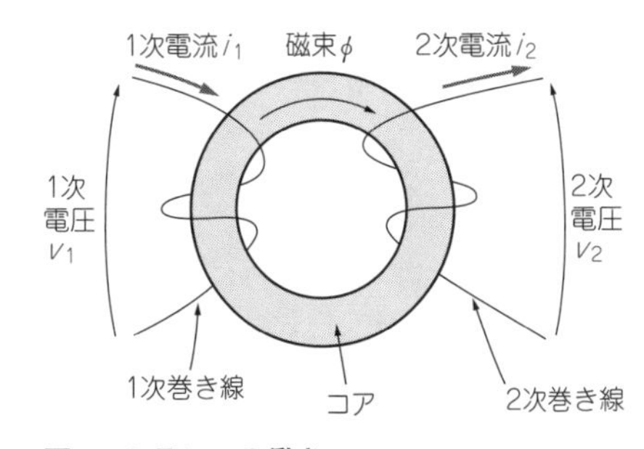

図1　トランスの働き
1次巻き線の電気エネルギを磁気エネルギに変換し，磁気エネルギを2次巻き線で電気エネルギに変換する．1次巻き線と2次巻き線の巻き数比で，電圧と電流の値を自由に変換できる

種類＼項目	初透磁率 μ_i	飽和磁束密度 B_s [T]	保磁力 H_c [A/m]	比抵抗 ρ [Ω・m]
Mn-Znフェライト	1000～30000	0.4～0.5	8～40	1～10
Ni-Znフェライト	10～1000	0.2～0.4	10～100	10^2～10^4
方向性珪素鋼板	2250	2	10	0.5×10^{-6}
パーマロイB	2500	0.9	3	0.5×10^{-6}
パーマロイC	20000	0.8	4	0.55×10^{-6}
Fe基アモルファス	5000	1.6	2.4	1.3×10^{-6}
Co基アモルファス	100000	0.8	0.6	1.4×10^{-6}
ファインメット	50000	1.5	1.8	

表1
フェライトと金属磁性材料の特性
フェライトの飽和磁束密度は金属磁性材料に比べると小さいが，体積抵抗(比抵抗)が高い

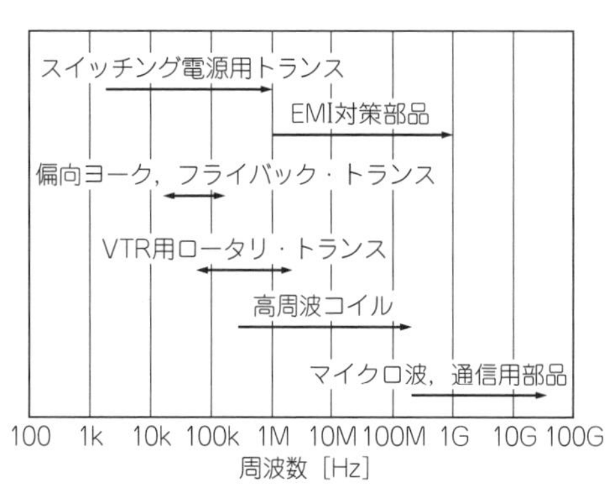

(a) トランスの応用製品と周波数の関係

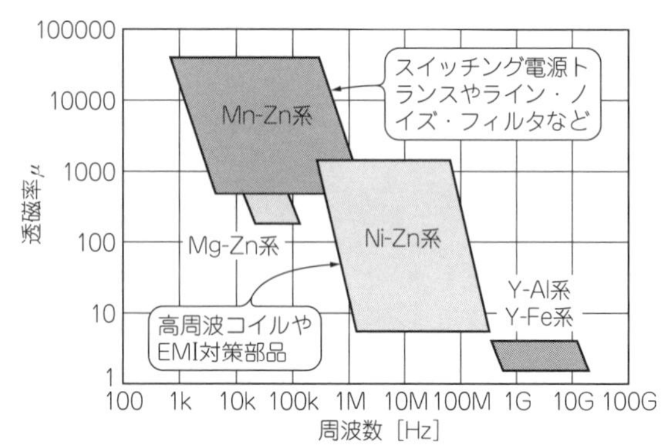

(b) 透磁率-周波数特性と材料の関係

図2 フェライトにはMn-Zn系とNi-Zn系があり用途や周波数によって使い分けられている

が流れるのを防止するのが一般的な手法です.

金属磁性材料によるコアが，薄板を積層したもの(積層珪素鋼板)やリボンを巻いたもの(アモルファス・リボン)で構成されているのはこのためです.

▶金属磁性材を使ったトランスは10kHzが限度

渦電流は高周波になるほどループが小さくなるため，それに応じて板厚を薄くしなければなりません．板厚を薄くするのにも限度があるので，金属磁性材料を使用する場合，上限周波数は10 kHz程度になってしまいます．しかも，板と板の間に磁性をもたない絶縁体を入れるため，このぶん磁性が薄まって実質的な飽和磁束密度が低下し，金属磁性材料本来の特性が生かせなくなります.

● フェライト・コアなら薄板化の必要がなく1 MHz以上でも使える

表1にフェライトと金属磁性材料の特性の違いを示します．フェライト・コアは，先に述べたように体積抵抗が高いため，金属コアのように薄板で構成する必要はありません．そのままの状態で10 kHzから1 MHzを越えるような高周波まで使用できます.

● Mn-Zn系とNi-Zn系がある

フェライト・コアは，体積抵抗が高く高周波まで使用できると述べましたが，実際には**図2**に示すように，フェライトにもいくつか種類があります.

Mn-Zn系フェライトは，比較的体積抵抗が低く，低周波での使用に向く材料です．Ni-Zn系フェライトは，体積抵抗が高く高周波での使用に向く材料です.

Mn-Zn系は，フェライトのなかでも，高透磁率，低コア・ロス，高飽和磁束密度という特徴をもつため，スイッチング電源トランス，ライン・ノイズ・フィルタ，伝送トランスなどに広く使われています.

Ni-Zn系は，高体積抵抗という特徴を生かし，高周波コイル，EMI対策部品として使われています.

パワー・フェライト材のいろいろ

● 定番は「PC40」

前述のように，スイッチング電源のトランスのコア材には，Mn-Zn系のフェライトが使われますが，ひとくちにMn-Zn系フェライトと言っても，いろいろな特性をもつものがあります.

スイッチング電源に使われるフェライトは，一般に「パワー・フェライト材」と呼ばれ，ほかの用途のMn-Znフェライトと区別されています.

パワー・フェライト材として標準的に使われているものとして，PC40材(TDK社)が挙げられます．20年以上も前からスイッチング電源用に使われ続けてきた材質です．コア形状は多種多様に準備されており，設計例も豊富です．スイッチング電源用なら，PC40材を選んでおけば，ほぼ間違いはないでしょう.

表2　スイッチング電源用フェライト材質のいろいろ［TDK㈱］
従来よりPC40材が定番的に使用されているが，コア・ロスや飽和磁束密度を改善した新材質も開発されている

項 目	記号	条 件		PC40	PC44	PC47	PC90	PC95	単位
初透磁率	μ_i	−		2300±25 %	2400±25 %	2500±25 %	2200±25 %	3300±25 %	−
単位体積磁心損失(コア・ロス)の平均値	P_{CV}	100 kHz正弦波 B = 200 mT	25℃	600	600	600	680	350	kW/m^3
			60℃	450	400	400	470	280	
			100℃	410	300	250	320	280(80℃)	
			120℃	500	380	360	460	350	
飽和磁束密度の平均値	B_s	H = 1194 A/m	25℃	510	510	530	540	530	mT
			60℃	450	450	480	500	480	
			100℃	390	390	420	450	410	
			120℃	350	350	390	420	380	
残留磁束密度の平均値	B_r	−	25℃	95	110	180	170	85	mT
			60℃	65	70	100	95	70	
			100℃	55	60	60	60	60	
			120℃	50	55	60	65	55	
保磁力の平均値	H_c	−	25℃	14.3	13	13	13	9.5	A/m
			60℃	10.3	9.0	9.0	9.0	7.5	
			100℃	8.8	6.5	6.0	6.5	6.5	
			120℃	8.0	6.0	7.0	7.0	6.0	
キュリー温度	T_C	−		＞215	＞215	＞230	＞250	＞215	℃
かさ密度の平均値	d_b	−		4.8×10^3	4.8×10^3	4.9×10^3	4.9×10^3	4.9×10^3	kg/m^3
体積抵抗率の平均値	ρ_V	−		6.5	6.5	4.0	6.0	6.0	Ω・m

● PC40を進化させたPC47やPC90

▶トランスの小型化が可能になる

PC40材以降，フェライト・コア材の特性は大幅に改善されてきており，その材料特性を生かして使用すれば，PC40材ではできなかったような，小型で高効率のスイッチング電源トランスを設計できます．

表2に，各種のパワー・フェライト材の特性表(TDK社)を示します．

スイッチング電源用としては，コア・ロスが小さく，飽和磁束密度が大きなコア材が理想ですが，両者を合わせもつことは容易ではありません．そこで，コア・ロスが小さいことを特徴とする材質や飽和磁束密度が大きいことを特徴とする材質など，用途に応じて使い分けられてきました．

近年，両者を同時に実現した材質(PC47やPC90)が開発されてきています．PC90は，2004年に開発された材質ですが，**写真1**に示すように，うまく設計するとPC40材を使用したトランスと比較して，40 %近くも小型化することが可能です．

(a) PC40 SRW35EC　　(b) PC90 SRW28LEC

写真1　新素材を使えばトランスの重量を大幅に低減できる
PC90材を使用してスイッチング電源トランスを小型化した例

フェライト・コアの特性

● 磁気は回路で考える

電子回路が専門の人は，電磁気学で使用する「磁界」，「磁束密度」，「透磁率」といった磁気の世界で使う言葉を聞いてもピンとこないかもしれません．ここでは先人の知恵である「磁気回路」を利用して説明することにします．

表3に示すように，磁束の流れを考える磁気回路は，電流の流れを考える電気回路に置き換えて考えることができます．導線の中を電流が流れるのと同様に，磁心(コア)の中を磁束が流れると考えます．

▶磁束の流れは電流に，透磁率は導体の導電率に相当する

導線の中を電流が流れる場合，電流を流れにくくするのは導線の電気抵抗です．導体の抵抗率が高く，導線の断面積が小さく，導線の長さが長いほど電気抵抗は大きくなります．逆に，導体の導電率が高く，導線の断面積が大きく，長さが短いほど抵抗が低く，電流が流れやすくなります．

表3　磁束や透磁率は電気回路に置き換えると理解しやすい

項 目	記号と単位
起電力	v_E [V]
電流	I [A]
電気抵抗	R [Ω]
	$R = \frac{l}{\sigma A}$ ただし，A：断面積 [m²]，l：配線の長さ [m]
導電率	σ [S/m]

(a) 電気回路

項 目	記号と単位
起磁力	NI [A]
磁束	Φ [Wb]
磁気抵抗	R_m [A/Wb]
	$R_m = \frac{l}{\mu A}$ ただし，A：断面積 [m²]，l：磁路長 [m]
透磁率	μ [H/m]

(b) 磁気回路

磁気回路の場合は，磁性体の透磁率が高く，コアの断面積が大きく，磁気回路の長さ(磁路)が短いほど磁気抵抗が低く，磁束が流れやすくなります．

● 磁気回路に特有の性質「非オーム性」，「漏れ磁束」，「熱損失」

▶非オーム性

抵抗(R)は電流値が変化しても一定(線形)ですが，磁気回路では通常，磁束が変化すると磁気抵抗R_mも変化します．磁束に対して磁気抵抗は非線形に変化します．

▶漏れ磁束

電気回路では通常，導線の導電率(5.8×10^7 S/m)が周囲の導電率(10^{-16} S/m)に比べて極めて大きいため，導線から外に電流が漏れ出ることはありません．

しかし磁気回路では，磁性体の透磁率(100～10000)が周囲の透磁率[(1)]に比べてそれほど大きくないので，漏れ磁束を考慮する必要があります．磁路中に空隙(ギャップ)がある場合にはなおさらです．

▶熱損失

電気回路では電流が流れれば，ジュール熱I^2Rが発生しますが，磁気回路では磁束が流れても熱損失は発生しません．ただし，時間的に変化する(交流の)磁束が流れた場合には，磁心損失(コア・ロス)という熱損失が発生します．

● 磁気世界のオームの法則「$B = \mu H$」

単位面積当たりの磁束を磁束密度と言い，記号Bで表します．単位は [T]（テスラ）です．磁束はΦ(ファイ)の記号で表します.単位は [Wb]（ウェーバ）です．

電気回路で電圧に相当するものは，磁気回路では起磁力NIです．Nはコイルの巻き数，Iはコイルを流れる電流値です．この起磁力を磁路の長さl(磁路長)で割ったものが磁界の強さで，記号Hで表します．単位は [A/m]（アンペア・パー・メータと読む）です．

「Hという電圧を加えると，Bという電流が流れる」と考えるとわかりやすいかもしれません．

導電率に相当する透磁率は，μ(ミュー)の記号で表します．単位は [H/m]（ヘンリ・パー・メータ）です．この三者の関係は，

$$B = \mu H$$

で表されます．これは「$I = v_E/R$」というオームの法則に相当します．

● HとBの非線形な関係

磁性体のBとHの関係を表したものをB-Hカーブと言い，磁性体の基本的な特性を表します．

B-Hカーブは，一般に**図3**に示すような形をしています．先に説明したように，磁性体ではBとHの関係は一般に非線形です．さらにヒステリシス(履歴)特性をもっています．

まっさらな状態の(磁化していない)磁性体に磁界Hを加えていくと，Hの大きさに対応して，磁性材内の磁束密度Bが増加していきます．このときの両者の関係を初磁化曲線と言います．

▶飽和磁束密度が大きいほど良い材料

さらにHを大きくしていくと，Bは大きくならなくなり，頭打ちの状態になります．このときのBを飽和磁束密度B_sと言い，その磁性体が流せる最大の磁束密度を意味します．B_sが大きいほど優れた磁性材料と言うことができます．この状態から，Hを小さくしていくと，Bもそれに対応して小さくなりますが，初磁化曲線に沿って変化して元に戻ることはありません．HをゼロにしてもBが残ってしまいます．このときのBの値を残留磁束密度B_rと言います．

Hをゼロにした後，今度はHを逆向きに増やしていきある値に達したとき，Bはやっとゼロになります．このときのHの値を保磁力H_cと言います．Hをさらに大きくしていくと，同様にBは飽和し，$-B_s$の値を示します．今度はまたHを小さくしていき，ゼロにすると，コアにはまた$-B_r$の値が残ります．

Hをまた逆向きにして増やしていくと，H_cの位置を経て，BはB_sの値に到達し，1周ぶんのループを描きます.このようなループをヒステリシス・ループ(履歴曲線)と言います．

▶B-Hカーブ内の面積が小さいほど損失の小さい良い材料

磁性材料をトランスとして使用する場合，ヒステリ

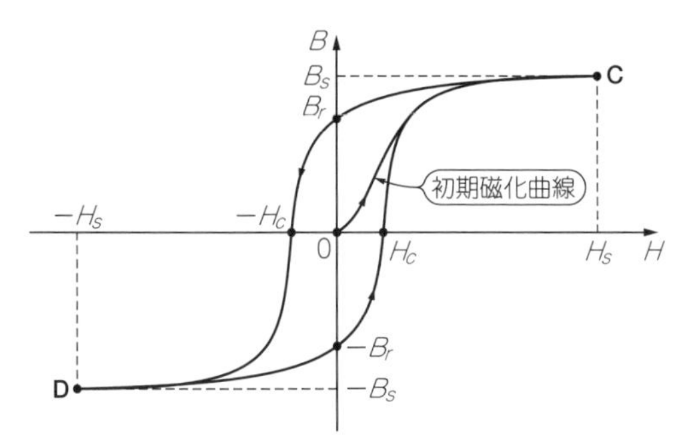

図3　磁性体のHとBの関係を表すB-Hカーブ
一般に磁性体のBとHの関係は非線形であり非可逆である

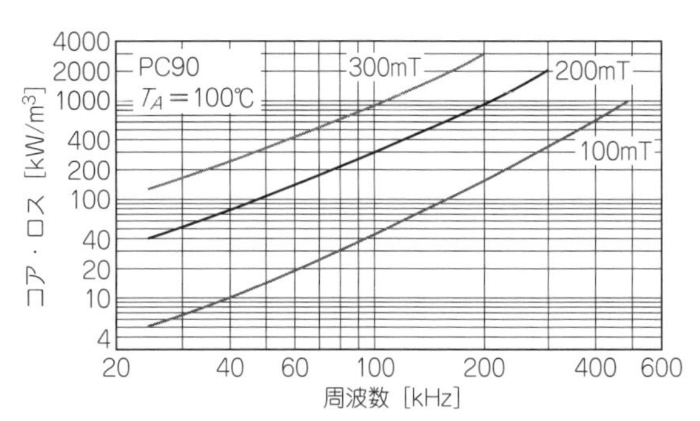

図4　コア・ロスの周波数特性の例(PC90材，100℃，TDK)
低周波ではヒステリシス損失の比率が大きく，コア・ロスが周波数の1乗に比例して増加する．周波数が高くなると渦電流損失が優勢になり，コア・ロスは周波数の2乗に比例して増加する

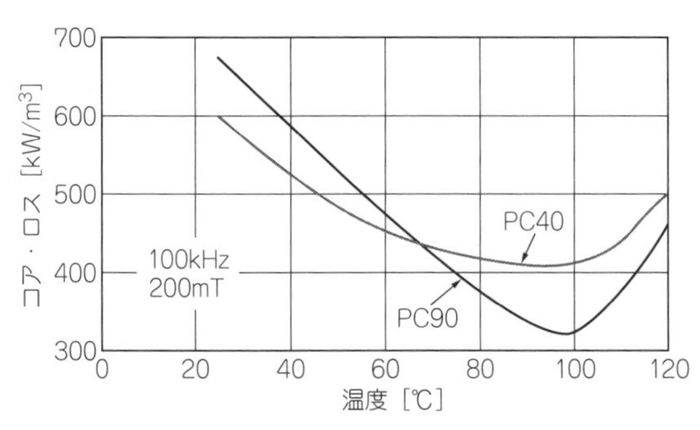

図5　コア・ロスの温度特性(@100kHz，200mT)
スイッチング電源用フェライトの場合，コア・ロスの極小値は通常100℃程度に設定してある

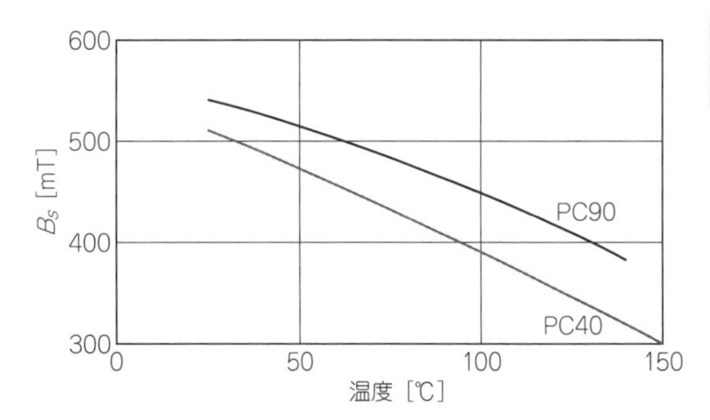

図6　飽和磁束密度(B_s)の温度特性
高温になるほど低下するため，使用する温度でのB_sを確認する必要がある．通常100℃でのB_sで評価する

シスぶんは損失として熱になって失われるので，ヒステリシス・ループ内の面積が小さいほど優れた磁性材料と言うことができます．

● コア・ロスは小さいほど良い

コアの体積抵抗が低いと，コア内に渦電流が発生して，入力した電力が熱として失われます．また前述のように，ヒステリシス・ループが作る面積が熱として失われます．

コアにより失われる電力をコア・ロスと言います．記号は一般にP_cで表し，単位は［W］です．材質特性としては，コアの単位体積当たりのコア・ロスで表します．記号はP_{cv}で，単位は通常［kW/m^3］を使います．コアの特性として，ロスが小さいほど良いのは言うまでもありません．

先に述べたように，コア・ロスは主にヒステリシス損失と渦電流損失からなります．ヒステリシス損失は周波数の1乗に比例して増加し，渦電流損失は周波数の2乗に比例して増加します．**図4**に示すのは，100℃におけるコア・ロス-周波数特性の例です．

● コア・ロスは温度特性をもつ

話が少しややこしくなってしまいますが，フェライトのコア・ロスは温度によって変化します．

スイッチング電源用パワー・フェライトの場合，トランスの設計上の最大温度付近にコア・ロスの極小値をもってきます．通常の場合，この温度は100℃付近に設定されています．**図5**に代表的なフェライト・コア材のコア・ロス-温度特性を示します．

● 飽和磁束密度も温度特性をもつ

飽和磁束密度B_sは，大きければ大きいほど良いのですが，これも温度特性をもちます．**図6**に代表的なフェライト・コア材のB_s-温度特性を示します．

B_sは温度が上がると低下します．材質により低下のしかたに違いがあるので，使用する温度におけるB_sがどれくらいであるか確認しておく必要があります．通常，100℃でのB_sで評価しておけばよいでしょう．

◆参考文献◆

(1) 近角聰信；強磁性体の物理，第三版，pp.212～225，1981，裳華房．
(2) 山田一，宮澤永次郎，別所一夫；基礎磁気工学，第五版，pp.16～26，1989，学献社．
(3) フェライト磁心通則，JIS C 2560-1992.
(4) フェライト磁心の材質性能試験法，JIS C 2561-1992.
(5) 日本電子材料工業会，コア事故の見方・考え方，1990.
(6) E形フェライト磁心，JIS C2514-1989.

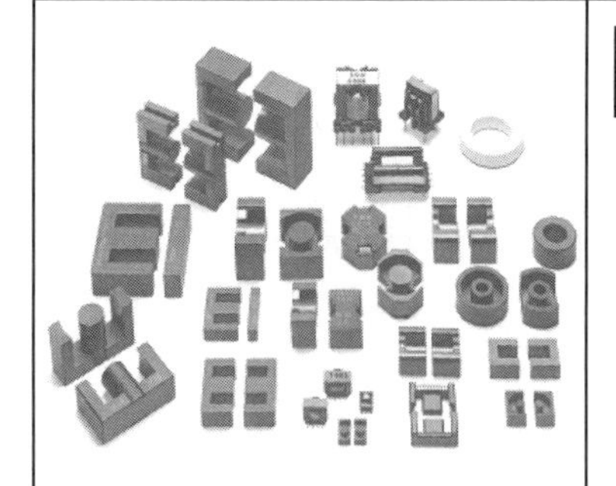

第7章 磁束密度と透磁率から考える

コアとコイルの性質

伊藤 信一郎
Shinichiro Ito

高周波コイル，EMI対策部品，スイッチング電源トランスなど，多くの部品に応用されている酸化物磁性材料「フェライト」は，高周波特性が良く，使用可能な周波数はMHz帯にも及びます．

なかでもスイッチング・パワー回路に適したFe，Mn，Znを原料とした「パワー・フェライト」は，高効率化と小型化の要求から進化し続けており，最新の材質PC90を使えば，従来の材質(PC40)に比べて40％近く小型化できます．

本章では，このフェライトの性質をより深く知るために，フェライトに限らずすべてのコアに共通する基本的な性質を理解します．磁界の強さ(H)，磁束密度(B)，透磁率(μ)などの基本特性を表す各種パラメータの間にどんな関係があるのか見てみましょう．

コアの性質を表す関係式

● 磁束密度Bは透磁率μと磁界の強さHの積

次に示すのは，磁束密度B［T］，磁界の強さH［A/m］，μの関係を表す式です．

$$B = \mu_{ab}H = \mu_0 \mu H \quad (1)$$

ただし，μ_{ab}：絶対透磁率［H/m］，μ_0：真空の透磁率［H/m］($4\pi \times 10^{-7}$)，μ：比透磁率

▶一般にμは絶対透磁率ではなく比透磁率

学問の世界では，μは絶対透磁率μ_{ab}で表すのが普通ですが，現場では真空(空気)の透磁率の何倍かで示す比透磁率μ_rで表すほうがわかりやすいため，**ほとんどの場合μと言えば比透磁率**と思ってください．

通常，比透磁率を表す記号はμ_rですが，上記の理由から，式(1)では単にμと記載しています．μが1000ということは，「その磁性体が真空の1000倍磁束を通しやすい」ことを意味しています．

今後各種の計算をする際，しばしば**真空の透磁率の値「$4\pi \times 10^{-7}$」を使いますから，この数値は覚えておくとよいでしょう**．

● Hとiは単純な比例関係

次に示すのは，コイルに流れる電流i［A］と磁界の強さH［A/m］との関係式です．

$$H = \frac{ni}{l} \quad (2)$$

ただし，l：磁路長［m］，n：コイルの巻き数

上式から，Hはiと単純な比例関係にあることがわかります．

● 誘起電圧v_Eを積分すると磁束密度になる

次に示すのは，コイルに発生する誘起電圧v_E［V］と磁束密度B［T］の関係式です．

磁束Φと磁束密度Bの関係は次式で表されます．

$$B = \frac{\Phi}{A} \quad (3)$$

ただし，Φ：磁束［Wb］，A：磁心の断面積［m^2］

コイルの誘起電圧v_Eと磁束Φとの関係は次式で表されます．

$$v_E = -n\frac{d\Phi}{dt} \quad (4)$$

マイナス記号は，誘起電圧が磁束の変化を打ち消す方向に生じることを意味します．式(3)と式(4)から次式が導かれます．

$$\int v_E dt = -n\Phi = -nAB$$
$$B = -\frac{1}{nA}\int v_E dt \quad (5)$$

実用的な計算式

コアの性質を理解するのが目的であれば，式(1)～式(5)で十分ですが，実用的な計算式も示しておきましょう．

■ 磁束密度を求める方法

● 電圧波形が正弦波なら誘起電圧の実効値から磁束密度を算出できる

図1に示すように，コイルに誘起される電圧が正弦波の場合は，磁束の波形も正弦波になるため，次式のように，誘起電圧の実効値V_Rから簡単に磁束密度を算出できます．次にその過程を示します．

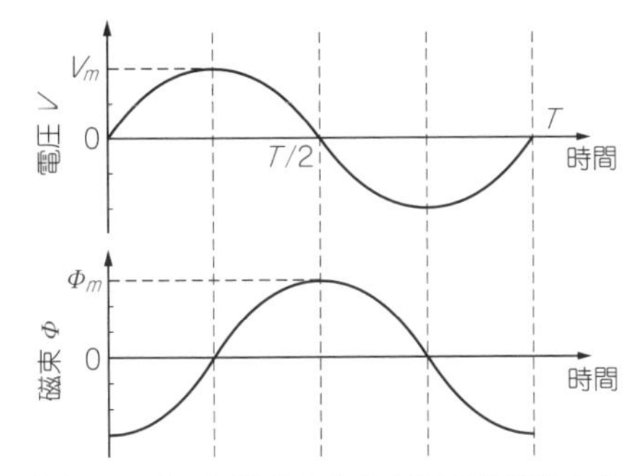

図1　コイルに誘起される電圧が正弦波なら磁束も正弦波になる
電圧の実効値から磁束量がわかる

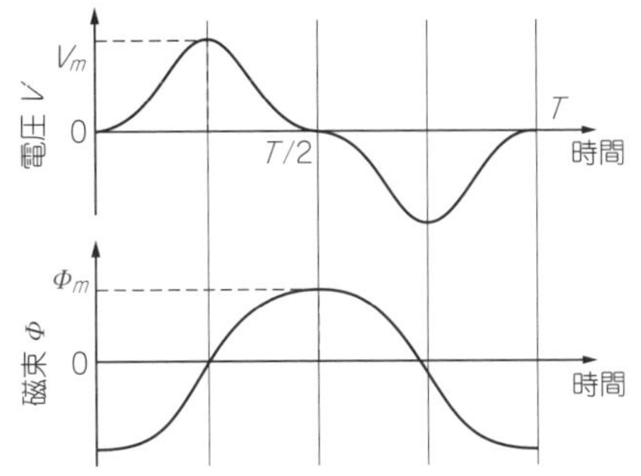

図2　コイルに誘起される電圧が正弦波でない場合は，磁束は電圧の平均値から求まる

最大磁束密度B_mと最大磁束Φ_mには次の関係があります．

$$B_m=\frac{\Phi_m}{A}$$

ただし，B_m：最大磁束密度，Φ_m：コアに通せる最大磁束，A：コアの断面積

ここで，Φ_mはコイルの誘起電圧v_Eを使って次のように表すことができます．

$$\Phi_m=\frac{1}{2n}\int_0^{\frac{T}{2}}v_E dt$$

ここで，

$$v_E=V_m\sin\omega t=\sqrt{2}\,V_R\sin\omega t$$

ただし，V_m：誘起電圧の振幅の最大値，V_R：誘起電圧の実効値，n：コイルの巻き数

とおくと，

$$\Phi_m=\frac{1}{2n}\int_0^{\frac{T}{2}}V_m\sin\omega t dt$$

$$=\frac{V_m}{\omega n}=\frac{V_m}{2\pi fn}=\frac{\sqrt{2}\,V_R}{2\pi fn}=\frac{V_R}{\sqrt{2}\,\pi fn}$$

ただし，f：誘起電圧の周波数

よって，

$$B_m=\frac{\Phi_m}{A}=\frac{V_R}{\sqrt{2}\,\pi fnA} \quad \cdots\cdots (6)$$

となります．

● 誘起電圧波形が正弦波でない場合は平均電圧から磁束密度を算出できる

前述したように磁性体は非線形特性をもつのが普通ですから，**図2**のように誘起電圧が正弦波にはならない場合があります．このときには平均電圧V_{ave}を測定できれば，次式から磁束密度を求めることができます．

$$B_m=\frac{1}{2nA}\int_0^{\frac{T}{2}}v_E dt$$

$$V_{ave}=\frac{1}{T/2}\int_0^{\frac{T}{2}}v_E dt$$

から，

$$B_m=\frac{1}{2nA}\frac{V_{ave}T}{2}$$

が成り立ちます．

$$T=1/f$$

なので，

$$B_m=\frac{V_{ave}}{4fnA} \quad \cdots\cdots (7)$$

が得られます．

● インダクタンスとコイルに流れる電流からも磁束密度を求めることができる

ここまでは電流と電圧，BとHを主体に述べてきましたが，ここでインダクタンスに登場してもらいましょう．

コアにコイルを巻くと，コイルには大きなインダクタンス成分が生じます．後述のように，このインダクタンス値とコアの透磁率との間には密接な関係があります．

自己インダクタンスLをもつコイルに電流iを流した場合，コイル両端の誘導電圧$v_{E\alpha}$は次式で表されます．

$$v_{E\alpha}=-L\frac{di}{dt} \quad \cdots\cdots (8)$$

式(8)の$v_{E\alpha}$は式(4)におけるv_Eと等しいので，

$$n\frac{d\Phi}{dt}=L\frac{di}{dt}$$

が成り立ちます．両辺を共にtで積分すると次のようになります．

$$n\int\frac{d\Phi}{dt}dt=L\int\frac{di}{dt}dt$$

$$\therefore n\Phi=Li \quad \cdots\cdots (9)$$

式(9)から，

$$B=\frac{\Phi}{A}=\frac{Li}{nA}$$

したがって，

$$B_m=\frac{LI_{peak}}{nA} \quad \cdots\cdots (10)$$

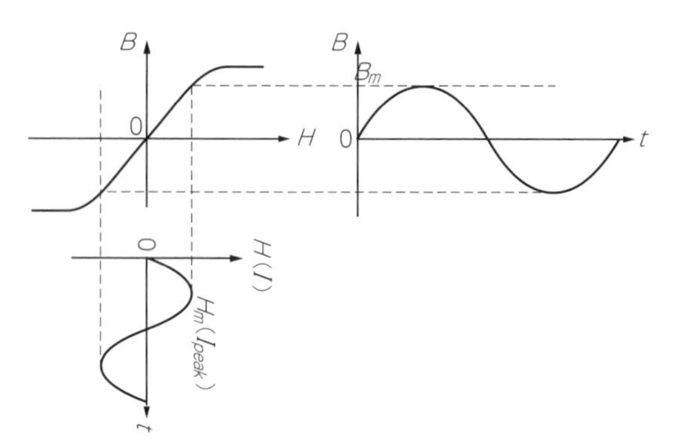

図3　BとHの関係が線形の場合はピーク電流から最大磁束密度が求まる

となります．

このとき，**図3**に示すようなB-Hカーブを考えるとわかりやすいでしょう．B-Hカーブが直線性をもつ，つまり**電流によってインダクタンスが変化しない場合には，式(10)を使って，コイルに流れる電流値からBを計算できます**．前述のように，磁性体のB-Hカーブは一般に非線形ですが，コア内にエア・ギャップを入れて使用するような場合には，B-Hカーブは直線に近くなるため，式(10)が使えます．

■ 透磁率μを求める方法

● インダクタンスLと透磁率μは比例関係

Lとμの関係を考えてみましょう．

BとHの間には，式(1)の関係があります．HとIには式(2)の関係があるので，これら2つの式と式(9)から次式が得られます．

$$n\Phi = nAB = nA\mu_0\mu H = nA\mu_0\mu\frac{ni}{l}$$

$$\therefore \frac{n^2A\mu_0\mu i}{l} = Li$$

$$\mu = \frac{Ll}{\mu_0 n^2 A} \cdots\cdots (11)$$

つまり，Lとμは比例関係にあります．**同じ形状のコアに同じ巻き数のコイルを巻く場合，コアの透磁率が高いほど大きなインダクタンスが得られます**．式(11)を使うとLCRメータなどで測定したインダクタンスから，コア材のμが簡単に求まるので，コア材の評価に利用できます．

■ カタログからコイルのインダクタンスや最大電流を予測できる

● インダクタンスはカタログに記載のあるA_L値から簡単に計算できる

実用形状のコアを使用したコイルのインダクタンスLは，わざわざμ，A，lなどを使用して計算しなくても，カタログに記載されているインダクタンス係数(A_L値)を使用すれば，簡単に計算できます．**実用形状とは，実際にトランスとして組み立てやすい(使用しやすい)ように設計された汎用的な形状のことです．表1**に実際のコアのカタログを示します．

A_L値とは，ある実用形状のコアの単位巻き線当たりのインダクタンス値を表したもので，次式で表されます．

$$A_L = \frac{L}{n^2} \cdots\cdots (12)$$

A_L値の単位は，通常［nH］(ナノ・ヘンリ)です．A_L値に巻き数の2乗を乗じると，目的とする形状の，目的とする巻き数のコイルのインダクタンス値が求められます．

● コイルのインダクタンスや流せる最大電流はカタログ・データから求められる

コアにギャップを入れると，実効的な透磁率が低下してA_L値が低下しますが，コアが磁気飽和しにくくなるため，大きな電流が流せるようになります．

図4に示すのは，実際のコアのカタログです．

どのくらいのギャップを入れたときに，どのくらいのインダクタンスになるかどうかは，A_L値対エア・ギャップのグラフから予測できます．またその場合，どのくらいの電流まで流せるかは，NI-Limit対A_L値のグラフから読み取ることができます．

表1　コイルのインダクタンスはカタログに記載のあるA_L値から簡単に求まる

電気的特性　（A_L値）

品名 ギャプなし	AL-value* (nH/N²)	出力設計例 (W) 100kHz	品名 ギャップあり	AL-value* (nH/N²)
PC40EER25.5-Z	1920±25%	87	PC40EER25.5A□□□	100±5%, 200±7%
PC40EER28-Z	2870±25%	203	PC40EER28A□□□	200±5%, 400±7%
PC40EER28L-Z	2520±25%	228	PC40EER28LA□□□	160±5%, 315±7%
PC40EER35-Z	2770±25%	325	PC40EER35A□□□	200±5%, 400±7%
PC40EER40-Z	3620±25%	421	PC40EER40A□□□	200±5%, 400±7%
PC40EER42-Z	4690±25%	433	PC40EER42A□□□	250±5%, 500±7%
PC40EER42/42/20-Z	5340±25%	509	PC40EER42/42/20A□□□	250±5%, 500±7%
PC40EER49-Z	6250±25%		PC40EER49A□□□	250±5%, 500±7%

*1kHz, 0.5mA, 100Ts
出力設計例はフォワードコンバータ方式による計算例です。

AL-value vs. Air gap length for PC40EER28 core (Typical)

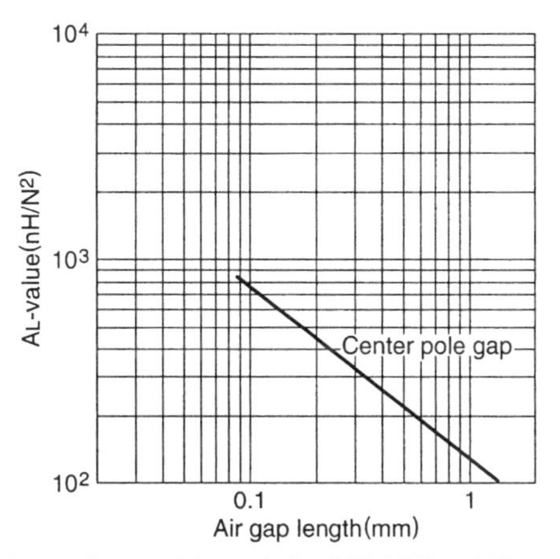

Measuring conditions • Coil: ø0.35 2UEW 100Ts
• Frequency: 1kHz
• Level: 0.5mA

(a) A_L値対エア・ギャップのグラフ

NI limit vs. AL-value for PC40EER28 gapped core (Typical)

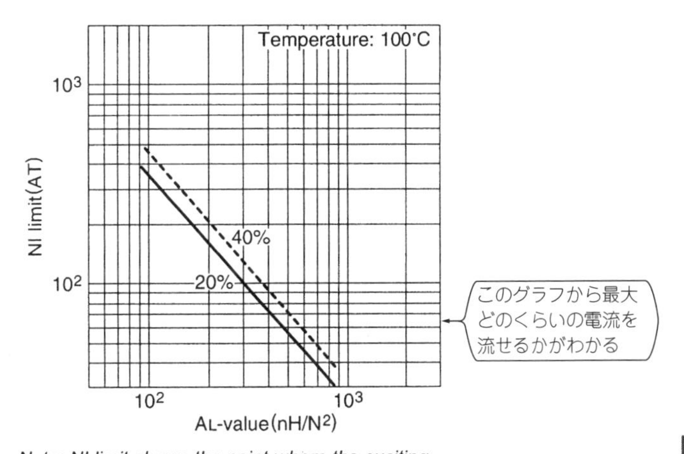

Note: NI limit shows the point where the exciting current is 20% and 40% away from its extended linear part.

(b) Ni-Limit対A_L値のグラフ

図4 コイルのインダクタンスや流せる最大電流はカタログ・データから始まる

■ 実用形状のいろいろ

スイッチング電源に使われているコアにはいろいろな種類があり，それぞれ特徴をもっています．**写真1**にその概要を示します．

材質特性を測定する場合には，磁気回路上に理想的なリング状のコア形状を使用しますが，この形状で実際にトランスを製作しようとする場合には，巻き線しにくい，ギャップが入れにくい，ピンを立てにくいなどの不具合が出てしまいます．

▶EEコア

汎用的な形状で，廉価です．巻き線脚が矩形断面のため巻き線が簡単ではありません．

▶EERコア

汎用的な形状で，廉価です．巻き線脚が円形断面のため，巻き線が容易です．電源コアの代表的な形状です．

▶EPCコア

薄型トランスに対応した形状です．

▶PQコア

磁気回路的に無駄がなく，理想的に設計された形状です．通常のEERコアよりも軽量化が可能です．

コアの特性を実測する

● ディジタル・オシロでもB-Hカーブを測定できる

では，コアのB-Hカーブを実際に測定してみましょう．測定器は，ディジタル・オシロスコープとカレント・プローブそして発振器とアンプだけです．**写真2**に今回使用した測定器を示します．

実験に使用したコアは，PC40T20×5×10です．

本当は発振器の最大出力では不足なので，発振器の出力をアンプで増幅するのですが，今回は簡単のため省略しました．

汎用形状，廉価

(a) EEコア

汎用形状，巻き線容易

(b) EERコア

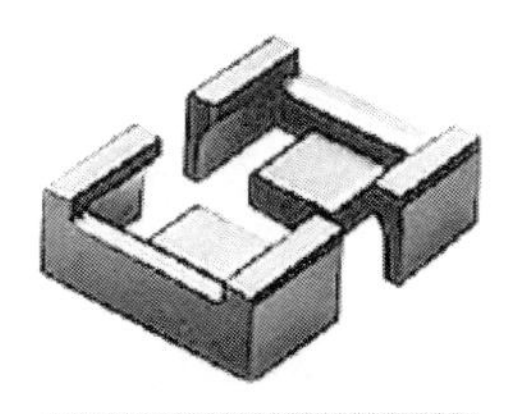

薄型対応，横置き用

(c) EPCコア

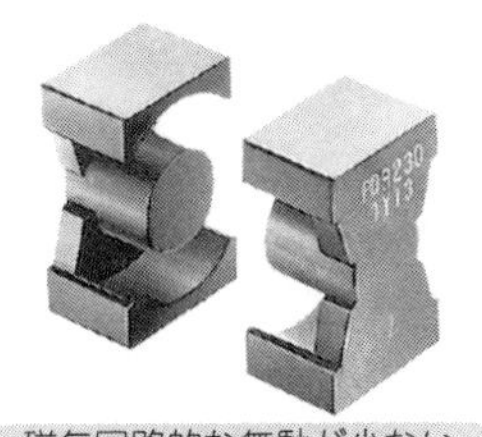

磁気回路的な無駄が少ない

(d) PQコア

写真1 スイッチング電源のトランスに使われる代表的なコア形状

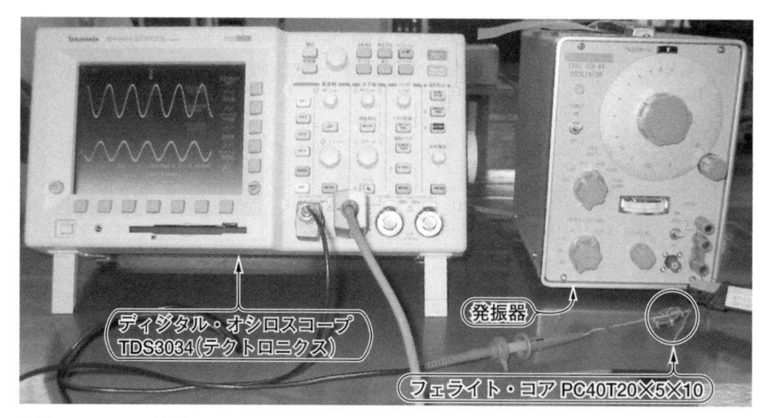

写真2　コアの特性を評価する測定器群
ディジタル・オシロスコープ，発振器，カレント・プローブだけで測れる

● **1次巻き線に流れる電流を*H*軸に，2次巻き線に生じる電圧を*B*軸にプロット**

写真3に，測定に使用するために巻き線したコアを示します．

漏れ磁束が少なく，1次コイルと2次コイルの結合が十分にとれるような巻きかたが理想です．**漏れ磁束を少なくするには，コア全周に均一に巻いたほうが良く，結合を良くするのには1次と2次コイルの間隔を短くすること(理想はバイファイラ巻き)が必要**です．今回の例は，この条件を満たしています．

1次巻き線の電流をカレント・プローブにより測定してHを求め，2次巻き線の電圧をディジタル・オシロスコープの電圧プローブにより測定してBを求めます．

T20×5×10のコアの実効断面積A_eは24.02 mm²，実効磁路長l_eは43.55 mm，実効体積V_eは1046 mm³になります．

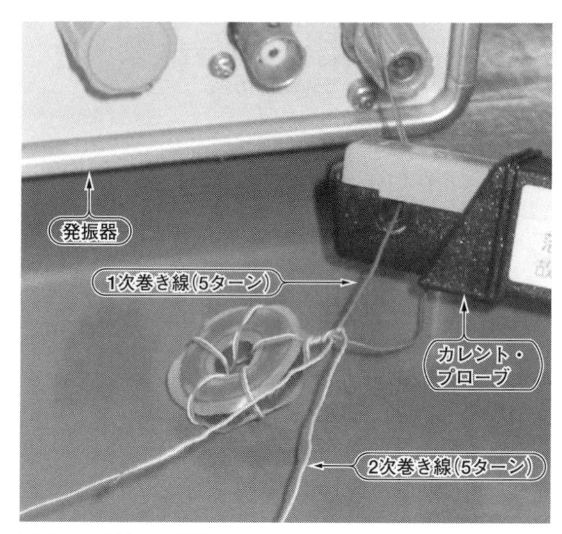

写真3　実験用に製作したコイル

● **コアに高周波電流を流し，ディジタル・オシロで電流と電圧の波形を取り込む**

最初に発振器の周波数とレベルを調整し，コアに目的の周波数と電流(または電圧)を供給します．今回は適当に，周波数136 kHz，B_m = 12.2 mTと条件を選定しました．測定は室温(25 ℃)で行いました．

次に，ディジタル・オシロスコープで電流と電圧波形を同時に取り込みます．後で演算処理するため，電圧と電流の時間軸が合っていないと意味がありません．

● **1次巻き線に流れる電流波形からコア内の磁界の強さ*H*が求まる**

図5に示すように，1次巻き線に流れる電流波形のサンプリング・データをExcelに取り込み，式(2)を使ってHを計算します．カレント・プローブでは，どうしてもドリフトが発生するため，電流波形がセンタにくるよう補正が必要な場合があります．

● **1次巻き線の電圧波形を積分するとコア内の磁束密度*B*が求まる**

今度は，**図6**に示すように，電圧波形のサンプリング・データをExcelに取り込みます．ディジタル・オシロスコープに波形の積分機能が付いていれば面倒はないのですが，積分機能が付いていない場合には，Excel上で計算を行います．

積分は，「電圧のデータ × サンプリング時間」という(極めて幅が狭い)四角形の面積を加算していくことで行っています．周期に対して，サンプリング時間が十分に小さければ，精度の高い積分ができます．今回は，サンプリング間隔を4×10^{-9}sとしました．

波形を取り込むとき，電圧波形が少しでもセンタからずれていると，積分した波形は右上がりや右下がりになるので，その場合には電圧波形を補正してやります．さらに，積分した電圧波形に式(5)を適用して，Bの波形を求めます．

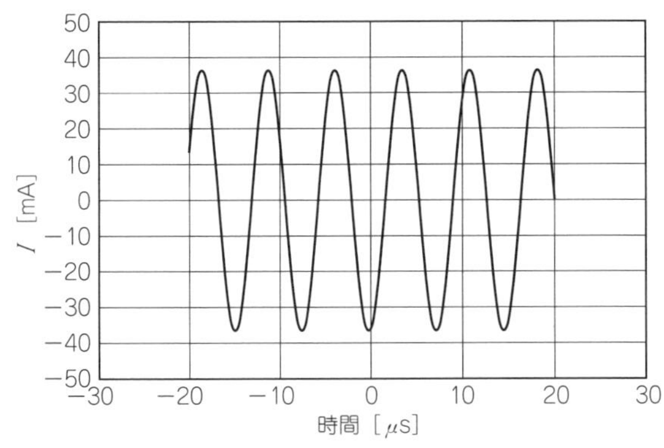

(a) 1次巻き線に流れる電流Iの波形

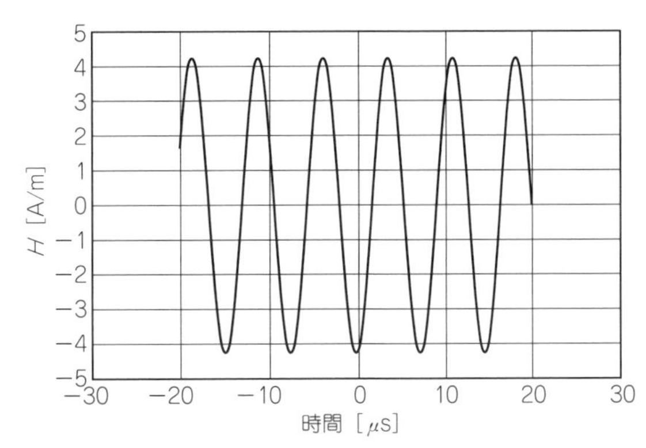

(b) 図(a)の電流波形から計算で求めたコア内の磁界の強さHの波形[式(2)を使う]

図5　写真2の実験でパソコンに取り込んだ1次電流とそのデータを元に算出しグラフ化した磁界の強さ

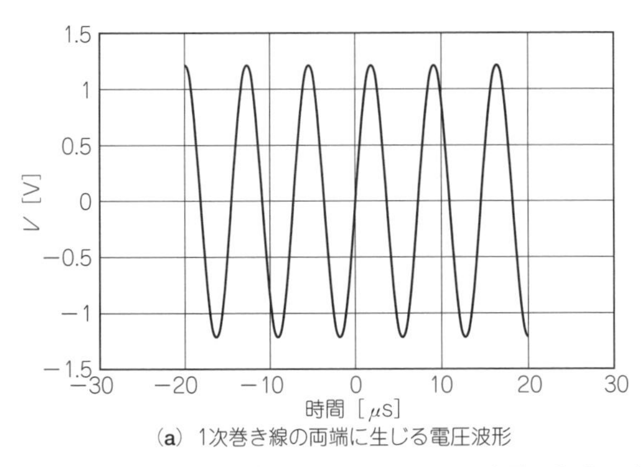

(a) 1次巻き線の両端に生じる電圧波形

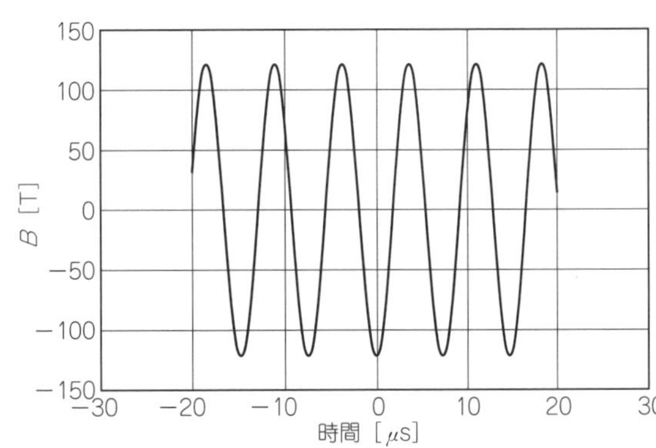

(b) 図(a)の波形を積分して求めたコア内の磁束密度の波形

図6　写真2の実験でパソコンに取り込んだ2次電圧とそのデータを元に算出しグラフ化した磁束密度

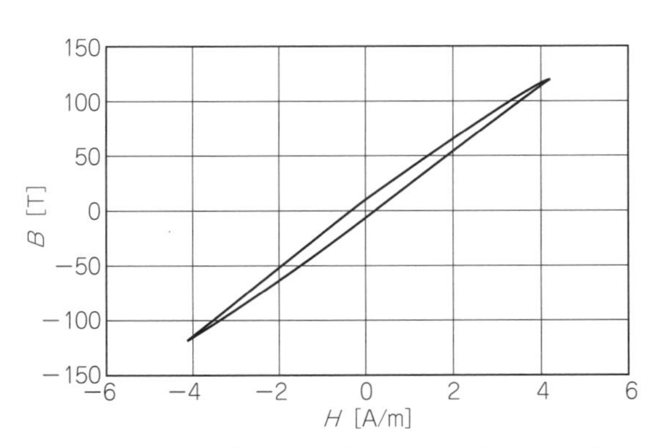

図7　図5と図6で得られた*H*と*B*を*X*-*Y*プロットすると，実験に使用したコアの*B*-*H*曲線が得られる

P [mW]
時間 [μs]

図8　図5で得られた電流と図6で得られた電圧を掛け合わせるとコア・ロスが求まる

● *B*-*H*カーブを描画

図7に示すように，算出したH波形とB波形からB-Hカーブを描画できます．

このとき，Hの最大値H_mとBの最大値B_mから式(1)を使ってμを計算することができます．ここでは，

$\mu=2262$

と計算されます．

● コア・ロスの算出

コア・ロスは，求めたB-Hカーブの面積を計算しても求められますが，ここでは単純に実効電力から計算してみましょう．

先ほど求めた電圧波形と電流波形を掛け合わせると瞬時電力Pが求まります．結果を**図8**に示します．このPのデータから，実効電力を計算します．求めた実効電力がコアから発生するコア・ロスP_Cになります．

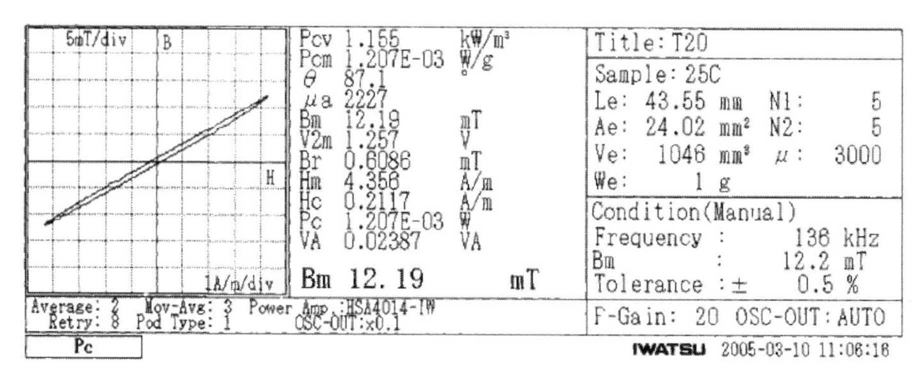

(a) B-H特性

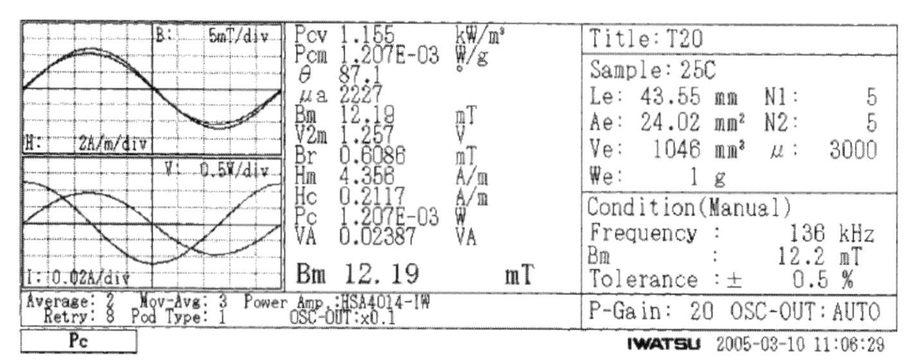

(b) 磁束密度，磁界，2次側電圧，1次側電流の時間変化

図9　B-Hアナライザによるコアの評価結果

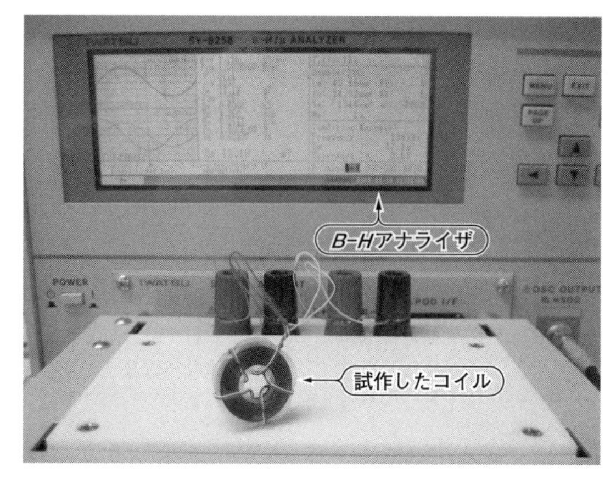

写真4　コア専用の評価機を使うと簡単にB-H特性を測定できるSY-8258(岩通測定器)

P_Cをコアの実効体積V_Eで割ると，単位体積当たりのコア・ロスP_{CV}が求まります．ここでは，1.189 kW/m^{3}と求められました．

以上の方法は，コアの特性や計算式を理解するのにたいへん役に立ちますし，実際のスイッチング電源回路におけるコアの使用条件を解析することもできます．

● 専用測定機「B-Hアナライザ」で一発測定

コアの特性を測定するための専用機を使えば，あまり難しいことを考えなくても，簡単に測定ができます．

写真4に示すのは，B-Hアナライザ(SY-8258，岩通計測)を使って，コアを測定しているようすです．周波数，磁束密度B，コア定数を入力して，測定ボタンを押せば，コア・ロスやμなどのデータが自動的に測定できます．

図9にB-Hアナライザでの測定結果を示します．**表2**にディジタル・オシロスコープとB-Hアナライザの測定結果を比較してみましたが，ほぼ同じ値が得られています．

表2　ディジタル・オシロスコープとB-Hアナライザで測定したコアの特性はほぼ同じ

項　目	ディジタル・オシロスコープ	B-Hアナライザ
H_m [A/m]	4.282	4.356
B_m [mT]	12.17	12.19
μ	2262	2227
P_{CV}[kW/m^3]	1.189	1.155

サンプル：PC40T20×5×10，周波数：136 kHz，B_m：12.2 mT，室温：25 ℃

◆参考文献◆

(1) 日本電子材料工業会，コア事故の見方・考え方，1990.
(2) E形フェライト磁心，JIS C2514-1989.

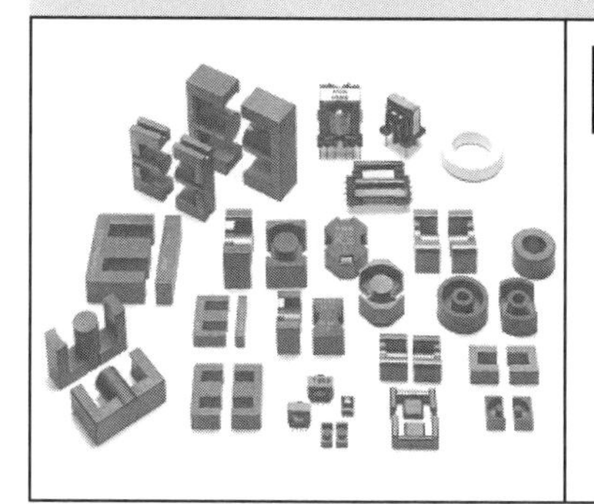

第8章 RCCタイプに使用できる絶縁型

スイッチング電源用トランスの設計

野澤 正享
Masataka Nozawa

本章では，**図1**に示すスイッチング電源に使われる絶縁型トランスの設計法を紹介します．電源のタイプは，高電圧，小電流出力に適しているフライバック(ON - OFF)方式のRCC(Ringing Choke Convertor)です．RCCタイプの電源は部品点数が少なく，安価なため一番多く使われています．

● 設計条件

それでは，次に示す条件で実際にトランスを設計してみます．

- 回路方式：RCC
- 入力電圧：AC85～132V(50または60 Hz)
- CH - 1の出力電圧／電流：DC5 V/3 A(15 W)
- CH - 2の出力電圧／電流：DC12 V/2.5 A(30 W)
- コントロール巻き線の出力電圧／電流：DC16 V/0.1 A(1.6 W)
- スイッチング周波数：50 kHz以上
- 最大ONデューティ：50 %
- 適用安全規格：電気用品安全法，UL1411
- 最大温度上昇：40 ℃

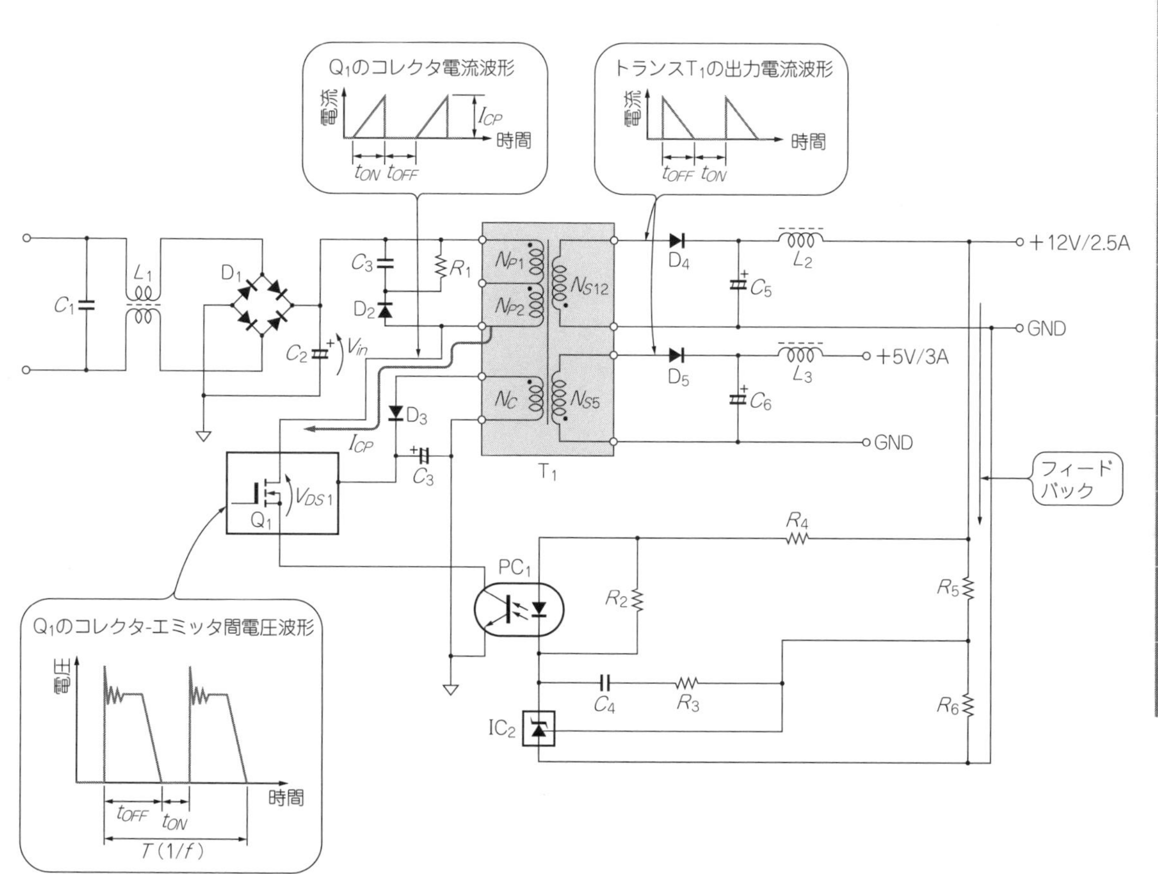

図1　RCC方式のスイッチング電源
この回路のトランスを設計する

トランスの設計

図2にトランスの設計フローチャートを示します．最初に答えを示しておきましょう．**図3**に示すのは，以降に示す計算によって得られたトランスの仕様です．

● コアの選定

コアは，TDK社の低損失材の代表であるPC47材を使用します．PC47材を選んだ理由は，低損失で温度上昇が小さいからです．

トータル出力電力は約45 W(≒15＋30＋1.6)なので，第3章で説明したエリア・プロダクトを使って，形状を推定します．ここではEER28を仮選択します．

● コア・サイズを仮決めする

形状は，使用するコアのメーカの情報を参考に，設計したいトランスの出力にあったコア形状を選択します．

例えば，RCC方式，スイッチング周波数50 kHzの条件で駆動する場合，トランスのコア・サイズは，出力電力30 W程度であればEER28，60 W程度であればEER35，100 W程度であればEER40ぐらいの形状が目安です．**写真1**にコアの外観を示します．

理論的には，駆動周波数を2倍にすれば，2倍の出力電力が引き出せるはずですが，周波数が高くなると損失が増えるため，実際には1.5倍程度と考えておけばよいでしょう．

● 1次巻き線数N_Pの算出

ファラデーの法則から導き出された次式を使って算出します．

$$N_P \geqq \frac{V_{in}D}{\Delta B A_e f_{SW}} \cdots\cdots (1)$$

ただし，V_{in}：入力電圧(C_2両端の電圧) [V]，D：ONデューティ，ΔB：磁束密度 [Wb/m^2]，A_e：コアの断面積 [m^2]，f_{SW}：スイッチング周波数 [Hz]

式(1)は，最悪の条件でもコア飽和を起こさない巻き数の最小値を算出する式ですから，巻き数は求まる値以上にすれば磁気飽和を防ぐことができます．

ワイヤはボビンの巻き幅いっぱいに巻き付け，1次側と2次側の結合を良くすることが理想です．最終的には，巻き上がり状態を見ながら調整します．

電源制御ICがソフト・スタート機能をもっている場合は，下記の条件で巻き数を算出することができます．

- 入力電圧V_{in}：最小
- ONデューティD：最大(負荷最大)
- 磁束密度ΔB：最大
- コア断面積A_e：最小
- スイッチング周波数f_{SW}：最小

入力電圧V_{in}は，AC電圧の最低値($85V_{RMS}$)を平滑した値ですが，正確にはリプルの下限値を入力すべき

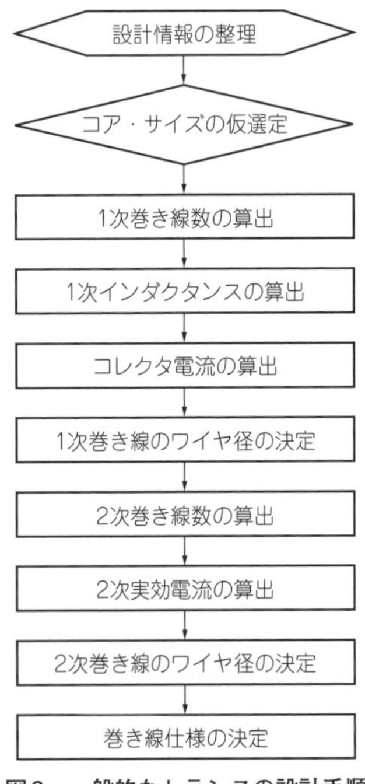

図2　一般的なトランスの設計手順

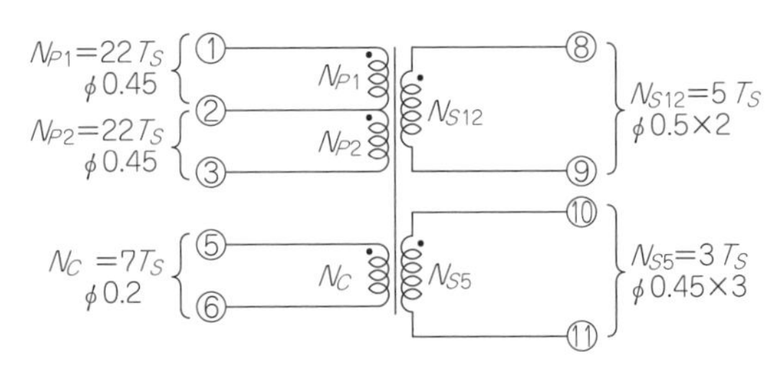

図3　設計し終えたトランスの最終仕様

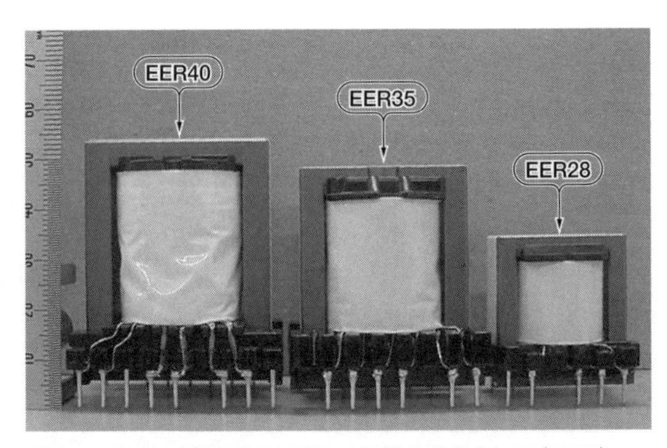

写真1　本章の電源用のトランスに使えそうなコア(TDK)
ここで使用したのはEER28

です．磁気実装条件を考えた場合，本来ならば，

- 入力電圧 V_{in}：最大
- ONデューティ D：最大(負荷最大)

の組み合わせの場合でもトランスが飽和しないように設計しなければなりません．

▶算出例

式(1)の V_{in} には，**図1**の C_2 で平滑されたDC電圧のリプル電圧の下限を入力します．通常，DC電圧の90％ぐらいを考えておけばよいでしょう．

$$N_P \geqq \frac{85 \times \sqrt{2} \times 0.9 \times 0.5}{0.32 \times 0.77 \times 10^{-4} \times 50 \times 10^3} \fallingdotseq 43.9 \text{ TS}$$

から，N_P は44 TSになります．TSは，巻き回数の単位 turns(ターン)の略です．

● 1次インダクタンス L_P の算出

次式で求めます．

$$L_P = \frac{V_{in}{}^2 D^2}{2 P_{out} f_{SW}} \cdots\cdots (2)$$

ただし，P_{out}：出力電力［W］，η：効率

出力電力は，2次側整流ダイオードの電圧降下ぶんも加味した電源の最大出力を使って求めます．算出時の回路の動作条件は次のとおりです．

- 入力電圧 V_{in}：最小
- ONデューティ D：最大
- 出力電力：最大
- スイッチング周波数：最小
- 効率：85～90％

▶算出例

最大出力 P_{out}［W］は，ダイオード D_4，D_5 の順方向電圧を0.7 Vとすると，

$$P_{out} = (5 + 0.7) \times 3 + (12 + 0.7) \times 2.5 \fallingdotseq 48.85 \text{ W}$$

と求まります．式(2)に代入すると，

$$L_P = \frac{108.2^2 \times 0.5^2}{2 \times 48.85 \times 50 \times 10^3} \times 0.9 \fallingdotseq 0.6 \text{mH}$$

と求まります．

● コアが磁気飽和しないか確認する

▶制御IC内部のトランジスタのコレクタ電流 I_{CP} を算出

次式を使ってコレクタ電流の最大値を計算します．

$$I_{CP} = \frac{V_{in} t_{ON}}{L_P} \cdots\cdots (3)$$

ただし，t_{ON}：ON時間［s］

算出時の回路の動作条件は次のとおりです．

- 入力電圧 V_{in}：最小
- ON時間 t_{ON}：最大

L_P は下限値を代入します．

トランスのインダクタンスの公差は一般的に±10％程度なので，先ほど算出した L_P = 0.6 mHの90％の値を使い，式(3)を使って I_{CP} の最大値を求めます．

ここで t_{ON} は，

$$t_{ON} = \frac{D}{f_{SW}} = \frac{0.5}{50 \times 10^3} = 10\ \mu\text{s}$$

ですから，

$$I_{CP} = \frac{108.2 \times 10 \times 10^{-6}}{0.6 \times 10^{-3} \times 0.9} \fallingdotseq 2.0 \text{ A}$$

という値が得られます．

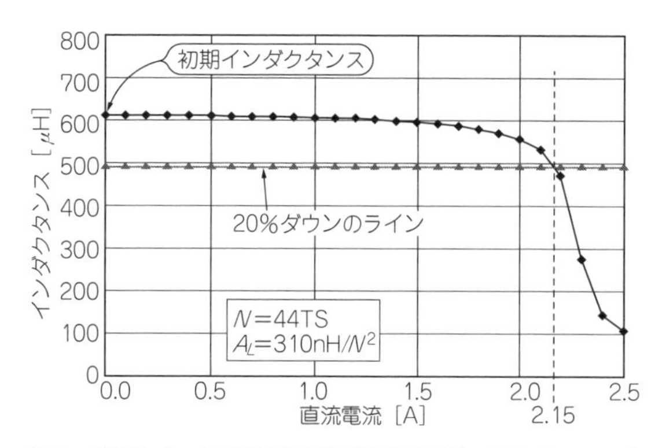

図4　使用したコアの直流重畳特性(PC47材，EER28，TDK)

図4に示すのは，選んだコア(PC47材，EER28)の直流重畳特性です．通常，100℃の環境で直流電流を重畳させたときのインダクタンス値が，初期インダクタンス値の20％ダウン以内になっていればOKです．今回の場合，20％ダウンの電流は2.15 Aですから，磁気飽和の心配はないようです．

● 1次実効電流 $I_{P(RMS)}$ を算出してワイヤ径を決定する

図1に示すように，コレクタ電流 I_{CP} は三角波なので，1次実効電流は次のようになります．

$$I_{P(RMS)} = I_{CP} \sqrt{\frac{t_{ON}}{3T}} \cdots\cdots (4)$$

ただし，T：周期［s］

上記で求めたコレクタ電流の最大値 I_{CP} と t_{ON} から $I_{P(RMS)}$ を算出すると0.816 A_{RMS} になります．この電流値に見合うワイヤを選択します．

一般に，スイッチング・トランスに使われるワイヤの電流容量は，5～10 A_{RMS}/mm^2 程度です．今回の条件では，最低スイッチング周波数は50 kHzです．軽負荷時には周波数が上がり，表皮効果と近接効果の影響が出てきます．そこで，余裕をもたせて5 A_{RMS}/mm^2 で設計します．

ワイヤの半径を r［m］とすると，

$$r = \sqrt{\frac{0.816}{5 \times \pi}} \fallingdotseq 0.228 \text{ mm}$$

となり，ϕ0.45のUEWワイヤを使用することにします．**写真2**に示すのは，スプールに巻かれたUEWワ

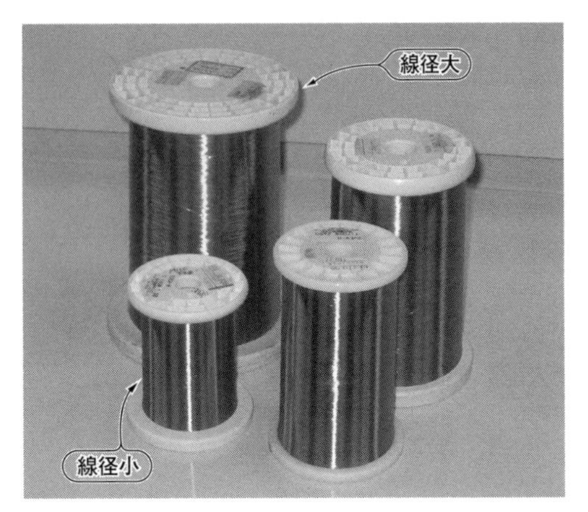

写真2 UEWワイヤの外観

イヤの外観です．

● 2次巻き線数N_Sの算出

$$N_S = N_P \frac{V_{out} + V_P}{V_{in}} \frac{t_{ON}}{t_{OFF}} \cdots\cdots (5)$$

V_{out}：出力電圧［V］，V_F：ダイオード(D_4，D_5)の順方向電圧［V］，t_{OFF}：OFF時間［s］

多出力の場合の各巻き数は，各出力電圧値を2次側フィードバック巻き線1TS当たりの電圧で除した値となります．ここでの組み合わせも下記のようになります．

- 入力電圧V_{in}：最小
- 出力電力P_{out}：最大
- ON時間t_{ON}：最大
- OFF時間t_{OFF}：最小

▶算出例

図1に示す12V出力の巻き数(N_{S12})は，式(5)から次のように求まります．

$$N_{S12} = 44 \times \frac{12 + 0.7}{108.2} \times \frac{10 \times 10^{-6}}{10 \times 10^{-6}} \fallingdotseq 5.16\ \mathrm{TS}$$

実際には巻き数は整数ですから，計算値に近い5TSとします．**図1**に示すように，N_{S12}巻き線側の出力電圧は，フィードバック制御によって安定化されていますから，何ターンであっても12V一定になります．

5TSで12Vを出力するので，1TS当たりは2.4Vです．したがって5Vの巻き数(N_{S5})は，

$$N_{S5} = \frac{5}{2.4} = 2.08\ \mathrm{TS}$$

必要です．この巻き線は，フィードバック巻き線とは異なり，計算で求まる巻き数の端数を切り捨ててしまうと，5Vちょうどの電圧が得られないため，

コラム 結合度を上げることのメリット

トランスの結合度とは，1次側巻き線と2次側巻き線の結び付きぐあいのことです．結合度の高いトランスほど優れたトランスと言っても過言ではありません．

本来トランスは，電気的な動作環境の異なる回路システム間を無接触で磁気結合し，電力を伝える部品です．1次側に入力した信号を損失なく，100％を2次側に伝達できれば理想的ですが，現実には不可能です．

そこで一般に，この結合度合いを結合係数Kで表します．結合係数は次式で表されます．

$$K = \frac{M}{\sqrt{L_1 L_2}}$$

ただし，L_1，L_2：自己インダクタンス[H]，M：相互インダクタンス[H]

図Aに示すように，結合度を上げると，スイッチング素子(**図1**のQ_1)のコレクタ-エミッタ間電圧波形のスパイクが減衰します．その結果，スイッチング素子に耐圧の低いものを使うことができます．耐圧の低いスイッチング素子は，ON抵抗が小さい傾向がありますから，スイッチング素子の損失低減にもつながります．加えて，結合度が上がれば，2次側の出力電圧変動も小さくなります．〈**野澤 正享**〉

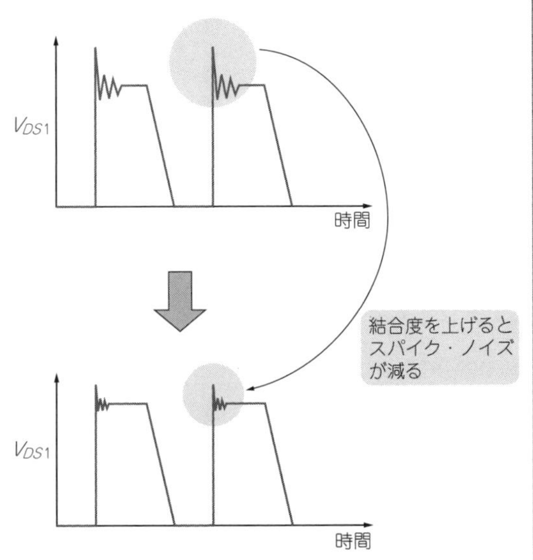

図A 1次と2次の結合度を上げるとスイッチング素子に加わる電圧を低く抑えられる

$N_{S5} = 3$ TS

とします．2 TSにすると，5 V以下になって後段の回路動作に支障をきたすので，電圧が高めに出る巻き数にします．高すぎると損失に繋がるため，他の巻き線とのバランスを考えて，どの出力も下限電圧を下回らず，かつ高すぎない電圧になるような巻き数に設定します．

制御IC用の電源を生成する1次側のコントロール巻き線N_Cも同様な計算で求めます．

$$N_C = \frac{16}{2.4} \fallingdotseq 6.67 \text{ TS}$$

から，7 TSとなります．

● 2次巻き線に流れる実効電流$I_{S(RMS)}$の算出とワイヤ径の決定

図1に示すように，2次側の電流波形も三角波になります．その実効電流$I_{S(\mathrm{RMS})}$は次式で求まります．

$$I_{S(\mathrm{RMS})} = I_{out}\sqrt{\frac{4T}{3t_{OFF}}} \quad \cdots\cdots (6)$$

ただし，I_{out}：出力電流［A_{RMS}］

1次側と同様に，2次側の巻き線の線径を計算します．

$$I_{S12} = 2.5\sqrt{\frac{4\times 20\times 10^{-6}}{3\times 10\times 10^{-6}}} \fallingdotseq 4.08\ A_{\mathrm{RMS}}$$

と算出されますが，2次側の巻き線数は1次側と比較して少なく巻き線長も短いため，電流容量を10 A_{RMS}/mm^{2}とすると，

$$r = \sqrt{\frac{4.08}{10\times\pi}} \fallingdotseq 0.36 \text{ mm}$$

と求まります．

計算上はϕ0.75のワイヤを使うことになります．しかし，ϕ0.5を越えるような太いワイヤは巻きにくいため，ϕ0.5のワイヤを2本並列(2本もちと呼ぶ)にして巻き付けます．

同様に，

$$I_{S5} = 3\sqrt{\frac{4\times 20\times 10^{-6}}{3\times 10\times 10^{-6}}} \fallingdotseq 4.9\ A_{\mathrm{RMS}}$$

となりますが，この場合もϕ0.45のワイヤを3本もちにする仕様にします．

N_C巻き線も同様に計算すると，$\phi = 0.07$ mmとなりますが，巻き線しやすさ，信頼性面から，ϕ0.2のワイヤを使用します．

ワイヤの巻き付けかた

● ワイヤがクロスしないように端子をレイアウトする

端子レイアウトを考えるとき，ワイヤがクロスしないように配慮が必要です．クロス部分にはストレスが掛かりやすく絶縁不良のリスクが大きくなるからです．

図1に示すトランスの記号に示された黒点は極性を表します．ワイヤは，黒点が書かれているところから巻き始めます．

ワイヤの巻き始めと巻き終わりはこの極性と一致しますので，黒点側をスタートと考えて，すべての巻き線がこれにそろっていれば，ワイヤがクロスすることはありません．

● 端子間距離を十分にとる

ワイヤの線径が太い場合は，各端子間の距離が十分でないと，空間距離が不足して事故につながります．十分な距離が確保できない場合は，**図5**に示すように，1本跳ばすような端子レイアウトにします．

● 誤挿入防止対策をしておく

プリント基板にトランスを挿入する場合は，トランスの挿入方向を間違えただけで回路を破壊してしまう可能性があります．**図6**に示すように，端子を1本抜き取るなどして，左右非対称にし，誤挿入を防止します．

＊

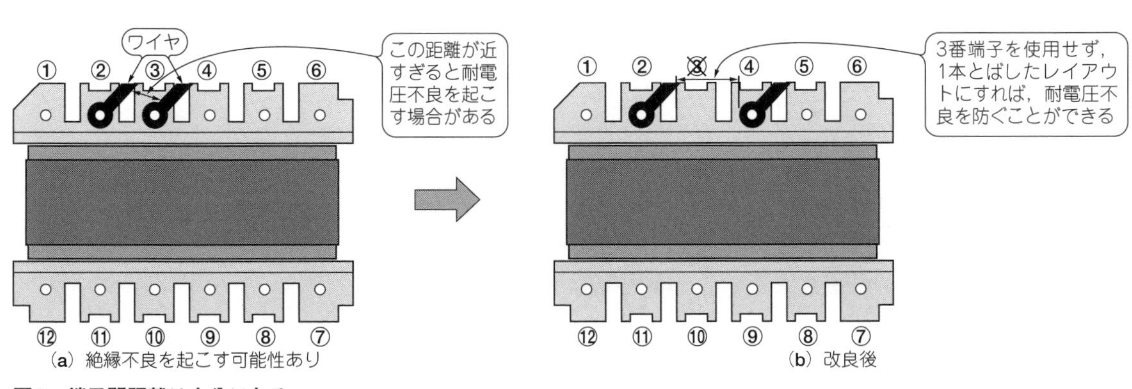

図5　端子間距離は十分にとる
特にワイヤの線径が太いときは端子を1本跳ばすような端子レイアウトにする

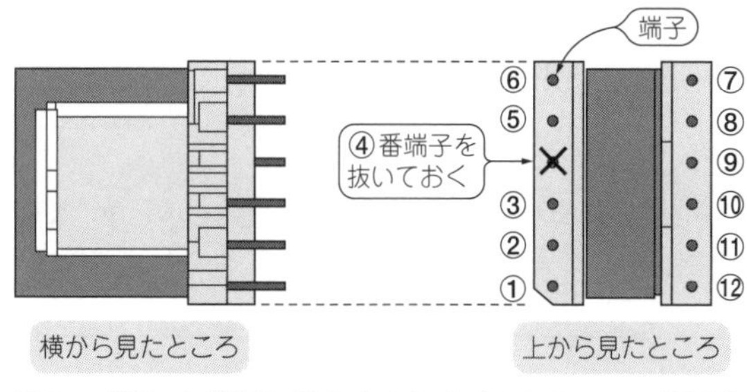

図6　プリント基板に挿入するタイプのトランスは端子を1本抜いておく（誤挿入防止対策）

結局，前項の計算結果と上記の巻き線の注意点を考慮すると，**図3**のようになります．

巻き線構造の決定

● 巻き順の決定

図3に示す5つの巻き線の一般的な巻き順は，次のとおりです．

(1)N_{P1}，(2)N_{S12}，(3)N_{S5}，(4)N_{P2}，(5)N_C

今回の例では，N_{S12}と1次巻き線との結合を上げることを最優先にして，N_{S5}はN_{P2}の後に巻きました．

このように，2次側の出力が複数ある場合は，電圧の微調整を優先するか，電圧変動特性を優先するかによって，N_{P1}とN_{P2}の間に巻くか，N_{P2}の後に巻くかを決めます．

表1　各国の安全規格と必要な沿面距離
安全規格は頻繁に改訂されるため，構造設計時には最新版を確認してほしい

安全規格名	絶縁厚み	空間沿面距離	耐電圧
電気用品安全法	0.3 mm以上	2 mm	AC1000 V/1分
UL1411, CSA C22.2 No.1	0.64 mm以上	3.2 mm	AC2875 V/1分
IEC60065, UL6500	0.4 mm以上	6 mm	AC3000 V/1分
IEC60950, UL1950	0.4 mm以上	6.4 mm	AC3000 V/1分

● 1次巻き線

図7(b)に示すような，サンドイッチ巻き線構造にして，2次巻き線との結合度を上げます．

最初に示したとおり，今回のトランスの適用安全規格は電気用品安全法とUL1411です．**表1**から1次-2次間の沿面距離（**図8**）は3.2 mm以上必要です．したがって，ピン側最小3.2 mm，つば側最小1.6 mmのバリア・テープを使用します．

結合度を上げるためには，巻き幅をなるべく長くすることが重要です．今回，N_{P1}とN_{P2}をϕ0.45のワイヤで22 TSを密着巻きしたところ，**写真3**に示すようにぴったり1層ぶんになり，理想的な状態になりました．

● 2次巻き線

結合度を上げ，電圧変動特性を良くするために，スペース巻きにして1次側巻き線と巻き幅をそろえます．スペース巻きとは，1ターンごとに等しい間隙を空け

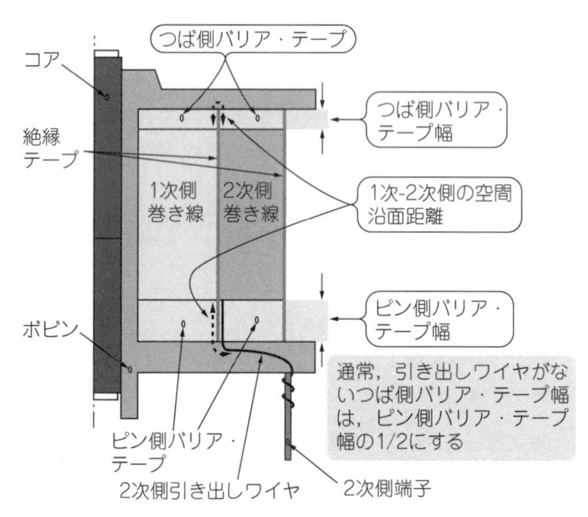

図8　1次-2次間の沿面距離は3.2 mm以上にする

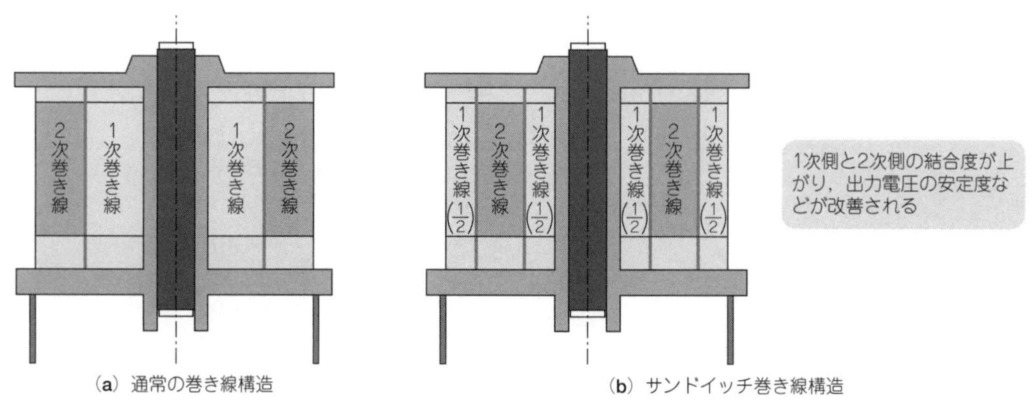

図7　1次巻き線は2次巻き線と交互になるように巻く

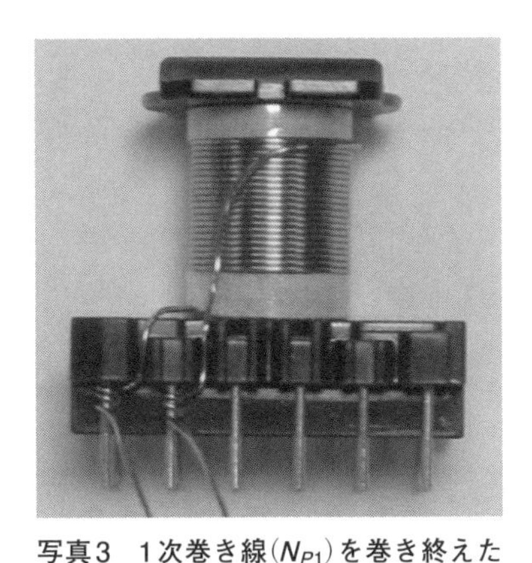

写真3　1次巻き線(N_{P1})を巻き終えたところ
φ0.45のワイヤで22TS密着巻きしたところ，つば側バリア・テープとピン側バリア・テープの間にぴったり収まった

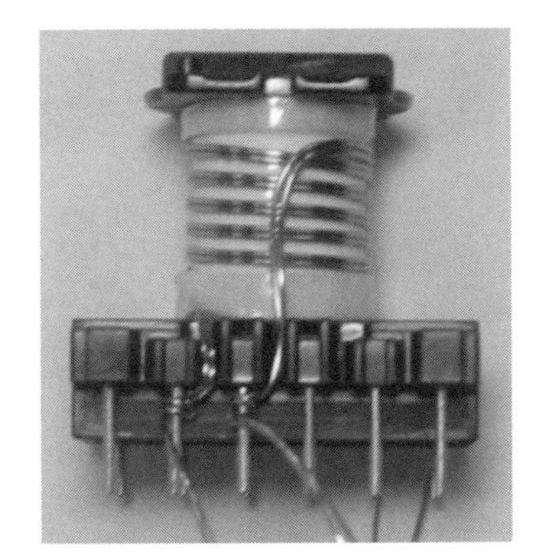

(a) 2本もち

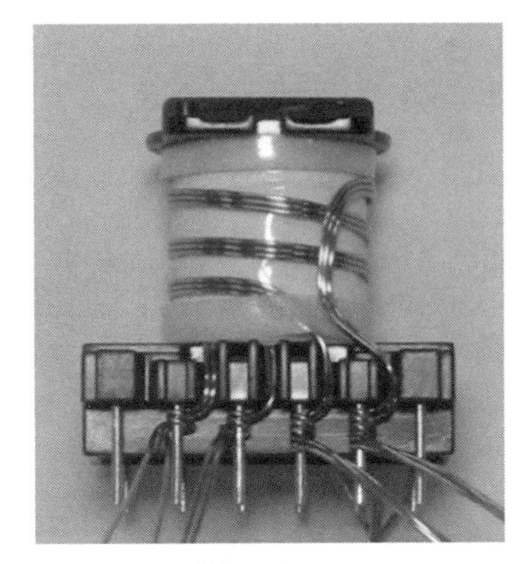

(b) 3本もち

写真4　2次巻き線は作業効率に配慮して2本または3本のワイヤをいっしょに巻く

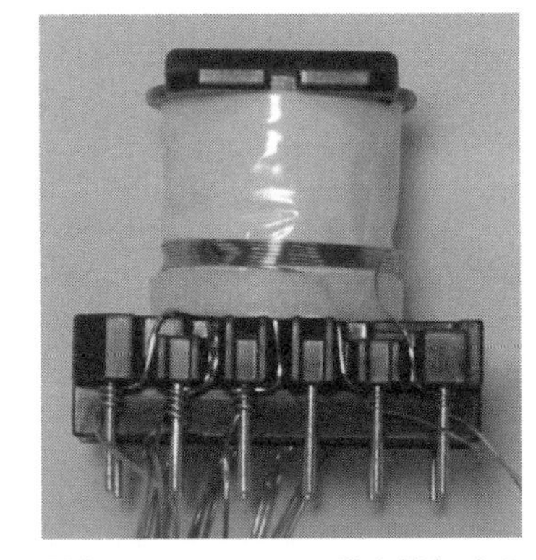

写真5　コントロール巻き線(N_C)を巻き終えたところ

写真6　完成したトランスの外観

ながら巻き付ける方法です．ピッチ巻き，等間隔巻きと呼ぶこともあります．

今回は作業性を考慮して，**写真4**に示すように，単線ではなく，2本または3本のワイヤを平行させて巻きました．これは巻き線の空間部分が減り，単線よりも漏れ磁束を少なくすることにも繋がります．なお，2本のワイヤを平行にして巻くことを2本もち，3本の場合を3本もちと言います．

● コントロール巻き線

コントロール巻き線は，制御ICの過電圧保護に利用することがあるので，ほかの巻き線の影響を受けないように結合度が低くなる(疎結合という)構造にします．今回は単純にバリア・テープに密着させて巻きました(**写真5**)．1次の主巻き線は，ピン側と上つば側のバリア・テープ内いっぱいに巻かれています．一方，コントロール巻き線の巻き幅はその約1/4です．結合を良くするには巻き幅を等しくすることが基本なので，これだけ巻き幅が違えば疎結合になります．

＊

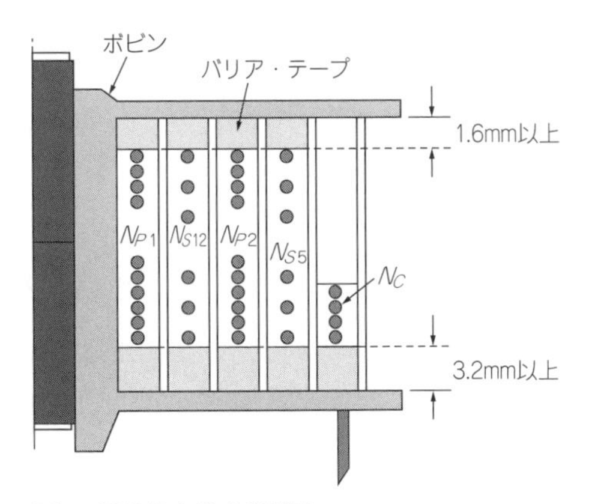

図9　最終的な巻き線構造

図9に最終的な巻き線構造を示します．実際に巻き線を行ったトランスの外観を**写真6**に示します．

◆参考文献◆

(1) 長谷川彰；スイッチング・レギュレータ設計ノウハウ，CQ出版社.

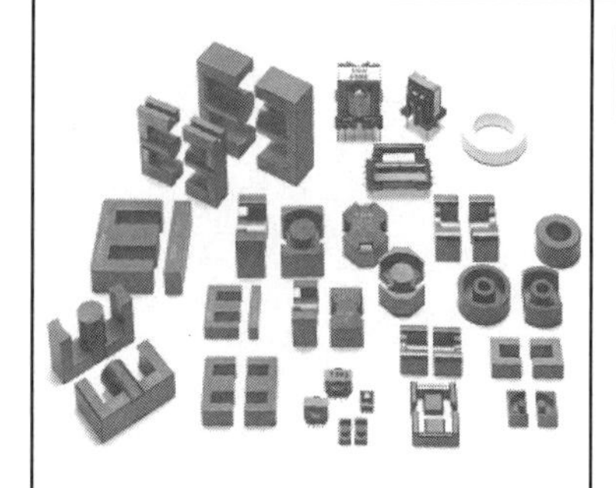

第9章 フォワード方式コンバータの2次側で使用する

DC-DCコンバータのチョーク・コイルの設計

花房 一義
Kazuyoshi Hanabusa

前章では，AC 100 V入力のスイッチング電源用(フライバック方式)の絶縁トランスを設計しました．本章では，入力が直流24 V，出力が直流5 V/2 Aのフォワード方式DC-DCコンバータ(**図1**)の2次側にあるチョーク・コイルの設計法を説明します．

小型化の鍵を握るトランス

● 効率を上げれば小型化できる

DC-DCコンバータには，次に示すような項目が求められます．

- 基本性能
- 小型
- 高信頼性
- 低コスト
- 環境にやさしい

これらの項目すべてにおいて優れるDC-DCコンバータが理想的ですが，多くの場合，どれかの項目を良くするとほかが悪くなるというトレードオフの関係にあります．

ただし，これらの設計要件すべてを良い方向に向かわせる方法があります．それは効率を上げるということです．

▶効率を上げるには損失を減らす必要がある

DC-DCコンバータの効率Eは，出力電流と出力電圧の積(出力電力)を入力電流と入力電圧の積(入力電力)で割ったもので表せます．つまり，

$$E = \frac{P_{out}}{P_{in}} = \frac{V_{out}\,I_{out}}{V_{in}\,I_{in}} = \frac{P_{in} - P_{loss}}{P_{in}} \quad \cdots\cdots\cdots (1)$$

ただし，P_{out}：出力電力［W］，P_{in}：入力電力［W］，I_{out}：出力電流［A］，P_{loss}：DC-DCコンバータ内部で生じる電力損失［W］

となります．

式(1)から，DC-DCコンバータ内部で生じる電力損失が少なければ，効率が高くなることがわかります．効率が高ければ発熱量が減るので，放熱器を小さくできたり，電解コンデンサの寿命が長くなったりします．小型化できれば，低コスト化しやすくなり，環境への影響も小さく抑えることができます．

● スイッチング周波数を上げればさらに小型化できる

DC-DCコンバータの働きは，**図2**のように例えることができます．つまり，入力側の水槽から出力側の水槽にバケツで水を移し，出力側の水位を一定に保つように動作します．

出力側の水槽の水位が出力電圧，出力側の水槽から

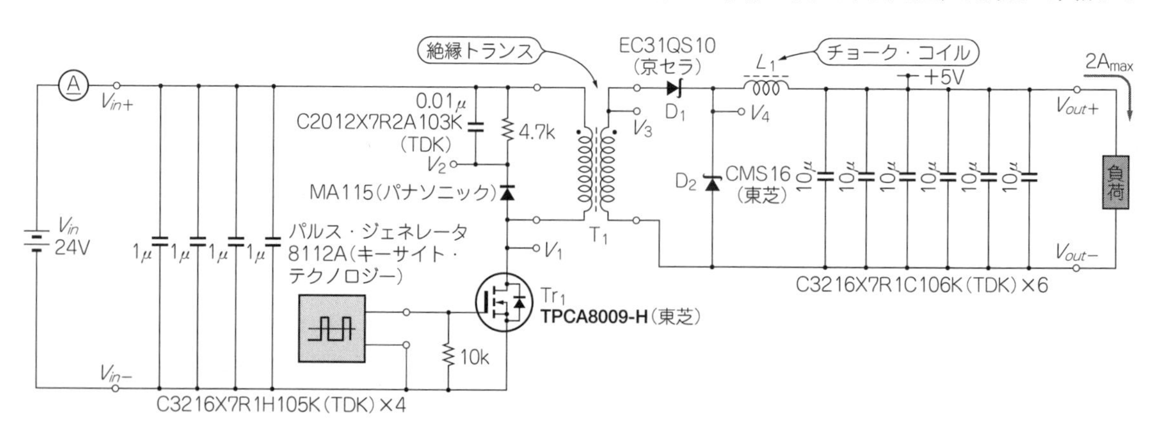

図1　入力24 V，出力5 V/2 Aのフォワード方式DC-DCコンバータ
チョーク・コイルL_1と絶縁トランスT_1の設計法を説明する．TPCA8009-H(東芝)は生産中止品，MA115は保守廃止品である．同様の実験をされるときは，同等相当の部品を利用する

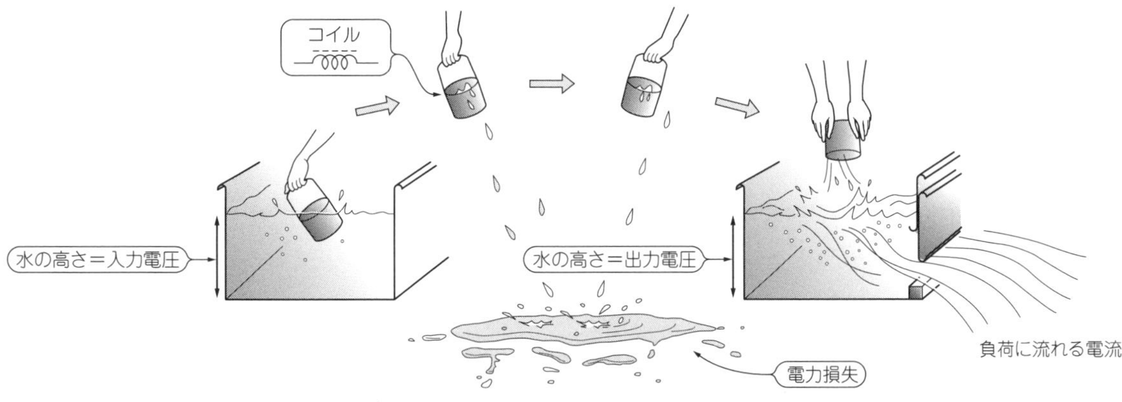

図2　DC-DCコンバータの動作イメージ

流れ出る水が負荷電流，単位時間当たりにバケツで水を汲み取る回数がスイッチング周波数(f_{SW})です．

バケツはトランスやコイルに相当します．単位時間当たりの汲み取り回数を増やすと，バケツ(トランスまたはコイル)が小さくても出力側の水位(出力電圧)を一定に保つことができます．これがスイッチング周波数を高くすると，トランスを小型化できる理由です．

▶スイッチング周波数とともに増大する損失をいかに抑えるか

図2に示すバケツで水を移すときにこぼれ落ちた水は，DC-DCコンバータから発生する電力損失を表しています．バケツで水を移すサイクルを短くすると，水がこぼれる量，つまり損失が増えることが，容易に相像できます．

第1部で説明したように，トランスでは，

- 鉄損(ヒステリシス損や渦電流損など)
- 銅損(表皮効果や近接効果など)

の2つの損失が発生します．これらの損失は次の関係があります．

- ヒステリシス損∝$f_{SW}{}^{1\sim2}$
- 渦電流損∝$f_{SW}{}^{2}$
- 表皮効果の損失∝$\sqrt{f_{SW}}$
- 近接効果の損失∝$f_{SW}{}^{1\sim2}$

スイッチング周波数が高くなると，パワーMOSFETなどのスイッチング素子での損失も増加します．

このように，スイッチング周波数を高くするとさまざまな損失が増大して発熱が増えます．スイッチング周波数を上げると，インダクタンスの小さい小型トランスを使えそうですが，実はコアの損失や半導体素子の損失が大きく，結局大型の部品を使わざるを得ないということになります．

小型化するには，スイッチング周波数を上げても損失が増えないような工夫が必要です．

チョーク・コイルのインダクタンス設計

図3に示すのは，フォワード・コンバータの基本回路です．2次側回路は，降圧型チョッパ回路とほとんど動作が同じです．

降圧型チョッパ回路のスイッチング素子がダイオードに，入力電圧がスイッチング素子がONのときのトランス2次巻き線の電圧に置き換わっただけです．

そこでまず，降圧型チョッパの動作を理解しましょう．

● 降圧型チョッパの動き

図4に示すのは降圧型チョッパの基本回路です．

スイッチング素子Tr_1がONしているときの回路を**図5(a)**に示します．Tr_1がONしているとき，入力側からTr_1を通ってコイルL_1に電流が流れ，出力の平滑コンデンサC_{out}を充電し，出力電流が供給されます．そのとき，L_1が磁化されてエネルギが蓄えられます．

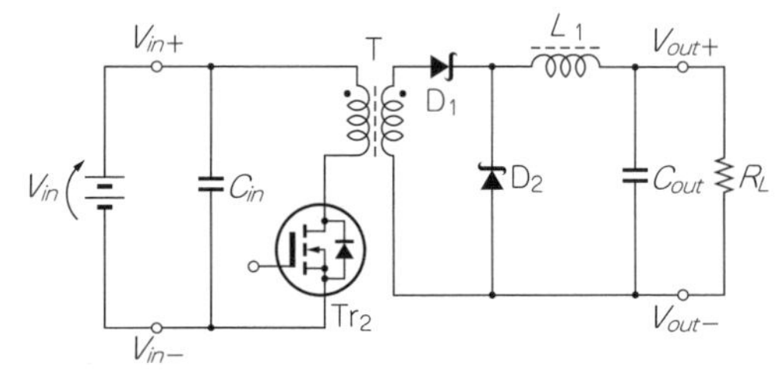

図3　フォワード・コンバータの基本回路

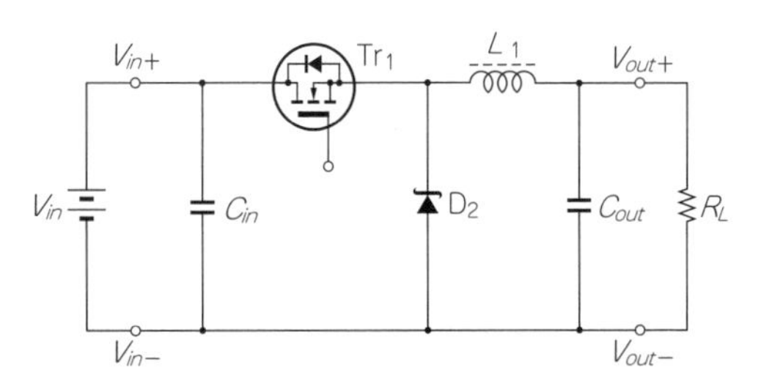

図4　降圧型チョッパの基本回路

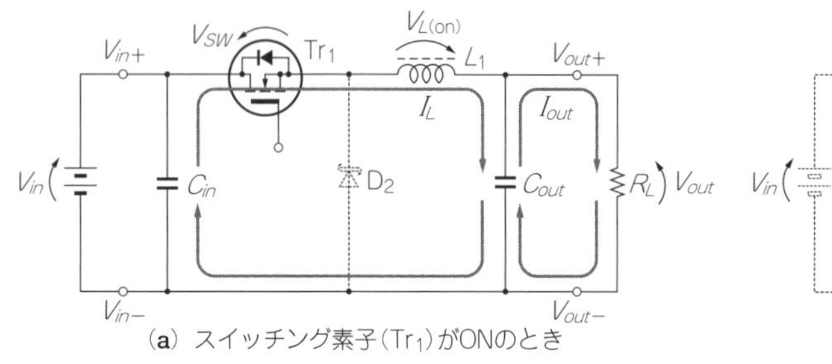

(a) スイッチング素子(Tr_1)がONのとき

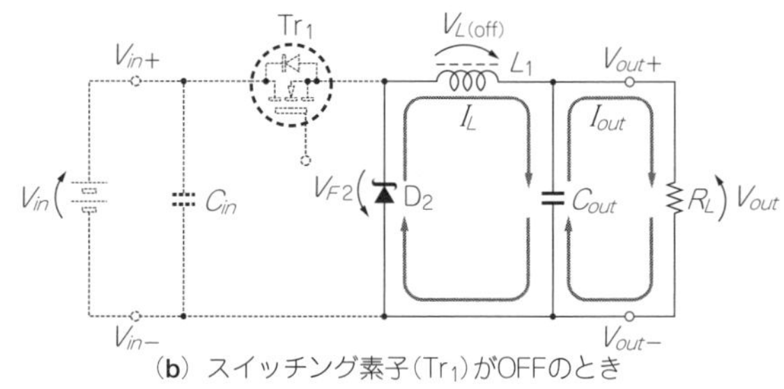

(b) スイッチング素子(Tr_1)がOFFのとき

図5　降圧型チョッパの動作原理

Tr_1がOFFしているときの等価回路を**図5(b)**に示します．Tr_1がOFFすると，フリー・ホイール・ダイオードD_2がONし，L_1に蓄積されていたエネルギが出力側に放出されます．

● チョーク・コイルに流れる電流

図6に示すのは，L_1に流れる電流波形です．

▶スイッチング素子がONのときコイルに流れる電流

Tr_1がONしている期間(t_{ON})に，L_1に加わる電圧$V_{L(ON)}$は**図5(a)**から次式で表せます．

$$V_{L(\mathrm{ON})} = V_{SW} - V_{in} + V_{out} \quad \cdots\cdots (2)$$

ただし，V_{SW}：Tr_1 ON時の電圧降下［V］，V_{in}：入力電圧［V］，V_{out}：出力電圧［V］

自己インダクタンスLをもつコイルLの電圧V_Lと電流I_Lの関係は次式で表せます．

$$V_L = -L\frac{dI_L}{dt} \quad \cdots\cdots (3)$$

式(3)から一定の電圧V_{const}をインダクタンスL_1のコイルに加えると，電圧方向と反対の方向に電流がV_{const}/L_1の傾きで単調に増加することがわかります．

SWがONする直前の電流をI_{LB}，SWがOFFする直前の電流値をI_{LP}とすると，式(2)と式(3)から，t_{ON}にコイルに流れる電流変化量は次式で表せます．

$$I_{LP} - I_{LB} = -\frac{(V_{SW} - V_{in} + V_{out})t_{ON}}{L_1} \quad \cdots\cdots (4)$$

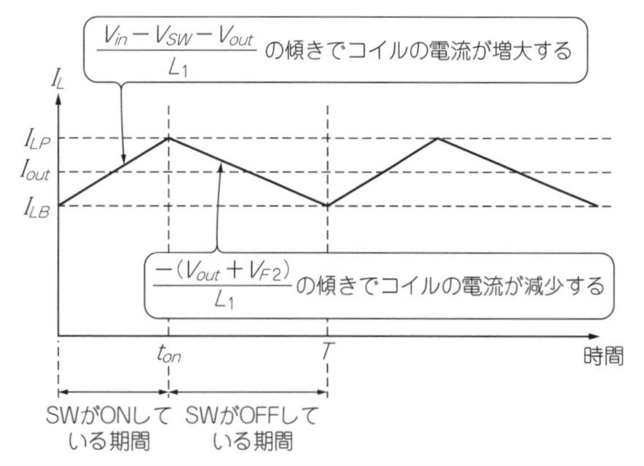

図6　チョーク・コイルL_1に流れる電流波形

▶スイッチング素子がOFFのときコイルに流れる電流

Tr_1がOFFしている期間(t_{OFF})にL_1に加わる電圧$V_{L(\mathrm{OFF})}$は，

$$V_{L(\mathrm{OFF})} = V_{F2} + V_{out} \quad \cdots\cdots (5)$$

ただし，V_{F2}：D_2の電圧降下［V］

式(5)と式(3)から，t_{OFF}時間にL_1に流れる電流変化量は次式で表せます．

$$I_{LP} - I_{LB} = \frac{(V_{F2} + V_{out})t_{OFF}}{L_1} \quad \cdots\cdots (6)$$

L_1に流れる電流の電荷量は，出力電流の電荷量とほぼ等しいことから，次式が成り立ちます．

$$I_{LP} + I_{LB} = 2I_{out} \quad \cdots\cdots (7)$$

式(7)と式(4)からI_{LP}を求めると，

$$I_{LP} = I_{out} + \frac{(V_{in} - V_{SW} - V_{out})t_{ON}}{2L_1} \quad \cdots\cdots (8)$$

式(7)と式(6)からI_{LP}を求めると次式が成り立ちます．

$$I_{LP} = I_{out} + \frac{(V_{F2} + V_{out})t_{OFF}}{2L_1} \quad \cdots\cdots (9)$$

● オン・デューティは入力電圧と出力電圧で決まる

オン・デューティとは，発振周期T_{SW}に対するスイッチング素子がONしている時間t_{ON}の比率を指します．つまり次のように表せます．

$$D_{ON} = \frac{t_{ON}}{T_{SW}} = t_{ON} f_{SW} = 1 - (t_{OFF} f_{SW}) \quad \cdots\cdots (10)$$

式(8)，式(9)，式(10)からD_{ON}を求めると，

$$D_{ON} = \frac{V_{F2} + V_{out}}{V_{in} - V_{SW} + V_{F2}} \quad \cdots\cdots (11)$$

式(11)において，Tr_1の電圧降下やD_2の電圧降下を無視すれば，オン・デューティD_{ON}は入力電圧と出力電圧の比で決まることがわかります．スイッチング周波数や出力電流の値には直接関係ないことがわかります．

● コイルに流れる電流の最大値と最小値

式(10)と式(11)からt_{ON}は，

$$t_{ON} = \frac{D_{ON}}{f_{SW}} = \frac{V_{F2} + V_{out}}{(V_{in} - V_{SW} + V_{F2})f_{SW}} \quad \cdots\cdots (12)$$

式(12)を式(8)に代入して，L_1に流れる電流の最大

値I_{LP}を求めると,

$$I_{LP}=I_{out}+\frac{(V_{in}-V_{SW}-V_{out})(V_{F2}+V_{out})}{2L_1 f_{SW}(V_{in}-V_{SW}+V_{F2})} \cdots\cdots (13)$$

式(13)からI_{LP}は，インダクタンスL_1が大きいほど，スイッチング周波数f_{SW}が高いほど小さくなることがわかります．

次に，L_1に流れる電流の最小値I_{LB}を求めます．式(13)を式(7)に代入すると次のようになります．

$$I_{LB}=I_{out}-\frac{(V_{in}-V_{SW}-V_{out})(V_{F2}+V_{out})}{2L_1 f_{SW}(V_{in}-V_{SW}+V_{F2})} \cdots (14)$$

電流の変化ぶん$(I_{LP}-I_{LB})$は,

$$I_{LP}-I_{LB}=\frac{(V_{in}-V_{SW}-V_{out})(V_{F2}+V_{out})}{L_1 f_{SW}(V_{in}-V_{SW}+V_{F2})} \cdots\cdots (15)$$

となり，電流の変化ぶんはL_1が大きいほど，f_{SW}が高いほど小さくなることがわかります．

● L_1のインダクタンス値

L_1に流れる電流の変化ぶん$(I_{LP}-I_{LB})$と出力電流(I_{out})の比をXとします．

$$X=\frac{I_{LP}-I_{LB}}{I_{out}} \cdots\cdots (16)$$

式(15)を式(16)に代入すると,

$$X=\frac{(V_{in}-V_{SW}-V_{out})(V_{F2}+V_{out})}{L_1 f_{SW}(V_{in}-V_{SW}+V_{F2})I_{out}} \cdots\cdots (17)$$

式(17)からL_1を求めると，次のようになります．

$$L_1=\frac{(V_{in}-V_{SW}-V_{out})(V_{F2}+V_{out})}{X f_{SW}(V_{in}-V_{SW}+V_{F2})I_{out}} \cdots\cdots (18)$$

▶Xの値はいくつにすればよいのか？

あるコア材質とコア形状でコイルを作ることを考えてみます．

コアの最大磁束密度をB_{max}，コアの実効断面積をA_e，インダクタンス係数をA_Lとします．コイルに流せる最大のアンペア・ターン(電流×巻き数)は，次のように決まります．

$$nI_{LP}=\frac{B_{max}A_e}{A_L}$$

コイルに流せる最大電流$I_{LP(\max)}$は次式で求まります．

$$I_{LP(\max)}=\frac{B_{max}A_e}{nA_L} \cdots\cdots (19)$$

式(18)は次式で表すことができます．

$$L_1=\frac{(V_{in}-V_{SW}-V_{out})(V_{F2}+V_{out})}{\left(1-\frac{2-X}{2+X}\right)I_{LP}f_{SW}(V_{in}-V_{SW}+V_{F2})} \cdots\cdots (20)$$

式(19)を式(20)に代入すると,

$$L_1=\frac{nA_L(V_{in}-V_{SW}-V_{out})(V_{F2}+V_{out})}{\left(1-\frac{2-X}{2+X}\right)B_{max}A_e f_{SW}(V_{in}-V_{SW}+V_{F2})} \cdots\cdots (21)$$

インダクタンス値L_1をインダクタンス係数A_Lを使って表すと，次のようになります．

$$L_1=n^2A_L \cdots\cdots (22)$$

式(21)と式(22)からnを求めると,

$$n=\frac{(V_{in}-V_{SW}-V_{out})(V_{F2}+V_{out})}{\left(1-\frac{2-X}{2+X}\right)B_{max}A_e f_{SW}(V_{in}-V_{SW}+V_{F2})} \cdots\cdots (23)$$

となります．I_{out}を式(7)とXを使って表すと次のようになります．

$$I_{out}=\frac{I_{LP}}{2}\left(1+\frac{2-X}{2+X}\right) \cdots\cdots (24)$$

式(23)を式(19)に代入して$I_{LP(\max)}$を求め，それを式(24)に代入すると,

$$I_{out}=\frac{\left\{1-\left(\frac{2-X}{2+X}\right)^2\right\}B_{max}{}^2A_e{}^2f_{SW}(V_{in}-V_{SW}+V_{F2})}{2(V_{in}-V_{SW}-V_{out})(V_{F2}+V_{out})A_L} \cdots\cdots (25)$$

となります．

式(25)から次のことが言えます．

- コアの最大磁束密度B_{max}が大きいほど出力電流を大きくできる
- コアの実効断面積A_eが大きいほど出力電流を大きくできる
- コアのインダクタンス係数A_Lが小さいほど出力電流を大きくできる
- スイッチング周波数f_{SW}が高いほど出力電流を大きくできる
- Xの値が2のとき出力電流を大きくすることができる．Xが2とは，$I_{LB}=0$，$I_{LP}=2I_{out}$を意味する
- Xの値が0のとき，出力電流が最低値(ゼロ)となる

式(25)では，コイルの損失(＝銅損＋鉄損)やスイッチング素子の損失などを考慮していませんが，実際にはそれらを考慮する必要があります．

以上から，Xの値が小さいと，出力電流が小さくなり，コア形状を大きくする必要がでてきます．しかし，Xの値を大きくすると，出力コンデンサのリプル電流が大きくなり，出力電圧のリプルが大きくなるため，一般にXの値は，0.2～0.5とする場合が多いようです．

● コイルに流れる電流の実効値

三角波の実効値は次式で表せます．

$$I_{RMS}=\sqrt{\frac{I_{LP}{}^2+I_{LB}{}^2+I_{LP}I_{LB}}{3}} \cdots\cdots (26)$$

式(13)と式(14)を式(26)に代入すると,

$$I_{RMS}=\sqrt{I_{out}{}^2+\frac{(V_{in}-V_{SW}-V_{out})^2(V_{F2}+V_{out})^2}{12L_1^2f_{SW}{}^2(V_{in}-V_{SW}+V_{F2})^2}} \cdots\cdots (27)$$

Xを使って表すと次のようになります．

$$I_{RMS}=I_{out}\sqrt{1+\frac{X^2}{12}} \cdots\cdots (28)$$

式(28)から，Xが大きいとコイルの電流実効値が大きくなることがわかります．

● 実際のチョーク・コイルの選定

最初にDC-DCコンバータの仕様に基づいてパラメータを定義します．定義するパラメータを次に示します．

① 入力電圧：V_{in}
② 出力電圧：V_{out}
③ 出力電流：I_{out}

コラム　ダイオードの損失が効く低電圧出力DC-DC変換には同期整流

電源回路では，交流を直流にするのに整流平滑回路を用います．整流回路には従来はダイオードが多く使われていました．ダイオードは一方向に電流を流し，逆方向に流さない素子で，整流回路には最適な素子です．ダイオードを使うだけで，特に制御回路などを使うことなく整流機能を実現できます．

しかし，ダイオードは損失が大きいという問題があります．損失が大きいと効率の低下を招きます．またダイオード自身も発熱しますので，場合によってはヒートシンクなどを用いるなどの温度低減のための処理が必要となります．

この損失の原因は，ダイオードの順方向降下電圧にあります．ダイオードに電流が流れると電圧降下が発生します．この電流を順電流，電圧を順方向降下電圧または順電圧といいます．この順電流と順方向降下電圧を掛けあわせた値が損失電力となります．

この損失を低減する方法に同期整流という方式があります．同期整流はダイオードの代わりに半導体スイッチ素子を用いる整流方式です(**表A**)．**図A**は，半導体スイッチ素子であるMOSFETとダイオードの一種であるショットキー・バリア・ダイオード(SBD)の電流電圧特性(I-V特性)を示しています．ちなみに，SBDはダイオードのなかでも順方向降下電圧が小さいダイオードです．

グラフより，MOSFETのほうが順方向降下電圧が小さいことがわかります．したがって，順方向降下電圧による損失はMOSFETを使うことによって低減されます．

それでは，具体的な同期整流の動作について見ていきます．降圧型チョッパ回路を例にします．

図Bがダイオード整流の降圧チョッパ回路，**図C**がMOSFETを使った同期整流による降圧チョッパ回路です．

同期整流素子であるMOSFETをON/OFFさせるのには2つの方法があります．

1つは，ダイオードと同じように順方向に流れるときだけONさせる方式です．もう1つは，メインのスイッチング素子であるハイ・サイドのMOSFETがOFFのときにONさせる方式です．これらはどのように違うのでしょうか．

表A　整流方式の特徴

整流方式	特　徴
ダイオード整流	制御回路が不要
	回路部品点数が少ない
	低コスト
同期整流	損失が少ない
	効率が良い
	発熱が少ない

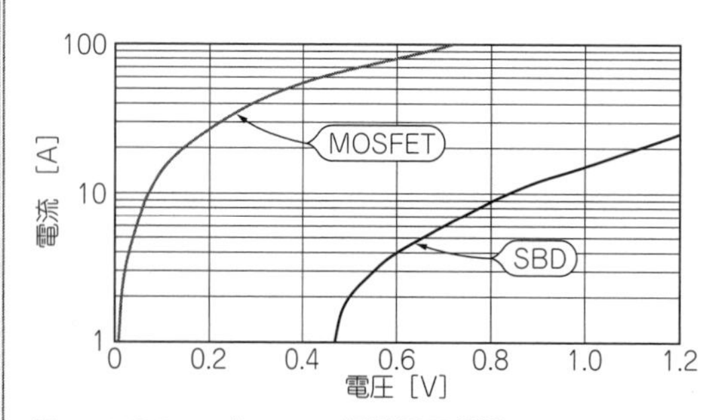

図A　MOSFETとSBDの電流電圧特性

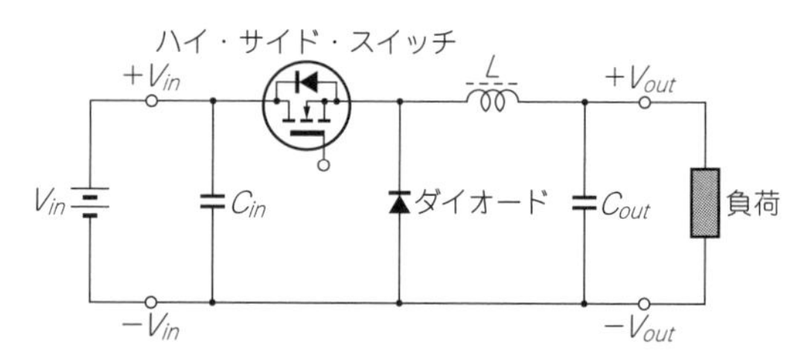

図B　ダイオード整流の降圧チョッパ回路

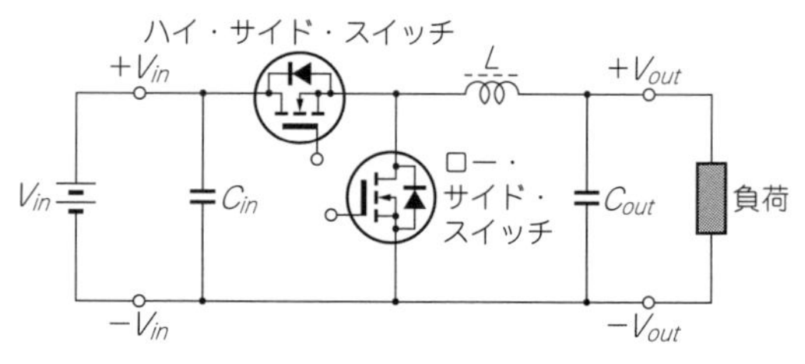

図C　同期整流の降圧チョッパ回路

次に以下のパラメータを決めます．

④ 発振周波数：f_{SW}

⑤ 電流の変化ぶん($I_{LP}-I_{LB}$)と出力電流(I_{out})の比：X

⑥ 出力最大電流(過電流点の最大値)：$I_{out(\max)}$

使う部品から次のパラメータを決めます．

⑦ スイッチング素子のON時の電圧降下：V_{SW}

⑧ フリー・ホイール・ダイオードの電圧降下：V_{F2}

上記パラメータから式(18)にパラメータの数値を代入し，L_1のインダクタンス値L_1を求めます．次式からコイルに流れる最大電流$I_{LP(\max)}$を求めると，

出力電流(負荷電流)が大きいときは，大きな違いはありません．出力電流を小さくしていくとチョーク・コイルに流れる電流の最小値はゼロになります．ここまでは大きな違いはありません．

さらに出力電流を小さくすると，ダイオードと同じように順方向に流れるときだけONする同期整流は，負の電流を流さないためON時間とOFF時間が短くなります．また，コイルに電流が流れない時間が発生し，不連続となります．

一方，スイッチング素子がOFFのときにONする同期整流は，負荷電流が小さくなっても負の電流が流れ，ON時間およびOFF時間は負荷電流によって大きく変化しません．また，コイル電流は連続となります(**図D**)．

● 連続型と不連続型

ここでは，ダイオードと同じように順方向に流れるときだけONする同期整流をコイル電流が不連続となることから「不連続型同期整流」と呼びます．一方，メインのスイッチング素子がOFFのときにONする同期整流を「連続型同期整流」と呼びます(**表B**)．

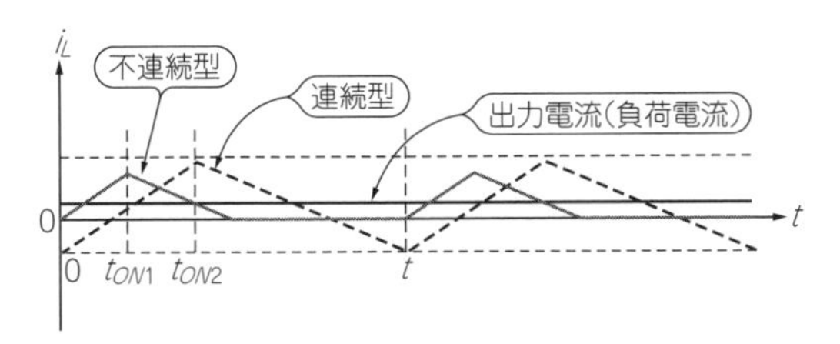

図D　出力電流とコイル電流

表B　同期整流方式による特徴

同期整流方式	特　徴
不連続型同期整流	負荷が無負荷や軽負荷のときの損失が小さく効率が良い
連続型同期整流	軽負荷時や無負荷時に出力電圧が上昇することがない．出力上昇を抑えるブリーダ抵抗が不要．負荷急変特性が良い．コイルのインダクタンスを小さくできる

不連続型同期整流は，軽負荷時や無負荷時の効率が連続型同期整流より良くなります．これは，コイルやメイン・スイッチ素子，同期整流素子に流れる電流が連続型に比べて小さくなるので損失が低減するからです．一方，負荷が軽いときはメイン・スイッチ素子のON時間を短くする必要があります．制御の制約上，ON時間をある一定値より短くできない場合や，メイン・スイッチ素子自体の最低ON時間よりON時間を短くする必要がある場合は，出力電圧が制御できずに上昇し，出力電圧レギュレーションが悪化することがあります(**図E**)．このような場合は，チョーク・コイルのインダクタンス値を上げたり，発振周波数を低くしたり，あるいは出力にブリーダ抵抗(ダミー抵抗)を挿入したりなど，対策が必要となります．

連続型は負荷が軽いときでもON時間はほとんど変わりません．したがって，軽負荷時にON時間を短くできずに出力電圧が上昇するという問題はありません．

また，負荷が急変する際の特性を比較すると，不連続型は負荷が急変して軽くなるとON時間を短くする必要があるのに対し，連続型のON時間はほとんど変わりません．したがって，負荷急変特性は，連続型のほうが出力電圧の変動が少なく優れています．

不連続型の場合，負荷急変特性を良くするため，なるべく連絡動作する領域を広げるため，コイルのインダクタンス値を大きくします．

(次ページへ続く)

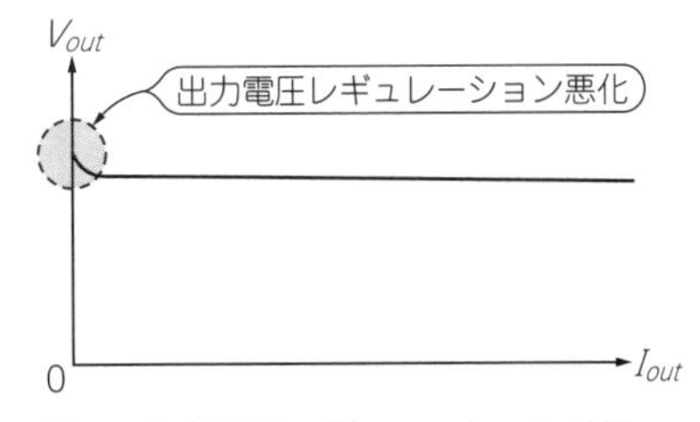

図E　出力電圧レギュレーション特性

コラム　ダイオードの損失が効く低電圧出力DC-DC変換には同期整流(つづき)

● チョーク・コイルに流れる電流変化ぶんと出力電流(負荷電流)の比Xの値はいくつにすればよいか

チョーク・コイルに流れる電流変化ぶんと出力電流(負荷電流)の比をXとすると，Xの値が大きいほど，コイルのインダクタンス値を小さくでき，コイルを小型化できます．

それでは，Xの値はどこまで大きくできるのでしょうか？ ここではXが大きいと何が問題になるか考えてみます(**表C**)．4つあります．

1つ目は，Xが大きいと平滑コンデンサへのリプル電流が大きくなる問題です．リプル電流が大きくなると出力電圧のリプル電圧が大きくなる問題があります．

2つ目は，Xが大きいとメイン・スイッチ素子がOFFする際の電流値が大きくなる問題です．OFF時の電流値が大きいとスイッチング損失が大きくなる傾向にあります．損失が増えると素子の発熱や効率低下を招きます．

3つ目は，Xが大きいと無負荷時のON時間をより短くする必要がある問題です．これは，ダイオード整流や不連続型同期整流の場合に発生します．連続型同期整流の場合はありません．制御上の制約やメイン・スイッチ素子自体の最低ON時間などの制約でON時間を必要なON時間まで短くできない場合には，出力電圧が上昇してしまう問題が発生します．

表C　Xが大きいときの問題点

Xが大きいときの問題点	性能の問題点
平滑コンデンサのリプル電流が増大	出力のリプル電圧が大きくなる
メイン・スイッチ素子のOFF時の電流が増大	メイン・スイッチ素子がOFFする際のスイッチング損失が増え，発熱および効率低下
無負荷時のON時間が減少	無負荷時の出力レギュレーションが悪化(出力電圧が上昇)
連続動作領域の減少	負荷急変による出力変動が大きくなる

4つ目は，Xが大きいと連続動作領域が減少し，負荷急変による出力変動が大きくなる問題です(**図F**)．これも，ダイオード整流や不連続型同期整流の場合に発生する恐れがあります．連続型同期整流の場合は，この問題はなくなります．

近年，平滑コンデンサの技術革新で高容量/低ESR化が進んだことにより，Xを大きくしてもリプル電圧がそれほど大きくならなくなりました．また，スイッチ素子の技術革新によりOFF時のスイッチング損失も低減してきました．整流回路も連続型の同期整流が使われるようになり，Xが大きくても出力レギュレーションが良くなり，負荷急変特性も良くなりました．

従来は，Xの値は0.2～0.3で設計することが多かったのですが，上述のように同期整流回路や周辺部品の技術革新により，Xを0.5程度で設計するケースも増えています．

Xの値は，周辺部品の性能やコスト，形状などのバランスを考慮して最適値を選ぶことが重要です．

〈花房 一義〉

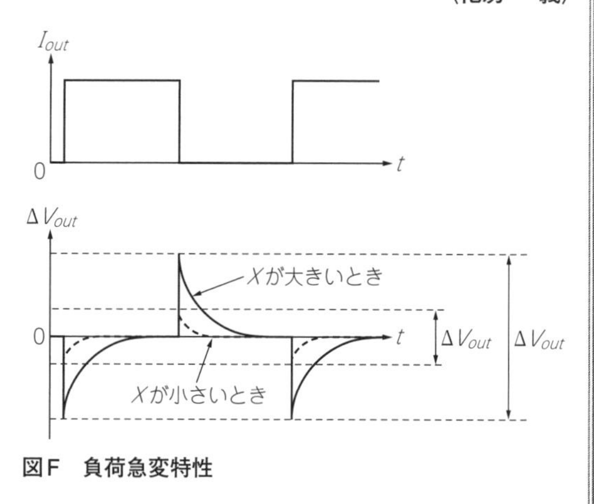

図F　負荷急変特性

$$I_{LP(\max)} = I_{out(\max)} + \frac{XI_{out}}{2} \cdots\cdots\cdots\cdots\cdots\cdots (29)$$

となります．求まったL_1と$I_{LP(\max)}$から，これらを満足するコイルを選定します．

市販のコイルのインダクタンス値は，E6系列やE12系列の値であるため，計算で求めたインダクタンス値と異なることがあります．このような場合，近いインダクタンス値を選びます．式(17)からXを計算し，その値を式(29)に代入して$I_{LP(\max)}$を求めます．

◆参考文献◆

(1) 原田 耕介；スイッチング電源ハンドブック，初版，1993年，日刊工業新聞社，ISBN4-526-03430-4.
(2) Unitrode Magnetics Design Handbook, Print in Japan 01.03 (SLUP136), Unitrode Products from Texas Instrumenys.
(3) TDKフェライト カタログ，TDK㈱.
(4) 日立マグネットワイヤ　カタログ，日立電線㈱.

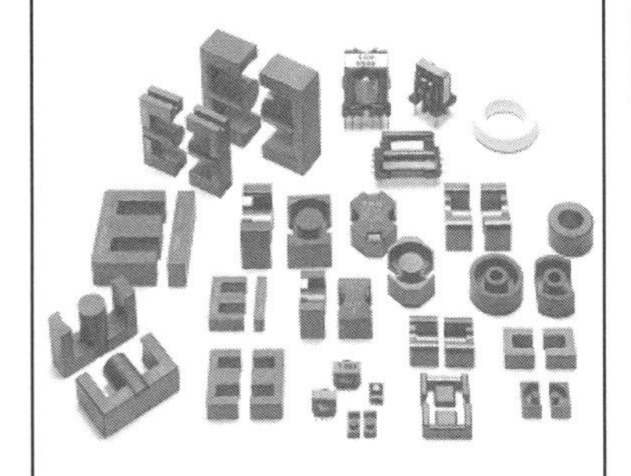

第10章 トランスのふるまいと具体的な設計例

フォワード・コンバータのトランスの動作とチョーク・コイル設計

花房 一義
Kazuyoshi Hanabusa

前章では，フォワード型DC-DCコンバータのトランスと2次側にあるチョーク・コイルの設計法をマスタする前の準備として，まず降圧型チョッパの基本回路の動作とチョーク・コイルのインダクタンスの設計法を解説しました．

本章ではまず，前章の続きとして，トランスによる電力変換時の電流のふるまいについて解説します．後半は，前章の内容を踏まえ，**図1**で示したフォワード・コンバータ(24 V入力，5 V/2 A出力)を事例に，2次側チョーク・コイルの具体的な設計法について解説します．フォワード・コンバータの2次側の回路は，前章で説明した降圧型チョッパと同じ動作で設計法も同じです．

トランスによる電力変換の動作

● スイッチング素子がONのときの電流

図1に示すのは，スイッチング素子(Tr_1)がONしているときの等価回路です．

Tr_1がONしているとき，トランスの1次側巻き線N_1には，負荷電流と励磁電流が流れます．

トランスの2次巻き線には，1次側巻き線に加わる電圧V_1に対して，巻き数比n倍($n = N_2/N_1$)の電圧が発生し，整流ダイオード(D_1)がONします．その際，トランスの2次側巻き線から整流用ダイオード(D_1)を通り，チョーク・コイル(L_1)に電流が流れて出力の平滑コンデンサ(C_{out})を充電し，電流が負荷に供給されます．このとき，L_1が磁化されてエネルギが蓄えられます．

● スイッチング素子がOFFのときの電流

Tr_1がOFFしているときの等価回路を**図2**に示します．Tr_1がOFFすると，D_1がOFFしてD_2がONし，L_1に蓄積されていたエネルギが出力側に放出されます．2次側回路の動作は，前章で説明した降圧型チョッパ回路と同じです．

● 2次巻き線とチョーク・コイルに流れる電流の波形

トランスの2次巻き線には，Tr_1がONしているときに電流が流れ，Tr_1がOFFのときは流れません［**図3(b)**］．2次巻き線に流れた電流はL_1に流れます．

L_1には後出の式(9)と式(10)の電流が流れます．Tr_1がONのときはトランス2次巻き線とダイオードD_1に流れる電流が，Tr_1がOFFのときは，ダイオードD_2に流れる電流がL_1に流れます．

● 1次巻き線に流れる電流の波形

▶負荷電流

まず負荷電流を求めます［**図4(a)**］．

トランスの1次巻き線に流れる負荷電流は，2次巻き線に流れる電流のn倍の大きさです．トランス1次巻き線の負荷電流は，後出の式(8)と式(10)から次のようになります．

$I_{LP(T1)} =$

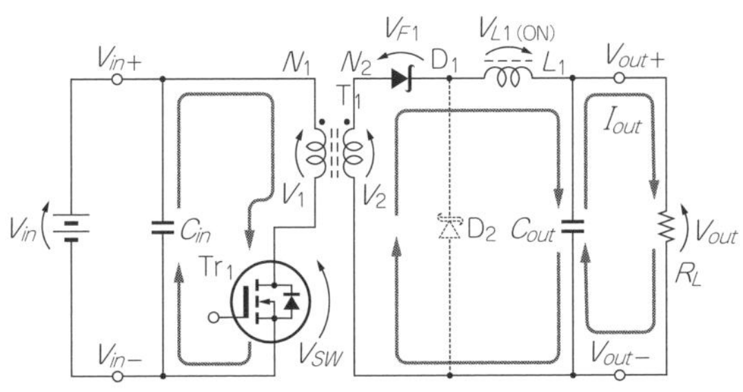

図1 1次側のスイッチング素子がONのときのフォワード・コンバータの等価回路

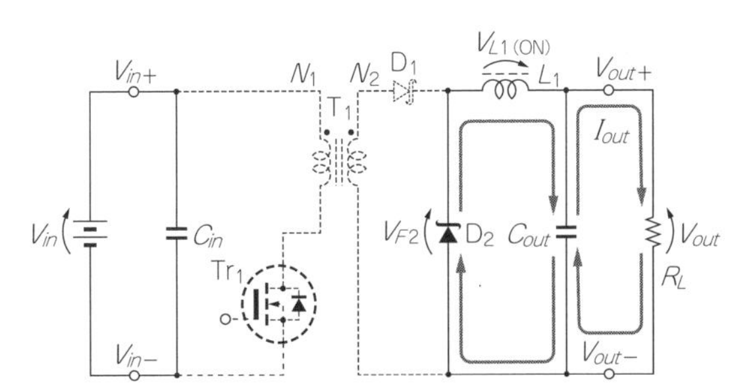

図2 1次側のスイッチング素子がOFFのときのフォワード・コンバータの等価回路

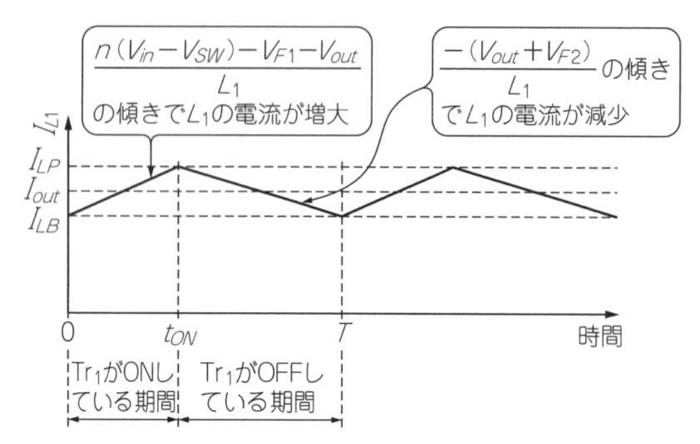

(a) チョーク・コイルに流れる電流

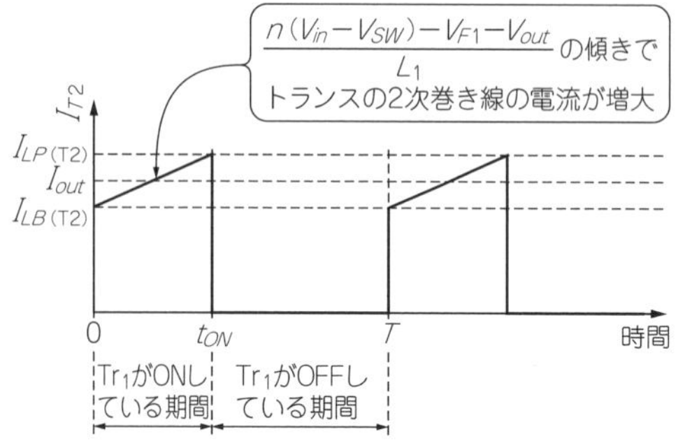

(b) トランスの2次巻き線に流れる電流

図3　チョーク・コイル(L_1)とトランス(T_1)の2次側巻き線に流れる電流

$$n\left[I_{out}+\frac{\{n(V_{in}-V_{SW})-V_{F1}-V_{out}\}(V_{F2}+V_{out})}{2L_1 f_{SW}\{n(V_{in}-V_{SW})-V_{F1}\}}\right] \quad \cdots\cdots (1)$$

$$I_{LB(\mathrm{T1})}=n\left[I_{out}-\frac{\{n(V_{in}-V_{SW})-V_{F1}-V_{out}\}(V_{F2}+V_{out})}{2L_1 f_{SW}\{n(V_{in}-V_{SW})-V_{F1}\}}\right] \quad \cdots\cdots (2)$$

▶励磁電流

次に励磁電流を考えてみます[**図4(b)**]．ここでは，Tr_1がOFFしており，トランスがリセットされてエネルギがゼロに戻っている場合を考えます．

Tr_1がONすると，励磁電流はゼロから，次式のように増加します．

$$\Delta I_{EP(\mathrm{T1})}=\frac{V_{in}-V_{sw}}{L_P}t$$

ただし，L_P：トランス1次巻き線のインダクタンス，t：Tr_1がONしてからの時間

時間t_{ON}後に励磁電流は最大となり，その値$I_{EP(\mathrm{T1})}$は次式で表せます．

$$I_{EP(\mathrm{T1})}=\frac{V_{in}-V_{SW}}{L_P}\,\frac{V_{F2}+V_{out}}{n(V_{in}-V_{SW})-V_{F1}+V_{F2}}\,\frac{1}{f_{SW}} \quad \cdots\cdots (3)$$

1次巻き線の巻き数N_1とトランスのインダクタンス係数A_Lを使ってL_Pを表すと，

$$L_P=N_1^2 A_L$$

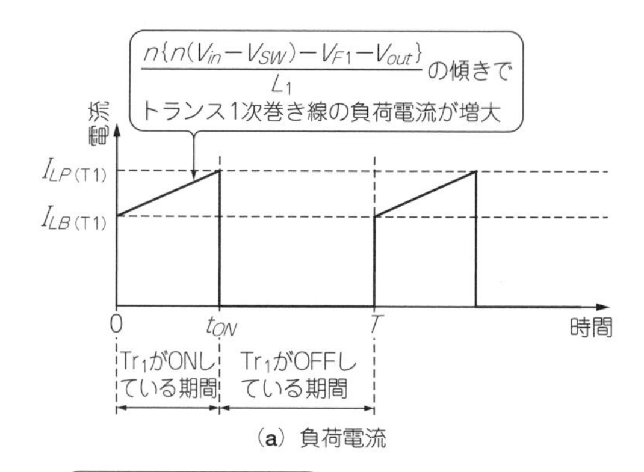

(a) 負荷電流

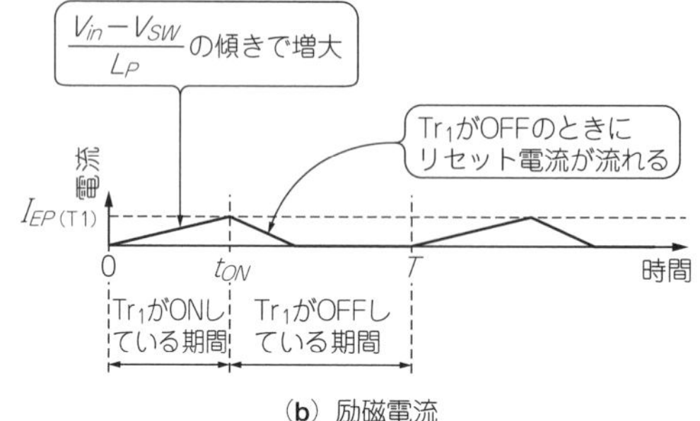

(b) 励磁電流

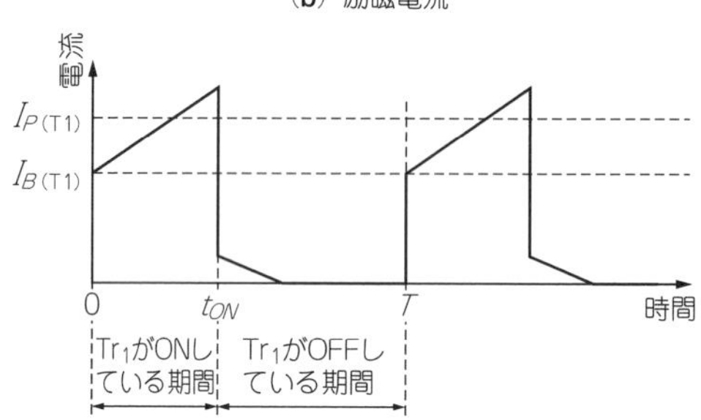

(c) 負荷電流＋励磁電流

図4　1次巻き線に流れる電流

となるため，式(3)は次のようになります．

$$I_{EP(\mathrm{T1})}=\frac{V_{in}-V_{SW}}{N_1^2 A_L}\,\frac{V_{F2}+V_{out}}{n(V_{in}-V_{SW})-V_{F1}+V_{F2}}\,\frac{1}{f_{SW}} \quad \cdots\cdots (4)$$

式(4)から，励磁電流の最大値は，入力電圧が変化してもあまり変化しないことがわかります．

＊

トランスの1次巻き線の最大電流$I_{P(\mathrm{T1})}$は式(1)と式(4)の和となります[**図4(c)**]．

● Tr_1のオン・デューティとトランスのリセット

フォワード・コンバータの2次側のオン・デューティ(D_{ON})は，次式で表せます．

$$D_{ON}=\frac{V_{F2}+V_{out}}{V_2-V_{F1}+V_{F2}} \quad \cdots\cdots (5)$$

ただし，V_2：Tr_1がONのときのトランス2次巻き線の電圧[V]，V_{F1}：D_1の電圧降下[V]，V_{F2}：D_2の電圧降下［V］

コラム　昇降圧型チョッパ方式のコイル設計

図Aは，昇降圧型チョッパ方式の動作を説明する図です．

Tr_1がONしているとき，入力側からTr_1を通り，コイル(L_1)に電流が流れます．負荷(R_L)には，出力の平滑コンデンサ(C_{out})から出力電流を供給しています．このとき，L_1が磁化されてエネルギが蓄えられます．Tr_1がOFFすると，ダイオード(D_1)がONして，L_1に蓄積されていたエネルギが出力側に放出されます．

昇降圧型チョッパ方式も降圧型チョッパ方式と考えかたは基本的には同じですので，詳細は省略します．オン・デューティD_{ON}は次式で表せます．

$$D_{ON}=\frac{|-V_{out}|+V_{F2}}{|-V_{out}|+V_{in}+V_{F2}-V_{SW}} \cdots\cdots \text{(A)}$$

ただし，V_{F2}：ダイオードの電圧降下，V_{SW}：Tr_1の電圧降下

L_1に流れる最大電流I_{LP}は次のようになります．

$$I_{LP}=\frac{V_{in}+|-V_{out}|+V_{F2}-V_{SW}}{V_{in}-V_{SW}}I_{out}+\frac{\{|-V_{out}|+V_{F2}\}(V_{in}-V_{SW})}{2L_1f_{SW}\{V_{in}+|-V_{out}|+V_{F2}-V_{SW}\}} \cdots\cdots \text{(B)}$$

I_{LB}は，次のようになります．

$$I_{LB}=\frac{V_{in}+|-V_{out}|+V_{F2}-V_{SW}}{V_{in}-V_{SW}}I_{out}-\frac{\{|-V_{out}|+V_{F2}\}(V_{in}-V_{SW})}{2L_1f_{SW}\{V_{in}+|-V_{out}|+V_{F2}-V_{SW}\}} \cdots \text{(C)}$$

前章で示した式(26)を使って実効値を求めると，

$$I_{RMS}=\sqrt{\left\{\frac{(V_{in}+|-V_{out}|+V_{F2}-V_{SW})}{V_{in}-V_{SW}}I_{out}\right\}^2+\frac{1}{3}\left[\frac{\{|-V_{out}|+V_{F2}\}(V_{in}-V_{SW})}{2L_1f_{SW}\{V_{in}+|-V_{out}|+V_{F2}-V_{SW}\}}\right]^2} \cdots\cdots \text{(D)}$$

Kを使って表すと次のようになります．

$$I_{RMS}=\left[\frac{\{V_{in}+|-V_{out}|+V_{F2}-V_{SW}\}}{V_{in}-V_{SW}}I_{out}+\frac{\{|-V_{out}|+V_{F2}\}(V_{in}-V_{SW})}{2L_1f_{SW}\{V_{in}+|-V_{out}|+V_{F2}-V_{SW}\}}\right]\times\sqrt{\frac{K^2+K+1}{3}} \cdots\cdots \text{(E)}$$

$$K=\frac{I_{LB}}{I_{LP}}$$

〈花房 一義〉

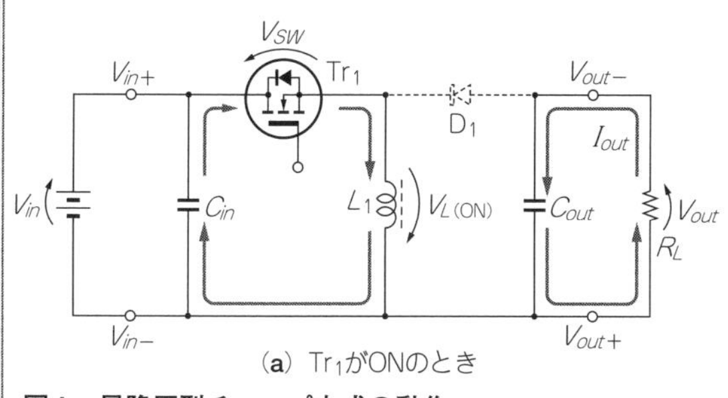

(a) Tr_1がONのとき

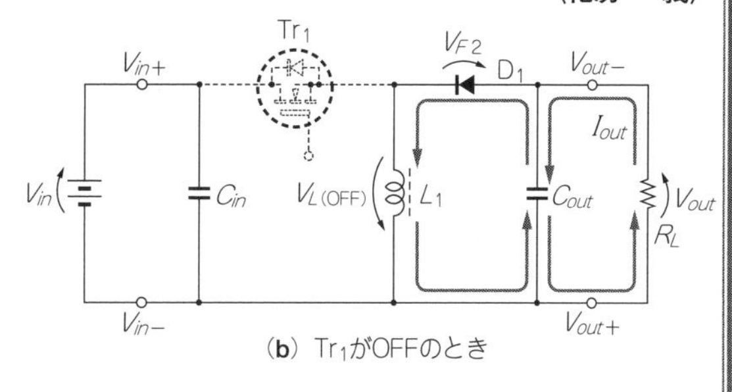

(b) Tr_1がOFFのとき

図A　昇降圧型チョッパ方式の動作

V_2は次のように表せます．

$$V_2=\frac{N_2}{N_1}(V_{in}-V_{SW})=n(V_{in}-V_{SW}) \cdots\cdots \text{(6)}$$

ただし，n：N_1とN_2の比(N_2/N_1)

式(5)に式(6)を代入するとD_{ON}は次のようになります．

$$D_{ON}=\frac{V_{F2}+V_{out}}{n(V_{in}-V_{SW})-V_{F1}+V_{F2}} \cdots\cdots \text{(7)}$$

式(7)から，D_{ON}は入力電圧(V_{in})が低いほど大きくなることがわかります．D_{ON}が大きいと，トランスをリセットする時間が短くなり，リセットできなくなる恐れがありますから，D_{ON}がある値以上にならないように次のような工夫が必要です．

- ある入力電圧以下では動作を停止させる
- D_{ON}がある値以上にならないように$D_{ON(\max)}$を固定する
- トランスに流れる電流を制限するなどして，コアが飽和しないようにする

2次側チョーク・コイルを実際に設計する

実際のフォワード・コンバータ(前章の図1)を事例にして，チョーク・コイルとトランスを設計してみましょう．トランスの具体的な設計法は次章で説明します．

表1　入力24V，出力5V/2Aのフォワード・コンバータ(前章の図1参照)**のチョーク・コイルとトランス用のコアとボビン候補**

ボビンは，多摩川電機(http://www.trec.jp/original/UU,TPQ,SMDtype.pdf)などのメーカから購入できる．BER11/5-1110GAFR(TDK)の代替品は，EER11/5-10P SMD(多摩川電機)，BER14.5/6-1110GAFR(TDK)の代替品は，EER14.5/6-10P SMD(多摩川電機)

品名	パラメータ				電気的特性 AL-value (nH/N²)*		質量 (g)	ボビン
	コア定数 C1(mm⁻¹)	実効断面積 Ae(mm²)	実効磁路長 ℓe(mm)	実効体積 Ve(mm³)	ギャップなし	ギャップ付		
PC47EE5-Z	4.72	2.67	12.6	33.6	200 min.		0.2	BE5-916FFR
PC47EE8.9/8-Z	3.15	4.96	15.6	77.4	480±25%		0.6	BE8.9/8-118GFR
PC47ER9.5/5-Z PC50ER9.5/5-Z	1.68	8.47	14.2	120	610 min. 750±25%	63±5% 100±7%	0.6	BER9.5/5-118GAFR
PC47ER11/3.9-Z PC50ER11/3.9-Z	1.08	11.7	12.6	147	1040 min. 1100±25%	63±5% 100±7%	0.8	BER11/3.9-1110GAFR
PC47ER11/5-Z PC50ER11/5-Z	1.24	11.9	14.7	175	870 min. 960±25%	63±5% 100±7%	1.0	BER11/5-1110GAFR
PC47ER14.5/6-Z PC50ER14.5/6-Z	1.08	17.6	19.0	334	1280 min. 1150±25%	100±5% 160±7%	1.8	BER14.5/6-1110GAFR
PC47EEM12.7/13.7-Z PC50EEM12.7/13.7-Z	2.28	12.0	27.3	328	820±25% 580±25%	40±5% 63±7%	1.9	BEM12.7/13.7-118GAFR

* AL-value: 1kHz, 0.5mA, 100Ts

チョーク・コイル用のコア → PC47ER11/5-Z

トランス用のコア → PC50ER14.5/6-Z

(a) コア

品名	寸法(mm)			パラメータ			質量 (g)	アクセサリ
	Pt×Pw (mm)	ピン端子数	W D H (mm)	巻線断面積 Aw(mm²)	平均巻線長 ℓw(mm)	材質		
BE5-916FFR BE5-926F1FR	0.2×0.5	6	5.7 7.8 4.8	1.62	12.4	ジアリルフタレート	0.03 0.07	FE-5-A
BE8.9/8-118GFR	0.2×0.6	8	9.3 11.3 4.8	2.79	14.4	FRフェノール	0.17	—
BEM12.7-118GAFR	0.3×0.5	8	13.6 16.8 5.0	7.5	22.4	FRフェノール	0.31	FEM12.7/13.7-A
BER9.5/5-118GAFR	0.3×0.5	8	9.9 11.7 5.9	3.06	18.5	FRフェノール	0.16	FER9.5/5-A
BER11/3.9-1110GAFR	0.3×0.5	10	11.0 12.6 4.7	1.73	21.5	FRフェノール	0.21	FER11/3.9-A
BER11/5-1110GAFR*	0.3×0.5	10	11.5 12.3 6.4	3.22	21.5	FRフェノール	0.21	FER11/5-A
BER14.5/6-1110GAFR	0.4×0.7	10	15.1 16.2 7.3	5.5	27.2	FRフェノール	0.55	FER14.5/6-A

チョーク・コイル用のボビン → BER11/5-1110GAFR

トランス用のボビン → BER14.5/6-1110GAFR

(b) ボビン

- チョーク・コイル：ER11/5のA_eは11.9 mm²でA_wは3.22 mm²なので，APは，11.9×3.22 = 38.32となる
- トランス　　　　：ER14.5/6のA_eは17.6 mm²でA_wは5.5 mm²なので，APは，17.6×5.5 = 96.80となる

● インダクタンス

チョーク・コイルのインダクタンス値は，前章で説明した降圧型チョッパ方式と同様にして求めることができます．前章で示した式(18)から次式が導かれます．

$$L_1 = \frac{\{n(V_{in}-V_{SW})-V_{F1}-V_{out}\}(V_{F2}+V_{out})}{Xf_{SW}\{n(V_{in}-V_{SW})-V_{F1}+V_{F2}\}I_{out}} \quad \cdots\cdots (8)$$

式(8)に数値を代入すると次のようになります．

$$L_1 = \frac{\{0.8\times(24-0.2)-0.5-5\}\times(0.5+5)}{0.4\times300000\times\{0.8(24-0.2)-0.5+0.5\}\times2} \fallingdotseq 16.7\times10^{-6}$$

● チョーク・コイルに流れる電流

L_1に流れる電流は，降圧型チョッパ方式のコイルと同じように流れます．前章で示した式(13)から最大電流I_{LP}は次のようになります．

$$I_{LP} = I_{out} + \frac{\{n(V_{in}-V_{SW})-V_{F1}-V_{out}\}(V_{F2}+V_{out})}{2L_1f_{SW}\{n(V_{in}-V_{SW})-V_{F1}+V_{F2}\}} \quad \cdots\cdots (9)$$

I_{LB}は，前章で示した式(14)から次のようになります．

$$I_{LB} = I_{out} - \frac{\{n(V_{in}-V_{SW})-V_{F1}-V_{out}\}(V_{F2}+V_{out})}{2L_1f_{SW}\{n(V_{in}-V_{SW})-V_{F1}+V_{F2}\}} \quad \cdots\cdots (10)$$

● コアの材質とサイズの選定

コア材質をTDK製PC47材を使います．PC47材は，コア損失が少なく飽和磁束密度が大きいことが特徴で，チョーク・コイルに適しています．次に，エリア・プロダクツの概念を使ってコア・サイズを選びます．

チョーク・コイルに流れる電流の変化ぶん($I_{LP}-I_{LB}$)と出力電流(I_{out})の比Xは0.4としたので，電流変化はそれほど大きくありません．したがって磁束の変化は少なく，鉄損は少ないと考えられます．このようにコア損失の影響が大きくない場合は，磁束振幅はコアの飽和により制限されます．

この場合のチョーク・コイルのエリア・プロダクツの式は次のようになります．

$$AP = A_WA_e = \left(\frac{L_1I_{L\max}I_{LRMS}}{0.03B_{max}}\right)^{4/3}\times10^4\,\mathrm{mm}^4 \quad \cdots\cdots (11)$$

$I_{L\max}$はコイルに流れる最大電流で，次式で計算できます．

$$I_{L\max} = I_{out(\max)} + \frac{X}{2}I_{out} = 2.6 + \frac{0.4}{2}\times2 = 3.0\,\mathrm{A}$$

I_{LRMS}は，定格時のL_1に流れる電流の実効値で，前章で示した式(28)に数値を代入して計算すると次のようになります．

表2[4]　チョーク・コイルの巻き線に使うワイヤの候補
仕上がり外形0.271 mm以下の導体径は0.23 mm以下，仕上がり外形0.296 mm以下の導体径は0.25 mm以下

導体		最小皮膜厚さ[mm]	仕上がり外形		銅概算質量[kg/km]	導体抵抗20℃[Ω/km]	
径[mm]	許容量[mm]		標準[mm]	最大[mm]		標準	最大
0.30	± 0.01	0.014	0.340	0.352	0.65	245.6	262.9
0.29	± 0.01	0.013	0.328	0.340	0.61	266.3	285.7
0.28	± 0.01	0.013	0.318	0.330	0.57	285.7	307.3
0.27	± 0.01	0.013	0.308	0.320	0.53	307.3	331.4
0.26	± 0.01	0.013	0.298	0.310	0.49	331.4	358.4
0.25	± 0.008	0.013	0.288	0.298	0.46	358.4	382.5
0.24	± 0.008	0.013	0.278	0.288	0.42	388.9	416.2
0.23	± 0.008	0.013	0.268	0.278	0.39	423.4	454.5
0.22	± 0.008	0.012	0.256	0.266	0.36	462.8	498.4
0.21	± 0.008	0.012	0.246	0.256	0.32	507.9	549.0

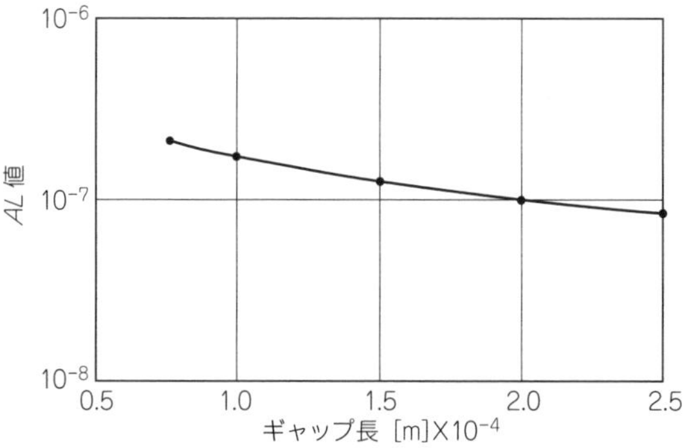

図5　チョーク・コイルに採用したコア(PC47ER11-5, TDK)の*AL*値とギャップ長との関係

$$I_{LRMS} = I_{out}\sqrt{1+\frac{X^2}{12}} = 2\times\sqrt{1+\frac{0.4^2}{12}}$$
$$\fallingdotseq 2.013\ \mathrm{A_{RMS}}$$

これらを式(11)に代入してAPを計算すると，

$$AP = \frac{16.7\times10^{-6}\times3\times2.013}{0.03\times0.3}\times10^4$$
$$\fallingdotseq 25.24\ \mathrm{mm^4}$$

になります．ここでは，**表1**からER11/5を使います．このコアは，A_W = 3.22 mm^2，A_e = 11.9 mm^2，AP = 38.32です．先ほど求めた25.24より大きいため，使用可能と判断します．

B_{max}は，マージンをみて0.3 Tとしました．PC47材の飽和磁束密度B_Sは100 ℃のとき420 mT，残留磁束密度B_rは60 mTですから，B_{max}は380 mT(= $B_S - B_r$)以下にする必要があります．

● 巻き数とコアのインダクタンス係数の計算

チョーク・コイルの巻き数n_Lは次式で表せます．

$$n_L \geqq \frac{L_1 I_{L\max}}{BA_e} \cdots\cdots (12)$$

$$= \frac{16.7\times10^{-6}\times3}{0.3\times11.9\times10^{-6}} \fallingdotseq 14$$

インダクタンス係数ALは，前章で示した式(22)から，

$$AL = \frac{L}{n_L{}^2} = \frac{16.7\times10^{-6}}{14\times14} \fallingdotseq 84.8\times10^{-9}$$

になります．ALが84.8×10^{-9}になるようにギャップを選びます．

● ギャップ長を求める

図5からインダクタンス係数ALが8.48×10^{-8}になるギャップ長を求めると，およそ250×10^{-6}mになります．そこで，センタ・ギャップが250 μmのコアを使います．

● ワイヤ径の決定

今回使用するコアER11/5の巻き線断面積A_Wは3.22 mm^{2}です．巻き線部の巻き枠の面積(巻き線断面積A_W)に対し，巻き線の占める面積は約50 %程度になります．以上から，巻き線の占める巻き枠面積は1.61 mm^{2}になります．

巻き線は，2巻き線並列で構成することとします．巻き数は先ほど求めた14ターンで，2つの巻き線を並列に巻くので，巻き線の断面積は0.0575 mm^2(= 1.61/28)になります．巻き線の直径を計算すると0.271 mmになります．**表2**の標準外形から，チョーク・コイルの巻き線径は0.23mmになります．

◆参考・引用*文献◆

(1) 原田 耕介；スイッチング電源ハンドブック，初版，1993年，日刊工業新聞社，ISBN4-526-03430-4.
(2) Unitrode Magnetics Design Handbook，Print in Japan 01. 03(SLUP136)，Unitrode Products from Texas Instrumenys
(3)* TDKフェライト カタログ，TDK(株).
(4)* 日立マグネットワイヤ カタログ，日立電線(株).

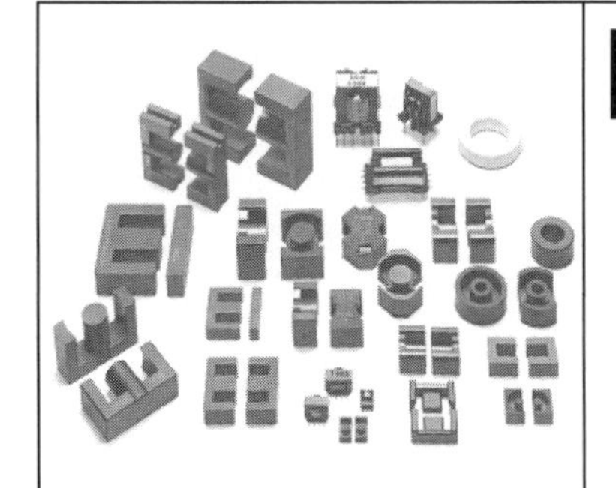

第11章 フォワード・コンバータを試作して特性を見る

トランスの設計と電源回路の試作実験

花房 一義
Kazuyoshi Hanabusa

前章では，フォワード・コンバータ(24 V入力，5 V/2 A出力)の2次側のチョーク・コイルを設計しました．本章では，トランスの設計方法を解説します．さらに，実際にフォワード・コンバータを試作して動作させ，その特性を見てみます．

トランスの設計

■ コアの設計

● 材質

コア材には，PC50材(TDK)を使います．これは高周波でも低損失であることが特徴で，フォワード方式のトランスに適しています．

● サイズ

エリア・プロダクツの概念を使ってコア・サイズを選びます．

第5章で説明されているように，エリア・プロダクツ(AP)とは，コアの断面積(A_E)と巻き枠の面積(A_W)との積です．

APはコア・サイズの選定の指標で，扱う電力と回路トポロジ，許容温度上昇値が決まると計算で求めることができます．詳細は，稿末の参考文献(2)に譲ります．

フォワード方式のとき，エリア・プロダクツの式は次のようになります．

$$AP = A_W A_E = \left(\frac{P_{out}}{0.014\,\Delta B\, f_{SW}} \right)^{\frac{4}{3}} \times 10^4\ \mathrm{mm}^4 \cdots\cdots\cdots\cdots (1)$$

ただし，P_{out}：最大出力電力［W］，ΔB：磁束密度の振幅［T］，f_{SW}：スイッチング周波数［Hz］

式(1)のΔBには，コア損失がコアの損失曲線で与えられた磁束密度の2倍(10^3 kW/m^3)となるような値を使います．**図1**から，f_{SW} = 200 kHzのときのP_{CV} = 10^3 kW/m^{3}になる磁束密度B_mは約150 mTですから，ΔB = 300 mT(0.3 T)として計算します．すると，次のようになります．

$$AP = \left(\frac{5\ \mathrm{V} \times 3\ \mathrm{A}}{0.014 \times 0.3\ \mathrm{T} + 200\ \mathrm{kHz}} \right)^{\frac{4}{3}} \times 10^4 \fallingdotseq 46.67$$

前章で示した表1からPC50ER14.5/6を使います．このコアは，A_W = 5.5 mm^2，A_E = 17.6 mm^2，AP = 96.80ですから，式(1)で求めた値(46.67)より大きく，使用できると判断できます．

● コアのギャップ

フォワード方式のトランスは1次巻き線のインダクタンス値が大きいほど励磁エネルギが小さくなるため，コアにギャップがないほうが望ましいです．

■ 巻き線の設計

● 巻き数

次式から1次巻き線N_1とN_2の比nを求めます．

$$n \geqq \frac{V_{F2} + V_{out} + (V_{F1} - V_{F2})\, D_{ON(\mathrm{max})}}{(V_{in(\mathrm{min})} - V_{SW})\, D_{ON(\mathrm{max})}}$$

$$= \frac{0.5 + 5 + 0.5 \times 0.45}{(16.5 - 0.2) \times 0.45} \fallingdotseq 0.781 \cdots\cdots\cdots\cdots\cdots\cdots (2)$$

以上の結果から，1次巻き線N_1と2次巻き線N_2の比($N_1 : N_2$)は，

5：4，6：5，7：6，8：7，9：8

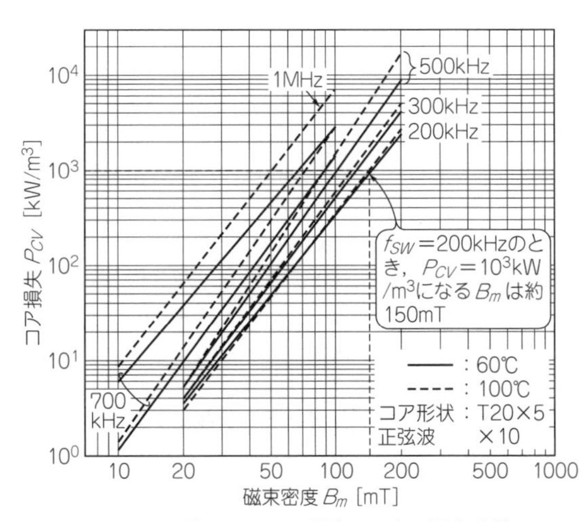

図1 トランスに使用したコア材(PC50)の損失曲線

などの値を選べます．ここでは5：4で設計します．$n = 0.8$になるため，第10章の式(7)から再度$D_{ON(\max)}$を算出すると0.42になります．

トランスの磁気飽和の制約から1次巻き線N_1は次式で制約されます．

$$N_1 \geqq \frac{(V_{in(\min)} - V_{SW})D_{ON(\max)}}{\Delta B\ A_E\ f_{SW}}$$
$$= \frac{(16.5 - 0.2) \times 0.42}{0.3 \times 17.6 \times 10^{-6} \times 200 \times 10^3}$$
$$\fallingdotseq 6.48 \quad \cdots\cdots (3)$$

以上の結果から，N_1は7ターン以上になります．先ほど求めた$n = 0.8$から，今回は1次巻き線N_1を10ターン，2次巻き線N_2を8ターンとします．

● ワイヤ径

機能絶縁だけを考えて，1次と2次の絶縁は，ワイヤの被覆(ウレタン)だけで行うことにします．ここでは，1種のエナメル線を使用します．

▶1次巻き線

1次と2次のトランスの結合をよくするため，巻き線構造はサンドイッチ構造とします．具体的には，最初に1次巻き線を10ターン巻き，その後2次巻き線を巻き，再度，最後に1次巻き線を10ターン巻きます．

フォワード方式の場合，1次巻き線部の巻き枠の面積と2次巻き線の面積の比は1：1が望ましいため，1次巻き線部の巻き枠面積は，5.5 mm^{2}の半分である2.75 mm^{2}になります．

巻き枠の面積に対し，ワイヤの占める面積は約50％程度になります．以上から，1次巻き線のワイヤの占める巻き枠面積は1.375 mm^{2}になります．

1次巻き線の巻き数は10ターンで，サンドイッチ構造で2巻き線を並列巻きします．ワイヤの断面積は0.06875 mm^2(＝1.375÷20)になるため，ワイヤの直径を計算すると0.296 mmになります．

第10章の表2から，1次巻き線のワイヤ径は0.25 mmを選びます．

▶2次巻き線

2次巻き線のワイヤ径を同様に求めます．2次巻き線も2巻き線並列で構成します．これは，ワイヤ径が大きいとトランスの端子にワイヤをからげることができなくなるためです．

第10章の表2から，2次巻き線のワイヤ径は0.29 mmになります．

チョーク・コイルとトランスの試作と評価

● チョーク・コイルの製作

写真1(a)に示すのは，チョーク・コイルで使うコアとボビンの外観です．

ボビン(BER11/5-1110G)を使い，チョーク・コイルを次の手順で作成します．

(1) 1番端子と2番端子から同時にワイヤ1UEW ϕ 0.23 mmを巻き始め(バイファイラ巻き)，14ターン巻き終わった後に，5番端子と4番端子にそれぞれワイヤを絡げる

(2) 巻き線終了後，ボビンの端子に絡げたワイヤをはんだ槽に浸けてはんだ付けをする

(3) コア(PC47ER11/5)を組み込んでテープで固定する．250 μmのセンタ・ギャップ付きのコアとギャップなしのコアを組み合わせる

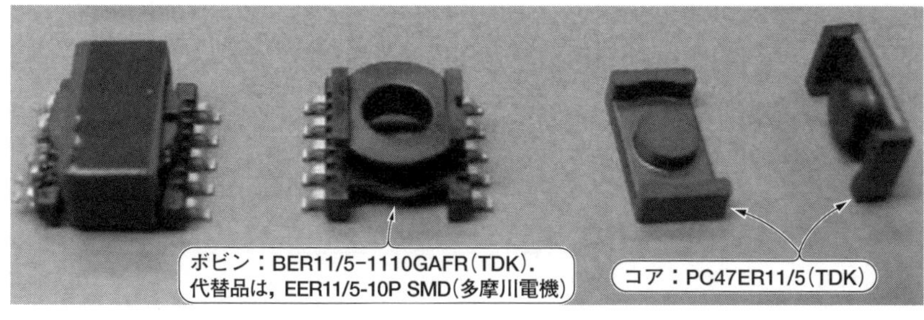

(a) チョーク・コイル

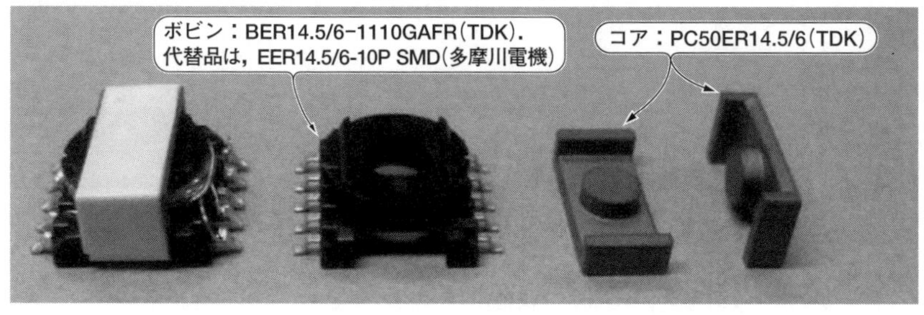

(b) トランス

写真1 トランスとチョーク・コイルに使用したコアとボビンの外観

表1　設計したトランスとチョーク・コイルの巻き線仕様

巻き線仕様					測定値	
巻き順	端子番号	ワイヤ	巻き方	巻き数	インダクタンス値 @f_{SW} = 200 kHz	DC抵抗値
1	②→④	1UEW, ϕ0.23 mm	バイファイラ巻き	14回	15.68 μH	54.9 mΩ
	①→⑤	1UEW, ϕ0.23 mm		14回		

(a) チョーク・コイル

巻き線仕様					測定値	
巻き順	端子番号	ワイヤ	巻き方	巻き数	インダクタンス値 @f_{SW} = 200 kHz	DC抵抗値
1	②→④	1UEW, ϕ0.25 mm	整列密着巻き	10回	121.6 μH	59.1 mΩ
2	⑩→⑦	1UEW, ϕ0.30 mm	バイファイラ巻き	8回	78.2 μH	39.5 mΩ
2	⑨→⑥	1UEW, ϕ0.30 mm		8回	78.2 μH	39.5 mΩ
1	①→⑤	1UEW, ϕ0.25 mm	整列密着巻き	10回	122.1 μH	105.8 mΩ

(b) トランス

(4)ワニス含浸を行う

以上の手順で製作した，チョーク・コイルの特性を**表1(a)**に示します.

● 試作したトランスの評価

写真1(b)に示すのは，トランスで使うコアとボビンの外観です.

トランスは，ボビン(BER14.5/6-1110G)を使って次の手順で作成します.

(1)ボビンの2番端子からワイヤ(1UEW，ϕ 0.25 mm)を巻き始め，10ターン巻き終わった後，4番端子にワイヤを絡ぐ.

(2)10番端子と9番端子から同時にワイヤ(1UEW，ϕ 0.30 mm)をバイファイラ巻きし，8ターン巻き終わった後に，7番端子と6番端子にそれぞれワイヤを絡ぐ．なお，先ほどの計算ではワイヤ径は0.29 mmだったが，入手できなかったため0.30 mmを使用

(3)1番端子からワイヤ(1UEW，ϕ0.25 mm)を巻き始め，10ターン巻き終わった後，5番端子にワイヤを絡げる

(4)巻き線終了後，ボビンの端子に絡げたワイヤをはんだ槽に浸け，はんだ付けをする

(5)コア(PC50ER14.5/6)を組み込み，テープで固定する

(6)ワニス含浸を行う(今回は本作業は省略)

以上の手順で作成したトランスの特性を確認した結果を**表1(b)**に示します.

● 動作波形の確認

図2(第9章の図1と同じ)に基づいて回路を試作し

表2　スイッチング・トランジスタのオン・デューティD_{on}の実測値と計算値の比較

V_{in}	D_{on}	
	計算値	実測値
16.5 V	42.2 %	44 %
19.2 V	36.2 %	38 %
24.0 V	28.9 %	32 %
28.8 V	24.0 %	24 %

計算式

$$D_{on} = \frac{V_{F2} + V_{out}}{n(V_{in} - V_{SW}) - V_{F1} + V_{F2}} \times 100$$

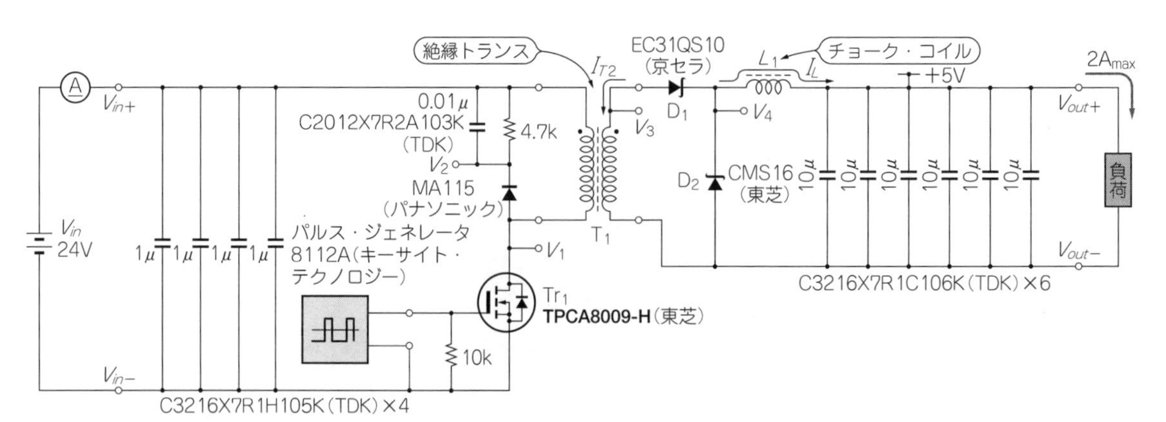

図2　今回の設計目標だったフォワード・コンバータの回路(第9章にも掲載)
TPCA8009-H(東芝)は生産中止品，MA115は保守廃止品である．同様の実験をされるときは，同等相当の部品を利用する

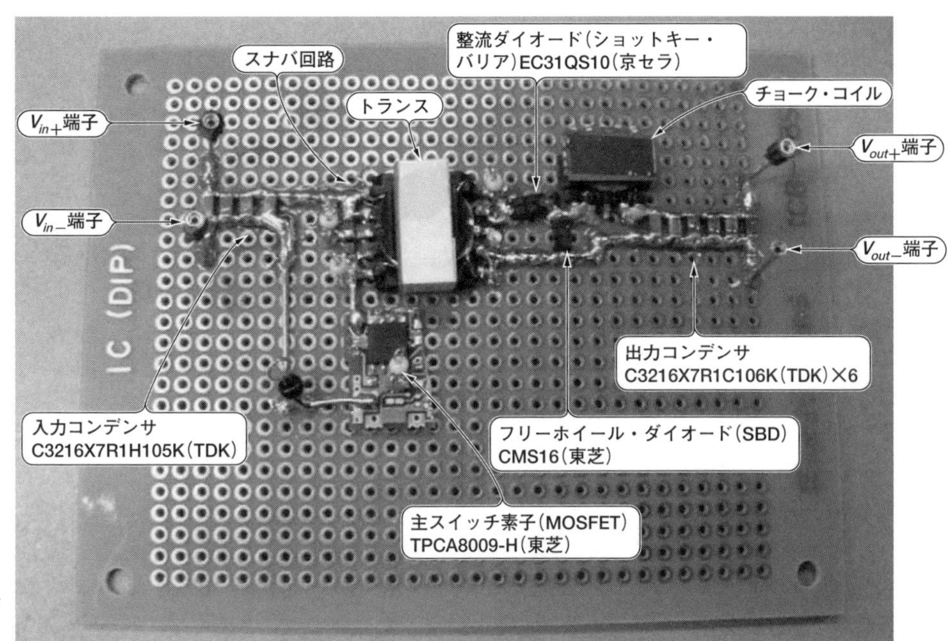

写真2　試作したフォワード・コンバータの外観(24 V入力, 5 V/2 A出力)

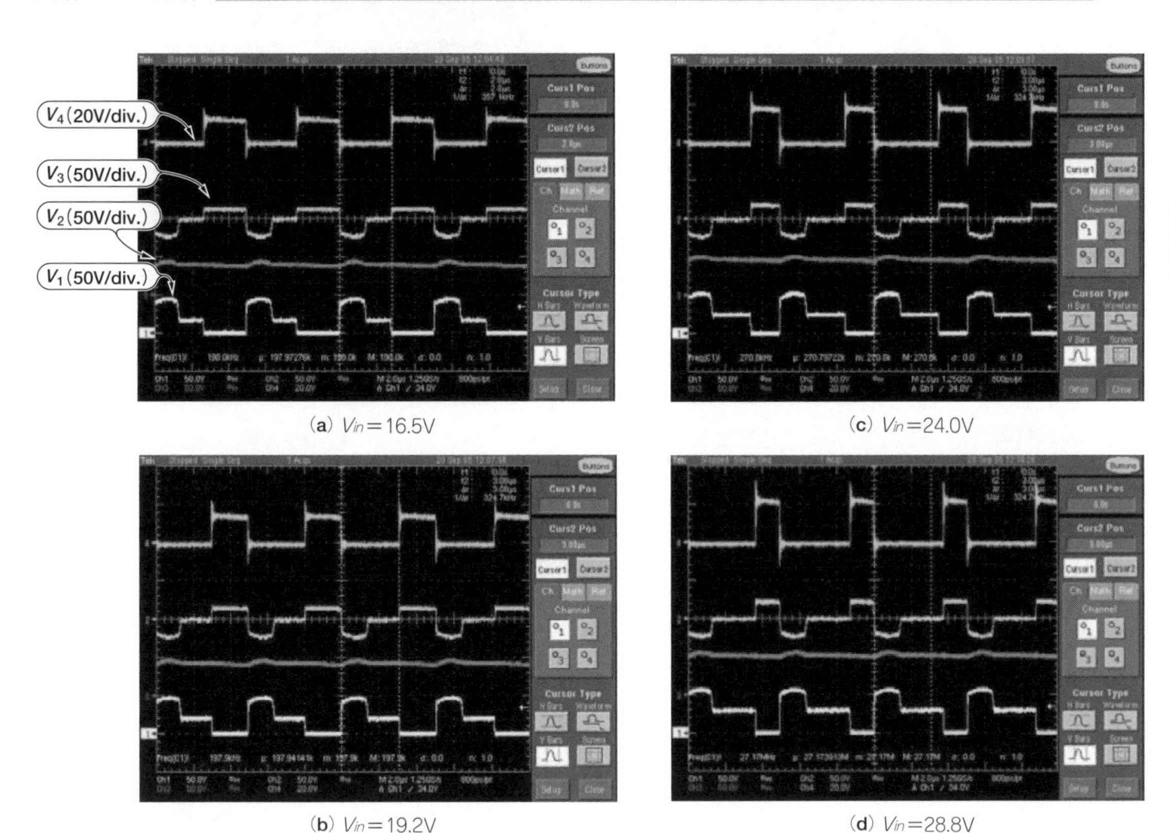

写真3　図2の各部の電圧波形(I_{out} = 2 A, 2 μs/div.)

ました．**写真2**に基板の外観を示します．

入力電圧を加えて，パルス・ジェネレータでスイッチング素子(Tr_1)を駆動してON時間を徐々に上げて行き，出力電圧が5 Vになるところまで上げます．

出力電圧5 Vのときの各部の電圧波形を**写真3**に示します．

V_1の波形からTr_1のONデューティを求め，計算値と比較することで，正常に動作しているかどうかを確認できます．**表2**に示すように，実測値と計算値はほぼ等しく，問題なく動作していると判断できます．

● コアが飽和していないかを確認

写真4と**写真5**の実験の目的は，電流波形からトランスやコイルが飽和していないかを確認することです．

図3に示すように，コイルに流れる電流が増加し，コアが飽和すると，コイルのインダクタンスは急激に低下するという性質があります．チョーク・コイルやトランスに流れる電流の最大値付近でコアが飽和すると，**図4**のように電流波形のピーク部が大きくなります．

写真4と**写真5**の結果を見る限りでは，コアの飽和は観測されていませんから，今回の設計には問題はないと判断できます．**写真4**と**写真5**では，出力電流を変化させていますが，入力電圧や温度を変化させて飽和がおきないかも確認する必要があります．特に温度が高いとフェライトは飽和しやすくなるので，高温時での確認は重要です．

● 効率

表3に，試作したフォワード・コンバータの入力電圧-効率特性を示します．

● 温度上昇の確認

表4に示すのは，トランスとチョーク・コイルの温度上昇を測定した結果です．

トランス・コイルの温度上限は130 ℃です．ディレーティングを考慮すると，定格時は，負荷率80 %以下，過電流時は負荷率90 %以下をここでの判定基準とします．

結果では，判定基準を満足していますが，銅の抵抗値は正の温度特性をもっているため，使用温度が高いと温度上昇が増加します．判定が微妙なときは，実際に周囲温度を上げて確認する必要があります．

写真6に示すのは，試作した電源回路を評価しているところです．

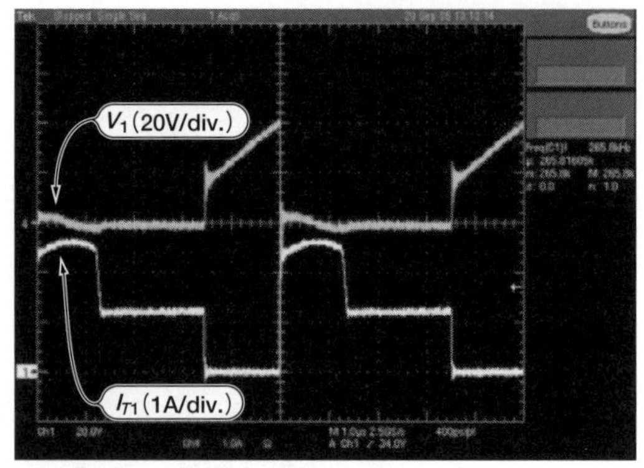

(a) トランス1次巻き線

写真4　2 A出力のときのトランスとチョーク・コイルの飽和の有無を確認(24 V入力，1 μs/div.)

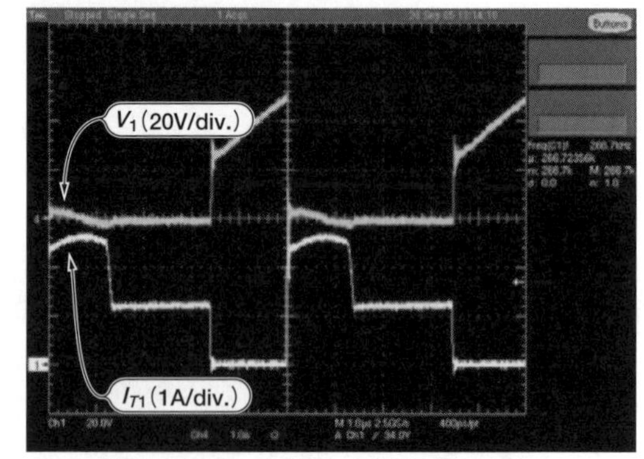

(a) トランス1次巻き線

写真5　2.6 A出力のときのトランスとチョーク・コイルの飽和の有無を確認(24 V入力，1 μs/div.)

◆参考文献◆

(1) 原田 耕介；スイッチング電源ハンドブック，初版，1993年，日刊工業新聞社，ISBN4-526-03430-4.

(2) Unitrode Magnetics Design Handbook, Print in Japan 01.03(SLUP136), Unitrode Products from Texas Instrumenys.

(3) TDKフェライト　カタログ，TDK㈱.

(4) 日立マグネットワイヤ　カタログ，日立電線㈱.

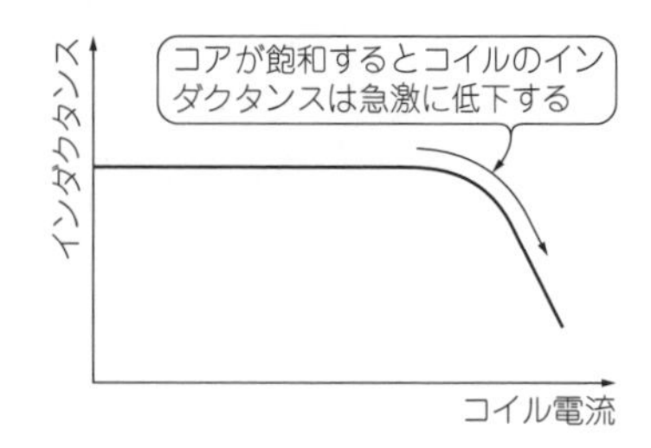

図3　コアが飽和するとコイルのインダクタンスは急激に低下する

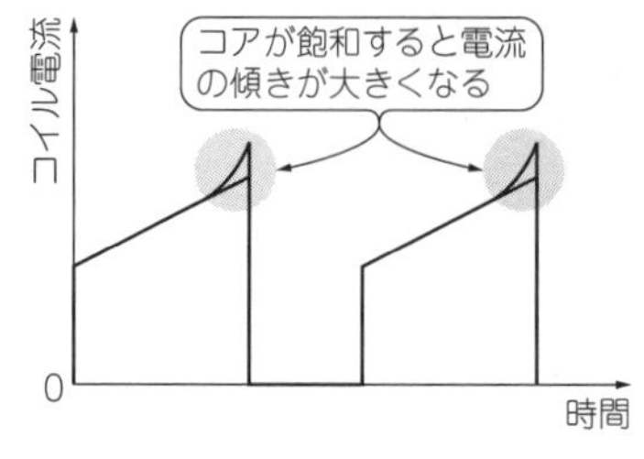

(a) トランスの巻き線に流れる電流

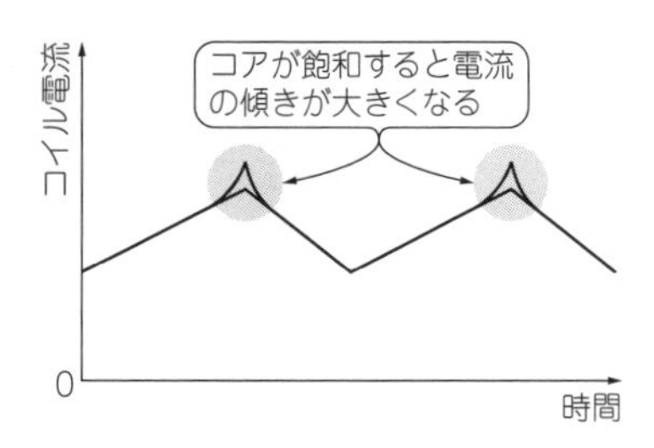

(b) チョーク・コイルに流れる電流

図4　トランスとチョーク・コイルのコアが飽和するような設計の電源回路では電流のピーク付近の傾きが大きくなる

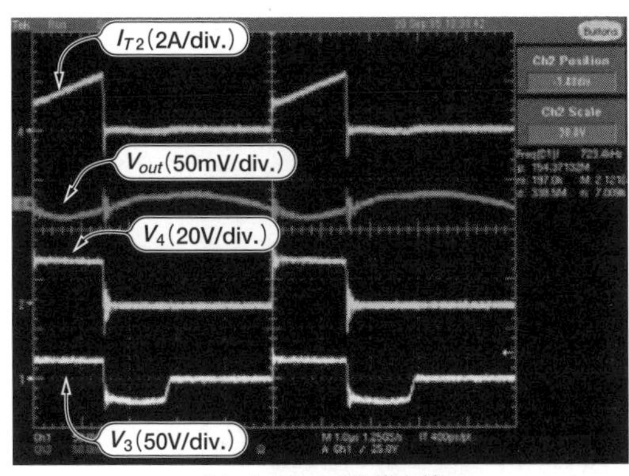

(b) トランス2次巻き線

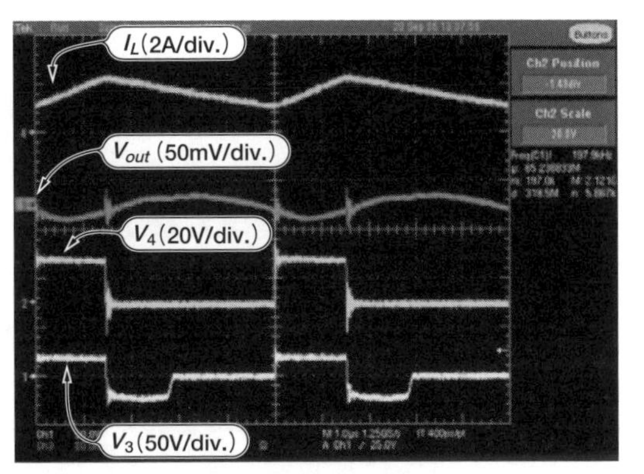

(c) チョーク・コイル

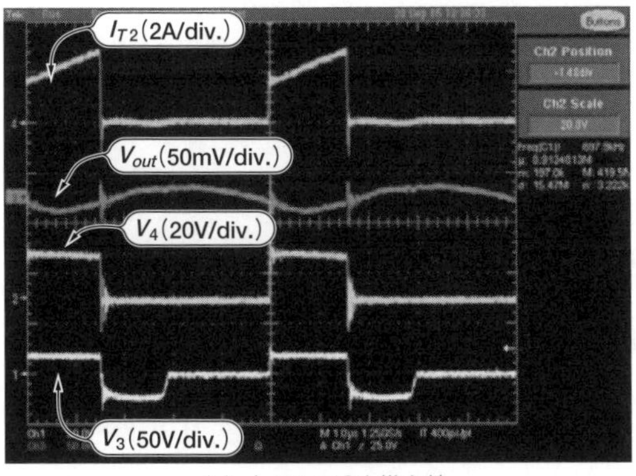

(b) トランス2次巻き線

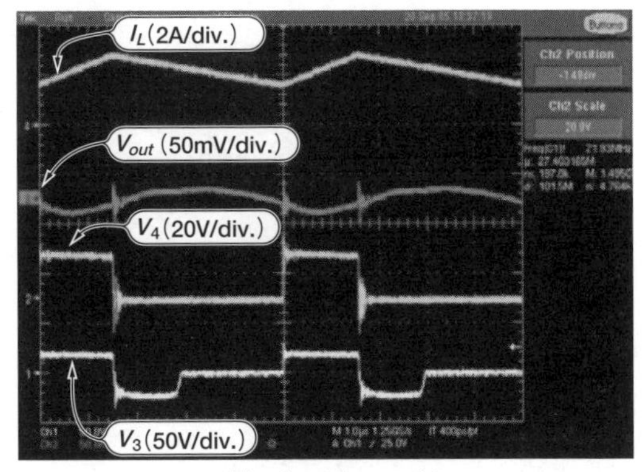

(c) チョーク・コイル

表3　試作したフォワード・コンバータの入力電圧-効率特性

V_{in} [V]	ON時間 [μs]	V_{out} [V]	I_{out} [A]	I_{in} [A]	効率 [%]
16.5	2.29	5.011	2.0	0.7027	86.4
19.2	1.95	5.025	2.0	0.5873	89.1
24.0	1.54	5.009	2.0	0.4548	91.8
28.8	1.26	5.007	2.0	0.3734	93.1
24.0	1.59	5.019	2.6	0.6130	88.7

表4　試作したフォワード・コンバータの温度上昇特性とOK/NG判定

動作条件			温度上昇	合格基準	判定
I_{out} = 2.0A	V_{in} = 24.0 V	V_{in} = 5.009 V	トランス38℃	54℃以下	OK
			コイル43℃	54℃以下	OK
I_{out} = 2.6A	V_{in} = 24.0 V	V_{in} = 5.019 V	トランス52℃	67℃以下	OK
			コイル64℃	67℃以下	OK

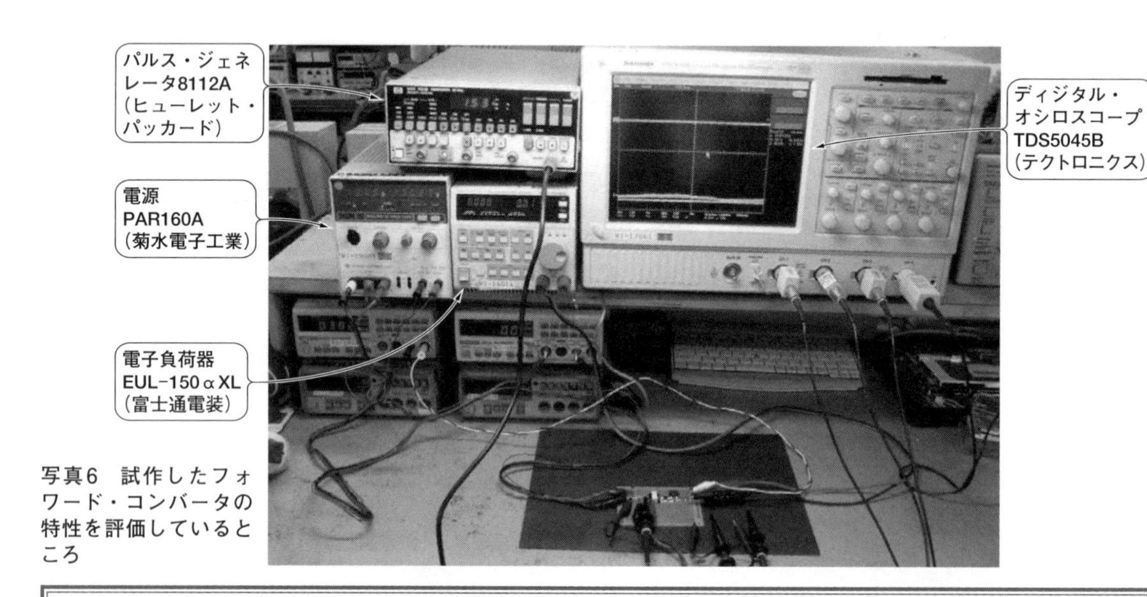

写真6　試作したフォワード・コンバータの特性を評価しているところ

コラム　コアをリセットする方法

スイッチング素子がONしたとき，トランスの1次巻き線には負荷電流以外に励磁電流が流れて，トランスには励磁エネルギーが蓄えられます．この励磁エネルギーは，スイッチング素子がONするごとに増え続けますから，コア内の磁束密度が増大し続け，いずれコアは飽和してしまいます．

コアが飽和すると，トランスのインダクタンス値が低下して，空芯コイルと同じようにふるまうようになります．こうなると，スイッチング素子に大きな電流が流れて破損してしまいます．

励磁エネルギーを放出する方法には，次のようなものがあります．

(1) リセット巻き線によって励磁エネルギーを入力に戻す［図A(a)］
(2) スナバ回路により励磁エネルギーを消費する(今回採用した方法)［図A(b)］
(3) 共振により励磁エネルギーをリセットする［図A(c)］
(4) フライバック回路による補助電源を設けて，励磁エネルギーを補助電源部分で消費する(スナバ回路の方法と同じ考えかた)［図A(d)］

〈花房 一義〉

$V_{in}+$　V_{in}　$V_{in}-$　C_{in}　Tr_1　T

(a) リセット巻き線を利用するタイプ

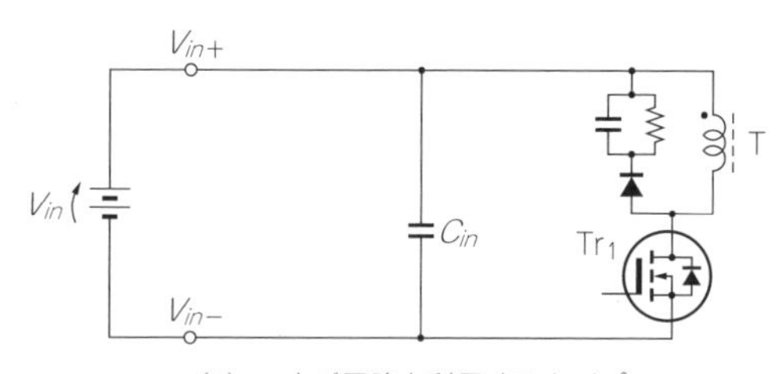

(b) スナバ回路を利用するタイプ

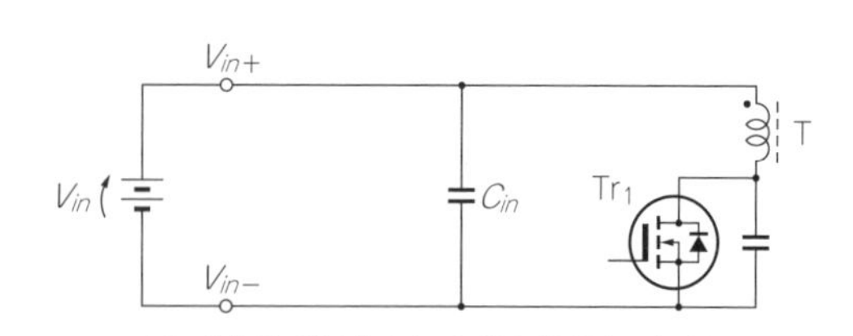

(c) 共振を利用するタイプ(同期整流のとき)

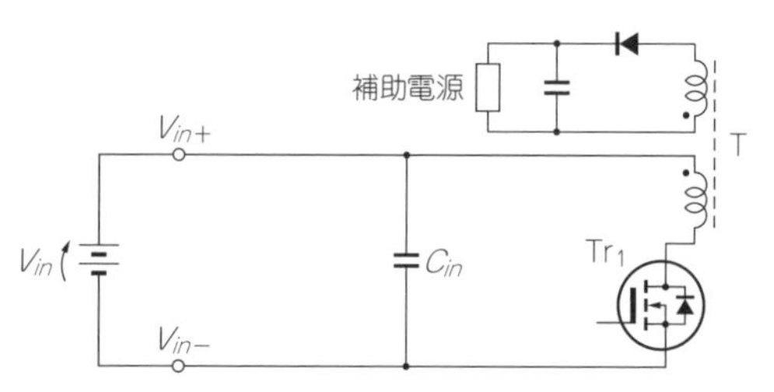

(d) フライバック回路を利用するタイプ

図A　フォワード方式でのリセット回路例

第12章 *NI* リミットと *AL* 値から算出する

チョーク・コイルの簡易設計術

下蔵 良信
Yoshinobu Shimokura

第7章では，具体的な降圧型チョッパ用のチョーク・コイルの設計手法を説明しました．本章では，フォワード・コンバータを例にして簡易的なチョーク・コイルの設計手法を解説します．

チョーク・コイルの設計上，注意しなければならないポイントには次のような点があります．

(1) 必要なインダクタンスの確保
(2) 飽和点の確認
(3) 銅損の把握(最適な巻き数)
(4) 鉄損の把握

チョーク・コイルの設計において，フェライト・コアを使う場合，巻き数とコアのギャップ長を決定するのが一番のポイントです．これまでに説明したのは，何回か試行錯誤して仕様を決める方法でしたが，ここで紹介するのは，比較的容易に巻き数とコアのギャップ長を決めることができる設計手法で，カタログに記載されているコア・データ(*NI* リミット値と *AL* 値のグラフ)を使って算出します．

設計方法

図1に示すのはフォワード・コンバータの基本回路です．この回路を例に，チョーク・コイルの簡易的な設計法を説明します．

● 適切なインダクタンスの算出

スイッチング電源の動作は，一般にチョーク・コイルの電流の流れかたによって次の3つに分けて考えます(**図2**).

(1) 連続モード：チョーク・コイルに常に電流が流れている
(2) 非連続モード：チョーク・コイルの電流がゼロになる期間がある
(3) 臨界モード：連続モードから非連続モードに移行する境界点

インダクタンスは，チョーク・コイルに流すリプル電流の設定のしかたに依存します．リプル電流とは，チョーク・コイルに流れる波状の電流のことを言います．

インダクタンスは，臨界値(**図2**)が定格電流の10％程度になるように設定すると，形状，コスト，制御性において最適になるとされています．例えば，定格電流を20Aとすると，最適臨界値は2Aです．このときのリプル電流は定格電流の20％となり，リプル電流のピーク・ツー・ピークは4Aになります．

臨界電流とは，チョーク・コイルに流れる電流が非連続となるときの平均電流のことです．臨界値はそのときの電流値を意味します．定格電流とは，負荷に定常的に流す直流電流の最大値のことです．

図3に示すのは，チョーク・コイルに流れる電流と両端電圧の波形です．チョーク・コイルに流れるリプル電流 ΔI_R [A_{P-P}] は，

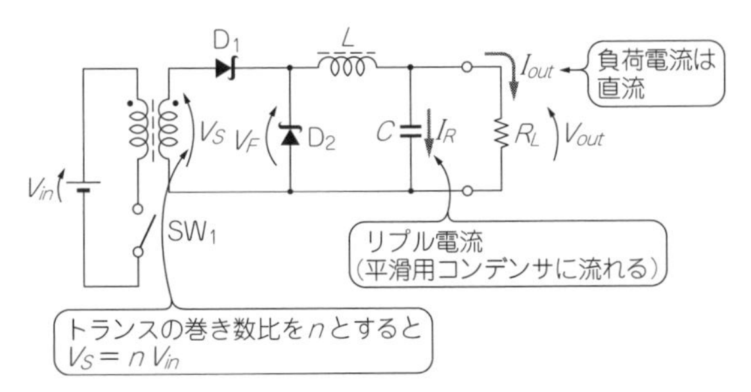

図1 フォワード・コンバータの基本回路
ここではチョーク・コイルの簡易的な設計法を解説する

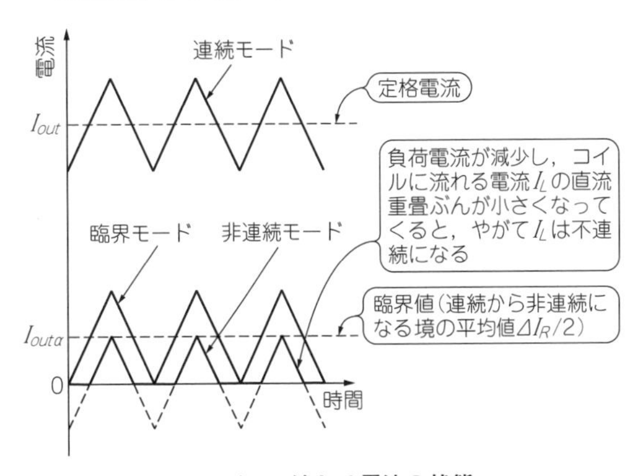

図2 チョーク・コイルに流れる電流の状態

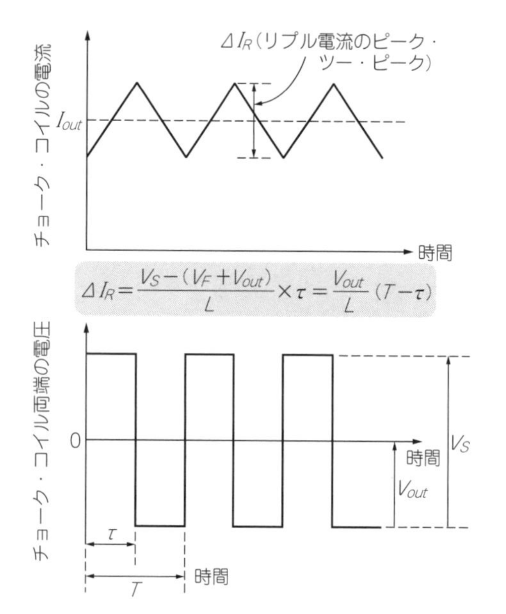

図3　チョーク・コイルに流れる電流と両端電圧の波形

$$\Delta I_R = \frac{V_S - (V_F + V_{out})t_{on(\max)}}{L} \cdots\cdots (1)$$

ただし，V_S：トランス2次側の出力電圧［V］，V_F：D_1の順方向電圧［V］，$t_{on(\max)}$：SW_1のON時間の最大値［s］

になり，インダクタンス値Lは，

$$L = \frac{V_S - (V_F + V_{\rm out})t_{on(\max)}}{\Delta I_R} \cdots\cdots (2)$$

となります．

● 適切な巻き数の算出

コア内の磁束が飽和していないときの磁束密度や磁界，磁気抵抗の間には次の関係［式(3)～式(5)］が成り立っています．

- 磁束密度B［T］

$$B = \mu H \cdots\cdots (3)$$

- 磁界H［A/m］

$$H = \frac{NI}{l} \cdots\cdots (4)$$

- 磁気抵抗R［ターン^2/H］

$$R = \frac{l}{\mu A} \cdots\cdots (5)$$

ただし，μ：コアの透磁率，N：巻き数［ターン］，I：電流［A］，l：コアの磁路長［m］，A：コアの実効断面積［m^2］

以上から，μとlを消去すると，次の関係式が導き出されます．

$$B = \frac{NI}{AR} \cdots\cdots (6)$$

式(6)から，飽和磁束密度$B_{\max}$の高いコアのほうが

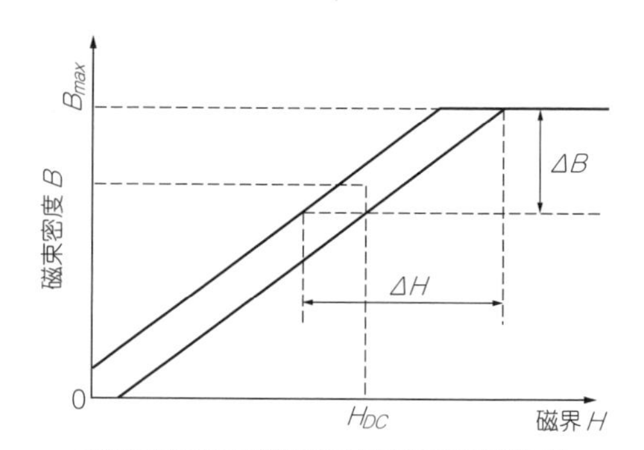

図4　チョーク・コイルのコアのB-H特性は第1象限上を動く

より多く電流を流しても飽和しないことがわかります．逆に，

$$B_{\max} \geqq \frac{NI}{AR}$$

が成り立つように，設計する必要があります．

磁気抵抗R［ターン^2/H］とインダクタンスL［H］，巻き数N［ターン］の間には次の関係があります．

$$R = \frac{N^2}{L} \cdots\cdots (7)$$

これを式(6)に代入すると，

$$N = \frac{LI}{AB} \cdots\cdots (8)$$

が得られます．

式(8)から求められる巻き数Nで巻けば，巻き線の損失，つまり銅損を最小化できます．

式(7)は，コアのカタログでは，

$$L = \frac{\mu AN^2}{l} = \frac{N^2 l}{R} \cdots\cdots (9)$$

と表現されます．$1/R$は1ターン当たりのインダクタンス値を意味し，AL値として表現されています．

● コア損失の影響の確認

コアの磁界の動きを考えると，磁界Hの変動ぶんΔHは式(4)から，

$$\Delta H = \frac{N\Delta I_R}{l} \cdots\cdots (10)$$

と表すことができます．

図4に示すように，チョーク・コイルに流れる電流は一方向だけですから，B-Hカーブは第1象限上を動きます．

このときの磁束密度の変化ぶんΔBは，次式で表されます．

$$\Delta B = \frac{V_{out}(T - t_{on})}{NA} = \frac{V_S - (V_F + V_{out})}{NA} t_{on} \cdots\cdots (11)$$

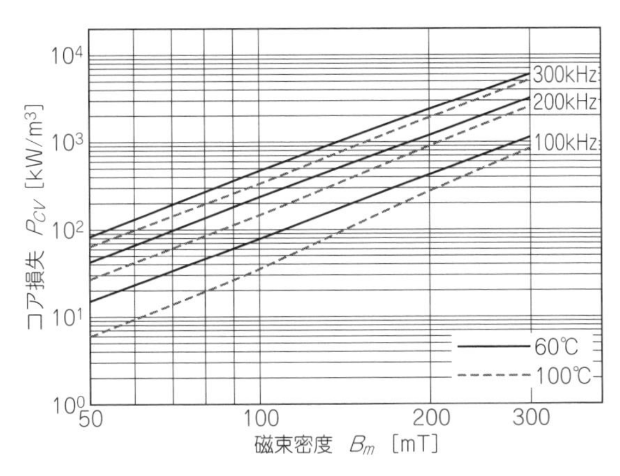

図5　コアPC47PQ20/20の磁束密度-鉄損の関係

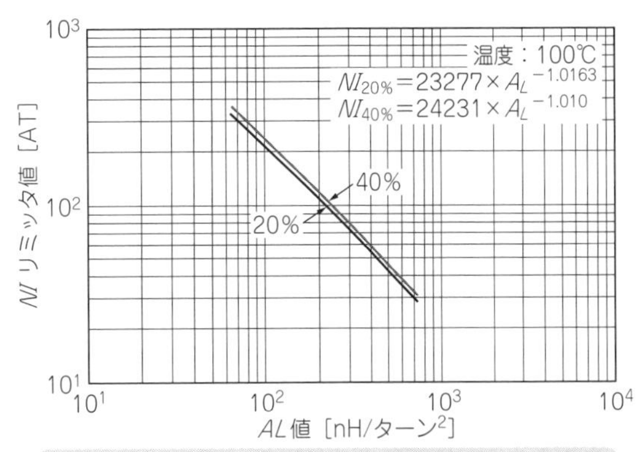

図6　1ターン当たりのインダクタンスと巻き数，不飽和電流の積は相反関係にある

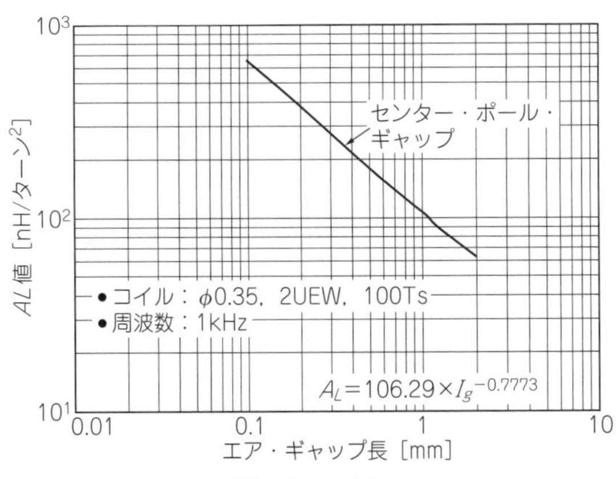

図7　*AL*値はギャップ長と相反関係にある

コアの損失(鉄損)は，コアのカタログに示されている磁束密度と損失のグラフから求めることができます．例えば，出力電圧5 V，スイッチング周波数100 kHz，ONデューティ 30 %，巻き数10ターン，コアの実効断面積を62 mm²(PC47PQ20/20，実効体積2790 mm³を使用)とすると，

$$\Delta B = \frac{5\times 7\times 10^{-6}}{10\times 62\times 10^{-6}} \fallingdotseq 56\ \mathrm{mT}$$

になります．

図5に示すカタログ・データからわかるように，f_{SW} = 100 kHz，T = 100 ℃，B = 56 mTのときの鉄損は20 kW/m³です．したがって鉄損P_{CV}［W］は，

$$P_{CV} = 2790\times 10^{-9}\times 20\times 10^3 \fallingdotseq 0.0558\ \mathrm{W}$$

になります．このようにチョーク・コイルの鉄損は，磁束の変化が小さいため，ほとんど無視できることがわかります．実際にはチョーク・コイルは，第1象限のみの駆動なので0.0279 Wになります．

● 巻き線損失の上限の目安

チョーク・コイルには，ほぼ直流電流が流れると考えてかまいません．したがって**巻き線の損失(銅損)は，直流抵抗から算出できます．**

最近は，チョーク・コイルなどの構造の簡単な部品はB種として扱うことができます．安全規格上B種は110 ℃まで使用できるため，周囲温度を50 ℃とすると巻き線の温度上昇は60 ℃まで許容できます．

実装状態や条件にもよりますが，巻き線の損失の上限は，自然空冷タイプの場合で約0.5 W，強制空冷の場合で約1.5 Wです．

● 適切なギャップ長の算出

▶ギャップ長とインダクタンス，飽和しやすさの関係

ギャップ付きのコアを使う場合，**図6**に示すように，1ターン当たりのインダクタンス(*AL*値)と，巻き数と不飽和電流の積(*NI*リミット値)は相反する関係にあります．また*AL*値は，ギャップ長とも相反の関係にあります(**図7**)．

図6と**図7**から次のことがわかります．

- ギャップ長を大きくすると，飽和しにくくなり(*NI*リミット値が大きくなり)電流は多く流せるが，インダクタンスを大きくできない(*AL*値が小さくなる)．インダクタンスを大きくするには巻き数を増やさなければならない
- ギャップ長を小さくすると，インダクタンスは大きくできるが飽和しやすくなる

最適な巻き数とギャップ長を探し出すには，回路の仕様上から必要とされるインダクタンスと不飽和電流を確保しつつ，巻き数とギャップ長を少しずつ増やしていきます．これには，計算による試行錯誤や経験による慣れを必要とします．

▶算出例

コアを特定して**図6**と**図7**を使えば，比較的簡単に巻き数とギャップ長を求めることができます．式(6)に，

$$A_L = 1/R \quad \cdots\cdots (12)$$

12 チョーク・コイルの簡易設計術

表1　電源回路に必要な出力電力と適切なコア・サイズ

電力	コア形状	
50 W	EI25	PQ20/16
100 W	EER25.5	PQ20/20
150 W	EER28	PQ26/20
300 W	EER40	PQ35/35

注▶スイッチング周波数130kHzのとき

を代入して変形すると，

$$BA = NI_{limit}A_L \cdots\cdots (13)$$

になります．

次の手順で，**図6**からこのコア(PC47PQ20/20)のAL値とNIリミット値が線形的な関係にある点のAL値とNIリミット値を読み取り，BAを求めます．

図6のディレーティング20 %のグラフからA_L = 200 nH/ターン^{2}のときのNIリミット値を読み取ります．

$$NI_{limit} = 107 \text{ AT}$$

と読み取れます．グラフは多少非線形なので，できるだけグラフ中央の値を読み取ります．この値(A_L = 200 nH/ターン^2，NI_{limit} = 107AT)が，このコアの特徴的な性能を表しています．

この値を式(13)に代入すると，

$$BA = 200 \times 10^{-9} \times 107 = 2.14 \times 10\text{-}5$$

になります．式(8)から，

$$N = \frac{LI}{AB} = \frac{LI}{2.14 \times 10^{-5}}$$

になります．L = 10 μH，I = 20 Aとすると，

$$N = \frac{10 \times 10^{-6} \times 20}{2.14 \times 10^{-5}} = 9.37 = 10\text{ターン}$$

になります．

設計すべきコイルのAL値は次のようになります．

$$A_L = \frac{L}{N^2} = \frac{10 \times 10^{-6}}{10^2} = 100 \text{ nH/ターン}^2$$

図6からNIリミット値は216 ATになり，不飽和電流I_{NS}は，

$$I_{NS} = 216/10 = 21.6 \text{ A}$$

になります．**図7**からA_L = 100 nH/ターン^{2}のときのギャップ長は1 mm(センタ・ポール・ギャップの場合)です．参考までに，**表1**に電源回路に必要とされる出力電力と適切なコア・サイズの目安を示します．

コア材を選ぶポイント

チョーク・コイルに求められる性能には次のような条件があります．

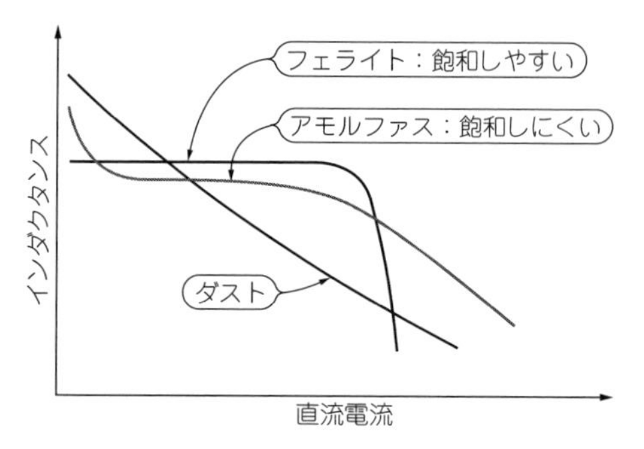

図8　コア材料によるコイルのインダクタンス-直流電流特性の違い

- 飽和磁束密度が高いこと
- キュリー温度が高いこと(最低でも150 ℃以上)
- 鉄損が小さいこと
- B-Hカーブが定格以上の電流で急激飽和する角形状でないこと
- 飽和電流を増やすためにコアにギャップをつける場合は，磁気抵抗が上がるのでコアの透磁率は低くてもよい

以上の条件を満たすコアとして，フェライト，アモルファス，ダストなどがあります．このなかでもよく使われているのは**Mn-Zn系のフェライト**です．最近では，チョーク・コイル用に適した材料**PC33**，**PC90**(TDK)も量産化されています．

形状の自由度ではフェライトに劣りますが，**アモルファスとダストは，飽和磁束密度が高く形状を小さくできます**．インダクタンス値と電流値が決まっていれば，メーカ・カタログから使用できる形状のものを選ぶことができ，フェライト・コアのように設計に苦労することはありません．ただし，**鉄損がフェライトに比べ大きい**傾向があります．フォワード・コンバータのチョーク・コイルは磁束密度の変化ぶんが小さいとはいえ，**24～48 Vなど出力電圧が高い場合にはΔBが大きくなり鉄損を無視できなくなります**．

図8に，コア材によるコイルのインダクタンス-直流電流特性の違いを示します．

フェライト・コアの重畳特性は，電流が低い領域でも安定しており，コアが飽和すると急激にインダクタンスが減少します．これに比べてアモルファス・コアは，電流が低い領域ではインダクタンス値が高く，急激なコアの飽和がありません．**瞬間的に多くの電流を流す場合は，なかなか飽和しにくいアモルファス・コアを使ったほうがベターです**．

ダスト・コアは流れる電流によってなだらかに減少する特性を示します．

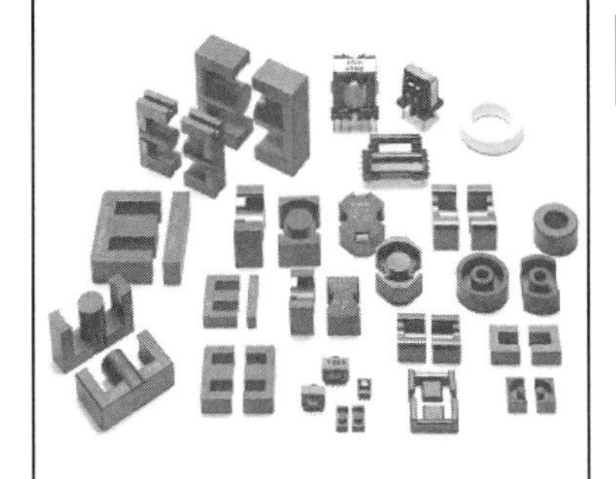

第13章 ブースト・コンバータ方式で使用する

PFC用チョーク・コイルの設計

下蔵 良信
Yoshinobu Shimokura

第6章～第8章で紹介したDC-DCコンバータのチョーク・コイルと同様な手法で，PFC(Power Factor Correction Circuit)用のチョーク・コイルも設計することができます．

PFC(アクティブ・フィルタ回路とも呼ぶ)は一般的にブースト・コンバータが使われています．

本章では，PFCのチョーク・コイルのふるまいから，**図1**(次頁)に示す実際のPFCのチョーク・コイルの設計法までを解説します．

PFCはさまざまな回路方式が提案されていますが，ここでは広く一般的に使われているブースト・コンバータ方式について説明します．

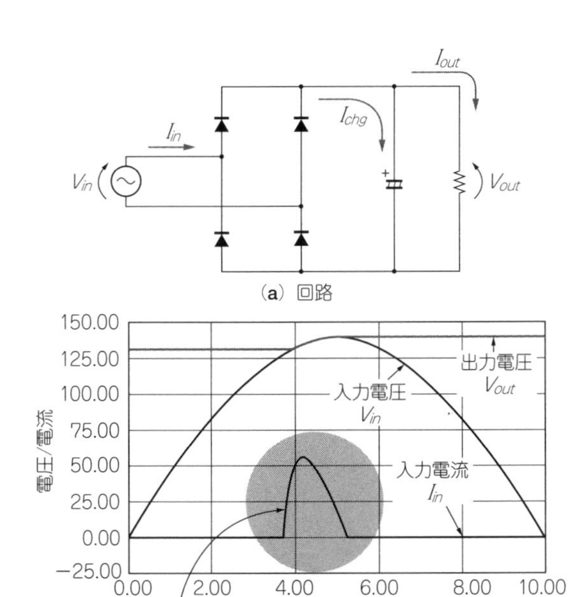

図2　多くの電子機器が採用しているコンデンサ・インプット方式の整流回路
入力電流の波形がパルス状になっている

PFCの役割と動作

● 役割

図2(a)に示すのは，多くの電子機器が採用している一般的な整流回路です．整流ダイオードの後段に平滑用のコンデンサがあるため，これをコンデンサ・インプット方式整流回路といいます．**図2(b)**に示すように，平滑用コンデンサに充電電流(I_{chg})が流れるのは，V_{in}がV_{out}より高くなる短い期間(導通期間)に限られます．そのため，充電電流はピーク状になり，同様にACラインに流れる電流もピーク状になります．

PFCの役割は，この入力ラインに流れる電流のピーク値を抑えることにあります．ACラインと直列にコイルを挿入しても，ピークを抑えることは可能ですが，商用周波数で使えるコイルはインダクタンスが大きいので，形状も大きくなります．

そこで，**図3**に示すようなブースト・コンバータのような回路で，AC入力電圧をTr_1でスイッチングして入力電流をいったん高周波化し，それを平滑コンデンサC_{out}で直流にする手法が考え出されました．これがPower Factor Correction(PFC)です．

PFCに適しているブースト・コンバータの特徴は，出力電圧が入力電圧よりも高いという点にあります．適している理由は，入力が0Vから変化する交流電圧であっても，出力電圧のほうが高ければ，入力電圧の

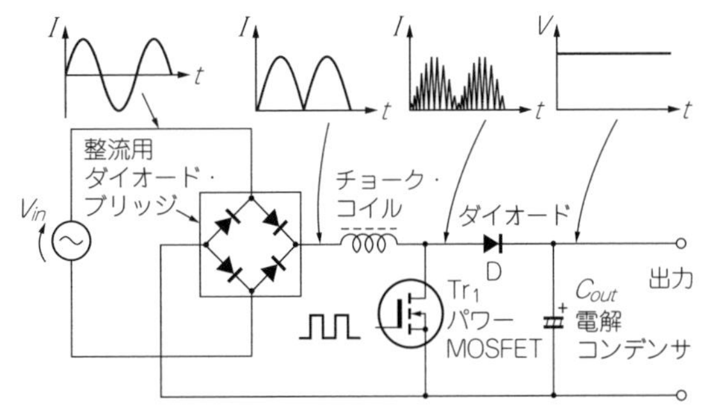

図3　PFCの基本回路

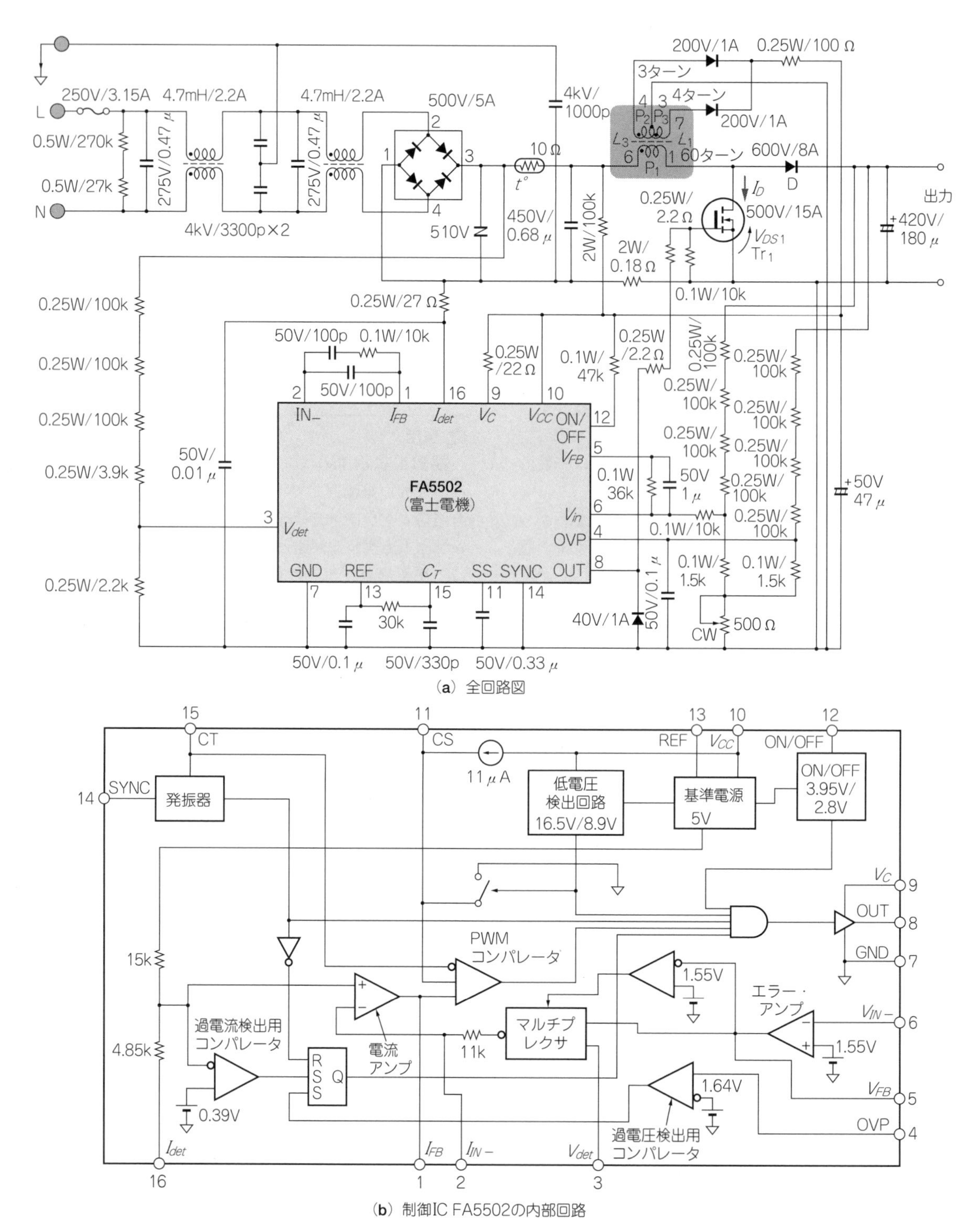

(a) 全回路図

(b) 制御IC FA5502の内部回路

図1 このPFCのチョーク・コイルの設計の過程を解説する

全領域で制御できるからです.

● 3種類の動作モード

コイルに流れる電流の状態によって, PFCは次の3種類のタイプに分けることができます.

- 不連続モード [図4(a)]
- 臨界モード [図4(b)]
- 連続モード [図4(c)]

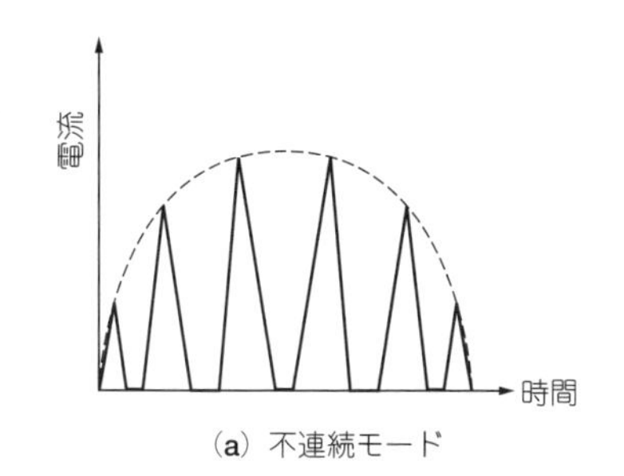

(a) 不連続モード

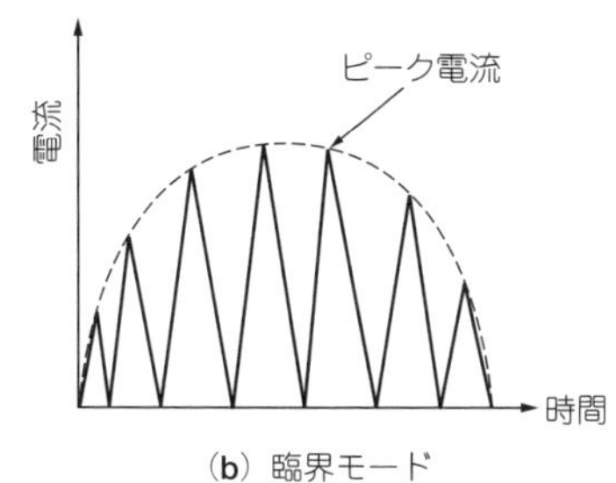

(b) 臨界モード

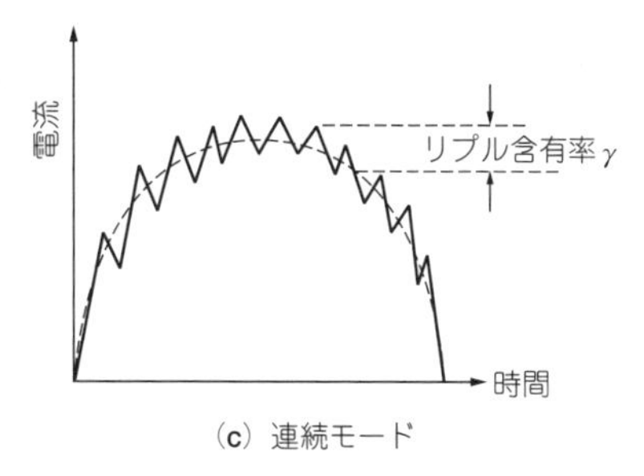

(c) 連続モード

図4　チョーク・コイルに流れる電流のモードによってPFCは3種類に分けられる

表1　PFCの動作モードと特徴

動作モード	チョーク・コイルのインダクタンス	チョーク・コイルに流れるピーク電流	PFCの出力電力	回路への要求
連続	大	小(1とする)	大	電流制御が必要
臨界	中	中(2)	中(200W以下)	電流検出が必要，スイッチング周波数が可変であること
不連続	小	大(4～6)	小	電圧制御だけで実現できる

表1に，チョーク・コイルの動作モードで分類した3種類のPFCの特徴を整理しました．これらの方式の大きな違いはピーク電流の大きさにあります．

チョーク・コイルのインダクタンスの算出法

● 臨界モード型PFCの場合

チョーク・コイルを設計するときは，ピーク電流の大きさを算出する必要があります．

PFCのチョーク・コイルには，入力電流のピーク値の2倍の電流が流れます．また，スイッチング周波数が入力電圧によって変動します．

出力電力をP_{out}［W］，入力電圧を$V_{AC(\mathrm{min})}$［V_{RMS}］，効率をηとすると，入力電流I_{in}［A_{RMS}］は次のようになります．

$$I_{in} = \frac{P_{out}}{V_{AC(\mathrm{min})}\,\eta} \quad (1)$$

コイルに流れる電流のピーク値I_{peak}［A_{peak}］は，

$$I_{peak} = \sqrt{2}\, I_{in} \times 2 \quad (2)$$

になります．実際には過電流と入力電圧範囲を考慮してピーク電流値の1.3～1.5倍の値を設計値とします．

必要なインダクタンスL_Pは次式で求まります．

$$L_P = \frac{V_{AC(\mathrm{min})}{}^2\ \{V_{out} - \sqrt{2}\, V_{AC(\mathrm{min})}\}\ \eta}{2\, f_{SW(\mathrm{min})} P_{out} V_{out}} \quad (3)$$

ただし，$V_{AC(\mathrm{min})}$：入力電圧の最小値［V_{RMS}］，V_{out}：出力電圧(入力電圧の最大値$V_{AC(\mathrm{max})}$より高く設定する)，P_{out}：最大出力電力［W］，$f_{SW(\mathrm{min})}$：最小スイッチング周波数［kHz］，η：効率

▶計算例

P_{out} = 115 W，$V_{AC(\mathrm{min})}$= 85 V_{RMS}，η = 0.9とすると，入力電流I_{in}は次のように求まります．

$$I_{in} = \frac{115}{85 \times 0.9} \fallingdotseq 1.5\ \mathrm{A}$$

コイルに流れる電流のピーク値I_{peak}［A_{peak}］は次のとおりです．

$$I_{peak} = \sqrt{2} \times 1.5 \times 2 = 4.25\ A_{\mathrm{peak}}$$

設計値は，この値を1.3倍して，

$$4.25\ \mathrm{A} \times 1.3 = 5.5\ \mathrm{A}$$

と求まります．

さらに，$f_{SW(\mathrm{min})}$ = 50 kHz，V_{out} = 400 Vとすると，

$$L_P = \frac{85^2 \times (400 - \sqrt{2} \times 85) \times 0.9}{2 \times 50000 \times 115 \times 400} \fallingdotseq 396\ \mu\mathrm{H}$$

と求まります．

以上から，電流値が5.5Aで，インダクタンスが396 μHのチョーク・コイルが必要なことがわかります．

● 連続モード型PFCの場合

チョーク・コイルのインダクタンスは，入力電流のピーク値に対するリプル電流の割合に左右されます．これはフォワード・コンバータのときと同じです．動作周波数は固定です．

入力電流I_{in}は次式で求まります．

$$I_{in} = \frac{P_{out}}{V_{AC(\mathrm{min})}\,\eta} \quad (4)$$

ただし，P_{out}：出力電力［W］，$V_{AC(\mathrm{min})}$：入力電圧の最小値［V_{RMS}］，η：効率，γ：リプル含有率

コイルに流れる電流のピーク値I_{peak}［A_{peak}］は次式で求まります．

$$I_{peak} = \sqrt{2}\, I_{in} + I_{in}\, \gamma / 2 \quad (5)$$

実際には，過電流と入力電圧範囲を考慮して，ピーク電流値の1.3～1.5倍を設計値とします．

必要なインダクタンスL_Pは次式で求まります．

$$L_P = \frac{V_{AC(\min)}{}^2 \{V_{out} - \sqrt{2}\, V_{AC(\min)}\}\, \eta}{\gamma f_{SW} P_{out} V_{out}} \cdots\cdots (6)$$

ただし，V_{out}：出力電圧［W］，P_{out}：最大出力電力［W］，f_{SW}：スイッチング周波数［kHz］，η：効率

▶計算例

入力電流I_{in}は，出力電力P_{out} = 125 W，入力電圧$V_{AC(\min)}$ = 85 V_{RMS}，効率η = 0.9，リプル含有率γ = 0.2とすると，

$$I_{in} = \frac{170}{85 \times 0.9} \fallingdotseq 1.63\ \mathrm{A}$$

コイルに流れる電流のピーク値I_{peak}［A_{peak}］は，

$$I_{peak} = \sqrt{2} \times 1.63 + 1.63 \times 0.2/2 = 2.47\ \mathrm{A_{peak}}$$

設計値はこれを1.3倍して，

$$2.47\ \mathrm{A} \times 1.3 = 3.21\ \mathrm{A}$$

となります．

またf_{SW} = 100 kHz，V_{out} = 380 Vとすると，

$$L_P = \frac{85^2 (380 - \sqrt{2} \times 85) \times 0.9}{0.2 \times 100000 \times 115 \times 380} \fallingdotseq 1.9\ \mathrm{mH}$$

以上から，電流値が3.21 Aで，インダクタンスが1.9 mHのチョーク・コイルが必要なことがわかります．

コア損失の求めかたと巻き線の選びかた

● コアの損失

PFC用のチョーク・コイルに加わる電圧は正弦波状なので，コア損失(鉄損)は，フォワード・コンバータのように簡単には求まりませんが，考えかたは同じです．

図5に示すのは，PFCのチョーク・コイルの磁束密度の変化のようすです．入力電圧は100 V_{RMS}，スイッチング周波数は100 kHz，出力電圧は350 V_{DC}，コアはPC47PQ20/20(実効断面積62 mm^2，実効体積2790 mm^3)，巻き数は55ターン，インダクタンスは500 μHです．

このときのΔBの平均値は約160 mTです．**図6**に示すのは，PC47材のコア損失の特性です．この図からB = 160 mTのときのコア損失は100 kW/m^3です．実効体積(2790 mm^3)から換算すると，PC47PQ20/20のコア損失は0.28Wです．

このようにPFC用のチョーク・コイルは鉄損が小さくありません．特にアモルファス・コアを使う場合は，コア損失の小さなものを選ぶ必要があり，しかもできるだけΔBを小さくして使います．

● 巻き線の選びかた

PFC用のチョーク・コイルには，大きなインダクタンスが要求されます．さらにピーク電流が大きいため，コアには大きなギャップが必要です．

臨界モード型PFCの場合，そのチョーク・コイルにはパルス状の電流が流れるため，巻き線の損失は直流抵抗によるものだけではなく，高周波抵抗によるものも考慮しなければなりません．高周波抵抗は，ギャップが大きいと表皮効果や近接効果の影響で増加します(表皮効果と近接効果については第2章を参照)．

図7に示すのは，リッツ線(φ0.06，80本撚(よ)り)と単線(φ0.2)の高周波抵抗の実測値です．100 kHzのときの抵抗値は，リッツ線が400 mΩ，単線が7 Ωです．単線はとても大きな抵抗値を示すので，発熱が大きくなります．

フェライト・コアを使ってPFC用のチョーク・コイルを作る場合は，高周波抵抗が小さい線材を使うことを勧めます．

写真1に，単線，撚り線，リッツ線の外観を示します．単線は1本の銅線です．撚り線は絶縁されていない線径の小さい線材を複数束ねたものです．リッツ線は絶縁された細い線材を複数束ねたものです．撚り線はほどけた状態になっていると，高周波抵抗が小さくなら

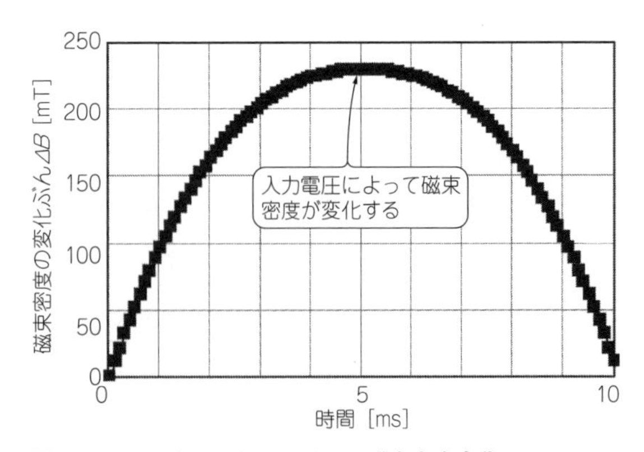

図5　PFCのチョーク・コイルの磁束密度変化

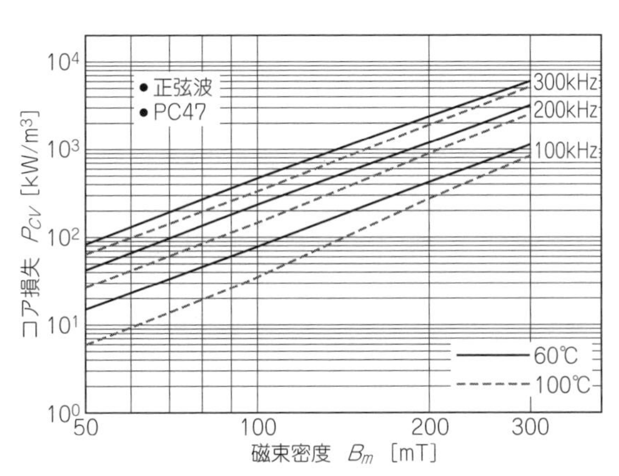

図6　PC44材の磁束密度-コア損失特性

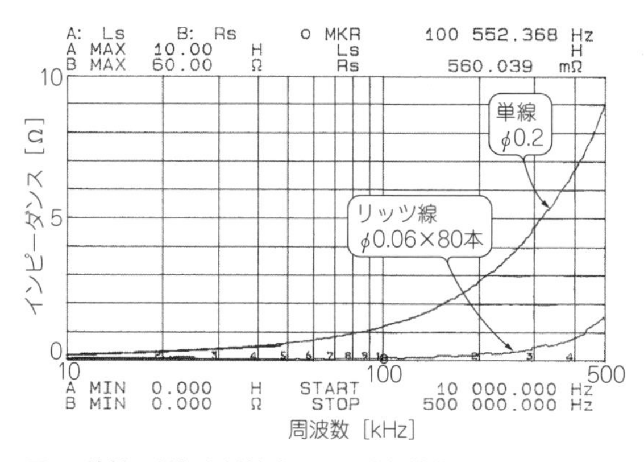

図7 線材の種類と抵抗成分の周波数特性

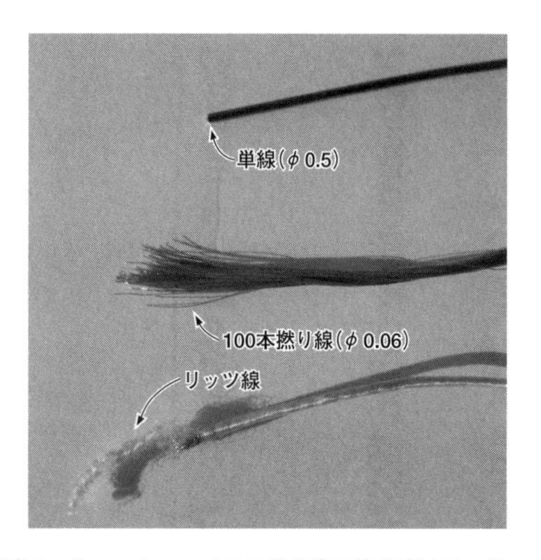

写真1 チョーク・コイルの巻き線に使う線材のいろいろ

ない傾向があります．確実に高周波抵抗を下げたい場合は，USTC線を使うほうがよいでしょう．

チョーク・コイルの設計事例

● 目標仕様

下記の条件で実際に，チョーク・コイルを設計してみます．

- 入力電圧：AC 85～265V_{RMS}
- 出力電圧：380 V
- 出力電力：170 W
- スイッチング周波数：100 kHz
- 動作モード：連続
- 効率：90%
- リプル含有率：0.2

● コアを選ぶ

最初にチョーク・コイルに流れる電流の最大ピーク値と必要なインダクタンスを算出し，コア・サイズを決定します．

▶ピーク電流を求める

式(1)から入力電流を求めます．

$$I_{in} = \frac{125}{85 \times 0.9} \fallingdotseq 2.2\text{A}$$

チョーク・コイルに流れる電流のピーク値は式(2)から，

$$I_{peak} = \sqrt{2} \times 2.2 + 2.2 \times 0.7 = 3.88\ \text{A}_{\text{peak}}$$

となります．設計値は，過電流点などを考慮して1.3倍し，

$$3.88\ \text{A} \times 1.3 \fallingdotseq 5.07\ \text{A}$$

とします．

▶インダクタンスを求める

PFCの最低動作入力電圧を75 V_{RMS}，スイッチング周波数を100 kHz，出力電圧を380 Vとすると，式(6)から，

$$L_P = \frac{75^2 \times (380 - \sqrt{2} \times 75) \times 0.9}{0.2 \times 100000 \times 170 \times 380} \fallingdotseq 1073\ \mu\text{H}$$

となります．

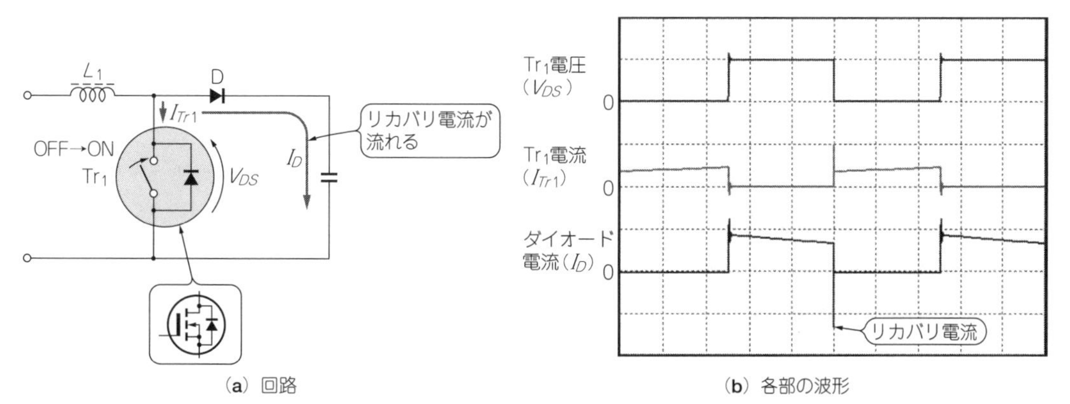

図8 スイッチング素子がOFFからONするときダイオードのカソードからアノードに向かって電流(リカバリ電流)が流れる

13 PFC用チョーク・コイルの設計

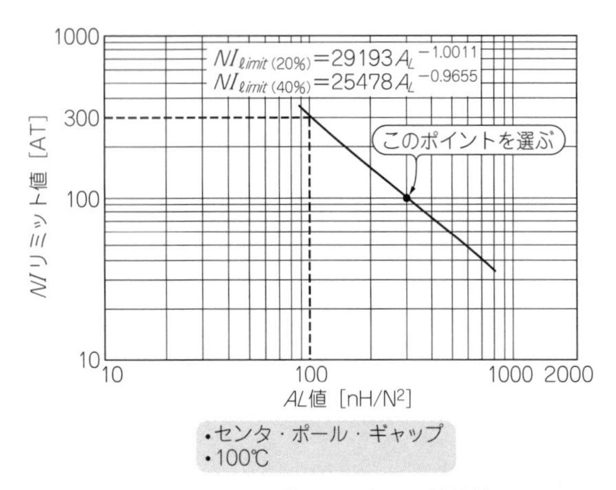

図9 PC90EER28LのAL値-NIリミット値特性

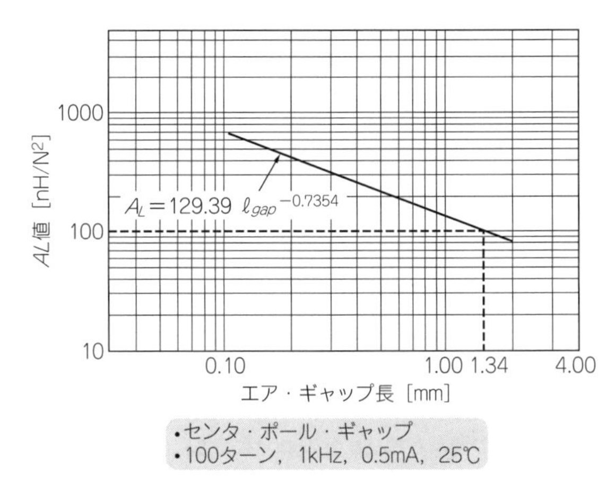

図10 PC90EER28Lのエア・ギャップ長-AL値特性

＊

以上から電流値は5.07 Aで，インダクタンスが1073 μHのチョーク・コイルが必要なことがわかります．

● リプル含有率を見直してインダクタンスを小さくする

PFCの整流ダイオードには高耐圧品が必要ですが，高耐圧のダイオードはリカバリ特性が悪い傾向があります．**図8**に示すように，ダイオードのリカバリ特性が悪いと，スイッチング素子Tr_1がOFFからONした直後に，ダイオードのカソード→アノード→Tr_1のドレイン→ソースという経路で大きな電流が流れて，Tr_1のスイッチング損失が増大します．

このリカバリ電流による効率悪化は，**チョーク・コイルL_1のインダクタンスをできるだけ小さくして，Tr_1がONする直前のダイオードに流れる電流を小さくすれば軽減できます**．

フェライト・コアを使って上記の計算で得られた1073 μHのインダクタンスをもつチョーク・コイルを実現するのは簡単ではありません．そこで実際のPFCでは，インダクタンスをできるだけ小さくしています．

具体的には，**リプル含有率 γ を0.5以上に設定します**．例えば γ を0.6に設定すると，インダクタンスは，

$$L_P=\frac{75^2\times(380-\sqrt{2}\times 75)\times 0.9}{0.6\times 100000\times 170\times 380}\fallingdotseq 358\ \mu\text{H}$$

となります．

臨界モードでは，チョーク・コイルの電流が0 Aになるため，リカバリの影響を受けませんが，電流のピーク電流が大きいため実効電流が大きく，スイッチング素子がONしているときの損失やコイルの銅損が大きくなります．

電力	コア形状	
50W	EER25.5	PQ20/16
100W	EER28	PQ20/20
150W	EER28L	PQ26/20
300W	EER35	PQ35/35

注▶スイッチング周波数100kHz

表2 PFCのチョーク・コイルに使うコア形状と出力電力の目安

● コアを選ぶ

磁束密度の変化が少なければ，エリア・プロダクト(第6章にて説明)を利用できます．しかしPFC用のチョーク・コイルは，磁束密度の変化が大きく，表皮効果の影響で銅損も大きいため利用することができません．巻き線の仕様を決定するためには試行錯誤が必要です．

表2に，市販のPFC用チョーク・コイルのコア形状と扱える電力の大きさをまとめました．この表を参照して，PC90EER28L(TDK)を選びます．

図9から，このコアの特性値として，A_L = 300 nH/N^{2}のときのNIリミット値(100 AT)を読み取ります．この値を利用して，磁束密度Bとコアの実効断面積の積BAを求めます．

$$BA=300\times 10^{-9}\times 100=3.0\times 10^{-5}$$

となります．L = 374 μH，I = 5.04 Aとすると，

$$N=\frac{374\times 10^{-6}\times 5.04}{3.0\times 10^{-5}}\fallingdotseq 60\ \text{ターン}$$

と求まります．AL値は，

$$A_L=\frac{L}{N^2}=\frac{374\times 10^{-6}}{60^2}\fallingdotseq 99.4\ \text{nH/N}^2$$

図9からNIリミット値は300 ATです．不飽和電流I_{unsat}は，

$$I_{unsat}=300/60=5.00\ \text{A}$$

となります．

図10から，必要なエア・ギャップ長は1.34 mm(センタ・ギャップの場合)です．線材には，高周波抵抗を考慮して ϕ0.1，100本のリッツ線を選択します．

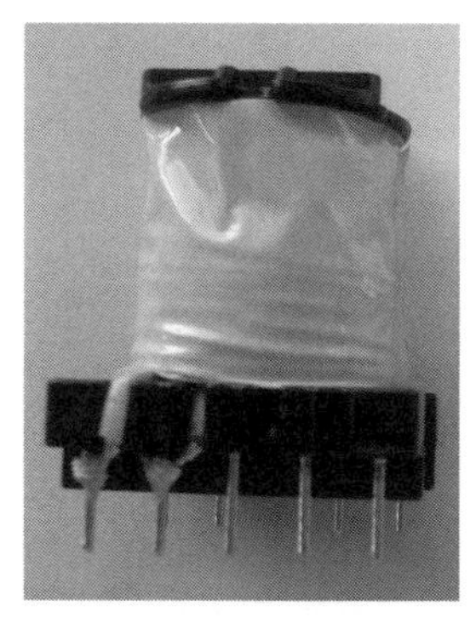

(a) コア装着前

(b) コア装着後

写真2　試作したチョーク・コイルの外観

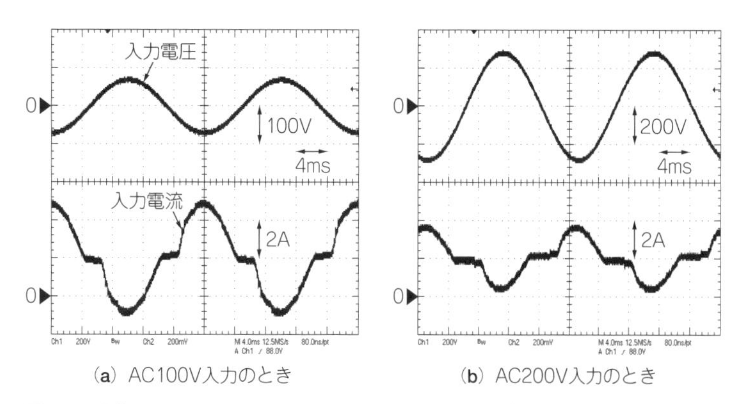

(a) AC100V入力のとき　　(b) AC200V入力のとき

図11　試作したチョーク・コイルを組み込んだPFC(図1)の入力電流と入力電圧波形(4ms/div.)

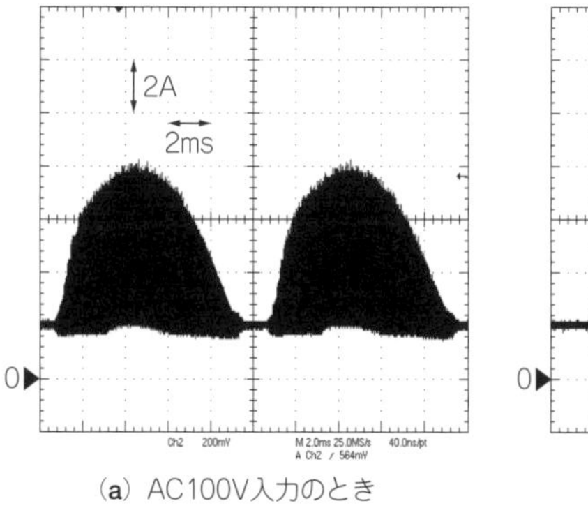

(a) AC100V入力のとき　　(b) AC200V入力のとき

図12　試作したチョーク・コイルに流れる電流波形(2ms/div.)

製作と特性評価

● チョーク・コイルの製作

巻き線の仕様を下記に示します.

- コア：PC90EER28L
- ボビン：BEER 28
- 1次側巻き線P_1：1-UEW, ϕ0.06, 100本撚りのリッツ線, 60.5ターン
- 2次側巻き線P_2：1-UEW, ϕ0.4, 3ターン
- 3次側巻き線P_3：1-UEW, ϕ0.4, 4ターン

試作したチョーク・コイルの外観を**写真2**に示します. インダクタンスは350 μH, 直流抵抗は180 mΩです.

● 動作を確認する

試作品を実機(**写真3**)に実装して, 下記の特性を確認しました.

- 巻き線とコアの温度
- 飽和の確認
- 各部の波形

図11に示すのは, 入力電流と入力電圧の波形です. 入力電流は入力電圧と同位相です.

写真3　試作したチョーク・コイルをPFCに実装したところ

図12に示すのは, チョーク・コイルに流れる電流です. 高周波でスイッチングしているのがわかります. 包絡線は入力電圧の波形と相似です.

図13と**図14**に示すのは, スイッチング素子Tr_1のドレイン-ソース間電圧(V_{DS})とドレイン電流(I_{Tr1})です. この波形からコアの飽和の状態を確認します.

● 温度上昇の確認

入力100 V, 出力電圧380 V, 出力電流0.45 Aとい

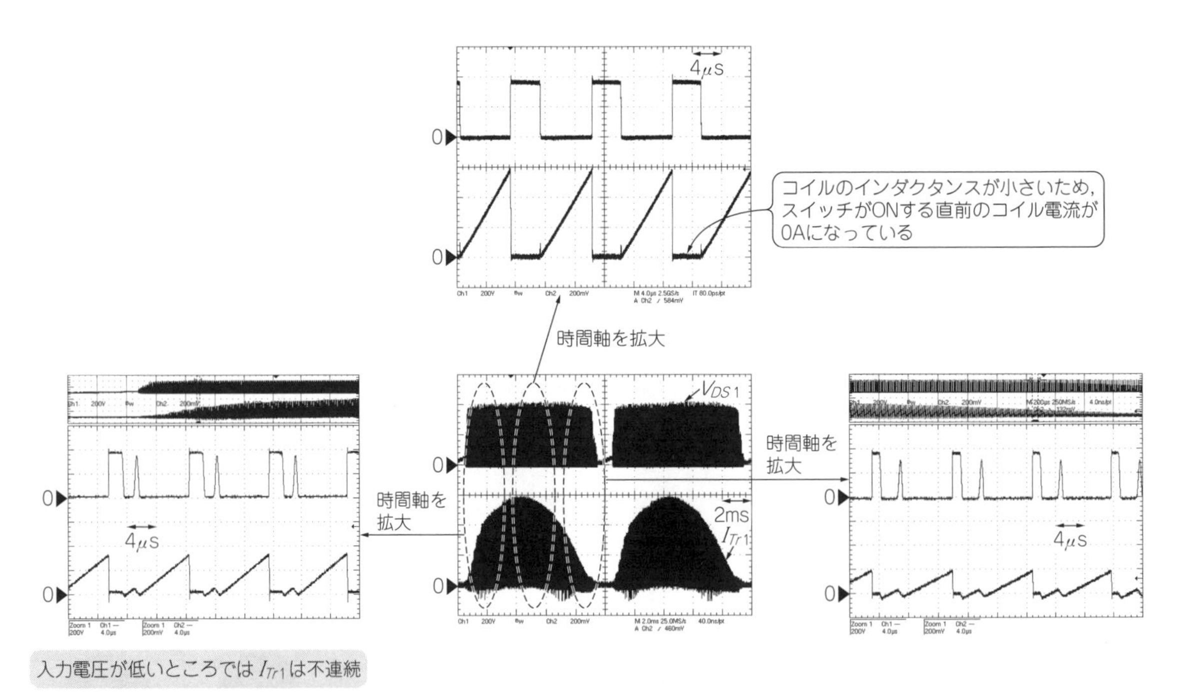

図13　入力電圧が100V_{RMS}のときのスイッチング素子Tr_1のドレイン-ソース間電圧とドレイン電流(200V/div., 1A/div.)

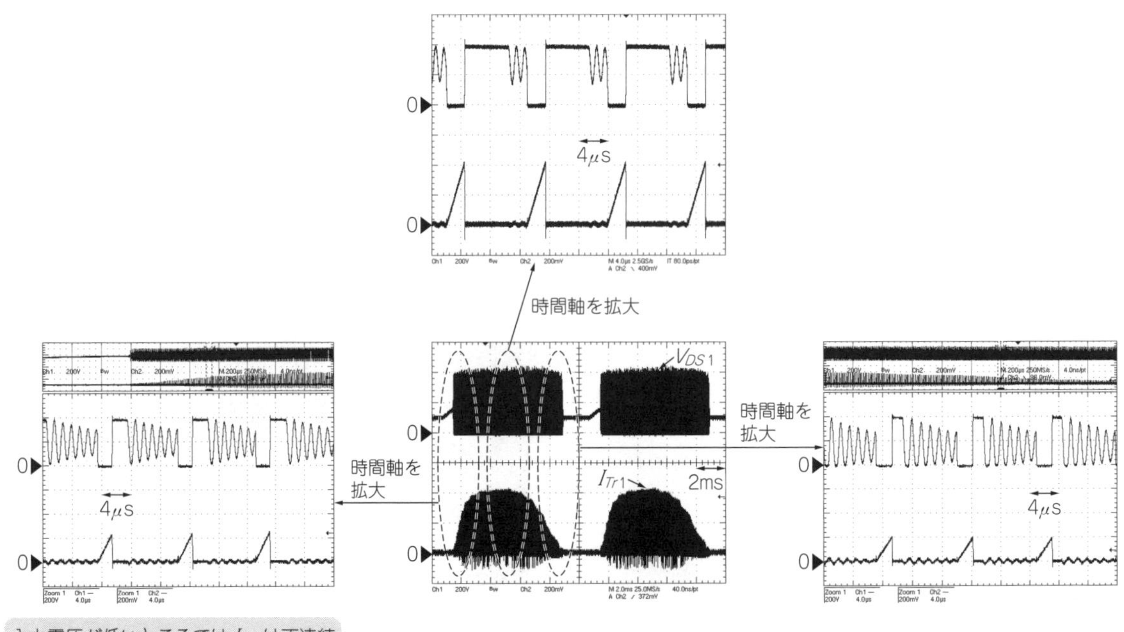

図14　入力電圧が200V_{RMS}のときのスイッチング素子Tr_1のドレイン-ソース間電圧とドレイン電流(200V/div., 1A/div.)

う条件で動作させたときの巻き線の温度上昇は45.4℃で，合格基準(60℃)以下でした．ただし，巻き線の安全規格上のグレードをB種とします．

温度規格を満たさないか，コアが飽和する場合は，巻き線の線径や巻き数を見直します．

◆参考文献◆

(1) フェライト・コアカタログ，TDK㈱.
(2) 長谷川 彰；スイッチング・レギュレータ設計ノウハウ，CQ出版社.
(3) 富士電機デバイステクノロジ，電源用ICデータブック.

コラム　PFCインダクタの小型化

数キロ・ワットの電源ではスイッチング周波数が20 kHz以下になっています．スイッチング周波数が20 kHz以下では，フェライトを使ったインダクタだとサイズが大きくなってしまい，装置の大型化を招いてしまいます．

スイッチング素子にSiCやGaNが使われはじめると，スイッチング周波数を50 kHz以上に上げることも可能となってきます．周波数が上がると珪素鋼板やセンダストだと鉄損が大きくなりますが，低損失のコア材，たとえばフェライトを使うことで鉄損を下げることができます．

図Aに電力500 W時，フェライトを使った場合のインダクタの大きさを示します．スイッチング周波数が20 kHzから100 kHzになるとインダクタの体積を1/3にすることができ，インダクタの小型化が可能になります．

また，フェライトではコアの飽和による急激なインダクタンスの低下が問題となりますが，大型のコアに巻くと巻き線の空芯部の直径が大きくなり，コアが飽和すると空芯コイルとして動作します．コア飽和時はインダクタンスが小さくなりますが，空芯のインダクタンスが存在することによって，ある程度インダクタンスが残ることになり，磁気飽和によってインダクタンスが小さくなりすぎるようなことはなくなります．

図Bに直流重畳特性を示します．コアが飽和してインダクタンスが低下しても，初期値の半分の低下で収まっていることがわかります．この特性を利用することで，金属材料のようなソフト・サチュレーションを得られるので，素子の破壊防止に役立てることができます．

〈下蔵 良信〉

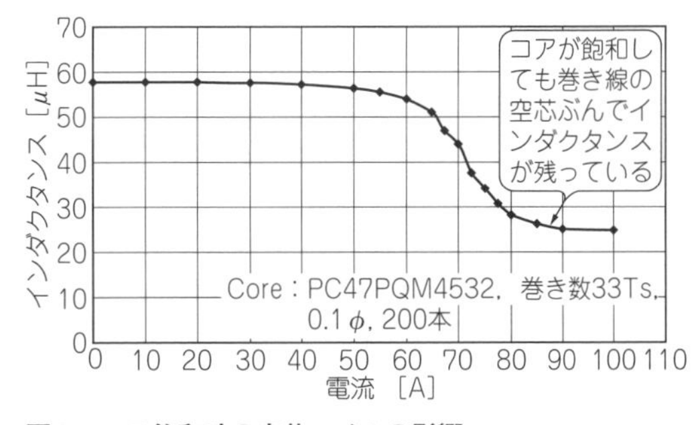

図B　コア飽和時の空芯コイルの影響

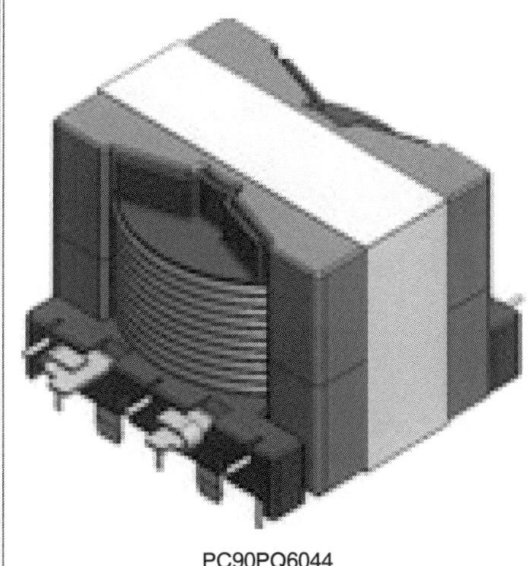

PC90PQ6044
L60×W70×H43［mm］
(a)周波数20 kHz

PC90PQM4532
L40×W47×H48［mm］
(b)周波数50 kHz

PC90PQM4124
L32×W42×H43.5［mm］
(c)周波数100 kHz

図A　出力電力500 W時のインダクタの大きさ

第14章 トランスの設計が決め手となる

LLC共振コンバータ方式によるスイッチング電源の設計

下蔵 良信
Yoshinobu Shimokura

スイッチング電源で一番最初に実用化された共振方式は電流共振です．発表当時は専用のICもなく，設計手法も確立されていませんでした．その後，液晶テレビの薄型化が進み，低ノイズ/高効率の特長をもったLLC共振電源が採用されました．

LLC共振電源は電源部の薄型化を促進し，テレビの薄型化に大きく貢献したと言えます．この普及に伴ってICメーカもさまざまな制御ICを発表するようになり，回路が組みやすくなったため幅広く採用される方式となってきています．

LLC共振コンバータの概要

● トランスの設計が重要

表1に，スイッチング電源のおもな用途と代表的な回路方式を示します．電力が小さい領域ではフライバック方式が主流ですが，大電力/高電圧出力になるとLLC共振回路が採用されてきています．

机上計算で共振電源を設計するのは難しいのですが，最近では回路シミュレーションが簡単に使えるようになってきています．動作の確認をシミュレーションで行うことができ，共振電源の設計を容易にしています．しかし，キーとなるトランスの設計はノウハウが必要であり，トランスの設計によってうまく動作するかどうかが決まります．

LLC共振回路は電圧，電流ともに共振動作を行うため，ゼロ・ボルト・スイッチング(ZVS)，ゼロ・カレント・スイッチング(ZCS)で動作し，高効率/低ノイズが可能な方式で，以下に述べる特徴があります．注意点としては入力電圧範囲が狭い，軽負荷時でも共振電流が流れるため効率の低下を招いたり，共振条件が外れると破損する可能性があります．

表1　スイッチング電源の用途と代表的な回路例
電力が大きく出力電圧が高い市場でLLC共振回路が主流になりつつある

用途	電力	回路方式
産業機器	50 W ～ 3 kW	フォワード・コンバータ
アダプタ	5 ～ 90 W	フライバック・コンバータ
家電製品	15 ～ 30 W	
LED照明	30 W	
OA製品	50 W	
LED照明	200 W	LLC共振コンバータ
薄型TV	100 ～ 300 W	
サーバ	500 W ～ 2 kW	
OBC	1 k ～ 5 kW	
プリンタ	240 ～ 500 W	
アダプタ	240 W	

● LLC共振電源の特長

▶①ZVS, ZCS動作のためスイッチング・ロスが小さい

図1にLLC共振コンバータとフライバック・コンバータの比較を示します．**図1**(**b**)で，フライバックはスイッチの電流/電圧の重なりがあり，スイッチングロスが発生しています．しかし，LLC共振は重なりがなく，スイッチング・ロスが小さくなっています．高周波になるとスイッチング・ロスは周波数に比例して増加するので，スイッチング・ロスの少ないLLC共振は高周波化に適していると言えます．

▶②半導体の耐圧が低く抑えられる

フライバックのメイン・スイッチの耐圧は，

入力電圧＋出力電圧の巻き数比＋スパイク電圧

以上の耐圧が必要で，AC 200 Vの入力電圧の場合，最低600 Vの耐圧が必要になります．整流ダイオードは，

入力電圧の巻き数比＋スパイク電圧

以上の耐圧が必要になります．

それに対して，LLC共振のメイン・スイッチは入力電圧，整流ダイオードは出力電圧で決まり，フライバックに対して耐圧の低い素子(低オン抵抗，低V_F)を使うことができるため，半導体の損失が小さくなり，電源の小型化が図れます．

▶③トランスの1次-2次浮遊容量を小さくできノイズが伝わりにくく，電流/電圧のリンギングが少なくノイズの発生を抑えられる

フライバックはリーケージをできるだけ小さく抑えるためにトランスの結合を良くしていますが，1次-2次浮遊容量が大きくなります．LLC共振は逆にリー

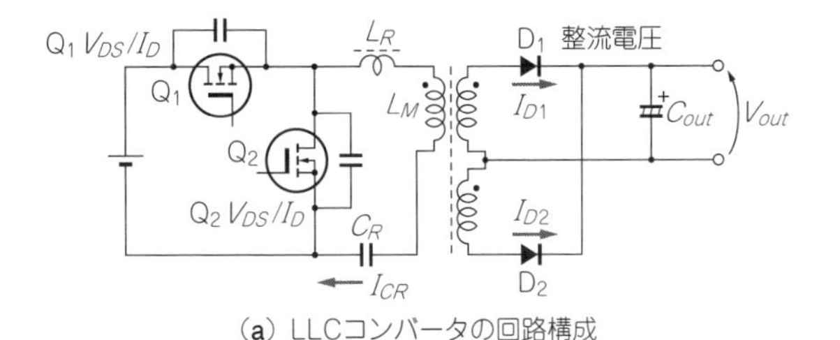

(a) LLCコンバータの回路構成

(b) フライバック・コンバータの回路構成

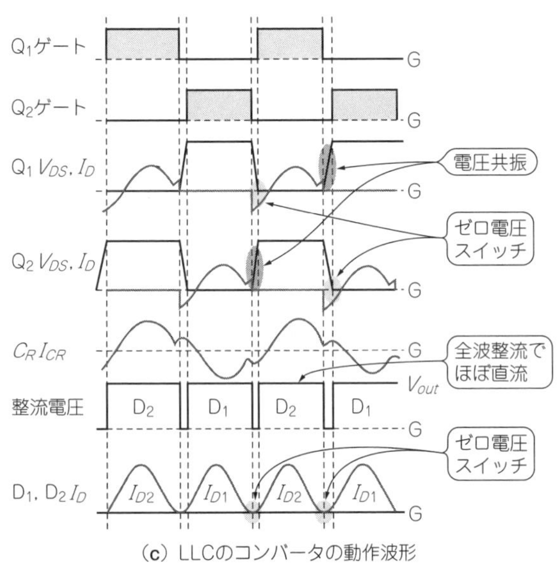

(c) LLCのコンバータの動作波形

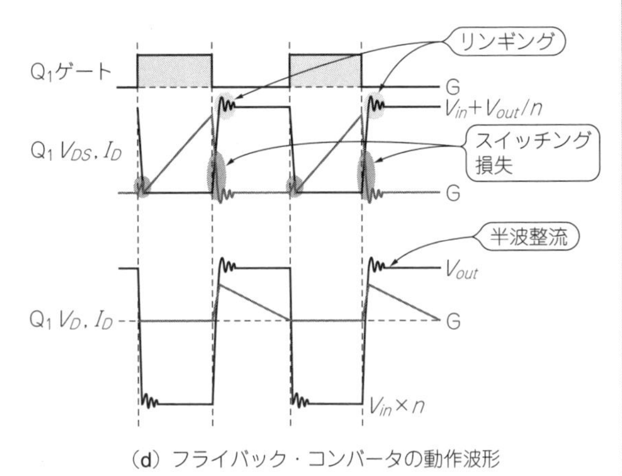

(d) フライバック・コンバータの動作波形

図1　回路構成と動作波形の比較

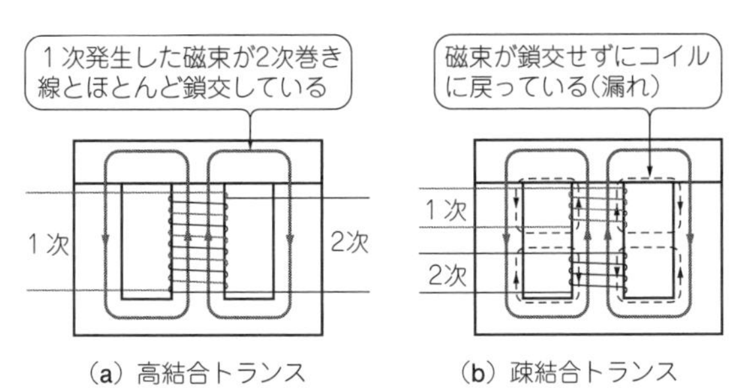

(a) 高結合トランス　(b) 疎結合トランス

図2　漏れ磁束の大きい構造
LLC共振トランスは疎結合の構造を利用して漏れインダクタンスを大きくしている

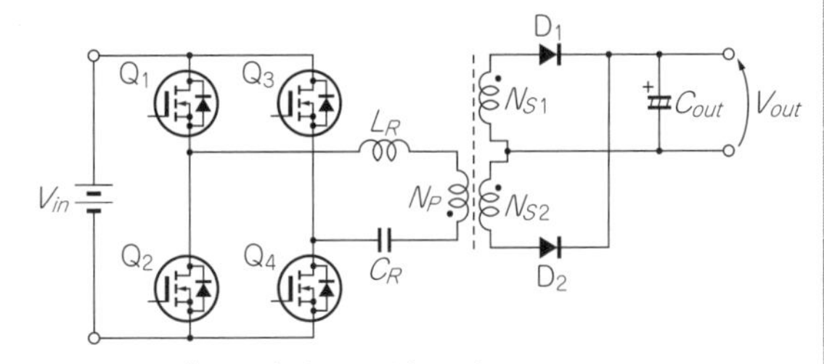

図3　フルブリッジ型LLC共振回路
フルブリッジにするとトランスの利用効率が上がり大電力に対応できる

ケージを使って共振動作をしているため，トランスの結合を落として所定のインダクタンスを得ています．

1次-2次浮遊容量が小さいと，トランスを通して伝わるノイズを小さくできます．また，**図1**の波形からもわかるとおり，フライバックは電流/電圧のリンギングがあるのに対し，LLC共振はリンギングの発生が少なく，ノイズを出しにくい回路になっています．

▶④クロス・レギュレーションが良い

LLC共振はダイオード整流後の電圧がほぼ直流となり，トランスの巻き数比で決まる電圧が出力されます．1つのトランスで複数の出力を取る場合，安定した電圧が得られます．それに対してフライバックは半波を整流するため，必ず出力コンデンサからの放電期間があり，リンギング電圧が大きいとレギュレーションが悪くなります．

▶⑤トランスの構造が簡単になる

フライバックはトランスの結合が悪いと漏れ磁束(リーケージ・インダクタンス)が大きくなり，リンギングの原因になったり，レギュレーションの悪化を招きます．LLC共振は結合を悪くし，漏れ磁束を大きくして共振動作に使います．結合が良いトランスは作り込みのばらつきに左右されますが，悪いトランスは作り込みによる差をあまり気にしなくてすみます．

写真1　フライバック・コンバータの基板例
安全規格への対応，ノイズ対策のため，組み立てしにくい構造となっている

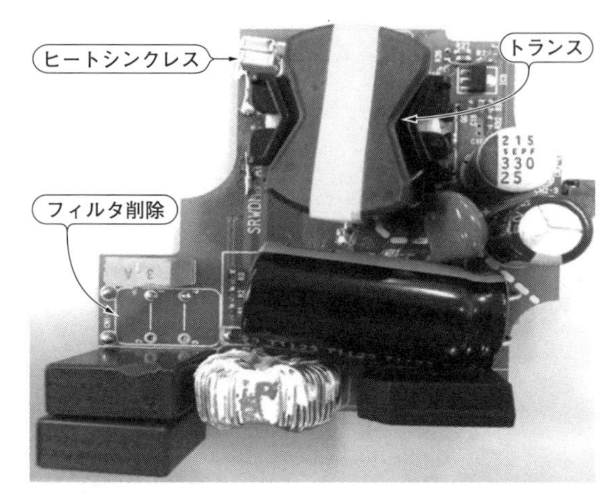

写真2　LLC共振コンバータの基板例
LLC共振回路になると構造がシンプルにできる

図2(a)は高結合トランスの例ですが，1次コイルで発生した磁束が2次コイルにすべて鎖交すれば，漏れはありません．鎖交しない磁束があると，それが漏れ磁束の原因になります．

図2(b)は疎結合トランスの例ですが，1次コイルと2次コイルを分離して，わざと鎖交する磁束を少なくしていることがわかります．

スイッチング・ロスが小さいと，高周波化による電源の小型化が可能になります．また，出力電圧が数百ボルトの場合，ダイオードのリカバリ特性が問題となりますが，2次側の整流ダイオードもZCS動作が可能となり，損失を低減することができます．

近年ではサーバ用電源，電源アダプタ，ハイブリッド自動車のオンボード・チャージャ用にも使われるようになってきています．数百ワットまではハーフ・ブリッジ型のLLC共振，数キロ・ワットはフルブリッジ型の共振回路(**図3**)が使われます．また，GaNなどの高周波動作可能な半導体も量産化され，LLC共振回路との組み合わせで数メガ・ヘルツの高周波動作が可能なスイッチング電源も可能となってきています．

LLC共振コンバータの主な利点

● 小型化できる

写真1に，市販されている65 W ACアダプタの基板外観を示します．回路方式はPWM制御のフライバック・コンバータです．**写真2**に，回路方式をLLC共振にした例を示します．

フライバック・コンバータでは半導体の放熱が必要でしたが，LLCでは基板に直接SMD実装するだけで温度対策が満足できます．また，ノイズ対策用の部品が削減でき，部品の実装も楽になっています．

● ノイズ対策が容易

図4に端子雑音データを示します．部品(ライン・フィルタ，サージ・アブソーバ)を削減しても規格を十分にクリヤできています．通常のハード・スイッチングに比べてノイズの発生が少ないうえに，トランスの浮遊容量による影響も小さくなり，EMIが小さくなっています．

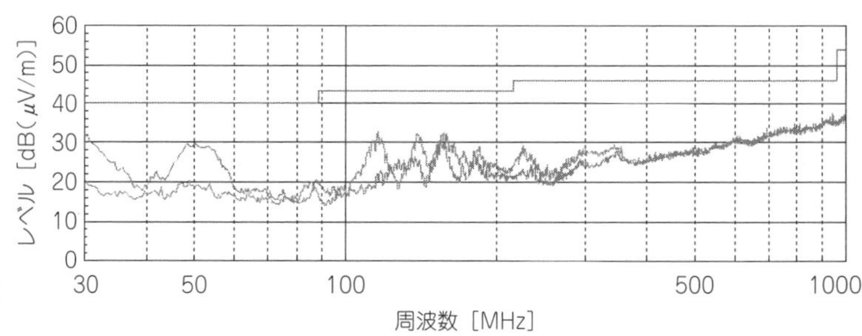

図4　LLCコンバータの端子雑音特性
回路動作上，ノイズが発生しにくいのでEMI特性に優れている

写真3　分割巻きLLC共振トランス
カバーを使ってコアと巻き線の距離を確保

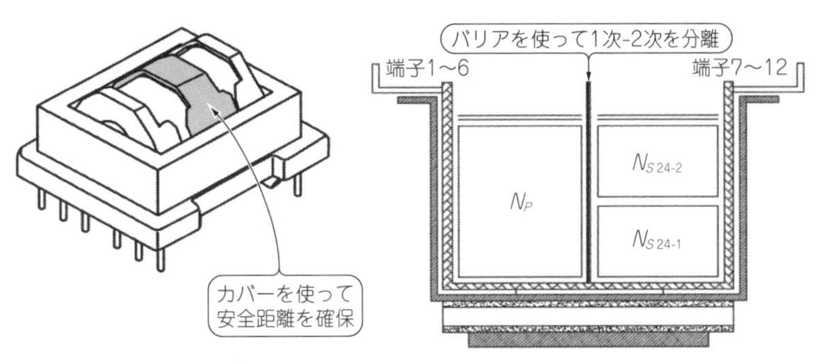

図5　セクション巻き構造
分割ボビンを使って1次巻き線と2次巻き線を分離し，疎結合のトランスを実現している

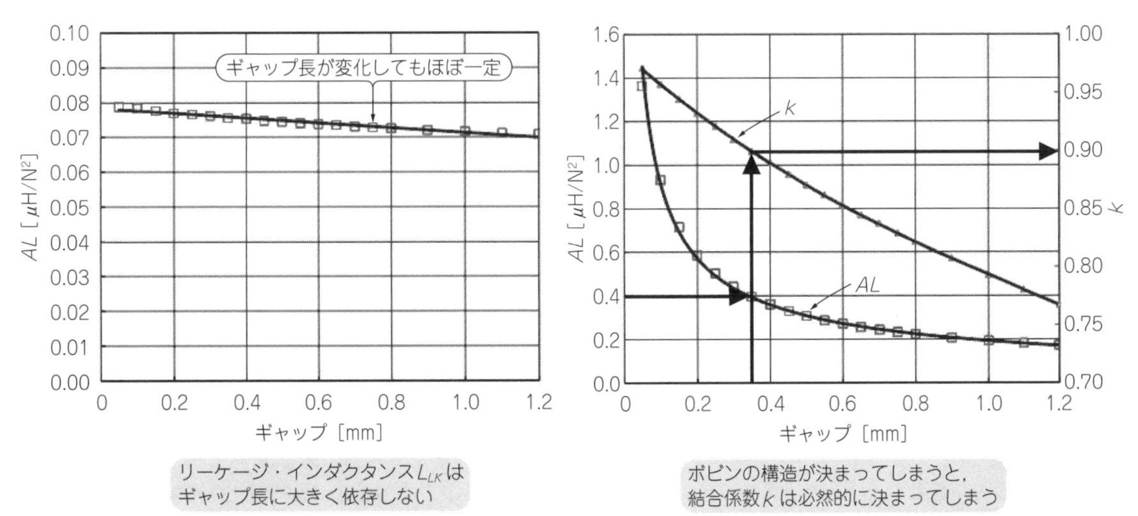

図6　セクション巻き線のコア・ギャップ対*AL/k*特性例(SRX35：計算値)

LLC共振用トランスの主な特徴

● 分割ボビンが一般的

写真3に一般的な共振用トランスを示します．共振用のインダクタンスをトランス内部にもたせるために分割ボビンを使います(**図5**)．バリア・テープを使わずに，なるべく小さなトランスを実現するにはカバーを使う必要があります．カバーを使うことで，1次-2次，およびコア，巻き線絡げ部の距離を確保しています．

また，高周波での動作，漏れ磁束の影響によりワイヤは撚線(リッツ線)が適しています．

● 共振トランスの性質

図5のように1次巻き線と2次巻き線が分離した構造にし，意図的に結合を悪くして漏れインダクタンスを多くしています(**図2**)．

自己インダクタンスはコア・ギャップによって大きく値が変化します．しかし，漏れインダクタンスはコアのギャップの変化に対してあまり変化しません［**図6(a)**］．よって，ギャップでインダクタンスを調整する場合は，自己インダクタンスは調整できても漏れインダクタンスはわずかに変化するだけとなります．これは，結合係数kで見るとギャップに対してkはほぼ反比例に変化します．

漏れインダクタンスを調整するには1次巻き線と2次巻き線の距離を調整することになります．この距離は，安全規格上の沿面距離を最低限満足するぶんは取る必要があります．この1次-2次間の距離の設定で結合係数kが決まってしまうことになり，共振用インダクタンスを内蔵したタイプのトランス設計を行う場合は前もって**図6(b)**のようなALとkの関係を把握することがポイントになります．この関係図がないとトランスの設計ができないと言えます．

図6はSRX35タイプにおける特性例です．例えば，ALを0.4とした場合，ギャップは0.35 mmになり，kは0.9になります．巻き数は，磁束密度や出力電圧比などの制限である程度決まってしまいます．巻き数が決まると漏れインダクタンスはkで決まる値で決められ，前述のとおり，ギャップを変えてもほぼ一定になるの

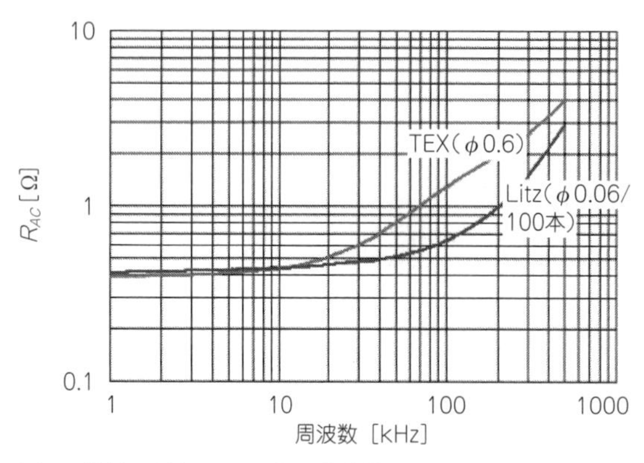

図7　線材の種類による高周波抵抗
漏洩磁束の影響による交流抵抗の増加を抑えるためにリッツ線の使用が必須．さらに，扁平な巻き枠でも撚り崩れが起きないUSTC線の使用が効果的

で大きく変えることはできません(例えば，SRX35であれば約75 nH/n^2).

この点が，共振インダクタを外付けにする場合との大きな差になります．ICメーカの設計資料では共振用のインダクタンスを独立として考えている場合が多く，リーケージを内蔵させるトランスでは達成不可能な場合があります．

● ワイヤは撚り線

巻き線は流れる電流のAC成分が多いうえ，さらに漏れ磁束の中に巻き線しますので，表皮効果や渦電流による損失が大きくなります．それらの損失を下げるために撚り線(リッツ線)が使われます．

φ0.1 mm以下の素線が一般的です．普通に撚っただけの線材のほか，撚り線を糸で巻きつけたUSTC線も多く使われます．これを使うと巻きほぐれがないので，巻き線時の巻き崩れによる弊害を防ぐことができます．

図7に交流抵抗の例を示します．単線と撚り線との比較で，100 kHz/1 kHzで見た場合，単線3.75倍，撚り線1.6倍となり，銅損で2倍以上の差となります．

また，2次側の整流方式で**図8**のようにセンタ・タップを使うことが多く，2次巻き線間の結合が均等でないと2次巻き線間のアンバランスを生じる場合があります．

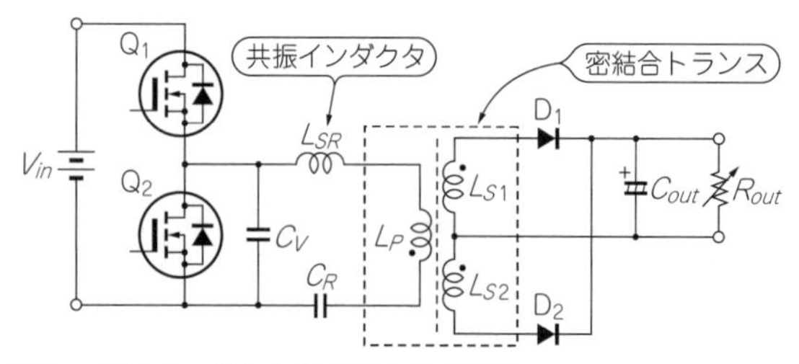

図9　共振インダクタ分離型の基本回路
共振インダクタを外付けする場合は密結合のトランスを使う

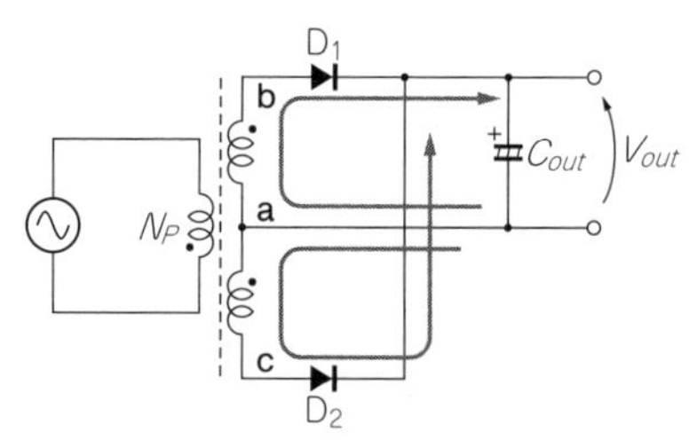

図8　センタ・タップ
トランスの2次側巻き線のaを中心(センタ)に両側に巻き線した接続

LLC共振コンバータの基本動作

● 基本回路

LLC共振コンバータは，直列共振コンバータ(SRC)の一種です．制御には周波数変調制御(SFM)を用います．主にハーフ・ブリッジで駆動され，コアの利用率が高いため(第1象限と第3象限で動作)，小型化には低ロスのコア材質が推奨されます．

LLC共振コンバータは，PWM方式に比べて入力電圧範囲が狭いので，通常は前段にPFCを設置して入力電圧を安定化することを推奨します．しかし近年，AC平滑入力に対応した制御ICも提唱されています．この場合には，広い入力電圧範囲に対応したトランス設計がキーになります．

LLC共振電源用のトランス構成としては，共振インダクタ＋密結合トランスで構成する方法(**図9**)と，漏れ磁束トランスを用いる方法(**図10**)があります．

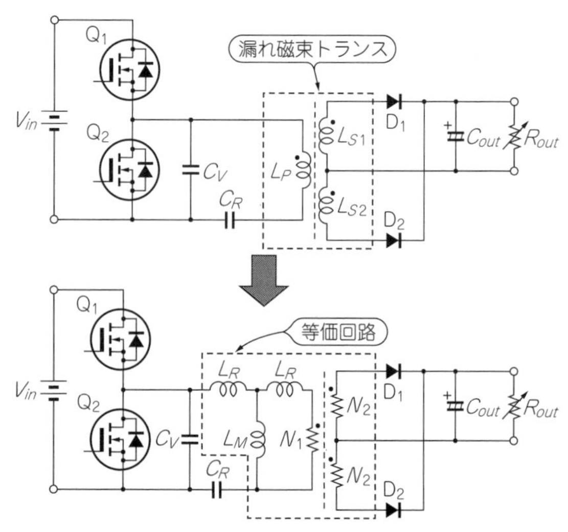

図10　漏れ磁束トランス型の基本回路
等価回路上の漏れインダクタンスL_Rを共振用インダクタとして使う

一般には，共振インダクタが不要になる後者のほうがよく使われています．

図10の等価回路で，次式が成り立ちます．

$L_P = L_R + L_M$
$L_R = (1-k)L_P$
$L_M = kL_P$
L_P：1次インダクタンス
L_M：励磁インダクタンス
L_R：漏れインダクタンス
k：結合係数

● LLC共振コンバータ用の漏れ磁束トランス

漏れインダクタンスを意図的に大きくし，かつ値を規格化したトランスで，N_PとN_Sを物理的に離すことでこの特性を実現しています．

まず，2次側をすべてショートしたときの1次側インダクタンスを共振インダクタンスL_{LK}とします．

巻き線構造としては，1次側と2次側間に壁を設けて分離してセクション巻きとします．これにより結合を弱めています．共振インダクタンスをL_{LK}，1次インダクタンスL_P，結合係数kとすると，下式が成立します．

$L_{LK} = L_P(1-k^2)$
$L_P = AL\ N_P{}^2$

ALは1ターンあたりのインダクタンスで，コア・ギャップで決まります．

● LLC共振回路の出力電圧

LC共振を利用して周波数変化により出力電圧を制御します．出力電圧は基本波近似法(FHA)で近似計算することができます．近似式の展開方法については，いろいろな書籍で解説されており，本章では詳しく解説しませんので専門書を参照してください．

結果だけを示すと，以下の式になります．

$$M = \frac{1}{\sqrt{\left(\frac{1}{k}\left(1-\frac{1-k^2}{f_R{}^2}\right)\right)^2 + \left(\frac{1}{kQ}\left(f_R - \frac{1}{f_R}\right)\right)^2}}$$

$$f_R = \frac{\omega}{\omega_0}$$

$$\omega_0 = \frac{1}{\sqrt{L_{LK} C_R}},\quad \omega_S = \frac{1}{\sqrt{L_P C_R}}$$

$$Z_0 = \sqrt{\frac{L_{Lk}}{C_R}}$$

$$Q = \frac{R_{AC}}{Z_0} = \frac{8n^2}{\pi^2} \cdot \frac{R_{out}}{Z_0} \cdots\cdots (1)$$

ω_0は，漏れインダクタンスL_{LK}と共振容量C_Rとの共振角周波数です．上式をグラフ化すると図11となり，そのω_0を基準にして動作することがわかります．Qは負荷インピーダンスとLC共振回路の特性インピーダンスZ_0との比です．両者のマッチング度を表しているとも言えます．

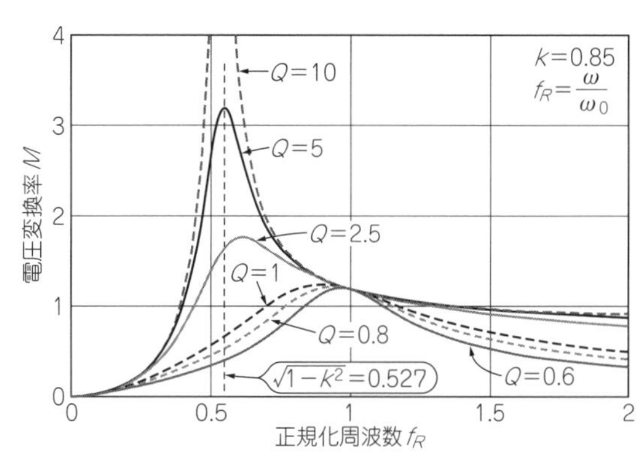

図11　LLC共振回路の正規化周波数特性
共振電源は周波数を変化させることで電圧を制御していく

負荷が軽くなると，Qが高くなり利得のピークが低域に動いていきますが，最終的には1次巻き線の自己インダクタンスL_PとC_Rとの共振周波数f_Sになります．

● 動作点と波形

トランスの巻き数比nを考慮すると，入出力電圧はMを使って下式で表されます．

$$V_{out} = \frac{MV_{in}}{2n}$$

$$f_R = 2\pi f\sqrt{L_{LK} C_R} = \frac{f}{f_0} \cdots\cdots (2)$$

これより，図11は式(1)，式(2)を使って，実動作の周波数-出力電圧のグラフに変換できます．図12に計算例を示します．このグラフの「動作点」で動作します．

● どの動作点を動かすかがポイント(3つの動作点)

図12に示すように，LLC共振コンバータは周波数によって3つの動作領域に分類できます．

このうち，C領域は励磁インダクタンスとの共振点以下の周波数で「共振はずれ」と呼ばれる領域で使えません．スイッチング素子がソフト・スイッチング動作を行うことができなくなり，ハード・スイッチング状態となったり，貫通電流が流れたりといった現象を引き起こし，スイッチング素子に多大なサージ電圧によるストレスを与え，最悪の場合はスイッチング電源装置を故障させてしまうといった不具合を引き起こす可能性があります．

したがって，AまたはB領域に動作点が来るように設計します．なお，A領域は電圧が変化しにくいので，この領域に動作点を設定する場合には注意が必要です．

A領域では，負荷電流はゼロ・クロスを除き連続的に流れます．一方，B領域は負荷電流が流れない期間

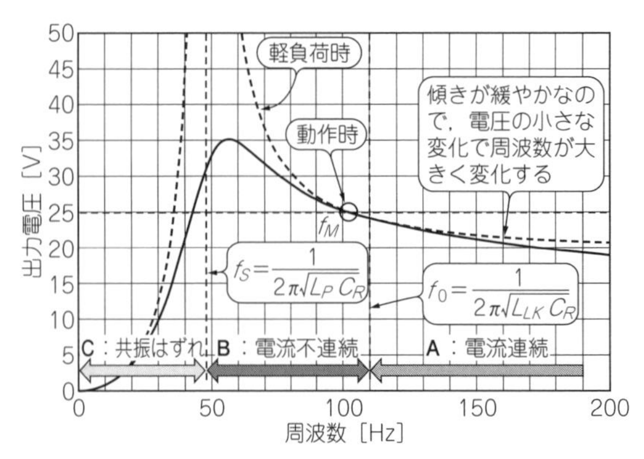

図12　周波数-出力電圧特性

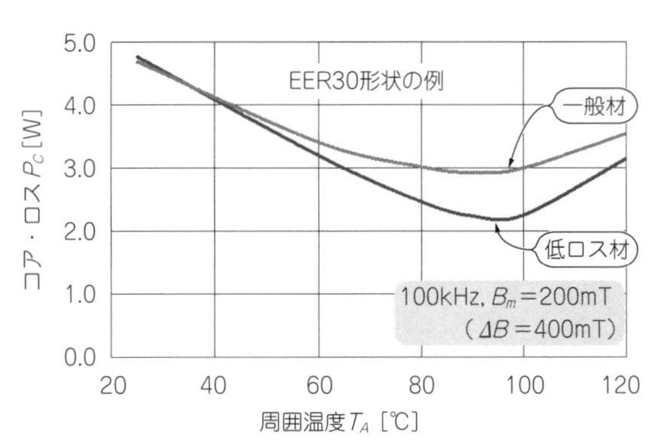

図13　コア・ロスの温度特性例
磁束密度を大きく使う場合にはコア・ロスが低い材料が適している

があります．その境界点は$f=f_0$で，ここで入力電流はほぼ正弦波になります．

一般的にはB領域かA-B境界付近で設計します．ただし，あまりf_S寄りに設定すると，負荷電流が流れない期間が増え，力率が悪くなってピーク電流が増えます．実効電流が増えますので，定常条件においてなるべくf_0側で設定したほうがよいと思われます．

入力電流を正弦波に近づけたい場合は動作点がf_0近傍になるようにします．

最終的には，入力電圧の最大最小時でも動作するようにグラフを確認しながら動作点を調整します．

● コア・ロスの小さいコアを使う

LLC共振コンバータはブリッジ系の回路ですので，2象限に渡ってコアが励磁されます．このため，コア・ロスを抑えた低ロス材の使用が小型化には有利となります．以下に，LLC共振コンバータにおけるB_mの概略計算式を示します．なお，Bの変化幅はこの2倍になります．コア・ロスはこのΔBで評価する必要があります．

$$I_{P\max}=\frac{V_{out}\,n}{4kL_P f_0}$$

$$\Delta B=2B_m$$

$$B_m=\frac{L_P I_{P\max}}{N_P A_e} \quad \cdots\cdots (3)$$

V_{out}：出力電圧
n：巻き数比
k：結合係数
L_P：1次インダクタンス
N_P：1次巻き数
A_e：実効断面積
f_0：共振周波数

図13は，一般的なパワー・フェライトとPC47に代表されるTDKの低ロス材におけるコア・ロスの温度特性です．コアの温度が80℃以上の環境下では，一般材に比べて低ロス材は20％以上の低損失を実現していますので，セットの温度低減，および小型化に貢献できます．

● PC47材の効果

低損失コア材を使うことによってトランスを小型化することができます．ただし，磁束密度を大きく振らないとメリットが出せません．推奨としては片側200 mTになります．低損失材(PC47など)を使うことで，以下の3点が達成できます．

(1)低発熱
(2)小型化
(3)低背化

以上により，電源の小型化が図れることになります．

トランスの設計方法

● 例題

以下に共振トランスの設計例を示します．電源としての仕様は，V_{in} = 350 ～ 405 V(390 V_{typ})，V_{out} = 24 V，I_{out} = 8 Aで，スイッチング周波数100 kHz付近でf_R = 1(臨界モード)になるものとします．そのほかのパラメータは，V_F = 0.65 V，k = 0.9，Q = 3，EER32形状(A_e = 86.5 mm^2)で設計するとします．

① 動作点の設定(動作点での電圧変換率Mを求める)

今回はf_R = 1なので下式になる．動作点を変えるときは，式(1)から値を求める．

$$M(f_R=1)=\frac{1}{k}$$

② 入力電圧V_{in}と出力電圧V_{out}から巻き数比nを決める

$$n=\frac{2V_{in}M}{2(V_{out}+V_F)}=\frac{390}{2\times0.9\times24.65}=8.79$$

③ 最大負荷条件から交流等価抵抗R_{AC}の計算をする

$$R_{AC}=\frac{8n^2}{\pi^2}R_L=\frac{8\times8.79^2}{3.1416^2}\times\frac{24}{8}=187.9\ [\Omega]$$

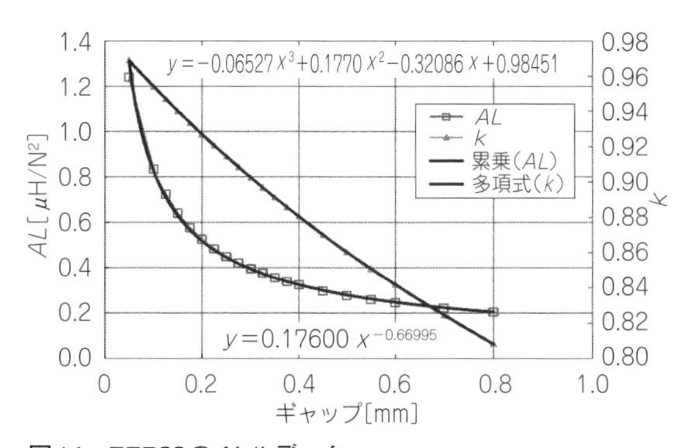

図14　EER32の*AL*/*k*データ
磁気シミュレーションを使って算出

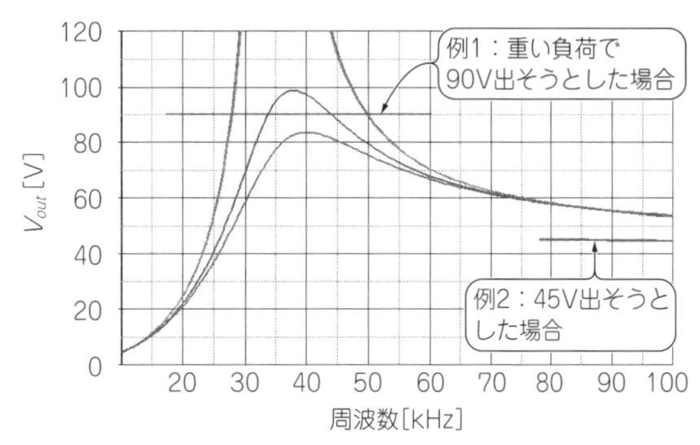

図15　AC解析確認例
出力電圧がカーブと交点をもっていないと制御はずれとなる

④ R_{AC}は特性インピーダンスZ_0のQ倍になるとしてZ_0の値を決定する

Q値の目安は**図11**を参考に設定する．これは結合係数kに依存する．2以上はあったほうがよいと思われる．今回は3とする．Qは巻き数に影響する．

$$Z_0 = \frac{R_{AC}}{Q} = \frac{187.9}{3} = 62.63\ [\Omega]$$

⑤ *CR*(共振容量)とL_{LK}(共振インダクタンス)の計算

上記Z_0と共振周波数から，L_{LK}とC_Rの値が決定される．

$$Z_0 = \sqrt{\frac{L_{Lk}}{C_R}},\ f = \frac{1}{2\pi\sqrt{L_{LK}C_R}}\ \text{より}$$

$$C_R = \frac{1}{2\pi Z_0 f}$$

$$= \frac{1}{2\pi \times 62.63 \times 100\ \text{kHz}} = 25.41[\mu\text{F}]$$

$$L_{LK} = \frac{Z_0}{2\pi f}$$

$$= \frac{62.63}{2\pi \times 100\ \text{kHz}} = 99.7[\mu\text{H}]$$

⑥ 1次インダクタンスL_Pとトランス巻き数の計算

EER32では，$k = 0.9$のとき$AL = 386\ \text{nH/n}^2$である(**図14**より)．

$$L_P = \frac{L_{LK}}{(1-k^2)} = \frac{99.7}{(1-0.9^2)} = 524.7[\mu\text{H}]$$

$$N_P = \sqrt{\frac{L_P}{AL}} = \sqrt{\frac{524.7}{0.386}} = 36.87$$

$$N_S = \frac{N_P}{n} = \frac{37}{8.79} = 4.21$$

これで1回目の計算の完了です．このあと，調整を行います．まず，小数点以下は巻けないので，切れの良い値になるようにします．巻き数が少ないN_Sが整数に近くなるようにするとよいと思います．

特性確認のため**図12**のグラフ(周波数-出力電圧特性)を作成し，さらに式(3)でコア磁束密度を概算します．ポイントは以下の点です．

- 最大入力電圧，最大/最小負荷条件にて出力が出るか
- 磁束密度が200 mTを超えてないか(PC47材使用時)．PC47よりさらに低ロス材であれば上限250 mTまで
- 動作点の確認

グラフの計算には，電圧変換率Mの式を用いて直接解くか，または回路シミュレータのAC解析を使って計算します．いずれかの方法で，AC解析のグラフは確認することを推奨します．

グラフを見て問題があれば，設計条件を修正して計算しなおします．具体的にはQ(巻き数比)とk(ギャップ)を調整します．特に電圧範囲や負荷条件が広い場合は，この手順を何度か繰り返して，最適条件に追い込んでいく必要があると思われます．

● トランスの設計が悪いとレギュレーションが取れない

図15にレギュレーションが取れない例を示します．

縦軸は出力電圧になりますが，グラフと交点が存在しない場合は，制御不能になる可能性があります．本解析はあくまでAC解析なのでDCぶんを考慮していません．最終的には回路シミュレーションで確認する必要があります．

例1では出力電圧不足となります．どこで動作するかはICによります．例2では出力電圧が高く，周波数がどんどん上がって最終的にICの保護回路が働きます．

● kの設定によっても動作点が変化

図16にkを変化させたときの正規化周波数特性を示します．kが高いほど周波数変動が大きくなり，電流不連続で動作する可能性が大きくなります．通常はkを0.85前後で設計します．

また，動作点を共振周波数より高いところに設定すると周波数変動が大きくなるので，共振点より若干低

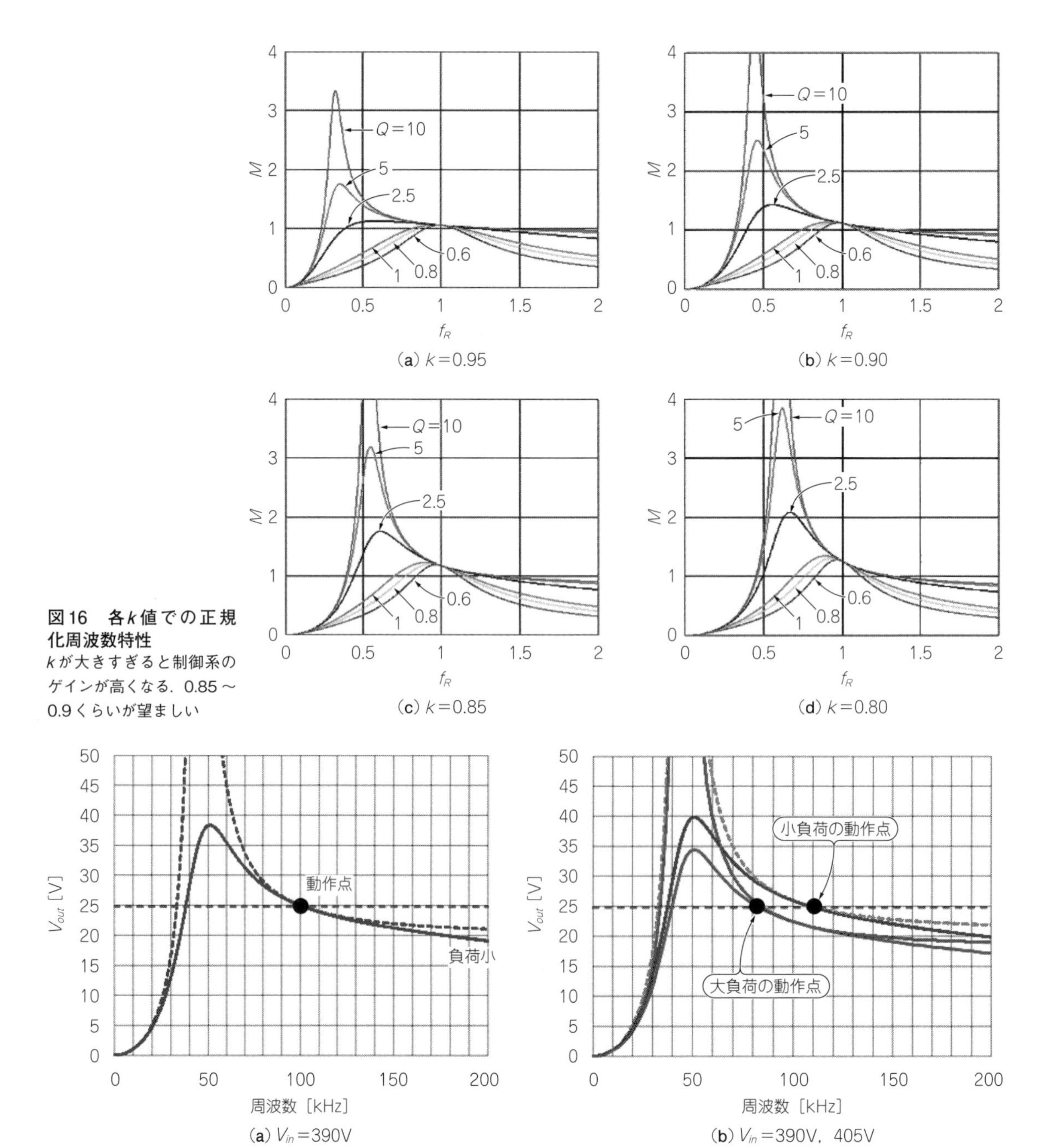

(a) k=0.95
(b) k=0.90
(c) k=0.85
(d) k=0.80

図16 各k値での正規化周波数特性
kが大きすぎると制御系のゲインが高くなる．0.85～0.9くらいが望ましい

(a) V_{in}=390V
(b) V_{in}=390V，405V

図17 AC解析結果
24 Vで制御させた場合はグラフと交点をもっており制御可能

めで動作させるがベストだと言えます．

● 最終トランス定数の決定

初回計算で出てきた結果では，巻き数に端数が出ていたのでこれを修正します．具体的には，切り上げか切り捨てにしますが，今回はN_S側が4.21ターンですので4ターンにします．

この変更を基に計算を逆にたどっていきます．

$$N_p = N_s n = 4 \times 8.79 = 35.2 \rightarrow 35$$
$$L_p = AL \cdot N_P^2 = 0.386 \times 35^2 = 473[\mu\text{H}]$$
$$L_{LK} = (1-k^2)L_P = (1-0.9^2) \times 473 = 89.9[\mu\text{H}]$$
$$C_R = \frac{1}{(2\pi f)^2 L_{LK}}$$
$$= \frac{1}{(2\pi \times 100\ \text{kHz})^2 89.9\ \mu\text{H}} = 28.2 \rightarrow 27[\text{nF}]$$

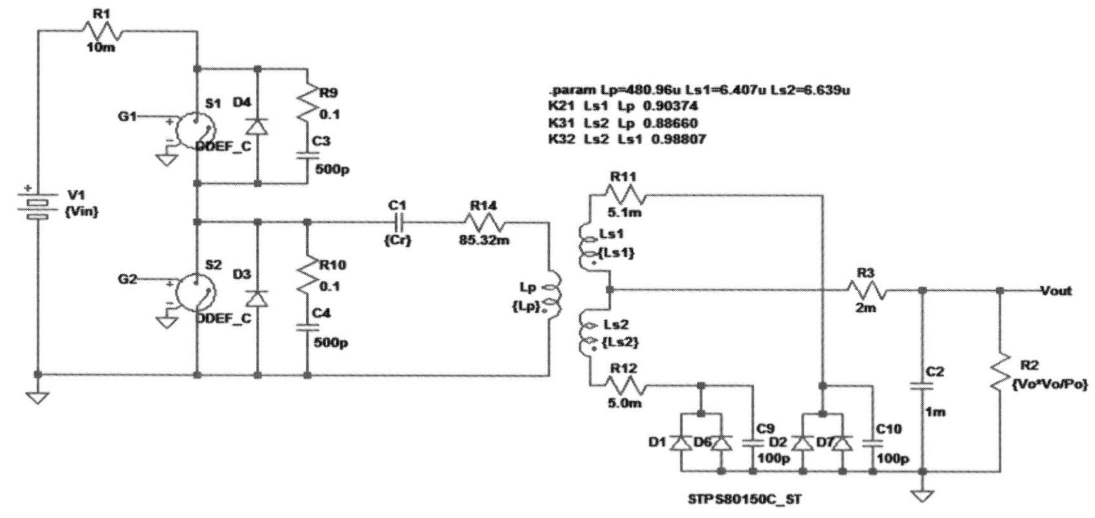

図18　シミュレーション・モデル(LTspice)

$$Z_0=\sqrt{\frac{L_{LK}}{C_r}}=\sqrt{\frac{89.9\mu}{27n}}=57.7[\Omega]$$

$$Q=\frac{R_{AC}}{Z_0}=\frac{187.9}{57.7}=3.26$$

$$f_0=\frac{1}{2\pi\sqrt{L_{LK}C_R}}=102[\text{kHz}]$$

上記のように修正したパラメータで，AC解析を行います．入力電圧や負荷条件も振って確認します．結果を**図17**に示します．

最大/最少入力でも出力カーブは問題ないようですので，これでOKとします．もし満足できていない場合には，k，Q(巻き数比)を調整していきます．

磁束密度の概算を行います．

$$I_{P\max}=\frac{V_{out}n}{4kL_Pf_0}$$

$$=\frac{24\times8.75}{4\times0.9\times473\mu\times102\text{k}}=1.21[\text{A}]$$

$$B_m=\frac{L_PI_{P\max}}{N_PA_e}=\frac{473\times1.21}{35\times86.5}=0.189[\text{T}]$$

以上が大まかなトランス設計の参考手順となります．

共振用のトランス製作

● 設計条件

入力電圧：390 V
出力：24 V，8 A
動作周波数：100 kHz
使用コア：PC47，EER32
1次巻き線：35ターン
2次巻き線：4ターン
$L_P=473\ \mu$H，$L_R=89.9\ \mu$H，$C_R=27$ nF

● 回路シミュレーションで電流値を把握する

回路シミュレーション(ここではSpice系)を使って，動作の確認と実効電流を求めます．**図18**にモデルを示します．

図19に結果を示します．周波数はほぼ設計どおりになっています．また，動作波形も正弦波に近く，動作点も$f_R=1$の設計どおりです．電流値から，必要なワイヤ断面積を見積ることができます．

● ワイヤの選択

ワイヤの温度上昇を50 ℃と仮定すると，経験値上からワイヤの許容電流密度は7 A/cm^{2}以内で設計します．使用ワイヤはϕ0.1のリッツ線を選択します．

1次巻き線：1.45 A，ϕ0.1/30本撚り，電流密度6.16 A/cm^2
2次巻き線：6.48 A，ϕ0.1/130本撚り，電流密度6.34 A/cm^2

● トランスを試作してみる

写真4に使用するコアとボビンを示します．巻き線構造を**図20**に示します．巻き線後の出来栄えは**写真5**になります．完成したトランスの電気的特性を下記に示します．

L_P：472 μH
L_E：90 μH
$L_P\ R_{DC}$：
$N_{S1}\ R_{DC}$：
$N_{S2}\ R_{DC}$：

● 試作トランスを動作させてみる

FAN7631(フェアチャイルド)を使って試作基板を作成し，試作したトランスを動作させてみました．回

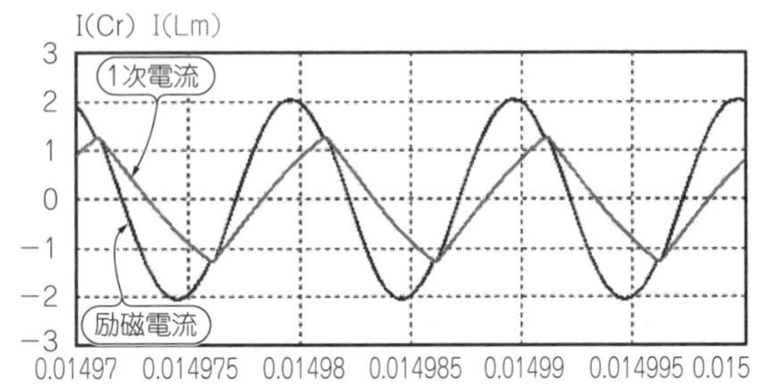

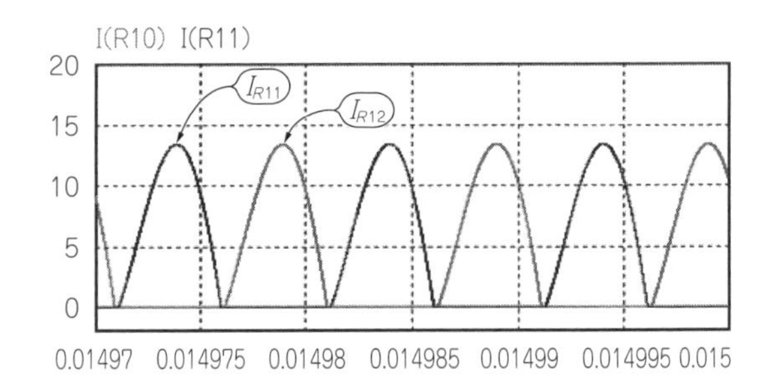

図19　シミュレーション結果
V_{in}＝390 V，V_{out}＝24 V，I_{out}＝8 A，励磁電流：1.27 A_p(199mT)，スイッチング周波数：100.5 kHz，1次電流：1.45 A，2次電流：6.48 A

図20　巻き線仕様
トランスの2次巻き線のアンバランス解消のためには2次巻き線おのおのの1次からの距離を同じにする

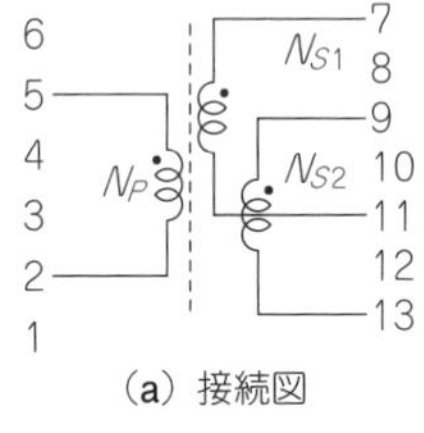
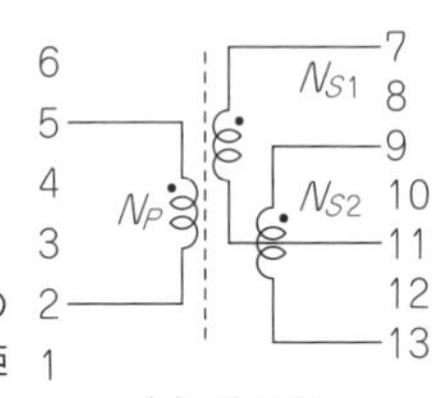

(a) 接続図

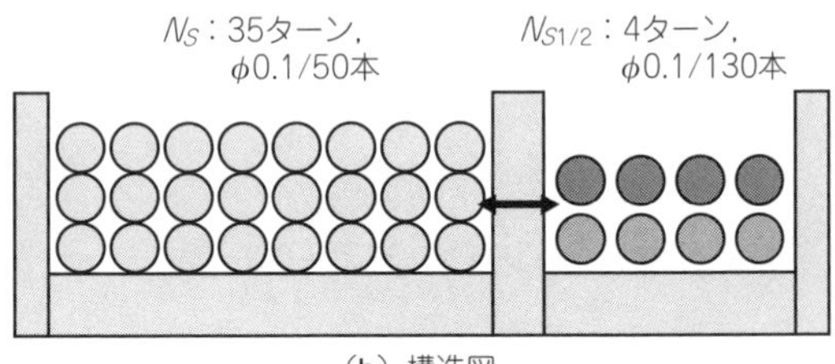

(b) 構造図

写真4　コアおよびボビン

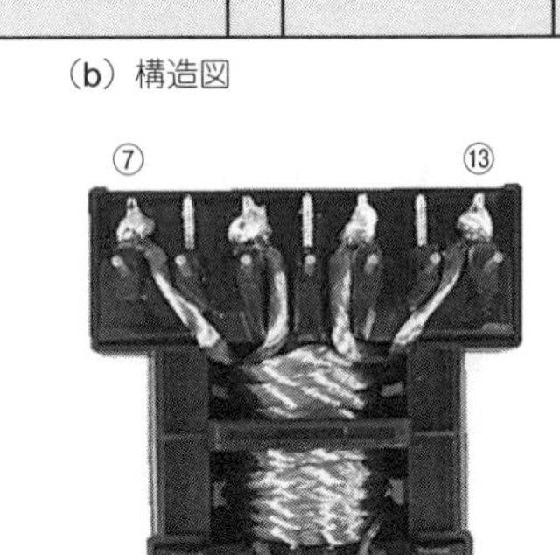

写真5　巻き線状態

写真6　実験基板の外観

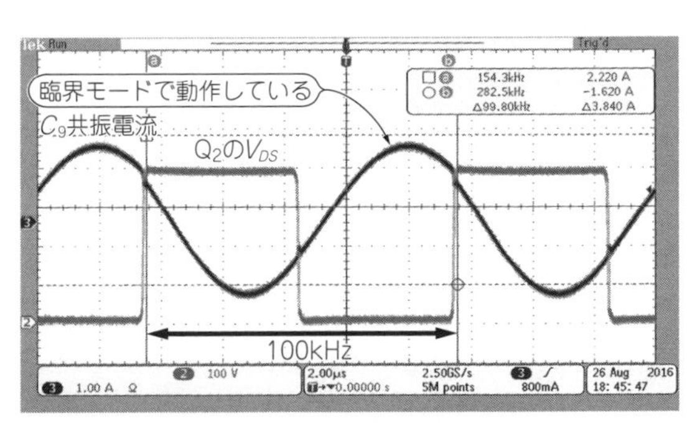

図22　動作波形
設計どおり，動作周波数100 kHzで臨界モード動作となっている

路を**図21**(pp.116-117)に，基板の外観を**写真6**に示します．

図22に動作波形を示します．共振コンデンサC_Rが27 nFのとき，動作周波数が約100 kHzになり，共振電流波形もほぼ正弦波で，臨界モードで動作していることがわかります．設計値どおりの動作が得られたことになります．

図23に効率特性を示します．入力390 V，出力24 V/8 Aで95 %を達成しています．**写真7**にトランスの温度を示します．フライバックのトランスと比べて，コアも発熱していることがわかります．

トランス設計のポイント

● 多出力トランスについて

多出力トランスを構成す場合，制御する電圧の1タ

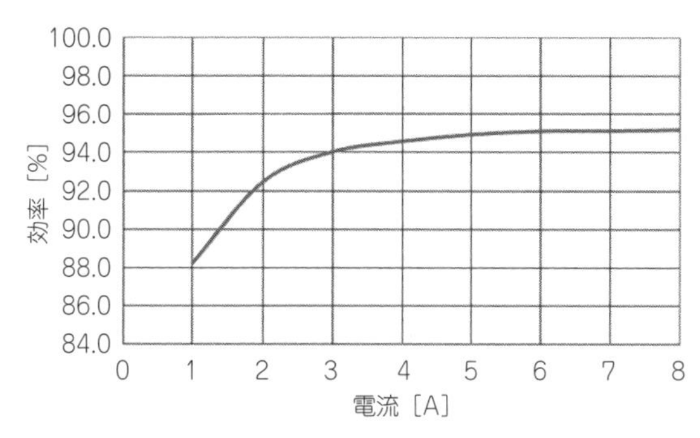

図23　効率データ(出力100W時で効率95 %)

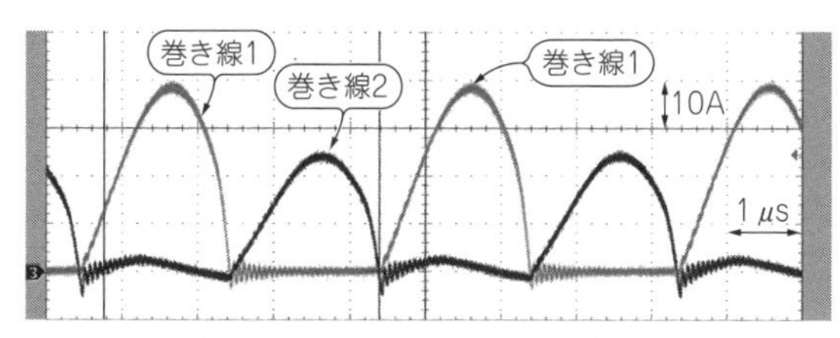

図24　2次巻き線アンバランス電流の波形
トランスの巻き線が悪いと2次電流がアンバランスとなる

ーンあたりの電圧比によって他の出力の電圧が決まります．つまり，2次側の巻き数比に合致しない電圧を出力するのは困難です．

例えばV_{out} = 24 Vで，この巻き線が4ターンで設計されている場合，2番目の出力は1ターンあたりの電圧が24/4 = 6 Vになり，他の出力はその倍数の電圧しか出力することができません(1ターンなら6 V，2ターンなら12 V)．

● 2次巻き線の方法

図24に2次巻き線電流の波形を示します．2次巻き線はセンタ・タップなので2巻き線ありますが，電流のアンバランスが生じています．アンバランスが生じると巻き線の発熱が大きくなります．また，多出力においてはレギュレーションの悪化を招きます．

この原因は，1次巻き線と2次巻き線の結合の影響によるものです．**図25**に良い巻き線の方法と悪い巻き線の方法を示します．バイファイラ巻きにすると

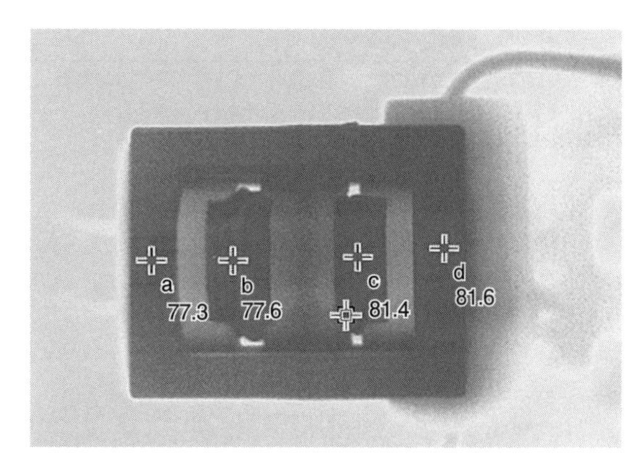

写真7　トランス温度

N_{S2}よりN_{S1}のほうが1次巻き線に近くなります．この巻きかただとアンバランスを生じることになります．並列巻きにすると1巻き線の距離が同じになり，電流のアンバランスを改善することができます．

また，巻き線の許容電流値を上げるために2次側の巻き線を2本使って巻く場合があります．これも前述と同様に，1次巻き線と2次の各巻き線間の距離がそろっていないことから**図26**のように2次巻き線間で循環電流が流れ，損失の悪化を招きます．

● 漏れ磁束の影響について

特に薄型共振トランスに関して問題となることが多いのですが，構造上，上下に鉄板などが近接配置される場合があります．そのような場合は**図27**のように，トランスから生じた漏れ磁束が金属に錯交し，渦電流損が生じて金属板やトランスが発熱します．

特に薄型TVではこの問題が発生していました．この問題を解決するために漏れ磁束の影響をなくした**写真8**のような縦型共振トランスが開発されました．**図27**のような横型形状のトランスだと漏れ磁束が大きく，近くに鉄の板があると渦電流を発生させ，発熱を伴います．この現象を抑えるために漏れ磁束をなくした共振用トランスが量産されています(**図28**)．このトランスも分割ボビンを使うことでリーケージを確保

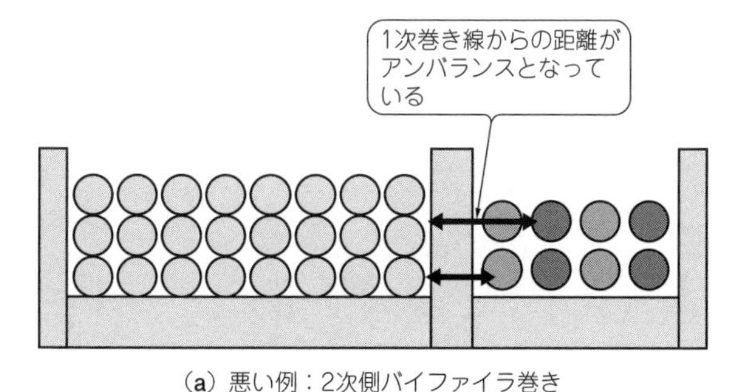

(a) 悪い例：2次側バイファイラ巻き

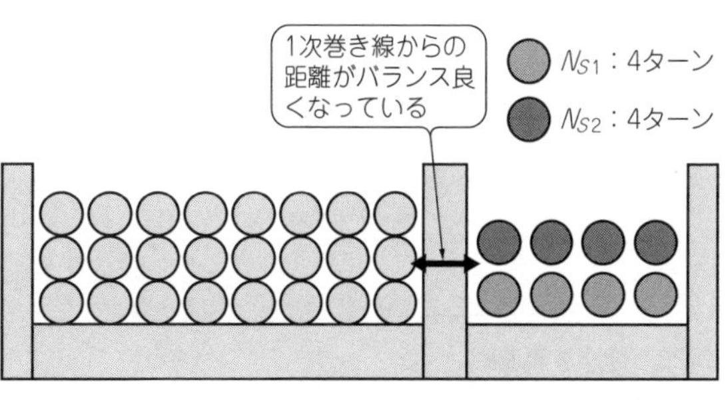

(b) 良い例：2次側並列巻き

図25　巻き線方法の違い

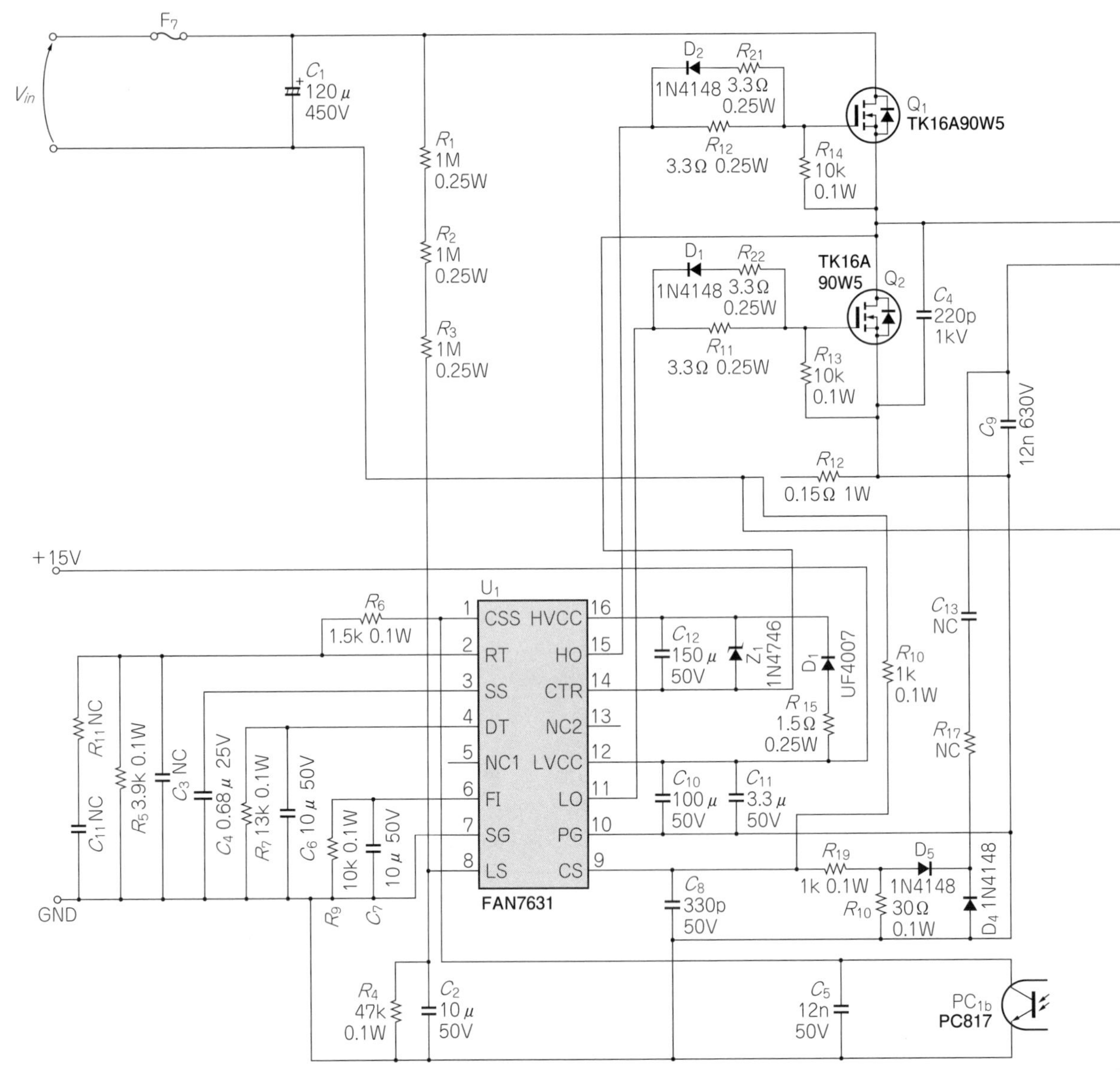

図21　FA7631を使った試作電源の回路

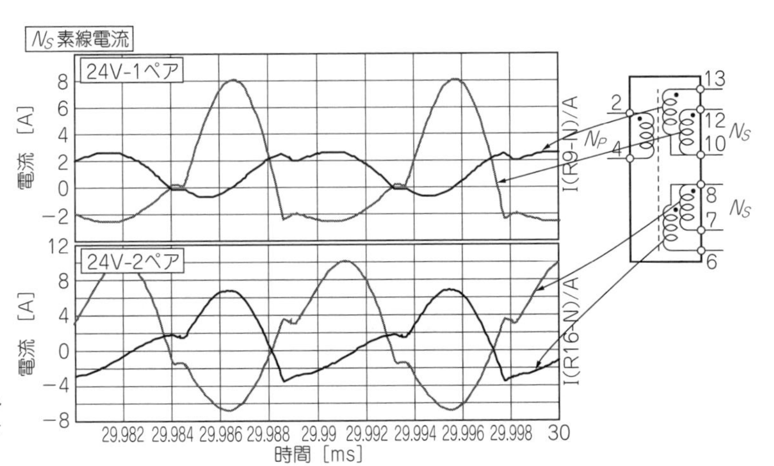

図26　循環電流波形
理想的には同じ形の電流が流れて2等分されるはずだが，まったくバランスがとれていない電流が流れている

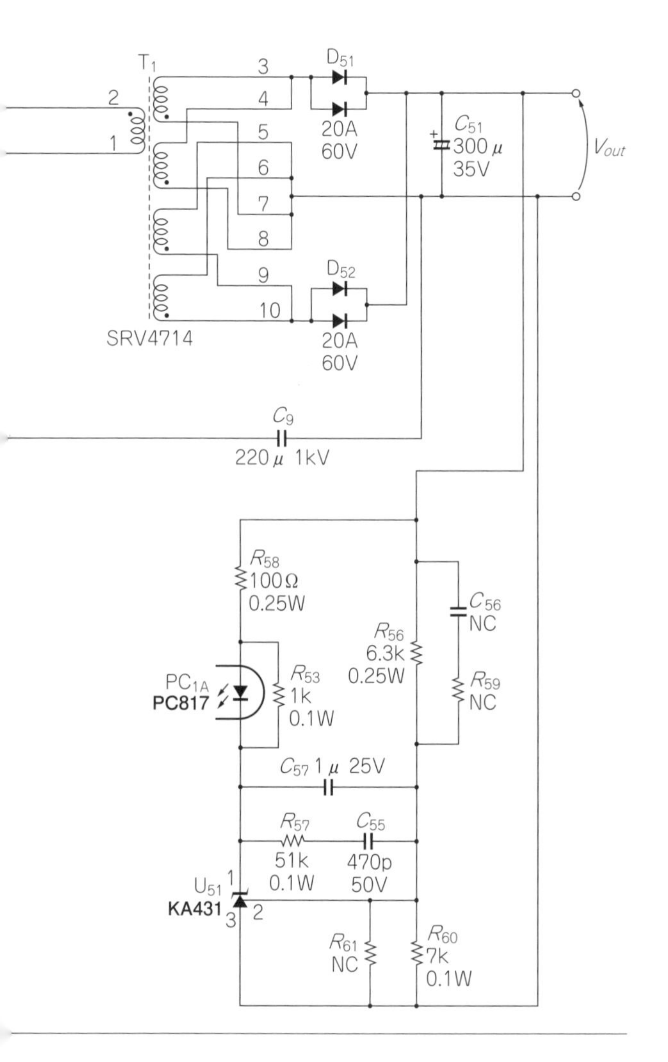

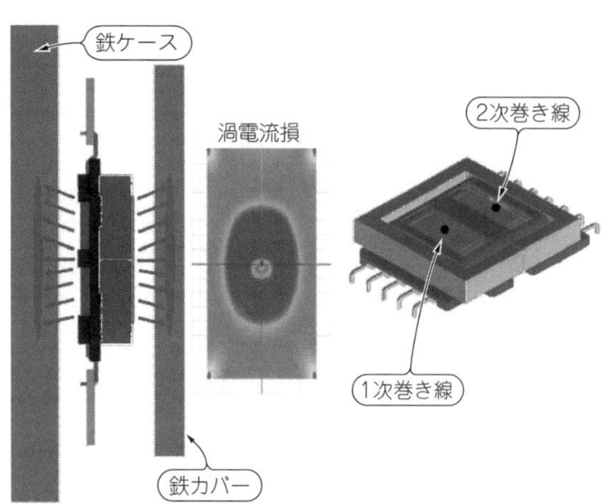

図27　横型トランス漏れ磁束の影響
トランスの近傍に金属があると漏れ磁束によって発熱する

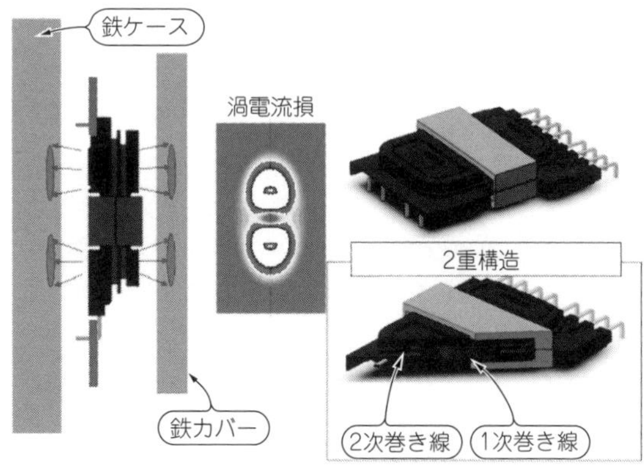

図28　縦型トランス漏れ磁束の影響
漏れ磁束を少なくすることによって金属版の発熱が抑えられる

写真8　縦型LLC共振トランス

しています．漏れ磁束はコア内部を回るので，横型に比べて影響度が小さくなります．

● 低出力大電流

LLC共振回路は1次巻き線と2次巻き線の結合バランスが良くないと，動作がよくありません．5Vの出力や12V出力でも，300kHzの動作になると2次巻き線が1ターンになります．1ターンだと巻き線構造をしっかり考えないと1次巻き線との距離がアンバランスとなり，電流バランスが良くありません．

出力電圧が低く電流が大きい場合，高結合のトランスを使って外付けに共振インダクタを用いる手法が取られています

◆参考文献◆

(1) Christophe Basso；A Simple DC SPICE Model for the LLC Converter，On Semiconductor，2006.
(2) TDK；トランスカタログ，LLC共振電源用トランス001-01/20140424/trans_switching-power_srx_srv_ja.fm
(3) 原田 耕介，二宮 保，顧 文建；スイッチングコンバータの基礎，1992年，コロナ社.
(4) MCZ5201，プレゼンテーション資料，新電元工業.
(5) Fairchild；FA7631 datasheet.
(6) 高効率・低雑音の電源回路設計，グリーン・エレクトロニクスNo.1，2010年，CQ出版社.

第15章 AC100V入力，24V2A出力の絶縁型を例に小型＆低雑音の両立解を導く

トランス・モデルの作り方と電源回路シミュレーション

並木 精司/眞保 聡司
Seiji Namiki/Satoshi Shinbo

本章では，電子回路シミュレータLTspiceと実験を利用して絶縁型スイッチング電源を作る方法を解説します．ここで作成したトランスと電源回路のひな形モデルは，トランス仕様の目安，周辺部品選び，回路定数のチューニングなどに利用できます．

アナログICやマイコンが搭載された電子回路には電源変動がない安定した電圧が必要です．

小型で高性能なカスタム電源を製作するときにはインダクタ(コイル)やトランス(変圧器)が重要な部品になります．トランスを利用すると，出力の巻き数を変更することで所望の電圧を供給したり，入出力間の電位差が大きい電源を作ったりできます．トランスは2つ以上の巻き線をもち，その巻き線比を変えることで交流電圧を絶縁し，自由にその電圧を変換することができます．100 Vや200 Vの交流電圧から電子回路が必要とする安全な電圧である5 Vや12 Vに変換します．

電源回路用のトランスは標準品がほとんどないため，自分で設計する必要があります．**図1**にトランスの巻き線の構造例を示します．トランスの巻きかたが悪いと，巻き太りでコア(鉄心)が入らなかったり，巻き線同士の結合が悪くなりスイッチング・ノイズが大きくなったりします．トランス設計はコアの材料や形状，利用する線材，巻きかたなど複数のパラメータによって特性が変わるので，一筋縄ではいきません．

写真1に本稿の例題の出力24 V/2 A評価ボードを示します．実験とLTspiceによってキー・パーツ「トランス」をモデリングするときには，ふるまいや数式を理解しておく必要があります．

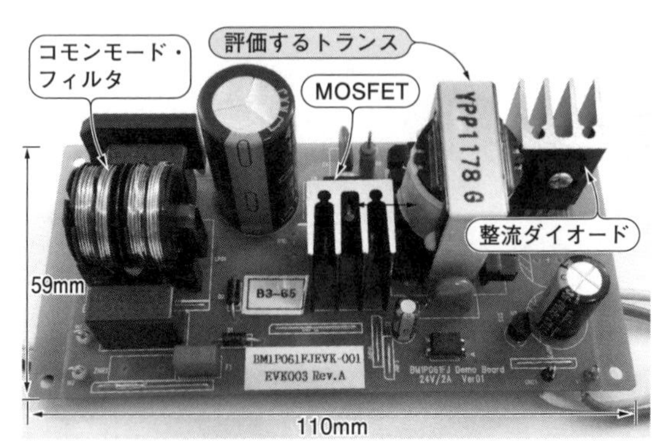

写真1　本稿の例題…評価用ボードBM1P061FJEVK-001(ローム)
スイッチング電源で一番多く使われている回路方式「フライバック・コンバータ」を例題とする．電子部品通販ショップで購入できる

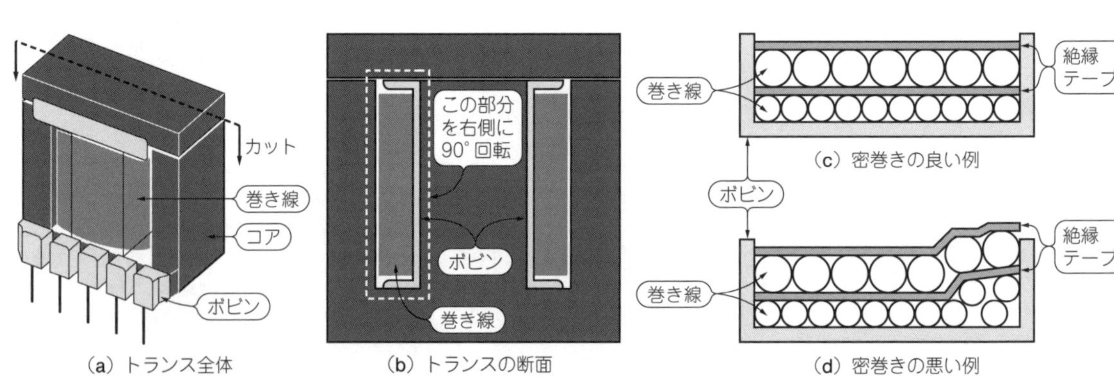

図1　トランスの構造例
トランスは巻きかたによって性能が変わる．(d)のように整列巻きがうまくできていないと，既定の巻き幅に入らず上の層にコイルがはみ出したり，巻き線の結合度が悪くなったりする．本章では実験とLTspiceによってトランスと電源回路のひな形モデルを作り，高性能な絶縁型電源製作に活用する

インダクタとは

インダクタ(チョーク・コイル)は，主にスイッチング電源の整流回路の平滑コイルやリプル電圧やスパイク・ノイズを低減させる働きをもつ回路であるノイズ・フィルタに利用されています．

図2に示すようなループ状の回路の電流を変化させると磁束が変化します．その変化による電磁誘導により自分自身に逆の誘導電圧を発生させて元の電流の流れを妨げる性質を，自己誘導と言います．自己誘導の強さを自己インダクタンスと言います．

誘起される電圧V_E[V]は，電流の変化率を$\Delta I/\Delta t$，自己インダクタンスをLとすると次式で表されます．

$$V_E = -L\frac{\Delta I}{\Delta t}\ \text{[V]} \quad \cdots\cdots (1)$$

このような性質をもつので，交流のように常に電流が変化している場合，誘起電圧(逆起電力)が発生して交流電流を流れにくくします．

自己誘導現象は，必ず電流が変化するのを妨げるように発生します．**図3**に示すような電流の変化があるときに誘起電圧が発生します．電流が増加するときに

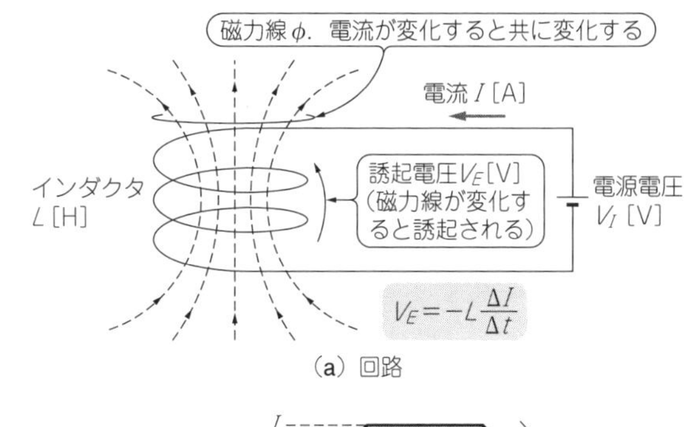

(a) 回路

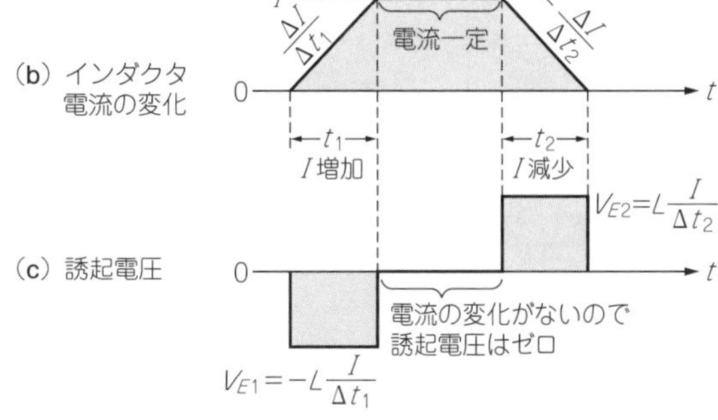

図2 自己誘導のメカニズム
電流が変化すると磁束が変化し，その変化に逆らうように自己誘導電圧(誘起電圧)が発生する

コラム　パソコンでスパイク状の高電圧を抑えるスナバ回路を高速設計

トランスの重要な特性パラメータとして漏れインダクタンスがあります．これは1次巻き線と2次巻き線の結合の度合で決まり，小さいほど良いとされますが，巻きかたを工夫しないと下がらなかったり，ばらついたりします．

図Aはフライバック・コンバータの一例です．パワー素子がOFFした瞬間，この漏れインダクタンスと浮遊容量との間で共振しサージ電圧が発生します．このため，利用するパワー素子はサージ電圧に耐えることができるものを選択します．この振動波形はノイズ特性にも影響するので，できるだけ小さくします．電源のサージを抑えるためにスナバ回路を使いますが，部品の選択によっては損失が増え効率に影響します．

トランス・モデルを使い，電源回路のシミュレーションを実行すると，漏れインダクタンスによるサージの状況やスナバの効かせかたなどを検討できます．実物のトランスで結合をコントロールして製作するのはかなり難しいですが，回路シミュレータ上では等価回路を自由に変更することができるので，実機で見ることが難しい，結合を変更したときのサージの状況も調べられます．　〈眞保 聡司〉

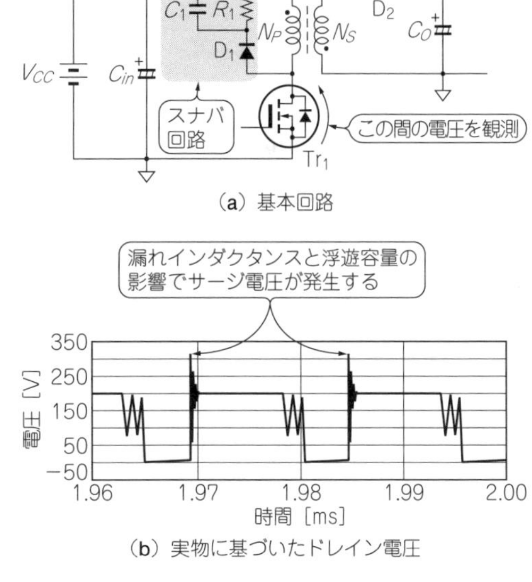

(b) 実物に基づいたドレイン電圧

(c) 漏れインダクタンスを1/10に減らしたときのドレイン電圧

図A フライバック・コンバータに利用されるMOSFETのドレイン電圧をLTspiceで観測したところ
(b)は(a)に比べてサージ電圧が大幅に低減される．LTspiceを利用すると実機では変更しにくい条件でもすぐに実験できる

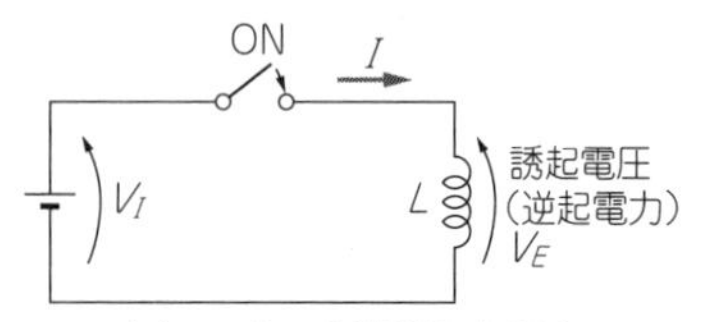

(a) スイッチがONした場合

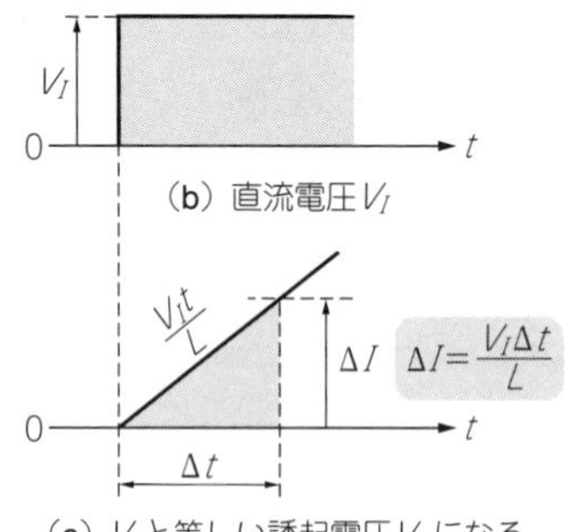

(b) 直流電圧V_I

(c) V_Iと等しい誘起電圧V_Eになるように電流が変化する

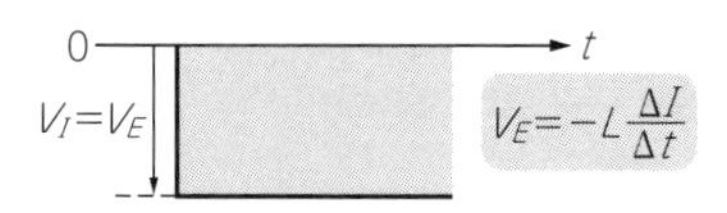

(d) V_Iと同じ絶対値の誘起電圧V_Eが発生する

図3　直流電圧をインダクタに加えたときの電流の変化
一定電圧を加えるとその電圧と同じ電圧の誘起電圧を発生させるために，インダクタ電流は直線的に増加していく

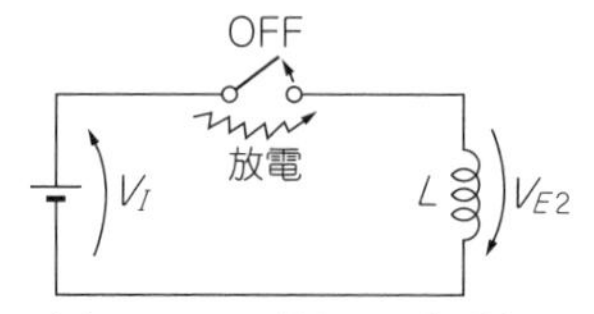

(a) スイッチがOFFした場合

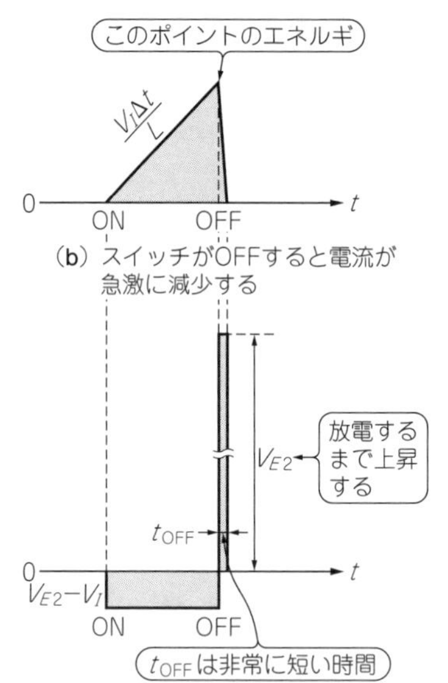

(b) スイッチがOFFすると電流が急激に減少する

(c) OFFの期間は非常に高い誘起電圧が発生する

図4　インダクタに流れている電流を遮断したときの誘起電圧
回路をOFFにすると，電流が急激に変化して大きな誘起電圧が発生する

正弦波交流電圧V_{in}　I　L　誘起電圧V_E　$V_{in}=V_E$

(a) 交流電圧を加える

a点の$\frac{\Delta I}{\Delta t}$はゼロなので電圧はゼロ

b点の$\frac{\Delta I}{\Delta t}$は最大なので電圧は最大

(b) インダクタ電流I

(c) 正弦波電圧V_{in}

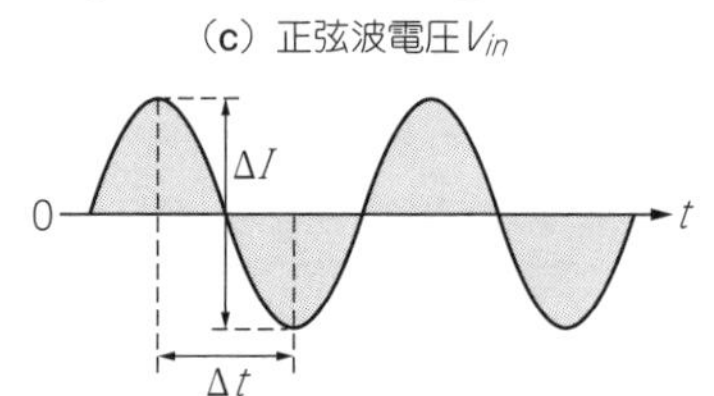

(d) 同じ電流値でも周波数が高くなると電流変化率$\Delta I/\Delta t$が大きくなる

図5　インダクタに交流電圧を加えたときの電圧と電流の関係
電流の変化が大きいところで電圧は最大になるので互いの位相は90°ずれる．(d)のように周波数が高くなると電流の変化率と誘起電圧が高くなり，インピーダンスが大きくなる

誘起電圧はマイナスになり，電流の増加を妨げる方向になります．しかし，電流が減少するときは誘起電圧はプラスに転じて電流を減らさない方向になります．

● インダクタンスをもつ電子部品

自己インダクタンスをもつ回路素子は一般的にインダクタやチョーク・コイルと呼ばれています．インダクタはインダクタンスをもつもの，チョーク(choke)は英語で遮るという意味で，交流電流を遮る性質からそう呼ばれています．

コイルは電線を螺旋(らせん)状に巻いたものです．コア(鉄心)の上に線が螺旋状に巻かれた構造で交流電流を遮る性質から，両者を合わせてチョーク・コイルと呼ばれています．

● インダクタが回路に及ぼす作用

インダクタに一定電圧V_Iを加えると，**図4**のようにその電圧と等しい誘起電圧(逆起電力)V_Eが発生してバランスします．誘起電圧が発生するということは電流の変化が必要です．その誘起電圧を発生させるよう，インダクタに流れる電流は変化します．

その変化率は式(1)の関係に従います．よって一定電圧が加えられたインダクタに流れる電流は直線的に増えていきます．

ある時間t経過後の電流変化ΔIは$\Delta I = V_I \Delta t/L$で計算できます．経過時間が長くなると，電流は大きくなります．現実にはコアの磁束密度は有限です．インダクタはコアが飽和した時点で空芯コイルのインダクタンスまで低下し，大きな短絡電流が流れます．

● 誘起電圧が発生するときは必ず電流が変化する

どんなに大きな電流が流れていても，電流に変化がない場合，誘起電圧は発生しません．インダクタは直流に対しては抵抗をもちません．

直流を投入するときや切断するときは電流が変化するので，誘起電圧が発生します．エレクトロニクスのエンジニアのなかには，直流電流が流れている回路のワイヤを切断したときやスイッチを開放したときに火花放電が生じて驚かされた経験がある方もいると思います．

これは流れていた電流が切断され急激に変化し，自己誘導で非常に大きな誘起電圧が発生したためです．回路が開放状態なので，誘起電圧は放電するまで上昇します．放電するとインダクタ電流がゼロに戻ります．この現象を利用したのがガス点火装置や，車の点火プラグ用イグナイタです．

● 交流電流を流したときの動作

交流電流は常に変化しているので，その変化率に応じた誘起電圧が生じます．正弦波交流電流を流した場合を考えてみましょう．**図5**に示すように正弦波交流はゼロ・クロス・ポイントの変化率が最大になります．誘起電圧もそのとき最大になります．

正弦波電流がピーク値のとき，変化率はゼロになるので誘起電圧はゼロになります．電流と電圧の位相は90°ずれた形になります．正弦波交流の周波数が高くなると変化率も大きくなるので，同じ電流とインダクタであればその誘起電圧も大きくなります．しかし，電源電圧とインダクタの誘起電圧は必ず同じになるので，電源電圧が同じであればその誘起電圧に応じた電流に制限されます．周波数が高くなるとインピーダンス（交流抵抗）が大きくなるのは，このようなインダクタの働きによります．

● エネルギを蓄えることができる

インダクタもコンデンサのようにエネルギを蓄えることができます．蓄えられたエネルギEはインダクタンス値をL，その瞬間の電流値をIとすると，次式によって求まります．

$$E = \frac{1}{2} LI^2 \ [\mathrm{J}] \cdots\cdots (2)$$

インダクタに蓄えられたエネルギは，コンデンサのように静的に保持できません．インダクタに溜まったエネルギを保持するということは，コイルに流れている電流を保持し続けるということです．インダクタからエネルギを取り出すには電流を減少させます．

インダクタ電流がゼロになったとき，インダクタに溜まったエネルギは全部放出されたことになります．

インダクタに蓄えられたエネルギをうまく取り出すため，ダイオード，コンデンサ，抵抗を組み合わせた**図6**のような回路を追加します．

スイッチがONしたときの誘起電圧は，ダイオードに対して逆バイアスになるので電流は流れません．スイッチをOFFすると逆誘起電圧が発生してダイオードが導通しコンデンサを充電します．誘起電圧はコンデンサ電圧V_Cにクランプされます．電圧を切った瞬

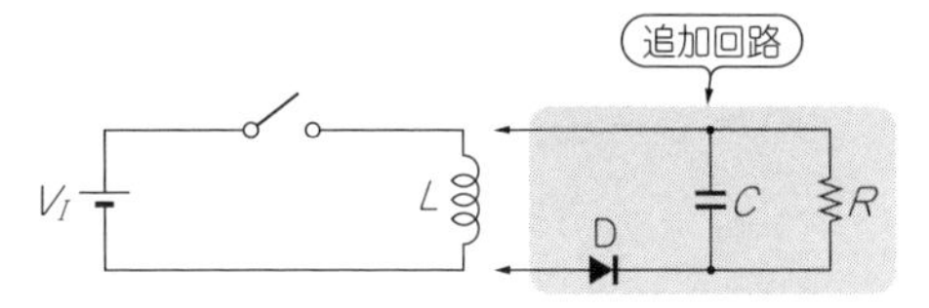

(a) D，C，Rで構成した整流回路を追加する

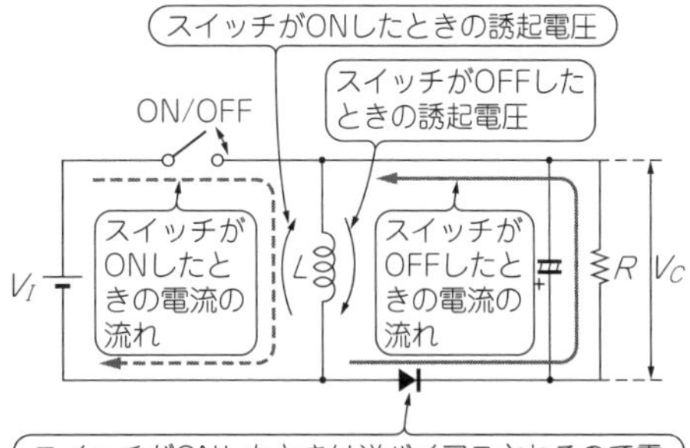

(b) スイッチがON/OFFしたときの電流の流れ

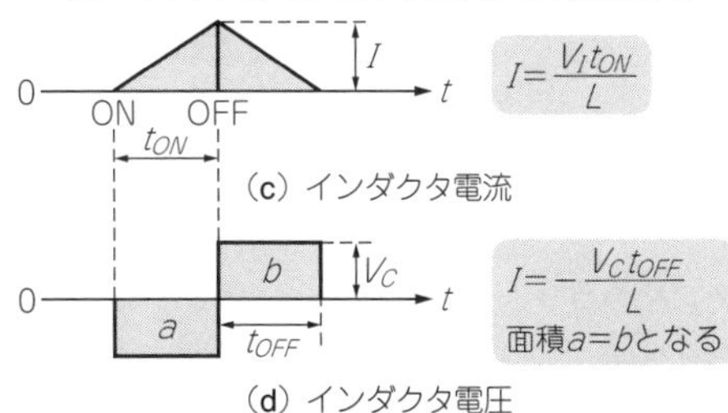

(d) インダクタ電圧

図6 エネルギ放電回路を付加したときの動作
インダクタに電圧を加える時間を調整することで，負荷に供給するエネルギを制御できる．インダクタ電流は連続的に流れる

間のインダクタ電流の変化ΔIは$-V_C \Delta t/L$［A］になります．放電時間tはLI/V_C［s］です．放電時間tが経過して，インダクタ電流がゼロになったところで溜まっていたエネルギは，すべてコンデンサと抵抗の回路に放出されたことになります．

● フライバック・コンバータはインダクタの蓄えるエネルギを調節して電圧を安定化させる

前述した原理を応用したのがフライバック・コンバータです．**図7**に示すような2個のコイルをもったインダクタに書き換えると，フライバック・コンバータの原理回路になります．スイッチがON/OFFしたとき，2個のインダクタには，そのL値に比例した誘起電圧が発生します．ON時には1次側の巻き線に電流が流れます．

そのとき，2次側はダイオードが逆バイアスされるので電流は流れません．OFF時には1次側の巻き線に電流が流れませんが，2次側のダイオードが導通するので，2次側の巻き線に電流が流れます．1次側の巻き線がONのときに蓄えたエネルギをOFFしたとき

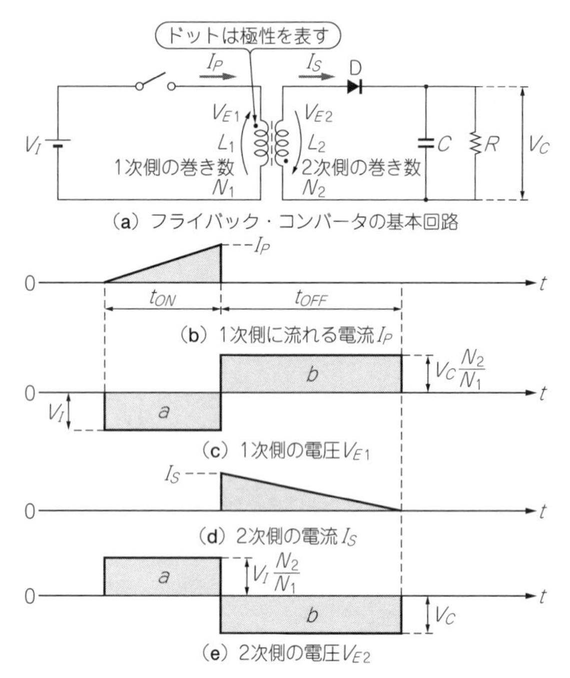

図7 図6(b)のインダクタンスを相互インダクタンスに変えることで，フライバック・コンバータの原理図になる

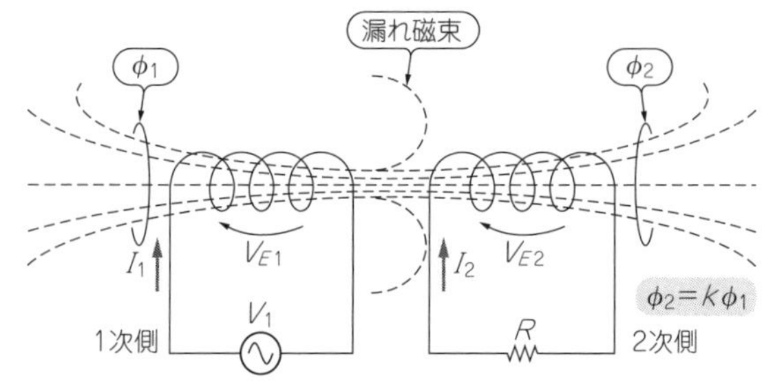

図8 相互インダクタンスのメカニズム
2個のコイルの電流が作る磁束の一部が鎖交して生じる電磁誘導現象を相互誘導作用という．相互誘導の強さを相互インダクタンスという

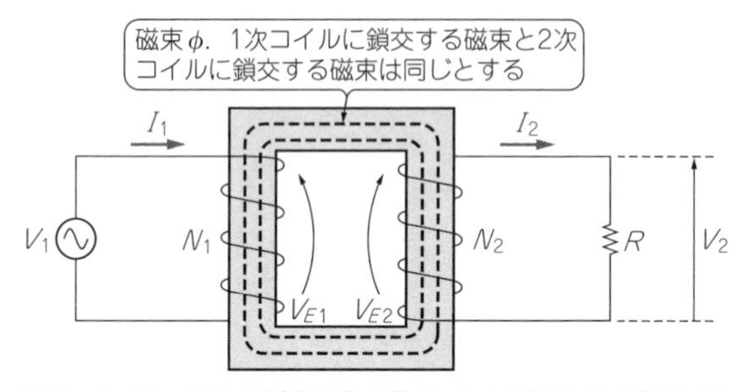

図9 トランスは1次側の巻き数N_1と2次側の巻き数N_2の比を変えると変圧比が変わる
透磁率の高い材料(磁性材料)を用いたコアに巻くことで，結合度を高くできる

に2次回路のコンデンサに供給します．コンデンサの電圧は，供給したエネルギと負荷となる抵抗が消費するエネルギがバランスする電圧になります．

出力電圧(コンデンサ電圧)は，ON時間を調節することで制御できます．

● 相互インダクタンスとは

図8に示すような2個のコイルの電流が作る磁束の一部が鎖交して生じる電磁誘導現象を，相互誘導作用といいます．相互誘導の強さを相互インダクタンスといい，Mで表されます．単位は自己インダクタンスと同じ[H]で表されます．相互インダクタンスをM，1次側巻き線の電流変化を$\Delta I_1/\Delta t$とすると，2次側の誘起電圧V_{E2}は次式で求まります．

$$V_{E2}=-M\frac{\Delta I_1}{\Delta t}\ [\mathrm{V}] \cdots\cdots (3)$$

コイル間の磁束の鎖交する割合を結合度kで表します．2個のコイルの巻き数が同じ場合，相互インダクタンスは$M=kL$になります．全磁束が鎖交する場合は$k=1$になり$M=L$です．

透磁率の高いコアにコイルを巻くことで漏れ磁束を減らし，結合度を高めることができきます．

● トランスの巻き数比の計算方法

トランスは，同一コアに巻かれた結合度の高い2個以上のコイルをもったインダクタと言えます．互いの作る磁束が100％鎖交する(結合度1)場合，交流電源が接続された1次側コイルに流れる電流が作る磁束変化は，2次側コイルにも同じ磁束変化を生じます．1次側コイルの巻き数をN_1，2次側コイルの巻き数をN_2，磁束の変化率を$\Delta\phi/\Delta t$とすると，発生する誘起電圧V_{E1}，V_{E2}は次式で求まります．

$$V_{E1}=-N_1\frac{\Delta\phi}{\Delta t}\ [\mathrm{V}] \cdots\cdots (4)$$

$$V_{E2}=-N_2\frac{\Delta\phi}{\Delta t}\ [\mathrm{V}] \cdots\cdots (5)$$

この2つの式は$-\Delta\phi/\Delta t$の部分が共通なので，式(4)を式(5)で割ると次式が求まります．

$$\frac{V_{E1}}{V_{E2}}=\frac{N_1}{N_2} \cdots\cdots (6)$$

1次コイルと2次コイルの誘起電圧の比は巻き数比と等しくなります．トランスは巻き数比を変えることで変圧比を変えることができます(**図9**)．

1次電流と2次電流の関係は次式により求まります．

$$\frac{I_1}{I_2}=\frac{N_2}{N_1} \cdots\cdots (7)$$

電流比率は巻き線比の逆の比率になるので，1次側VA(皮相電力)と2次側VAは等しくなります．しかし厳密には，インダクタンスが無限大ではなく，励磁電流が無視できないため，VA(1次)＞VA(2次)になります．

〈並木 精司〉

トランス・モデルの基本

■ 2つの等価回路モデル

トランスのモデルには，電気回路論，磁気回路論から導かれる2種類の等価回路があります．見た目も似たような形ですが，導出過程に違いがあります．

● 電気回路タイプ

図10に電気回路論から導かれるT型等価回路を示します．トランスを回路網として扱い，各入出力端子の電圧と電流の関係からパラメータを求めます．すべての電気回路の教科書にトランスの等価回路として掲載されています．

このモデルの利点は，計算機との相性が良く，多巻き線のトランスも比較的シンプルに表現でき，測定も楽だという点です．欠点は，トランスの磁気的な状態に関係なくモデル化しているため，利用されるコアの磁束密度の状態が簡単にはわからないことです．

● 磁気回路タイプ

図11に磁気回路論から導かれる等価回路を示します．トランス内部のコアを通る磁束と起磁力の関係から求めます．

電源やトランスを専門に扱っていないとあまり見ないモデルです．このモデルを掲載していない電気回路の教科書もあります．

各パラメータの名称を見てもわかるように，トランスの励磁電流や漏れインダクタンスなどは各物理量に対応し，各パラメータやそこに加わる電圧電流で，トランスの状態を把握できます．

多巻き線になるほど正確にモデリングするのが難しくなります．各定数は電気回路による等価回路と同じ測定を行い求められますが，両者を正確に換算できるのは2つの巻き線までです．

この形式は，SPICEの標準ライブラリにはないので，理想トランスをマクロモデルで組んで表現します．SCAT(計測技術研究所)やPSIM(Mywayプラス)のような市販のパワー・エレクトロニクス用のシミュレータでは，これがトランス表現の標準形式になっています．

● 使い分け

それぞれに特徴があるので，シミュレーション内容によって使い分けるとよいです．

トランスの状態を見たい場合は，**図11**の磁気回路タイプのモデル，それ以外は**図10**の電気回路タイプのモデルを使うとよいでしょう．

例えば多出力トランスのロード・レギュレーション(負荷電流を変化させたときの出力電圧変動)などを解析したい場合は**図10**を使います．磁束密度などトランス自体のふるまいを確認したい場合は**図11**を使います．

■ コアのモデル

● 飽和特性を含むと精度が高い

トランスやインダクタのモデリングについては，使用するコアの非線形特性(コアの飽和)を考慮するかしないかで難易度が変わります．

コアの非線形特性も取り込んだ精度の高いモデルを準備すれば，種々の解析に利用できます．そのための手法もさまざま提唱されています．

モデリングのためのトランスの測定と，そのデータを元にしたコア材料データの抽出と正規化には，専門知識と労力が必要で，現状簡単には作成できません．電源回路設計者が業務の傍ら片手間でモデルを作成するのは，かなり荷が重いです．

非線形コアのモデルは電子回路シミュレータの基になったバークレイSPICEの標準モデルにはなく，ベンダ各社で拡張して実装されています．制御電源を使

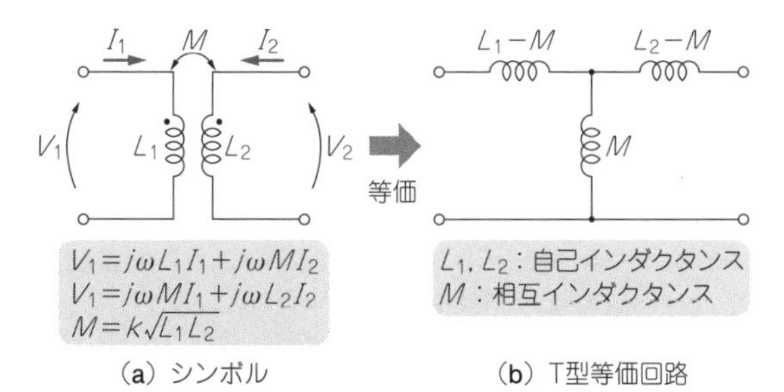

(a) シンボル　(b) T型等価回路

図10　電気回路タイプのトランス・モデル
電気回路論から導かれる等価回路で，電気回路の教科書に記載されている

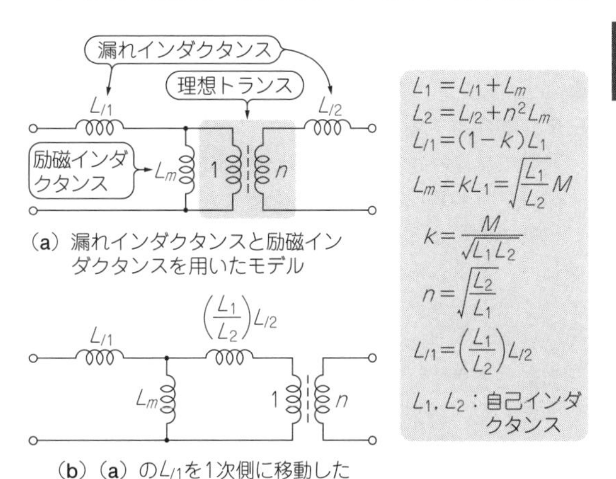

(a) 漏れインダクタンスと励磁インダクタンスを用いたモデル

(b) (a) のL_{l1}を1次側に移動した

図11　磁気回路タイプのトランス・モデル
磁気回路論から導かれる等価回路で，教科書によっては記載されていない．漏れインダクタンスはトランスの特性に影響する

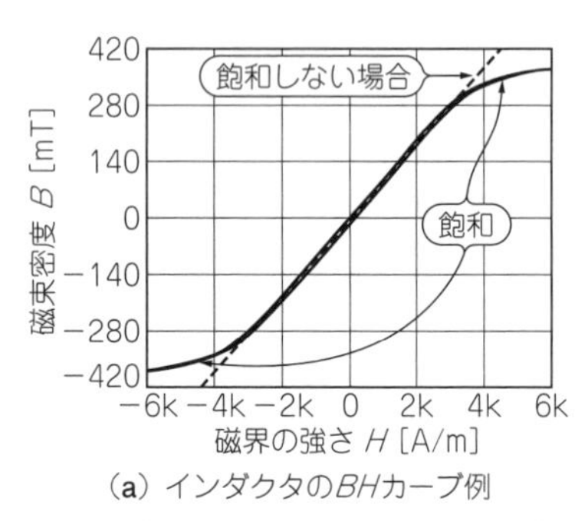

(a) インダクタのBHカーブ例

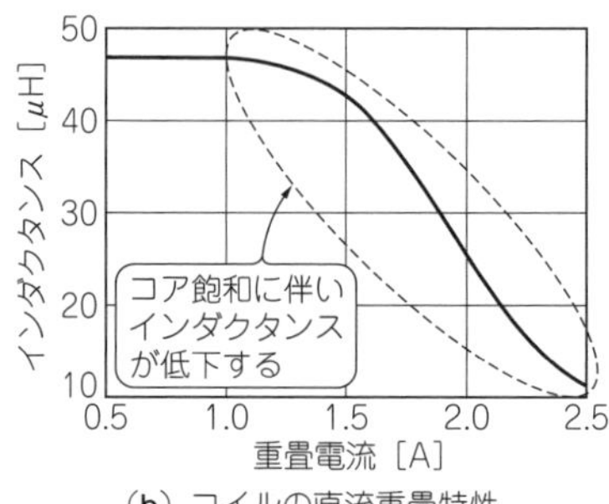

(b) コイルの直流重畳特性

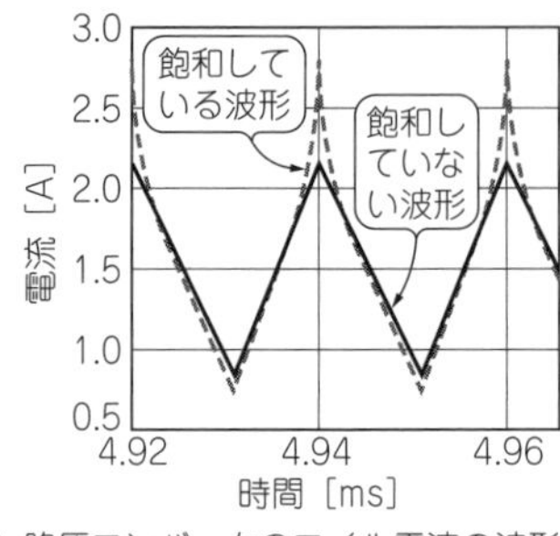

(c) 降圧コンバータのコイル電流の波形

図12　降圧コンバータのコア飽和の例
コアのBHカーブに基づき，コイルには重畳特性があり，電流を流していくとインダクタンスが低下する．この低下する現象を飽和という．スイッチング・レギュレータに重畳特性の十分ではないコイルを使うと，(c)のような波形になる

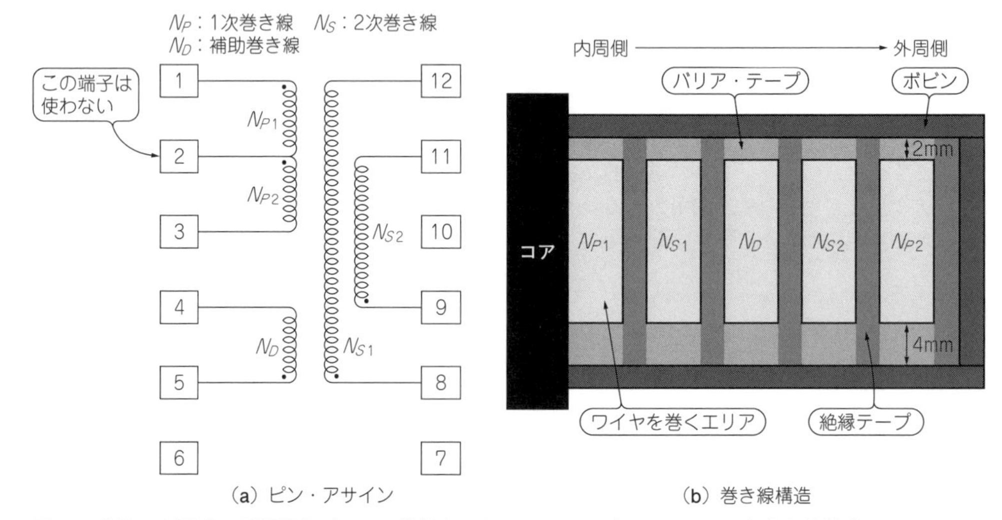

(a) ピン・アサイン　(b) 巻き線構造

図13　実験で利用する電源評価ボードに搭載されたトランスのピン・アサインと巻き線構造
各巻き線を図(b)のように層状に巻いていく．N_Pを2つに分けて最内周と最外周に巻くのは結合を良くするためである

ってマクロモデルで組む例もあります．コアが飽和した場合の例を**図12**に示します．

● スイッチング電源回路を解析するには線形コア・モデルを利用するとよい

通常のスイッチング電源回路で利用する絶縁トランスのコアは飽和しないように動かすのが基本です．

実機で飽和するかどうかの判断は励磁電流データを見れば，ある程度予測できます．例えばトランスのコアがフェライトで磁束密度が500 mTを超えるような状態は，シミュレーションでは動いても実機ではNGと判断できます．今回は，これらの理由でコアの飽和を考慮しない線形モデルで解説します．

電源回路のなかにはコアの飽和特性を積極的に使った回路があります．非線形コアを含むモデルを作成するときは，参考文献(4)などを参考にするとよいでしょう．

実際にモデルを作成してみる

■ 電気回路タイプのトランス・モデルの作成

● 例題

実際のトランスをモデルにする一例を紹介します．今回は電子部品の通販サイトで購入できる標準的なフライバック・コンバータBM1P061FJEVK-001(ローム)に搭載されたトランスのモデルを作成します．IC評価用のデモ・ボードなので回路図やトランスの設計データもダウンロードして入手できるので実験前に回路を自分で解析する手間も省けます．

トランスを外して*LCR*メータ，またはインピーダンス・アナライザなどで各パラメータを測定し，2つの等価回路をモデリングします．

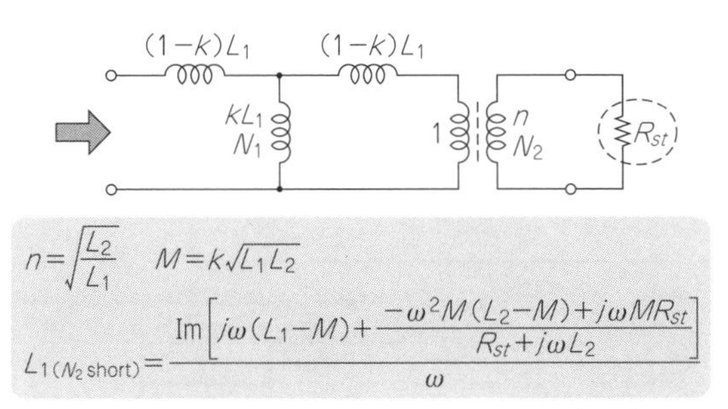

(a) 抵抗を考慮した短絡インダクタンスの等価回路

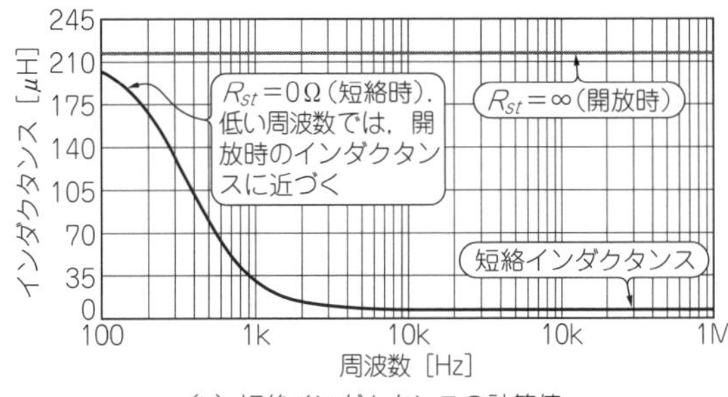

(b) 短絡インダクタンスの計算値

図15　抵抗を考慮した短絡インダクタンスの等価回路
(a)の矢印から見たインダクタンスを計算すると(b)のグラフが得られる．(b)を確認すると，低い周波数では抵抗の影響で短絡インダクタンスが高くなる．この影響が少ない周波数で測定する

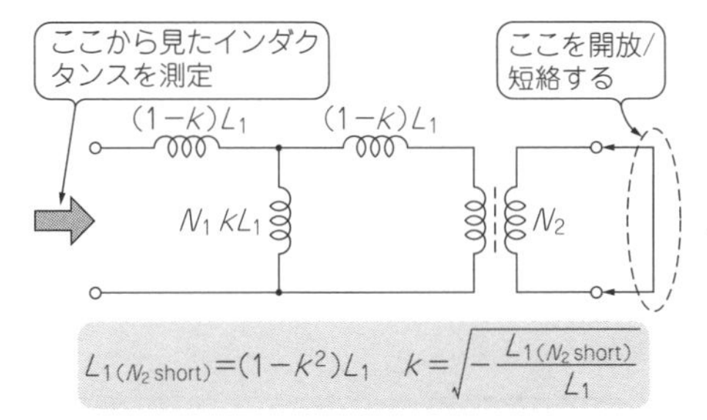

図14　短絡インダクタンスの等価回路
一般的にはこれも漏れインダクタンスと呼ばれる

● トランスの仕様

図13は，デモ・ボードの取り扱い説明書に掲載されている，搭載トランスのピン・アサインと構造です．1次巻き線のN_{P1}とN_{P2}は直列で使うので，今回は1-3ピン間で1つの巻き線として扱います．これをサンドイッチ巻き線と呼びます．

2次巻き線のN_Sは回路図上では1つの巻き線です．トランスとしては2つの巻き線ですが，基板上で並列接続にして1つの巻き線として使います．今回は，別々の巻き線として測定するので，4つの巻き線のトランス・モデルを作成します．

● 測定方法

▶結合係数の求めかた

巻き線間の結合係数を求める方法はいくつかあります．このなかでもっとも一般的でシンプルなのは，開放/短絡で求める方法です．**図14**に示すように，測定側の巻き線をN_1，N_1との結合を求める側の巻き線をN_2とし，N_2の巻き線を短絡したときのN_1のインダクタンスを測定します．これをJIS(JIS C5602，番号4305)では短絡インダクタンスと呼びますが，あまり使われていません．

一般的には，これらも「漏れインダクタンス」または「リーケージ・インダクタンス」と呼ぶのが慣例のようです．しかし，この測定で得られる値は，先の磁気回路による等価回路でいう漏れインダクタンスとは

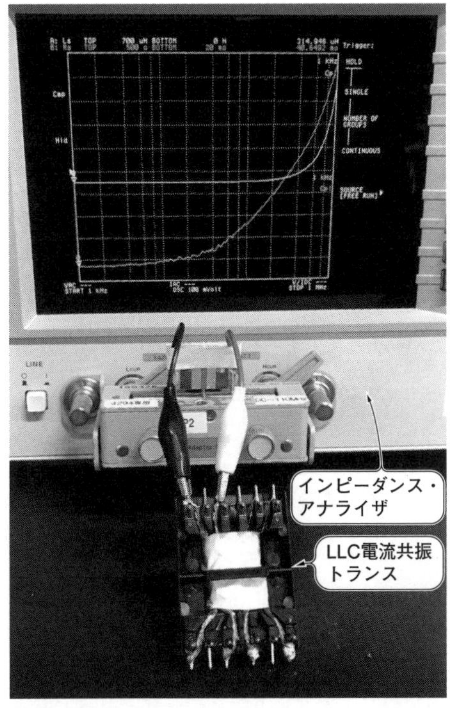

写真2　トランス・モデルを作成するには，インピーダンス・アナライザや*LCR*メータなどを利用して自己インダクタスや漏れインダクタンスを測定する
今回はインピーダンス・アナライザ4294A(キーサイト・テクノロジー)を利用した

異なります．

今回は区別のため，「短絡インダクタンス」と呼ぶことにします．これを用いると結合係数kが求まります．

▶短絡インダクタンスの測定方法

図14に示す等価回路では，抵抗ぶんを考慮していませんでしたが，現実のトランスでは巻き線抵抗，短絡配線の抵抗，接触抵抗が存在しており，完全に短絡ということは現実にあり得ません．この抵抗ぶんが測定値に影響します．これらの抵抗の影響は低い周波数に現れ，測定周波数を考慮しないと測定誤差が大きくなります．どのあたりの周波数から影響するかは，**図**

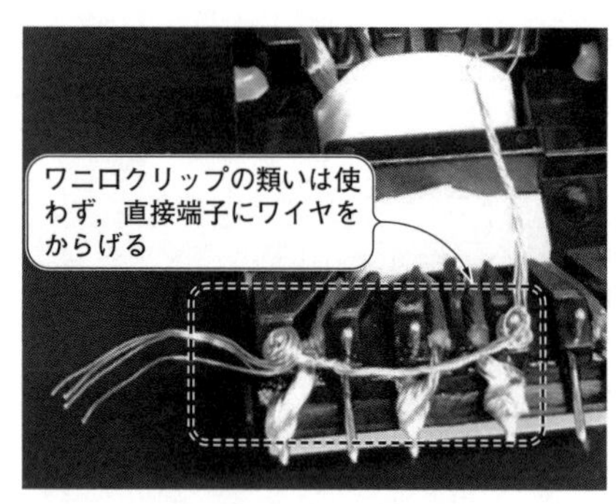

写真3　短絡インダクタンスを測定するときは，配線抵抗などの影響を考えて最短で配線する

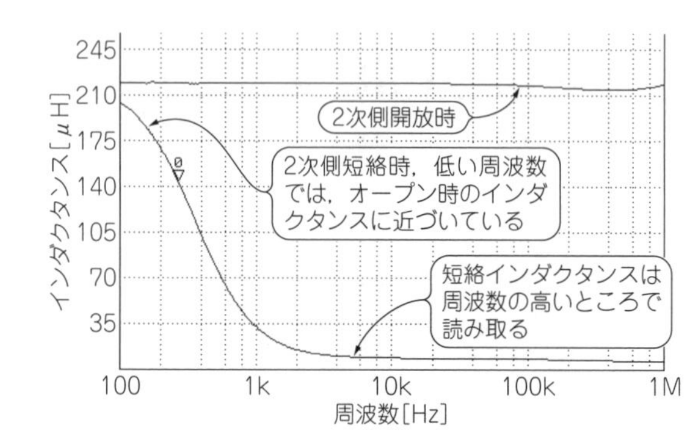

図16　短絡インダクタンスの実測値
図6の等価回路から計算した特性とよく似ている．インピーダンス・アナライザ4294Aで測定した

表1　開放/短絡インダクタンスからトランスのモデル・パラメータを抽出する
(a)にはインピーダンス・アナライザで測定した値をそのまま記入する．短絡インダクタンスから，相互インダクタンスを求めてインダクタンス・マトリクス表を作成する．これをシミュレーション・モデルに変換する

インダクタンス	L_1	L_2	L_3	L_4 ①
L_1	217.2	7.564	7.337	8.05
L_2		34.049	2.137	1.542
L_3			36.395	1.31
L_4				14.124

結合係数 $k_{12}=\sqrt{1-\frac{L_{1(L_2\mathrm{short})}}{L_1}}$

(a) 開放/短絡インダクタンス測定

インダクタンス	L_1	L_2	L_3	L_4
L_1	1	0.98243	0.98296	0.98129
L_2	0.98243	1	0.96811	0.97709
L_3	0.98296	0.96811	1	0.98184
L_4	0.98129	0.97709	0.98184	1

相互インダクタンス $M_{12}=k_{12}\sqrt{L_1L_2}$

(b) 結合係数マトリクス

インダクタンス	L_1	L_2	L_3	L_4
L_1	217.20	84.486	87.395	54.351
L_2	84.486	34.049	34.080	1.542
L_3	87.395	34.080	36.395	22.261
L_4	54.351	21.427	22.261	14.124

(c) インダクタンス・マトリクス

15(a)の等価回路を解くと，求めることができます．等価回路を解いてグラフ化した結果を**図15(b)**に示します．

図15(b)のグラフを見てもわかるように，短絡する巻き線側の抵抗ぶんにより，低い周波数では短絡インダクタンスは高く見えます．底のフラットな領域が欲しい値なので，十分に下がり切った周波数で測定します．抵抗の影響を少なくするため短絡配線はなるべく最短にします．これは配線インダクタンスを減らす意味でも重要です．特に2次側の巻き数が少なく，巻き数比も大きい場合は影響が大きくなります．大体の目安としては，短絡インダクタンスは100 kHz程度で測定するのがよいでしょう．仕様によってはそれでも不足な場合もあり，一度は周波数特性を確認しておきます．

▶短絡インダクタンスの実測

前述したとおり短絡インダクタンスには周波数特性があるので，一般的なスイッチング・レギュレータ用トランスでは少なくとも100 kHzぐらいまで測定できる測定器を使います．できれば10 k～1 MHzぐらいまで周波数を変えることができる測定器ならなおよいです．今回はインピーダンス・アナライザ4294 A(キーサイト・テクノロジー)を使いました．**写真2**は自己インダクタンス，**写真3**は短絡インダクタンスを測定しているところです．

図16に今回測定したトランスの短絡インダクタンスの実測データを示します．この結果は**図15(b)**と一致していることがわかります．

測定周波数を上げていくと，分布容量の影響で，自己インダクタンスが上昇し始めるので，測定はその前までのポイントを選びます．巻き数が増えるほど分布容量が増え，この周波数が低くなります．

短絡インダクタンスは自己共振周波数より高い周波数でも測定できることが多いです．

このため巻き数が多いトランスでは，自己インダクタンスと短絡インダクタンスの測定周波数をわざと変えることもあります．

● Excelで測定表を作ってミスを防ぐ

巻き線が2つまでならあまり間違えることはありません．巻き線が多くなってくると測定回数が増えるので混乱してきます．例えば4つの巻き線では，各巻き線を開放/短絡しながら10回の測定が必要です．このとき1か所でもミスすると，見かけ上は問題なさそう

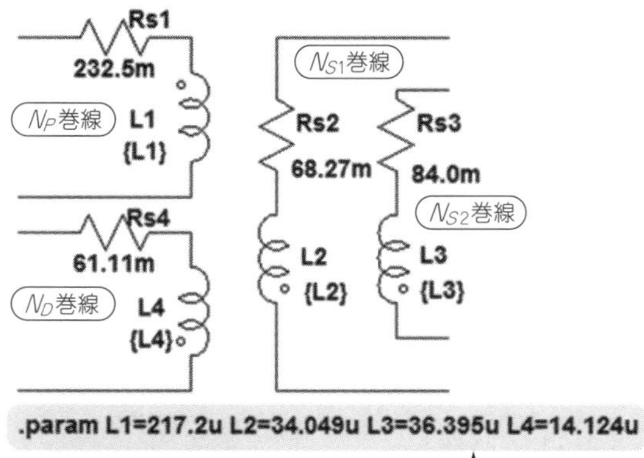

図17　4つの巻き線のそれぞれの結合係数からトランスを作成する
自己インダクタンスはパラメータ指定しておくと，コピー＆ペーストで一度に書き換えできる

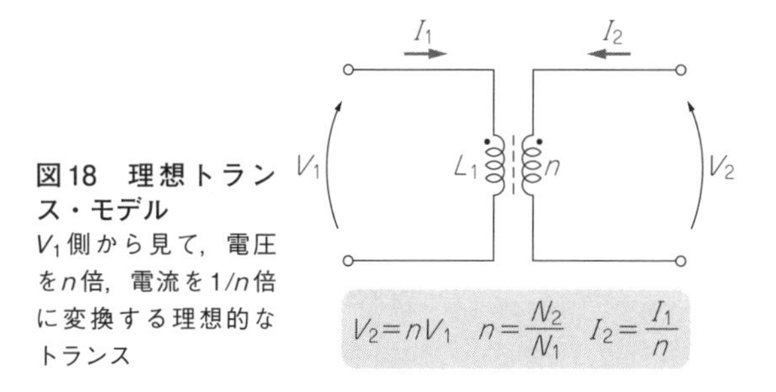

図18　理想トランス・モデル
V_1側から見て，電圧をn倍，電流を$1/n$倍に変換する理想的なトランス

でも現実にはあり得ないパラメータになっていて，解析時に収束エラーを起こします．ミスに気づかないと，原因究明のためむだに時間だけが過ぎ，疲労困憊することになります．

ミスの回避対策として，私は**表1**のように，Excel上でマトリクス状に表を作成して埋めていく方法をとっています．入力と同時に計算も終わるので，検算にも利用できます．

● 各巻き線の自己インダクタンスを測定する

表1(a)に示すように，対角セルに他の巻き線がすべて開放状態で各巻き線のインダクタンスを測定し，入力します．表に記入する巻き線の順番は，なるべくLの大きい順に並べなおします．そのほうが後の計算で精度が良くなるためです．

● すべての巻き線の組み合わせで短絡インダクタンスを測定する

表1(a)の①のところに，kを求めるため短絡インダクタンスを測定し入力します．短絡インダクタンスは1ペア当たり測定方向が2つありますが，片方だけ行います．表がすべて埋まったら**表1(b)**のように計算し，結合係数マトリクスを作成します．自己インダクタンスのところに1を入れ各ペア間の結合係数を式で計算します．

kから相互インダクタンスMが計算できます．これを並べると**表1(c)**に示すインダクタンス・マトリクスが得られます．今回は使っていませんが，インダクタンス・マトリクスにすると，行列計算での処理が行いやすくなります．

リスト1　図9のSPICEネットリスト

```
.SUBCKT XFMR_IDEAL 1 2 3 4 PARAMS:
+ nx=1
RP 1 2 1G
E1 5 4 1 2 {nx}
F1 1 2 VM {nx}
RS 6 3 1u
VM 5 6 0
.ENDS XFMR_IDEAL
```

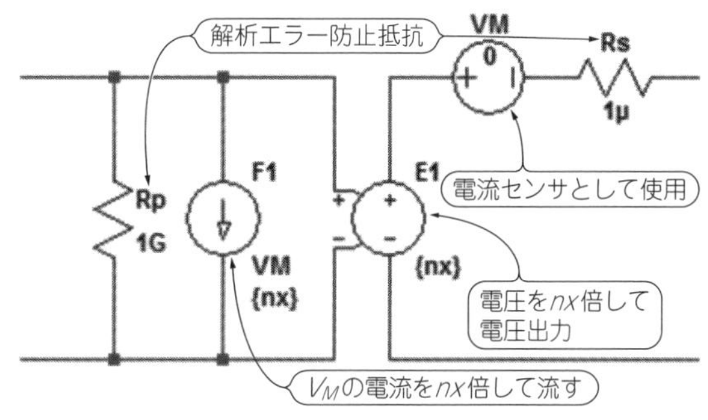

図19　理想トランスのSPICEモデル例
LTspiceの制御電源を使って理想トランスを表現する．等価回路は1つではなくいくつかある

● SPICEモデルの設定

自己インダクタンスと結合係数がすべて求まると，SPICEモデルが作成できます．この作業は機械的なので，Excelを利用して，自動でモデル化させることもできます．**図17**に示すのは測定した直流抵抗も追加し，**表1**からLTspice上に作成した電気回路タイプのトランス・モデルです．

■ 磁気回路タイプのトランス・モデルの作成

● 電気回路のモデルと異なる点

電気回路を利用したモデルはLCRメータでの測定値をそのまま使えました．

ここからは同じトランスで磁気回路を利用したモデルを作成します．測定値は先ほど測定したモデルを使います．3つの巻き線でのモデル精度を上げるため，巻き数比を求めるための電圧測定が追加されます．

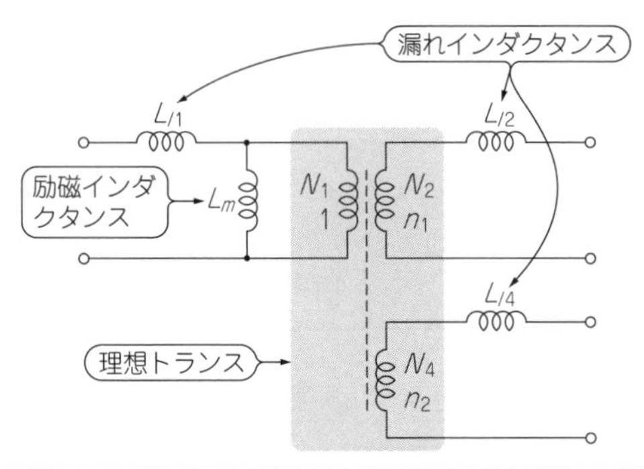

$$L_{l1}=L_1-\sqrt{L_{S3}L_{S2}-L_{S3}L_1-L_1L_{S2}+L_1^2+\frac{L_{S4}L_1-L_{S4}L_{S3}}{n_1^2}}=3.139\mu\mathrm{H}$$

$$L_{l2}=\frac{n_1^2(L_{l1}-L_1)(L_{S3}-L_{l1})}{L_{S3}-L_1}=0.137\mu\mathrm{H}$$

$$L_{l4}=\frac{n_2^2(L_{l1}-L_1)(L_{S2}-L_{l1})}{L_{S2}-L_1}=0.302\mu\mathrm{H}$$

$$L_m=L_1-L_{l1}=210.2\mu\mathrm{H}$$

図20　3つの巻き線トランスのパラメータ
磁気回路タイプのトランス・モデルは，理想トランスに励磁インダクタンスと漏れインダクタンスを追加して表現する．巻き線が増えるほど値の決定が難しくなる．これは3つの巻き線の計算例

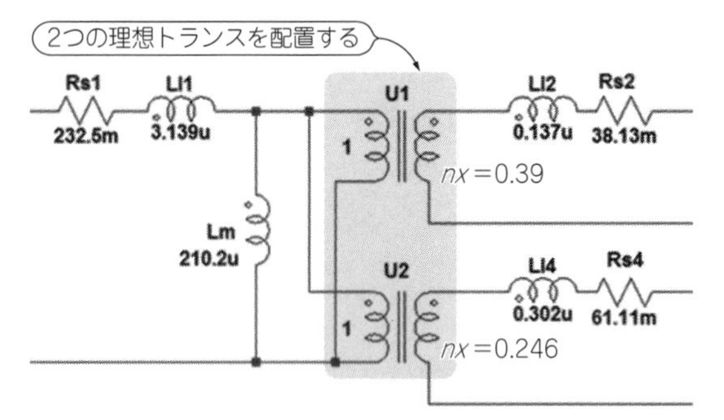

図21　作成した磁気回路タイプの等価回路モデル
3つの巻き線の理想トランスは，2つの巻き線モデルを2つ使って作成できる

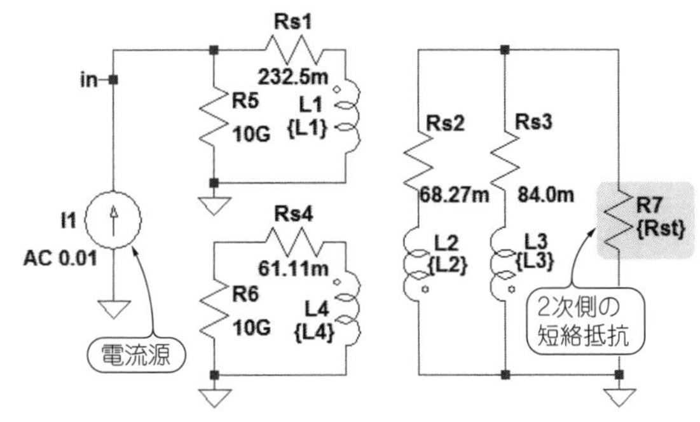

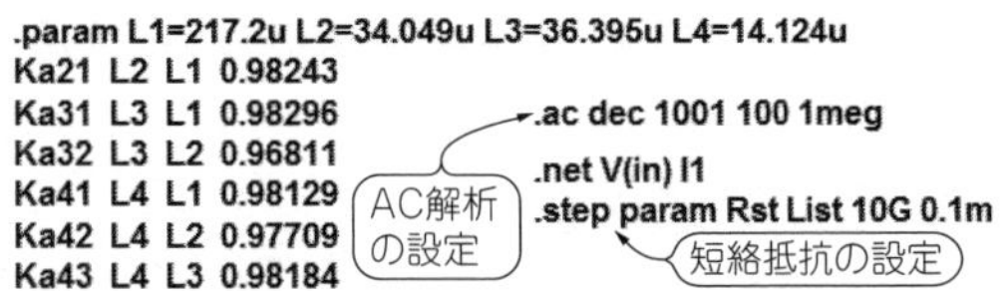

(a) 電気回路タイプのトランス・モデルの測定回路

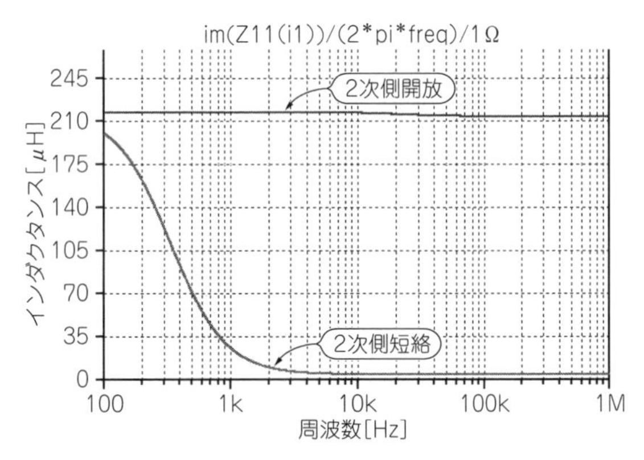

(b) LTspiceでのN_Pインダクタンス計算結果

図22　LTspiceを利用して等価回路の特性を調べた
作成したモデルの特性確認にも，電子回路シミュレータを利用する．AC解析では，インダクタンスなどのパラメータも直接計算できる．磁気回路タイプのトランス・モデルの測定回路も(a)と同様の方法で解析できる．結果は(b)と同じであった

● 理想トランスのモデル

本等価回路を構成する素子は，励磁インダクタンス，漏れインダクタンス，理想トランスの3つです．このうち理想トランスはLTspiceの標準ライブラリにはないので，等価回路やサブサーキット・モデルで作成します．

図18に示すのは理想トランスと呼ばれるモデルです．**図18**内の式に示す電圧電流関係で動作します．これは直流から成り立ちます．

図19に示す関係を制御電源で記述して，LTspice上で扱えるようモデル化します．**リスト1**に**図19**のSPICEネットリストを示します．

モデル化の方法はいくつかありますが，そのうちの一例を**図20**に示します．この理想トランスの等価回路モデルは，シミュレータや解析内容によっては相性があります．回路や設定が正しいのに，計算に異常に時間がかかる場合は，別なモデルを使うとあっさり動いたりします．

LTspiceXVIIでは“¥LTspiceXVII¥examples¥Educational”に別な形の理想トランスが例題としてインストールされています．そちらを使っても問題なさそうです．

● 3つの巻き線の励磁インダクタンスと漏れインダクタンスの決めかた

理想トランスに励磁インダクタンスと漏れインダクタンスを追加すれば基本的なモデルは完成します．

前述したようにこれらの計算は，多巻き線になるほど大変で，漏れインダクタンス2個と励磁インダクタンス1個の等価回路に簡略化してまとめてしまうことも多いです．

今回は2次側で2つの巻き線が並列で使われている

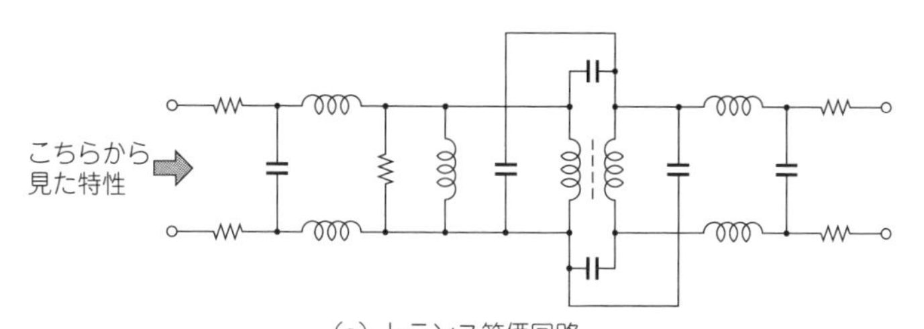

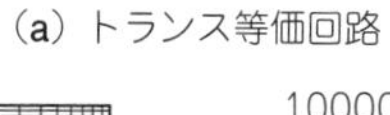
(a) トランス等価回路

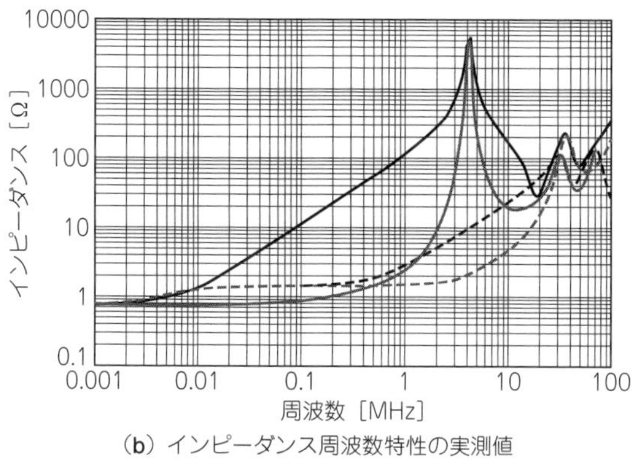

(b) インピーダンス周波数特性の実測値

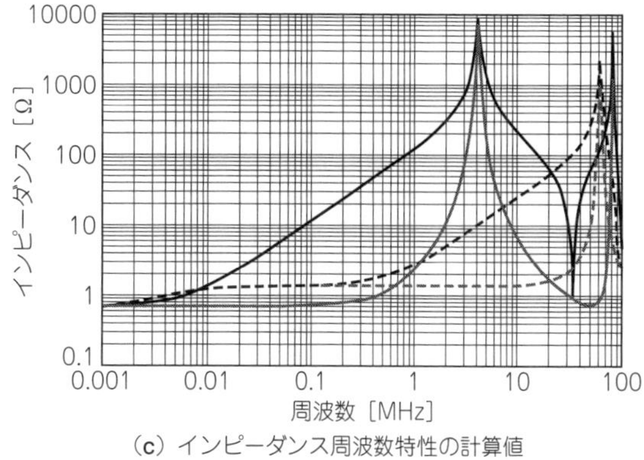

(c) インピーダンス周波数特性の計算値

図23　周波数特性を合わせ込んだトランス等価回路例
実測値と等価回路の周波数特性を比較する．このように*LCR*を追加することで，実測の周波数特性に合わせ込むこともできる

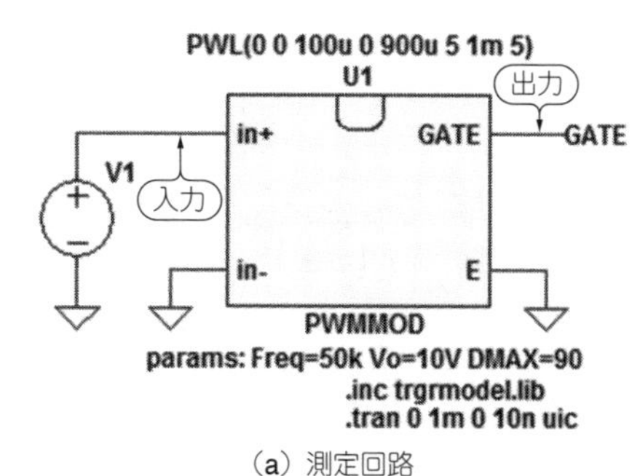

(a) 測定回路

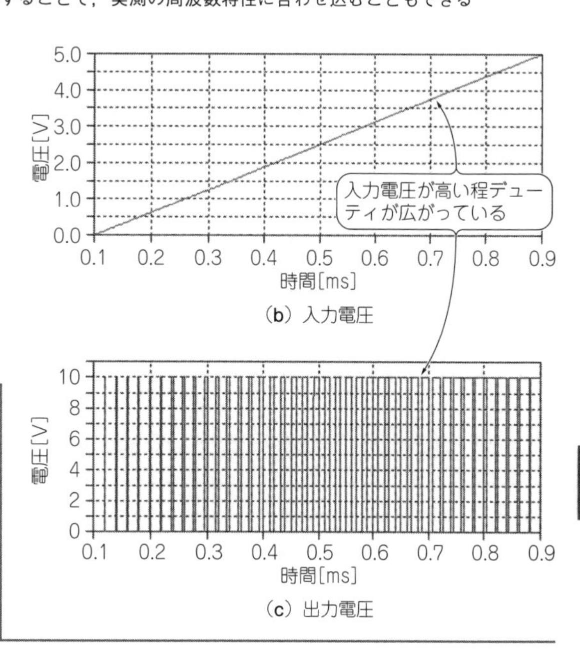

(b) 入力電圧

(c) 出力電圧

図24　自作したPWMモデルのサブサーキット
入力電圧に比例してデューティが変化する

ため，これを1つの巻き線にし，3つの巻き線のモデルとして作成します．3つの巻き線のパラメータ決定方法は参考文献(6)で解説されているのでそれを使います．

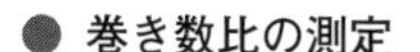

● 巻き数比の測定

ファンクション・ジェネレータなどで正弦波をN_1側から加えて，N_2，N_4の開放誘起電圧を測定します．そして入出力の電圧比から巻き数比を測定します．これには*LCR*メータまたはインピーダンス・アナライザでの測定のほかに，信号源とAC電圧計を利用して測定します．今回はファンクション・ジェネレータとディジタル・マルチメータで測定しました．

● 自己インダクタンスと短絡インダクタンスの測定と計算

励磁インダクタンスを置く巻き線の自己インダクタンスL_1と，L_{S2}，L_{S3}，L_{S4}の各巻き線の短絡インダクタンスを測定します．**図20**に示す式で，これら6つのパラメータから各漏れインダクタンスと励磁インダクタンスを計算します．

リスト2　図24に示すモデルのSPICEネットリスト

```
.subckt PWMMOD in in- G E  params: Freq=100k Vo=5 DMAX=90
Ri1 in 0 1MEG
Ri2 in- 0 1MEG
V1 tri 0 Pulse(0 1 0 1p {(1/Freq)-2p} 1p {1/Freq})
B1 lim 0 V=IF(V(in,in-)<80m, 80m, IF( V(in,in-)>5, 5, V(in,in-)))
B2 cont 0 V=V(lim)/(5*100/DMAX)
B3 pls 0 V=-sgn(V(Tri)-V(cont)-0.015*(V(pls)+1))
B4 G E V=(V(pls)+1)/2*Vo
.ends PWMMOD
```

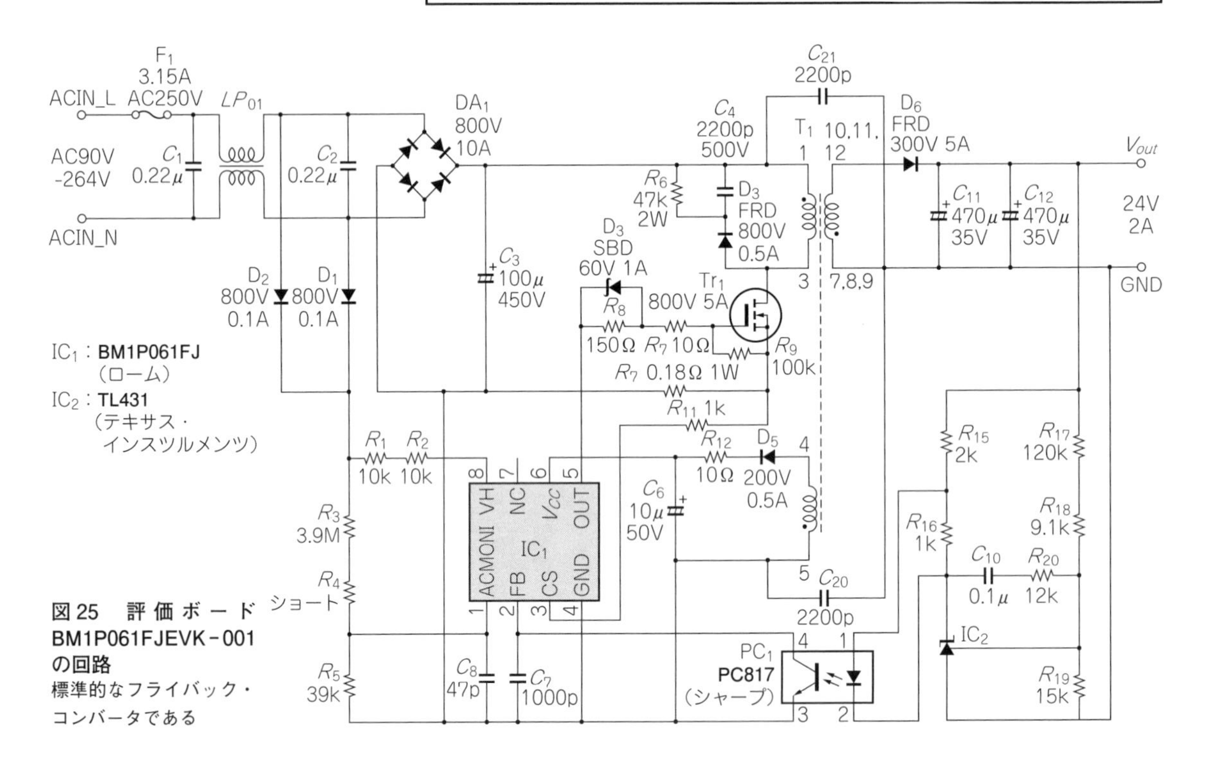

図25　評価ボードBM1P061FJEVK-001の回路
標準的なフライバック・コンバータである

● SPICEモデルの設定

前述した計算結果を用いてLTspiceで作成したトランス・モデルを図21に示します．U_1，U_2は図19の理想トランスをサブサーキット化したモデルです．

このモデルを用いて解析すると，L_Mの電流は励磁電流になります．ここからコアの磁束密度などが計算できます．

■ トランスの特性評価

● LTspiceを計算機のように使う

LTspiceのAC解析を用いて作成した2つのトランス・モデルが正しくできているか確認できます．図22(a)に示すような信号を加えて，計算するとインピーダンス測定器と同じ周波数特性を表示できます．これは測定器が行っているのと同じ操作をSPICE上で再現しています．覚えておくと便利な小技です．L_1に電流源I_1を接続してノードinを指定します．波形ビューア上では「im(V(in)/I(I1))/(2*pi*freq)/1ohm」を表示させると，接続した電流源から見たインダクタンスL_Sが表示されます．

LTspiceは，独自に.netステートメントが実装されています．これを使うと1ポートと2ポートの各種回路網パラメータを直接計算できます．所定の手続きでこれを使うと，「im(Z11(I1))/(2*pi*freq)/1ohm」でも同じ結果が得られます．

グラフはL_2を開放/短絡した場合を計算させています．モデルに疑義が生じた場合などに確認を行うと便利です．

● 結果

図22(b)にLTspiceのシミュレーション結果を示します．作成した2種類のモデルは，前述した図16の実測値とほぼ一致していることが確認できます．今回の例では1MHzくらいまでの帯域であればこのままでも十分に使えます．

ここまでのトランス・モデルにCとRをさらに追加して周波数特性を合わせ込むこともできます．前述したとおり，分布定数的に存在しているので，集中定数に置き換えるのは，簡単ではなく，特性カーブから等価回路を考え，さらにパラメータ・フィッティングす

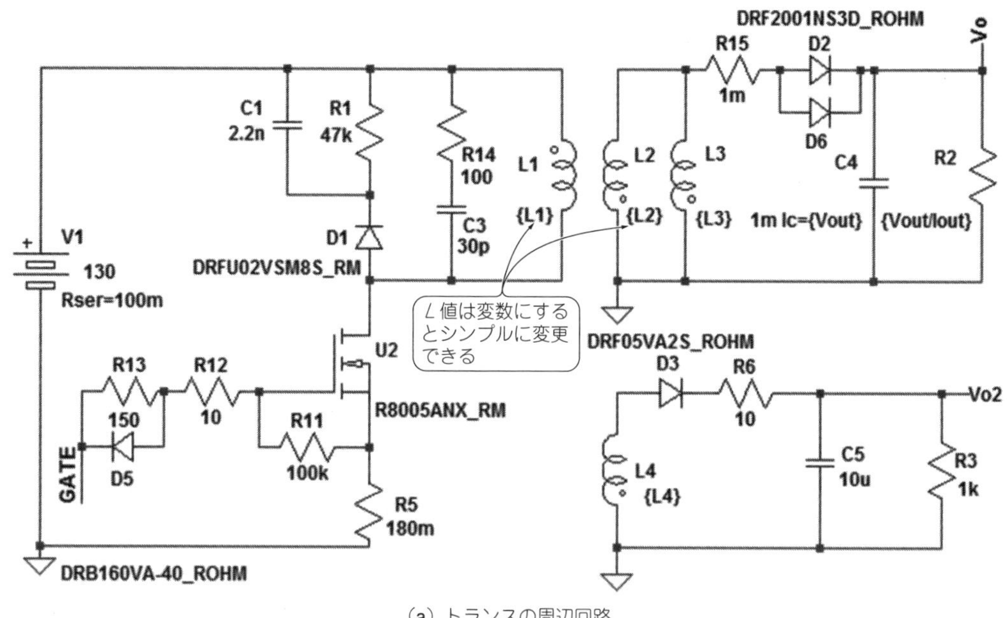

(a) トランスの周辺回路

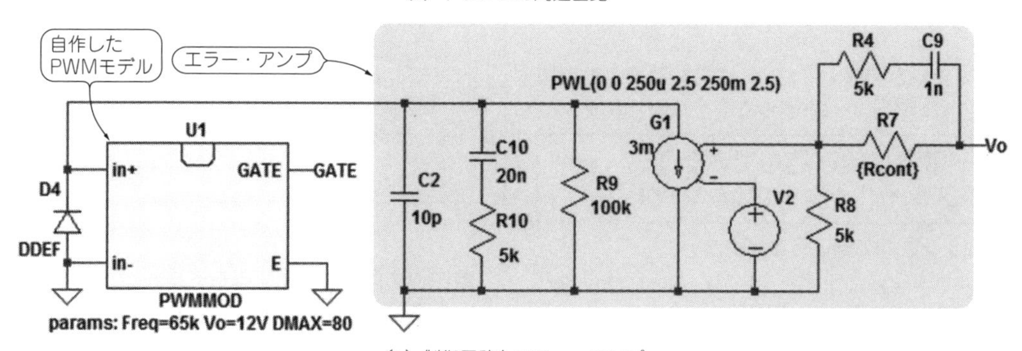

(b) 制御回路とエラー・アンプ

図26 LTspiceで作成した評価ボードの回路モデル
評価ボードの回路を基に，シンプルな制御回路を付加した解析モデルである．トランスの動作波形の確認には十分に利用できる

る作業が必要です．

● 周波数特性を考慮した詳細モデル

トランス等価回路モデルを作成することで，最終的には伝送特性やノイズ評価もある程度できるようになります．電子回路シミュレータでこれらの評価をするには，インダクタンス結合だけのモデルでは十分ではなく，コアやワイヤ間に生じる静電容量や損失抵抗をモデルに含ませます．

図23に周波数特性を合わせ込んだ等価回路の参考例を示します．励磁/漏れインダクタンスのほかに，いくつか*CR*部品を追加して実測値に合わせ込んでいます．

モデリングは周波数特性を確認しながら構造を考慮して巻き線間に容量を接続し割り振ります．分布定数回路を集中定数で表現するので，多少は表現しきれな

```
.param L1=219.6u L2=34.747u L3=36.639u L4=14.213u
Ka21 L2 L1 0.98616
Ka31 L3 L1 0.98717
Ka32 L3 L2 0.97501
Ka41 L4 L1 0.98461
Ka42 L4 L2 0.98088
Ka43 L4 L3 0.98145
.inc trgrmodel.lib
.PARAM Vout=24 Iout=2.0 Rcont={5k*(Vout-2.5)/2.5}
.model SW1 SW(Ron=1 Roff=1Meg Vt=2.5 Vh=-.5 Lser=0 Vser=0)
.tran 0 20m 15m 10n uic
.MEAS TRAN Lp_rms RMS I(L1)
.MEAS TRAN Ls1_rms RMS I(L2)
.MEAS TRAN Ls2_rms RMS I(L3)
.MEAS TRAN Vo1 AVG V(Vo)
.MEAS TRAN Vo2 AVG V(Vo2)
```

トランス・モデル

シミュレーション後の統計値計算

(c) SPICEコマンドの設定

い部分が出ます．

うまくモデルが作成できれば，1次側から2次側へ伝送するノイズが線間容量などのパラメータの違いでどう変化するかなども評価できる可能性があります．線間容量は，トランスの構造で考えるとワイヤ間の接

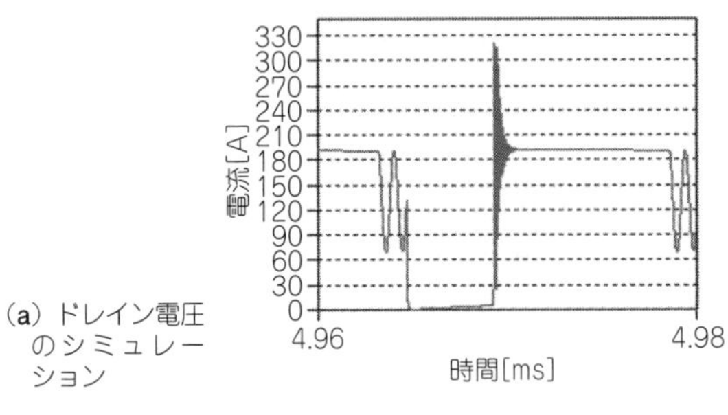

(a) ドレイン電圧のシミュレーション

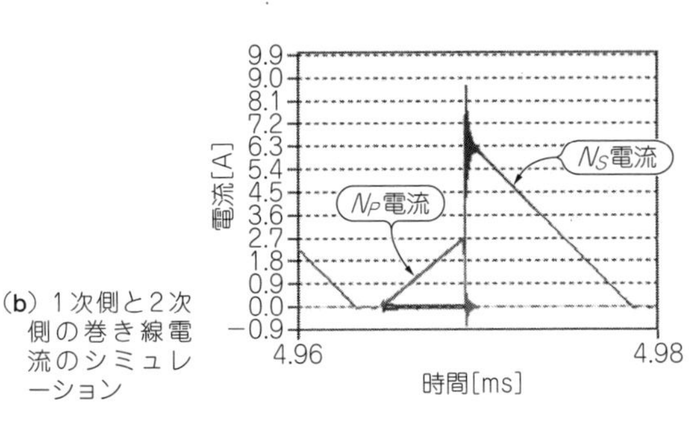

(b) 1次側と2次側の巻き線電流のシミュレーション

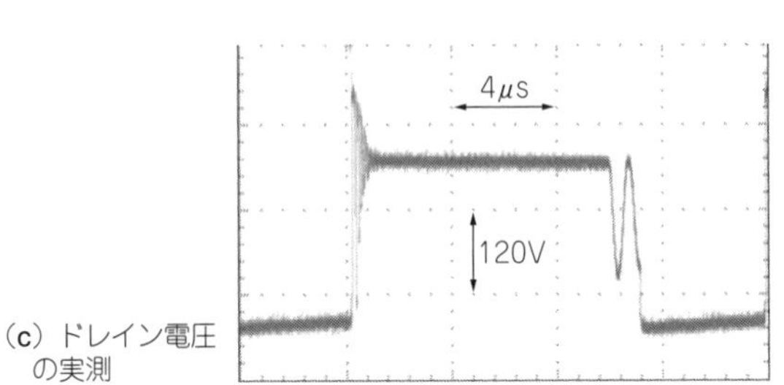

(c) ドレイン電圧の実測

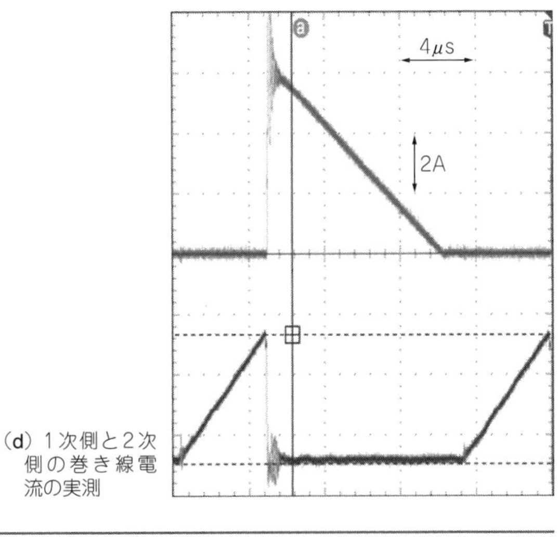

(d) 1次側と2次側の巻き線電流の実測

図27 評価ボードの主要な測定ポイントの電圧と電流
実測波形に近い波形が得られる

する面積と距離が関係するため，この結果から巻き線をどのように動かしたら良さそうかを検討できます．

電源に組み込んでみる① フライバック・コンバータ

● 回路がシンプルで部品点数が少ない

作成したトランス・モデルを実際に電源回路に組み込んでみます．これらを使った電源回路シミュレーションの例を2つ紹介します．

まずは，前述したPWM制御を使ったフライバック・コンバータの評価ボードを例にして実機とシミュレーションを比較します．フライバック・コンバータは，スイッチング電源で一番多く使われている方式です．例えばスマートフォンの充電に使うようなACアダプタは，ほぼすべてこの方式です．回路がシンプルで部品点数も少なく済み，専用ICも多数製品化されています．最初に動作を理解するには一番適した回路といえます．

● PWM信号を発生するモデル

作成した電気回路タイプのトランス・モデルを使って電源回路シミュレーションを実行してみます．例題の評価用ボードはPWM制御なので，その信号を発生させるモデルを用意します．

ICのデバイス・モデルがあれば，それを利用することもできます．ICを完全に再現したモデルは，ちょっと動かすには重すぎるうえ，保護回路なども含まれているので，すべて配線する必要があり，動作させるまでが大変です．こんなときは，シンプルにPWM信号だけを発生するモデルを作成します．三角波の電圧源とコンパレータを用いて作成することもできます

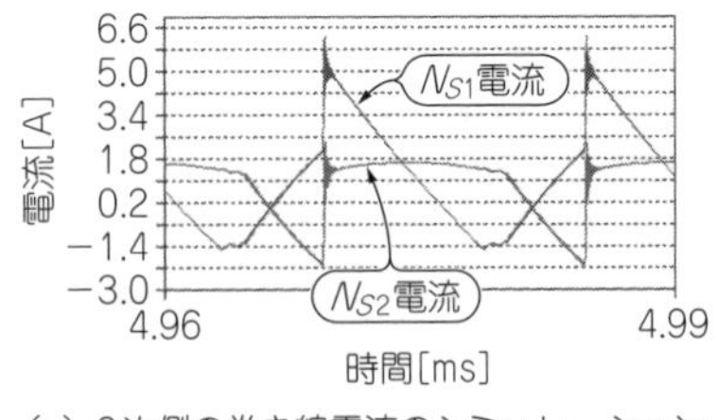

(a) 2次側の巻き線電流のシミュレーション

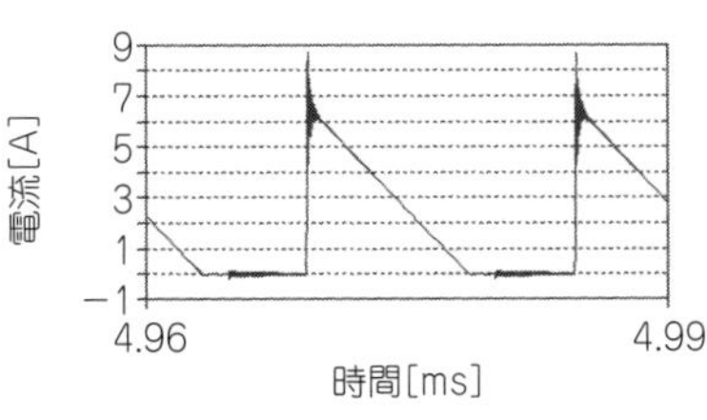

(b) 整流ダイオードに流れる電流のシミュレーション

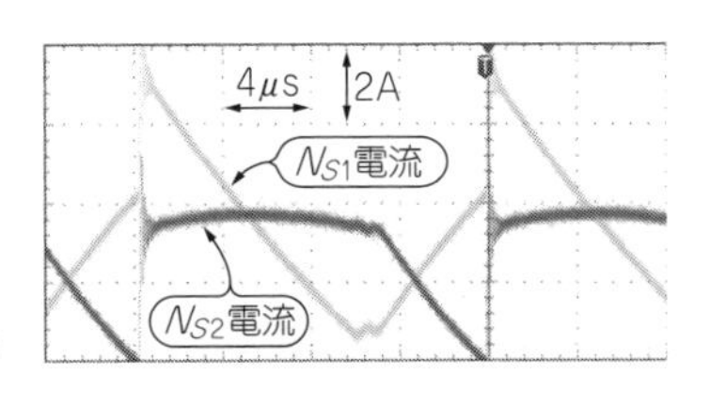

(c) 2次側の巻き線電流の実測

図28 並列接続されている2次巻き線のそれぞれの電流を観測した
(a)は単純に半分の電流になっていない．今回は比較のため，実測データを取得したが測定しにくいことも多い．このような場合もシミュレーションならシンプルに波形を調べることができる

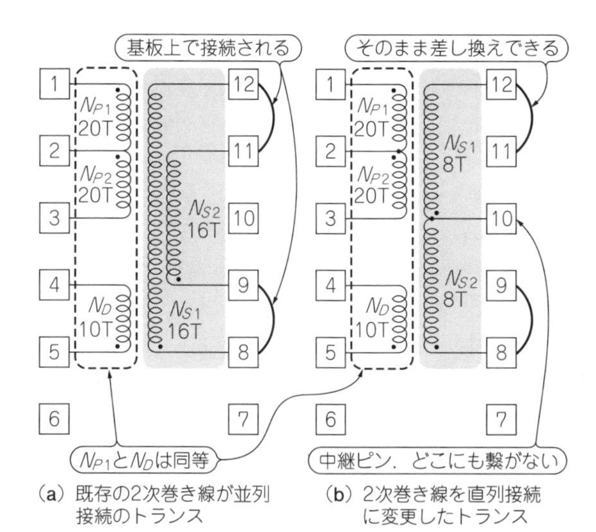

図29　巻き線仕様の違い
トランス側の対策としては，直列接続するとループ電流はなくなる．ループ電流をなくしても，劇的に特性が改善しないこともある

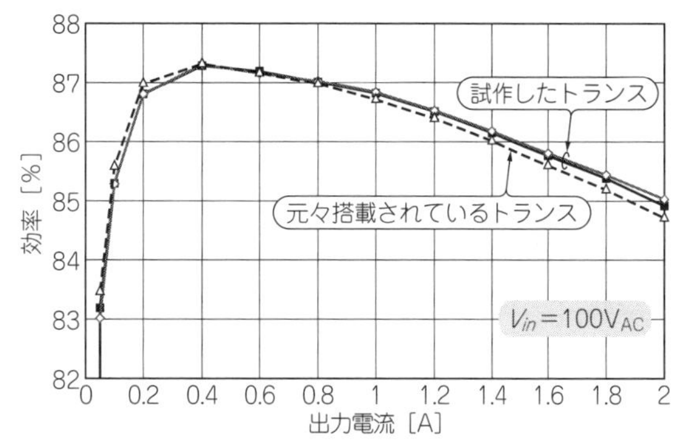

図30　トランスの巻きかたによる効率の比較
効率はフライバック方式としては標準的である．今回はループ電流を解消してもほとんど効率に変化はなかった

が，これを毎度準備するのも面倒なので，サブサーキット化しておきます．

図24にLTspiceで動作するPWMモデルの例を示します．**リスト2**は**図24(a)**のサブサーキットのSPICEネットリストです．

本モデルを使うと，in端子の電圧に対応してゲート端子からPWM信号が発生します．

● 評価用ボードの回路

図25に評価用ボードの回路を示します．この回路図は，基板のアプリケーション・ノート内に掲載されています．本資料はロームのホーム・ページからダウンロードできます．

図26に**図25**を基に作成したLTspice用回路モデルを示します．今回の目的は，トランス・モデルの動作確認なので，調整しています．DC入力として，入力の整流回路は省略し，TL431とフォトカプラを使ったフィードバックはシンプルな回路にしました．

各部品にシンプルな等価回路を使うと，ロスが実機よりも少ないため，スイッチングによる電圧・電流振動が多くなることがあります．こうなると，振動を計算するために必要以上に時間がかかる上，実機とは違った波形になってしまいます．この場合は，各部品に対して，より正確な*LCR*分を含んだモデルを用意すれば改善すると思います．ただし，モデルを用意したり調整したりするのは大変なので，解析目的によっては振動を抑えるスナバ回路を追加して波形側を実測に合わせこむことも，てっとり早く結果を得るためには有効です．

今回はMOSFETやダイオードに実機部品のデバイス・モデルを使ったので，回路側であまり補正しなくても，そこそこ近い波形が得られました．

● シミュレーションと実測値の比較

図27(a)はLTspiceで計算したドレイン電圧，**図27(b)**はソース電流と2次側のトランス電流の結果です．一般的なフライバック・コンバータの波形が得られています．今回は電圧制御をかけていますので，レギュレーションが目的の電圧かどうかや，制御が発振していないかを確認します．例では，エラー・アンプをg_mアンプ型のフィルタにしています．ここは好きな回路に置き換えてもよいです．今回はトランス動作の確認が目的なので，最低発振しないほどの設定でよいでしょう．

図27(c)，**図27(d)**に実機の測定波形を示します．

● 2次巻き線1本ずつの電流波形を確認してみる

今回トランス・モデルを作成するにあたって，トランスの2次巻き線を並列接続しないで，別々にモデリングしました．回路では基板上で並列接続して使います．それぞれどのような電流が流れているのか確認してみます．

図28(a)がそれぞれの巻き線の電流，**図28(b)**が並列接続された出力の電流です．同じ巻き数で並列にしたので，ちょうど半分ずつ流れているのではと考えます．計算結果は予想と違って，不思議な波形になっています．**図28(c)**に実際のトランスの波形を示します．

● 巻き線を並列接続するときは慎重に

図28のような結果になるのは，並列接続にしたことにより巻き線間に循環電流が流れていることが原因です．巻き位置によって，同じ巻き数でも微妙に自己インダクタンスが異なります．このため動作時にそれ

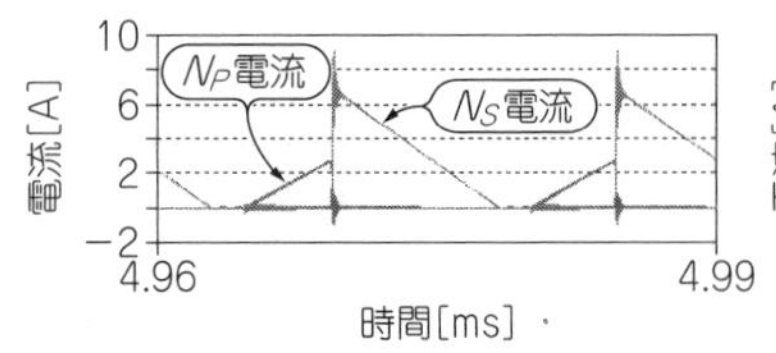

(a) 1次側と2次側の巻き線電流のシミュレーション

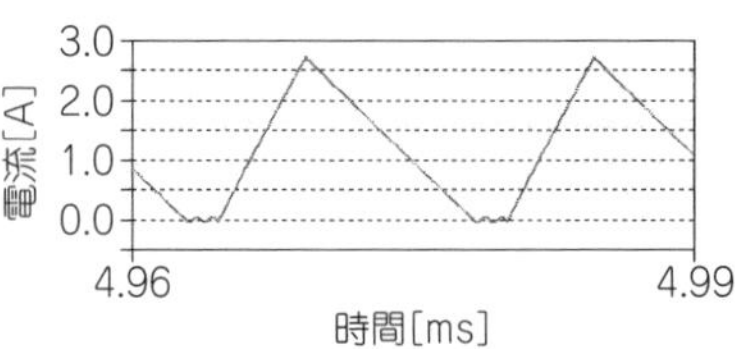

(b) 励磁インダクタンスに流れる電流のシミュレーション

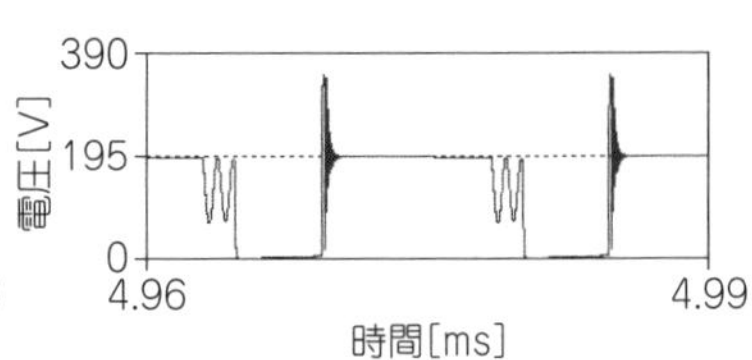

(c) ドレイン電圧のシミュレーション

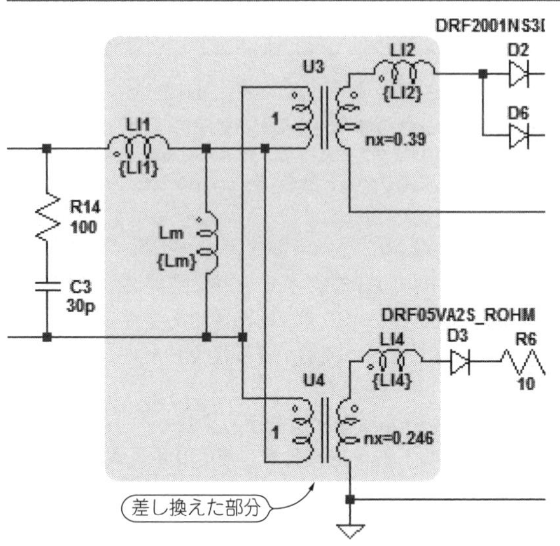

図31 トランスを電気回路タイプから，磁気回路タイプのモデルに差し換えて解析する
理想トランスはサブサーキット化して読み込ませている

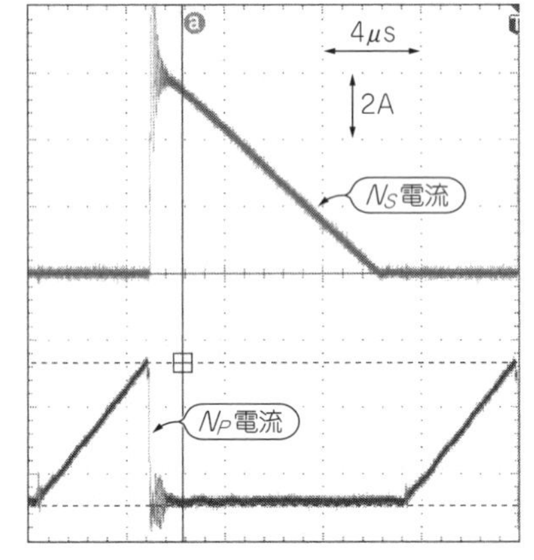

(d) 1次側と2次側の巻き線電流の実測

図32 図31の磁気回路トランス・モデルで主要の測定ポイントの電流と電圧を観測した
インダクタンス結合を用いた，SPICE標準のトランス・モデルと同等の結果が得られている．(d)の実測は(a)のシミュレーション結果とほぼ同じである

ぞれの誘起電圧が異なるので，それらを並列に接続すると，電位差に応じた電流が流れます．この電流は巻き線間をグルグル回るので外からは見えません．

電流が流れると導体抵抗などで損失が発生し，銅損の増加につながります．実際のトランス設計では仕様上巻き線を並列に接続せざるを得ない場合もありますが，この循環電流のため思ったほど銅損が減らないこともあります．

実機で循環電流を観測するのは簡単ではないことが多いので，トランスを測定するだけでわかる，このようなシミュレーションは有効な方法です．

● 循環電流を解消するには

有効な方法の1つは，直列接続にすることです．これは巻き数が多い場合に有効です．

今回，評価ボードに搭載しているトランスの2次側は16 Ts/2並列でしたので，これを8 Ts + 8 Tsにすることができました．これより並列接続にしたものと，循環電流を解消するために，N_Sを直列接続にした仕様の2種類のトランスを別途試作してみました．同じ形状のコア・ボビンが用意できないので，近い形状で2つ試作しています．**図29**はそれらのピン・アサインの違いです．基板上では同等に使えるようにしてあります．巻き数とインダクタンスは同等にしています．

● 試作したトランスを評価ボードに組み込んで動作させて比較する

図25の回路につないで動作させると，試作したトランスを含め，ほぼ同じ動作波形になりました．そこで，**図30**に実機での効率を比較してみました．

今回の実験では試作した並列/直列接続それぞれの効率の違いは，ほとんどありませんでした．波形に多少の差はありましたが，目で見えるほどの損失差には至っていなかったようです．

● コアの磁束密度を確認する

図31に示す磁気回路タイプのモデルを利用してシミュレーションを実行し，トランスの状態を確認します．**図32(a)**，**図32(b)**，**図32(c)**に電流波形のシミュレーション結果を示します．L_Mは励磁電流を表します．ここから磁束密度が計算できます．フライバック・コンバータはいったんコアに蓄えたエネルギをOFF期間に2次側から放出する回路なので，巻き線電流に負荷電流が重畳しません．1次電流のピークでコアの励磁状態もわかります．この回路では電気/磁気どちらのトランス・モデルでも励磁状態が確認できます．今回は比較のためにあえて解析します．

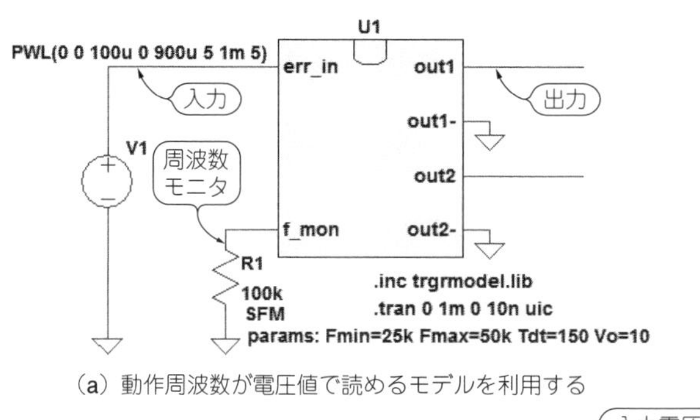

(a) 動作周波数が電圧値で読めるモデルを利用する

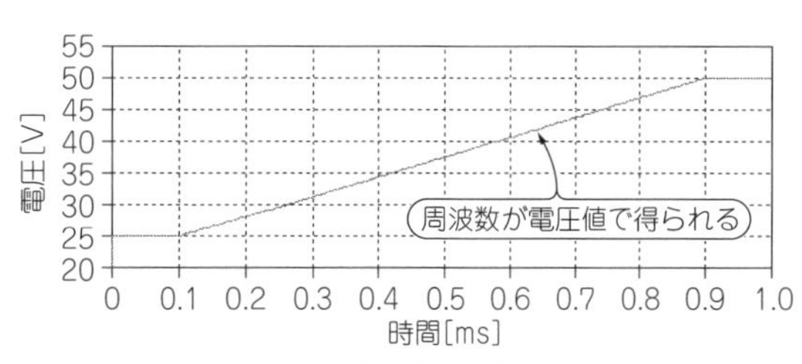

(b) 周波数モニタ

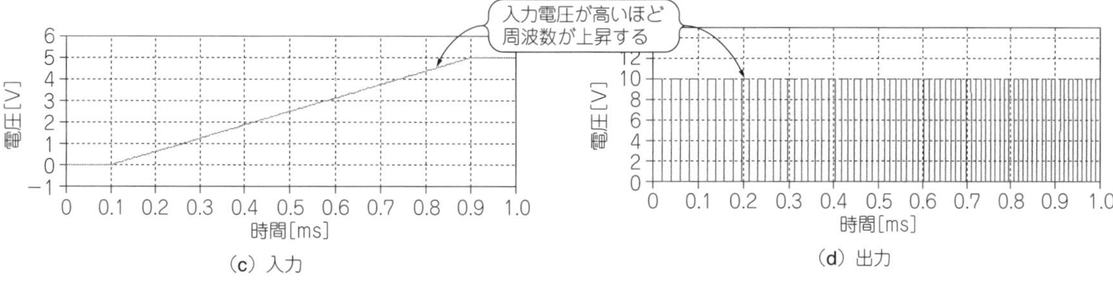

(c) 入力

(d) 出力

図33 LLC電流共振コンバータ用周波数制御モデルの例

リスト3 図24(a)に示すモデルのSPICEネットリスト

```
.subckt SFM err_in fout G1 E1 G2 E2 params:
+ Fmin=50k Fmax=100k Vo=5 Tdt=150
Ri err_in 0 1meg
B6 lim 0 V=IF(V(err_in)<1m, 0, IF( V(err_in)>5, 5, V(err_in)))
B1 fin 0 V=(Fmax-Fmin)/5*V(lim)+Fmin
B2 osc 0 V=sgn(sin(2*pi*idt(V(fin),1m)))
R1 osc del {Tdt}
C1 del 0 1.847326n
B3 G1 E1 V=(((sgn(V(del)-0.264242))/2)+0.5)*Vo
B4 G2 E2 V=(((-sgn(V(del)+0.264242))/2)+0.5)*Vo
B5 fout 0 V=V(fin)/1000
.ends SFM
```

シミュレーション結果では，L_PとL_Mの電流ピークも同じで，2.72 Aでした．EER28.5 Aコアの最小断面積は77 mm²，L_M = 210.2 μH，1次巻き数40 Tsです．次式で磁束密度B_Mを計算します．

$$B_M = \frac{LI}{nA_{min}} = \frac{210.2 \times 2.72}{40 \times 77} = 0.185\ \mathrm{T} \quad \cdots\cdots\cdots\cdots (8)$$

磁束密度は185 mTなので，フェライト・コアの飽和磁束密度(約400 mT)からは，十分な余裕があり，特に問題ないことがわかります．**図32(d)**は実測波形です．N_P電流はソース-GND間に接続されている，電流検出抵抗の電圧を見ています．0.42 Vで0.15 Ωなので，1次側の電流は2.8 Aとほぼシミュレーションと同じ値が得られています．

電源に組み込んでみる②
LLC電流共振型コンバータ

● LLCとは

電流共振型コンバータは，ここ10年ほどの間に急速に普及した電源回路です．そのなかでも特に使われているのは，LLC電流共振コンバータと呼ばれる回路でしょう．この回路は周波数制御で電圧をコントロールするので，それまでの主にデューティを変化させて制御する回路からすると，やや異色です．現在はたくさんの半導体メーカから専用の制御ICが出ているので，作りやすくなっています．特徴は低ノイズ/高効率で，比較的電力を取る回路に向いているとされます．

「LLC」はLが2つ，Cが1つ直列に接続されますのでそう呼ばれます．2つのLのうち，1つはトランスの励磁または自己インダクタンスが使われます．もう1つのLは外部に共振インダクタを置くか，トランスの漏れインダクタンスを利用するかのいずれかになります．どちらでも動作しますが，外部に部品として共振インダクタを置くとそのぶんコスト・アップになります．

特別な理由がなければ，通常は漏れインダクタンスを積極的に大きくしたしたいわゆる「電流共振トランス」を使います．

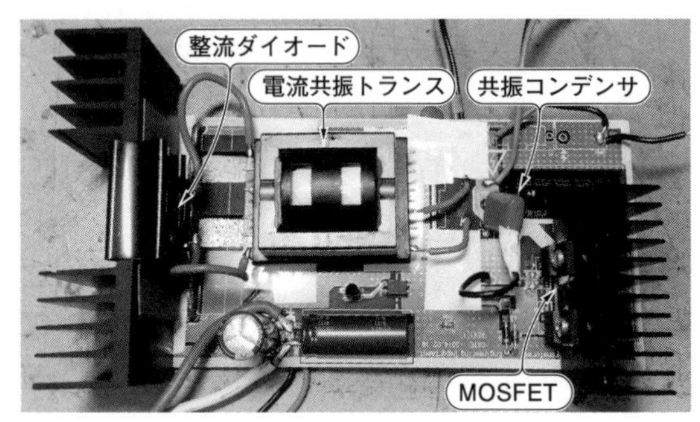

写真4　LLC実験基板FAN7631(オン・セミコンダクター)
評価するトランスの巻き線エリアの真ん中に仕切りがある．N_P と N_S を壁を挟んで別々に巻くことで，疎結合にして漏れインダクタンスを増やす

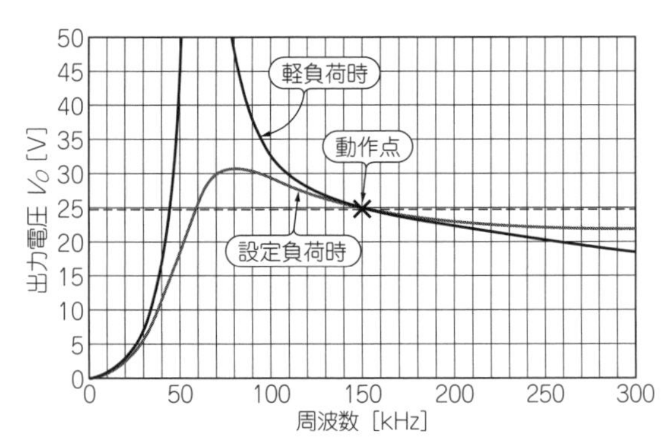

図34　交流近似解析結果
等価回路を基本波近似法で解いて得られるグラフ．正弦波で近似するため動作点が共振点から離れるほど誤差が大きくなる．この特徴を知っていれば，設計の参考になる

● 電流共振トランスのモデル

電流共振トランスといっても，等価回路としては特別なことはありません．普通のトランスよりも結合が悪いので，漏れインダクタンスの値が大きくなっています．

トランスの構造面の違いとしては，わざと結合を悪くするため，1次と2次巻き線を離れた場所に巻く，セクション・ボビンが使われます．

● 電圧で周波数制御するモデル

LLC電流共振コンバータを回路シミュレーションするためには，周波数制御モデルを用意します．LTspiceでは`MODULATOR`というマクロモデルがあらかじめ用意されているので，それを利用する方法もあります．ただしこれは専用モデルのため，他のシミュレータでは使えません．ここではシンプルな周波数制御モデルを用意しました．

図33がSFMモデル，**リスト3**がそのSPICEネットリストです．このモデルの元は別の回路シミュレータで使っていたものです．今回LTspice用にほぼそのままで移植したのですが，なぜか大量の「Def Con」と呼ばれるシミュレーション・エラーが発生します．モデル内の積分式まわりで起こっているようです．エラーは発生しても動作はするので，今回はこのまま使用します．

モデル動作は，`err_in`ピンに0～5Vを入力すると，電圧に対応した周波数のハーフブリッジ駆動パルスが得られます．周波数範囲をF_{max}とF_{min}パラメータで，デッド・タイムをT_{dt}パラメータで指定し，単位は[ns]で設定します．また`f_mon`ピンからは，発振周波数に対応した電圧が出ます．これにより波形から周波数を読み取らなくても，電圧値だけで周波数をモニタできるので便利です．

● 仕様

今回実際に動作するトランスと試験回路を**写真4**に示します．本器を利用してシミュレーションと実測値を比較してみます．

> 電源仕様：V_{in} = 380 V，V_o = 24 V，P_o = 250 W，制御IC FAN7631(オン・セミコンダクター)
> トランス仕様：コア・ボビン形状 = EER35(TDK：SRX35シリーズ)，N_P = 25 Ts，N_S = 3 Ts，L_P = 316 μH，L_e = 50.5 μH，C_r = 22 nF

● 交流近似解析を実行する

2次側はセンタ・タップ全波整流です．

上記の条件で，基本波近似法を使った交流解析を実行すると，**図34**に示すグラフが得られます．**図34**は軽負荷と最大負荷条件(2.19 Ω定抵抗)の2条件で解析した結果です．ここから150 kHz付近で，ほぼ直列共振点付近で動作することがわかります．この動作点付近ではトランス入力電流は正弦波に近くなります．

● 試作した電流共振トランス

図35に使用した電流共振トランス，**表2**にその巻き線仕様を示します．これは代表的な電流共振トランスの形状です．**写真4**を見てもわかるように，巻き線エリアの真ん中に仕切りがあります．N_PとN_Sは壁を挟んで別々に巻くことで，疎結合にして漏れインダクタンスを増やしています．

このトランスを，*LCR*メータや抵抗計で測定しモデリングします．

前述したフライバック・コンバータのトランスと同様に2種類のモデルをそれぞれ作成します．そのうち磁気回路によるモデルは，3つの巻き線なので，参考文献(6)の式(図22)を利用できます．しかし今回のようなトランスに適用すると1次側の漏れインダクタンスが大きく計算されるなどのいくつか不具合がありました．今回はよりシンプルなモデルで作成しました．前述した文献の式は各巻き線の結合がよく，ほぼ均一

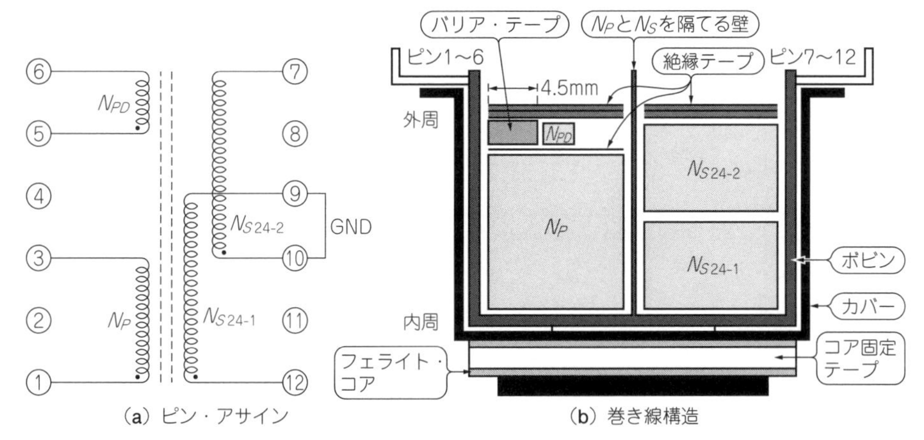

図35　使用した共振トランスの構造

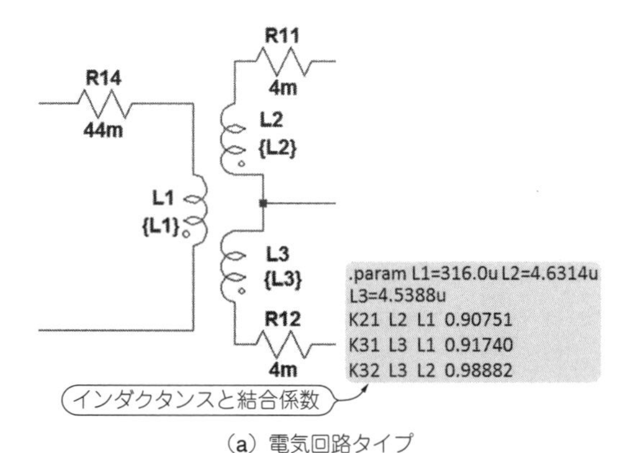

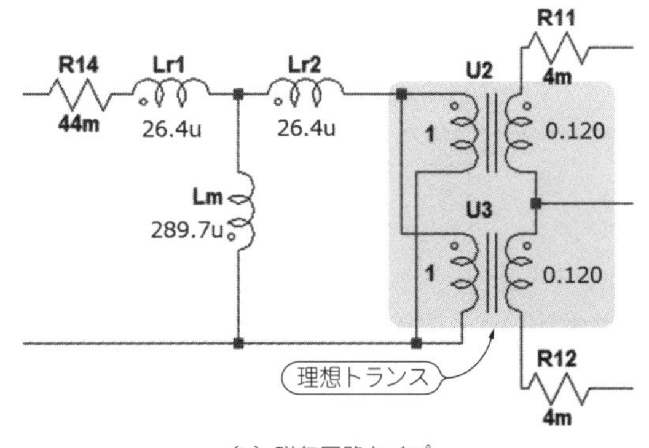

図36　電流共振トランスの等価回路モデル

でないとうまく合わないようです．

これらのことを検討して作成した等価回路を**図36**に示します．

● 実験用のモデル

用意した周波数制御モデルとトランス・モデルを使って，**図37**のようにLLC電流共振コンバータの解析モデルを作成しました．トランスについては，**図36**の2つのモデルを差し換えて解析します．それぞれのモデルでシミュレーション結果を見ていきましょう．

▶電気回路によるモデルを利用した場合

まず**図36(a)**のモデルを使って，シミュレーションを実行します．その結果を**図38**に示します．**図38(a)**がN_P電流で**図38(b)**がN_S電流です．N_Pの電流は，段差がなくほぼ正弦波のように見えます．これはちょうどLLC共振の動作点が直列共振点付近で動作していることを意味しています．この結果は**図34**に示す解析結果とも一致します．

N_S電流波形のピークには段差が見られます．この段差は巻き位置の違いによる1次巻き線との結合の違いにより生じます．

表2　共振トランスの巻き線仕様

1次側巻き線のインダクタンスL_P＝316 μH，漏れインダクタンスL_e＝50.5 μH，1次側巻き線の直列抵抗R_{DC}：N_P：218.6 mΩ，2次側巻き線の直列抵抗N_{S1}：17.87 mΩ，N_{S2}：21.11 mΩ，N_v：58.7 mΩ

No.	巻き順	コイル	端子	巻き数	線材	巻き方
1	1	N_P	1-3	25	1UEW 0.1/70	密巻き
2	2	N_{PD}	5-6	1	1UEW 0.3	半密巻き
3	3	N_{S24-1}	12-9	3	1UEW 0.1/150	密巻き
4	4	N_{S24-2}	10-7	3	1UEW 0.1/150	密巻き

図38(c)に実測波形を示します．入出力電流ともによく似た波形です．シミュレーションと同じようにN_S巻き線電流のピークに段差が見られます．このように回路シミュレーションを使うと，実機で動かす前にトランスの動作を確認できます．

▶磁気回路によるモデルを利用した場合

次に，解析モデルのトランスの部分を**図36(b)**のモデルに差し換えます．この変更で，トランスの励磁状

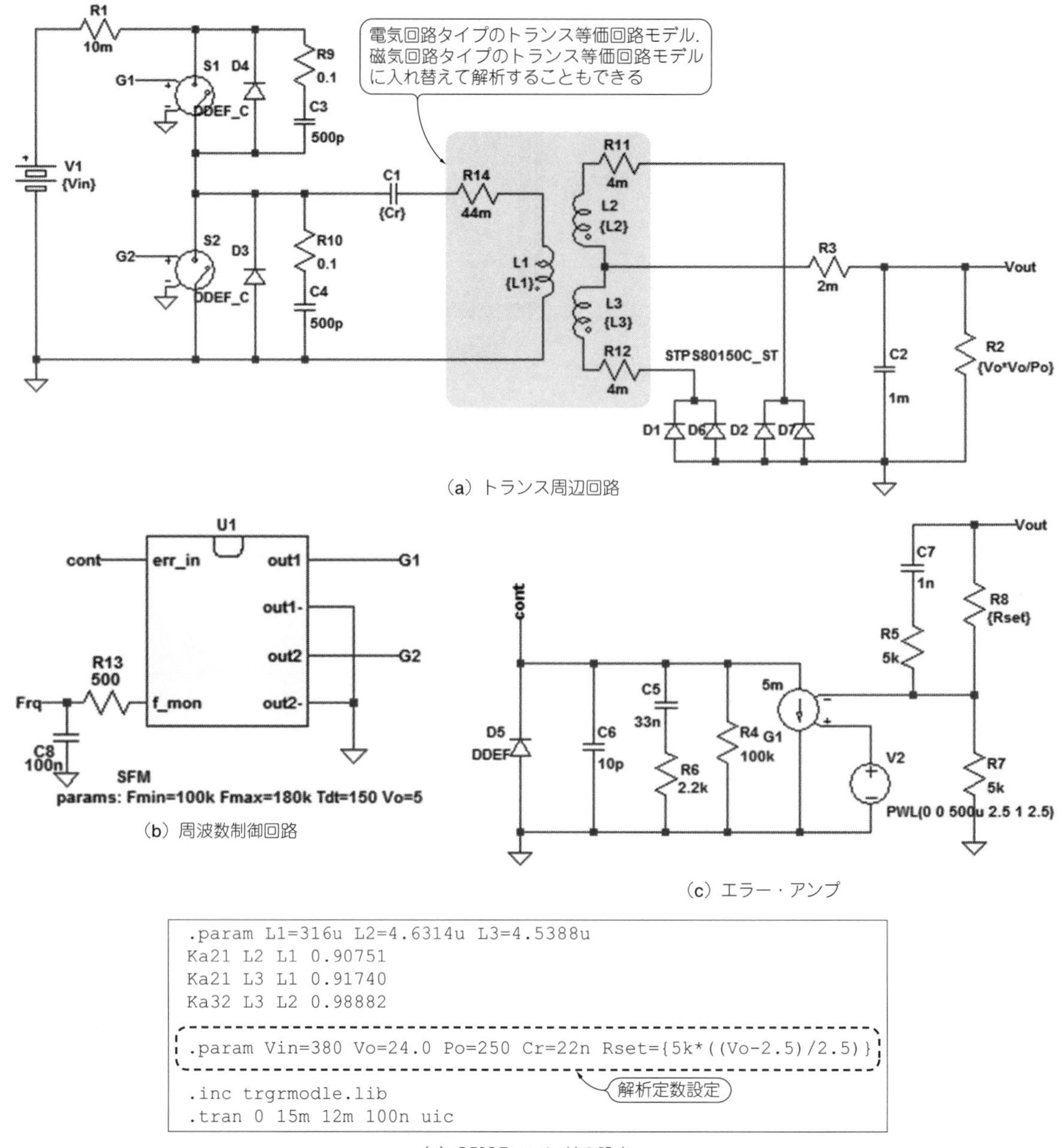

(a) トランス周辺回路

(b) 周波数制御回路

(c) エラー・アンプ

(d) SPICEコマンドの設定

図37　LLC電流共振コンバータのひな形モデル

態を確認できます．

LLC共振回路の励磁電流は，フライバック・コンバータのように外からは見えません．負荷電流が重畳しているためです．本等価回路モデルを使うと，シミュレーションで励磁電流を確認できます．

図39が計算結果です．励磁電流から，次の式でトランスの磁束密度B_Mが計算できます．

電流共振トランスでは漏れインダクタンスから生じる磁束も無視はできません．この磁束はコアの一部にかかり，すべてがコア内を通るわけではありませんが，計算上は最悪の場合を考えてすべてコアを通るものとして計算しています．これが次式のL値についてL_MではなくL_Pを使っている理由です．

$$B_M = \frac{L_P I_{(Lm)}}{nA_E} = \frac{316 \times 1.12}{25 \times 97.6} = 0.145\ \mathrm{T} \cdots\cdots\cdots\cdots (9)$$

磁気回路タイプのトランス・モデルでは2次側の電流ピーク差は表現できません．評価内容によって電気回路タイプのトランス・モデルと使い分けるとよいでしょう．

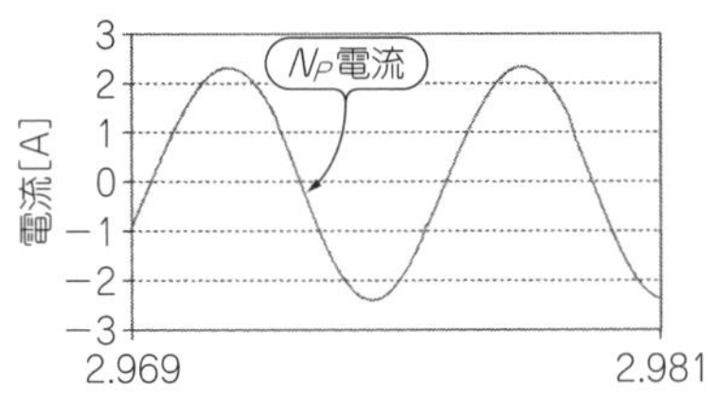

(a) 1次側の巻き線電流

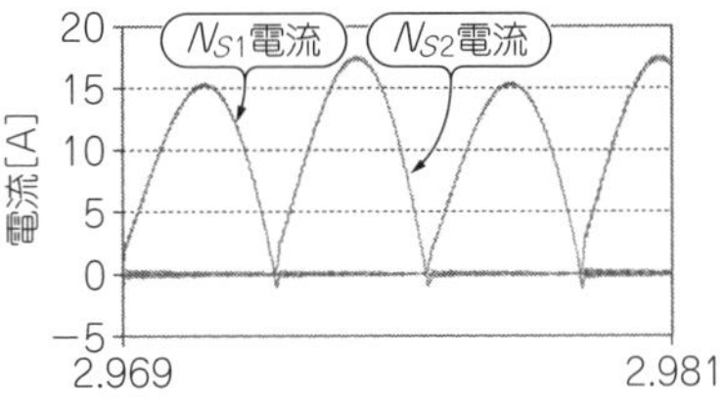
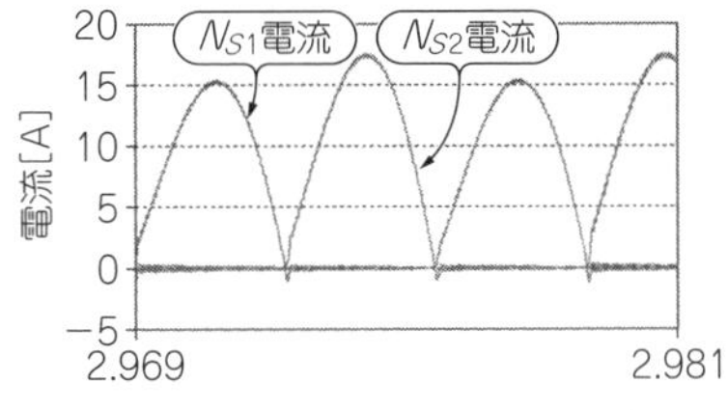

(b) 2次側の巻き線電流

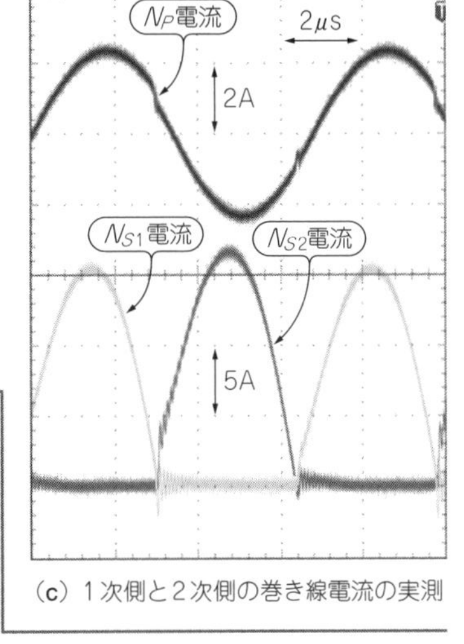

(c) 1次側と2次側の巻き線電流の実測

図38　LLC電流共振コンバータの実測とシミュレーションの比較
電流の段差も再現できている

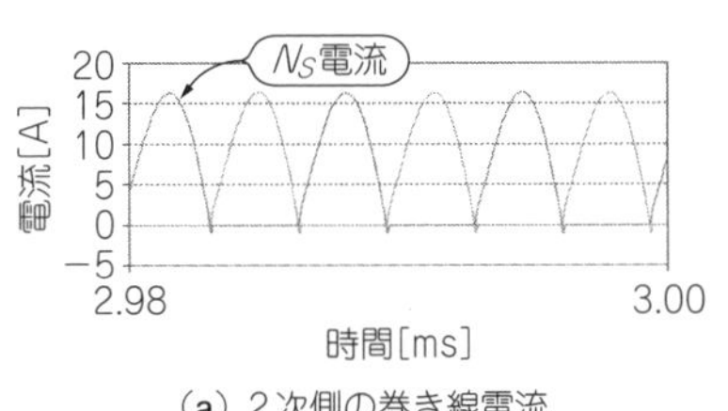

(a) 2次側の巻き線電流

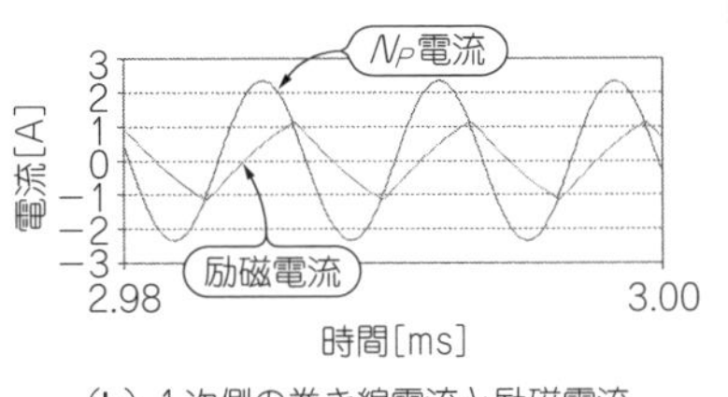

(b) 1次側の巻き線電流と励磁電流

図39　磁気回路タイプのトランス・モデルを利用したシミュレーション結果
2次側電流の段差は計算できないが励磁電流を確認できる．これによりコアの磁束密度を把握できる

各巻き線の電流の実効値

```
np_rms: RMS(i(c1))=1.67487 FROM 0 TO 0.003
ns1_rms: RMS(i(r11))=7.63672 FROM 0 TO 0.003
ns2_rms: RMS(i(r12))=8.71466 FROM 0 TO 0.003
vo: AVG(v(vout))=24.0659 FROM 0 TO 0.003
frequency: AVG(v(frq))=149.912 FROM 0 TO 0.003
```

出力電圧の平均値　周波数の平均値

図40　LTspiceの.measステートメントを使った統計値計算

● 巻き線電流を確認して電流バランスや必要な線径を求める

電流波形がわかれば，必要な巻き線の線径も把握できます．各巻き線の実効電流は，波形グラフからCtrlキーで表示させるか，**図40**のように.measステートメントで表示可能です．波形を見ると2次巻き線の電流が，7.64 Aと8.72 Aで差があることがわかります．これはN_Sが3 Tsと少ないため，N_Pに対して対称の位置に巻けていないためでしょう．今回はこの程度なら問題ないと思いますが，改善するには2つのN_Sの巻き位置を調整する必要があります．

今回使用した周波数制御モデルは周波数がモニタできるので，ここの電圧を読み取ることで収束した動作周波数が150 kHzであることもわかります．

＊　　＊　　＊

トランスを使った回路シミュレーションの例をフライバック・コンバータとLLCについて説明しました．電源回路のシミュレーション事例の文献はありますが，それに使うトランスの扱いについて詳しく言及したものは見受けられないので，参考になればと思います．

〈眞保 聡司〉

◆参考文献◆

(1) 森田岳；変圧器に対する二種類の等価回路表現とその相互関係について，京都大学大学院工学研究科電気工学専攻超伝導工学研究室．
(2) 山村英穂；改訂新版 定本 トロイダル・コア活用百科，pp.60～77，CQ出版社．
(3) 羽鳥孝三；大学講義シリーズ 基礎電気回路2，pp.2～20，コロナ社．
(4) L.G. Meares and Charles E. Hymowitz，SPICE Models For Power Electronics，http://www.intusoft.com/articles/satcore.pdf
(5) BM1P061FJEVK-001データシート，ローム．
(6) Christophe Basso；How to deal with Leakage Elements in Flyback Converters，https://www.onsemi.jp/PowerSolutions/document/AN1679-D.PDF
(7) Mywayプラス；PSIMによる可変周波数電源の作成方法，Technical Note TN-097.

第16章 デューティ比/サーボ・ループの安定化から同期整流方式による効率改善まで

電流モード降圧コンバータのシミュレーション設計術

渡辺 健芳
Takeyoshi Watanabe

はじめに

「降圧コンバータ(buck converter)」は，DC-DCコンバータのなかでも広く使用され，その需要に応えて専用ICもメーカ各社から多数販売されています．IC製品例としてはADP2384(アナログ・デバイセズ)やBD9G341AEFJ(ローム)などがあります．

電子回路の設計者は，電源を専門領域としない非専門技術者であっても，自分が設計した回路に供給するDC電源として，プリント基板の一角に専用ICを使った降圧コンバータを組み込むことがあります．非専門であっても専用ICがあるので，そのデータシートやアプリケーション・ノートの情報をもとに設計できると考えるからです．しかし，設計段階や実機に通電してから，測定や評価作業の進めかたを検討するなかで，改めてデータシートのブロック図を見るといくつかのわからない点に気づくことがあります．そして，それらの疑問がすぐに解けるとは限りません．

そのような場合の具体的な例を見ていきます．図

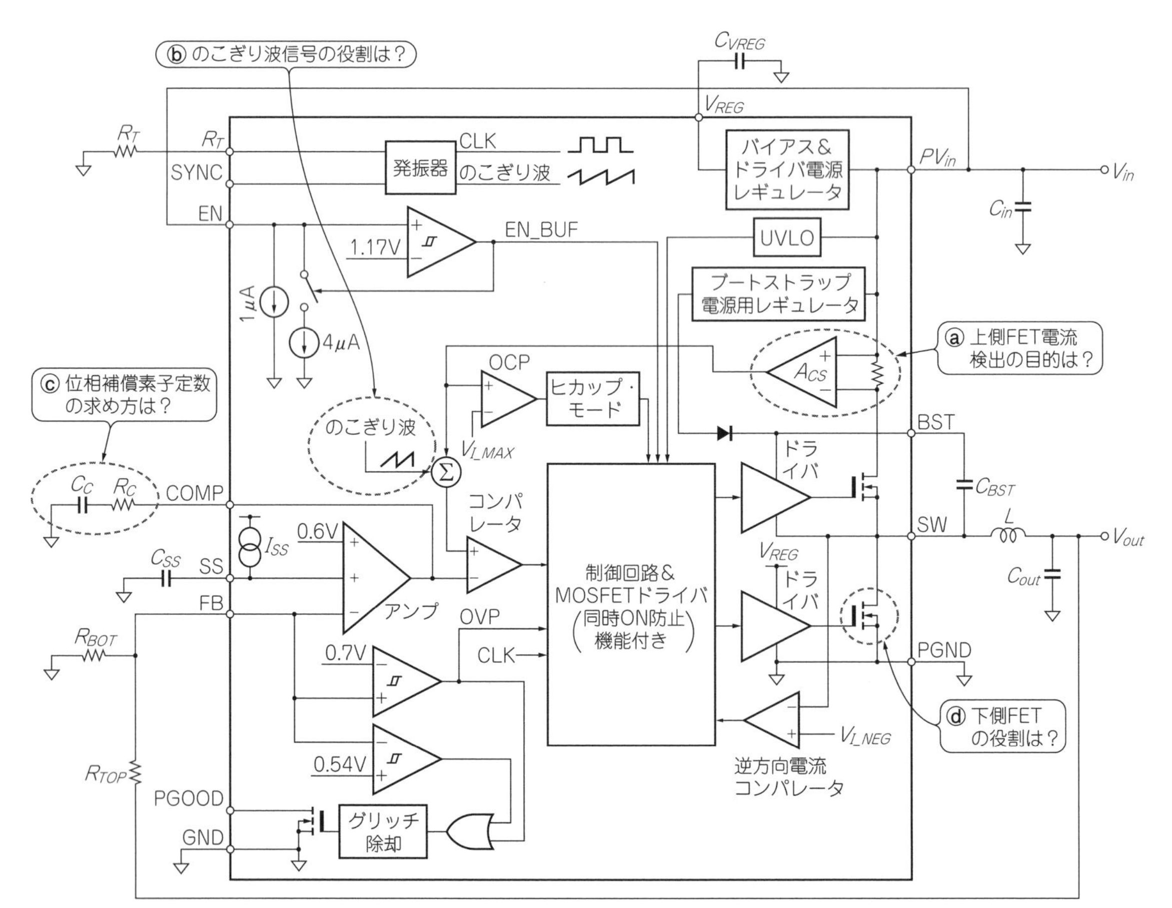

図0-1[(3)] 降圧コンバータ専用ICの機能ブロック図の例
ADP2384(アナログ・デバイセズ)のデータシートより

0-1に示すのは，スイッチ素子や制御回路を内蔵し，平滑用LCや電圧帰還ループの位相補償素子などを外付けするタイプの専用ICのブロック図です[3]．疑問点となりうる可能性のなかから，ここでは，図中にも示した次の4点を取り上げます．

ⓐ 上側スイッチ素子のMOSFETに直列接続されたシャント抵抗の目的は何か？ 電流を検出する目的は何か？ 過電流保護(OCP)以外の目的にも使われているようだ．

ⓑ のこぎり波信号は何をするものか？ 電流検出信号に加算されている．

ⓒ 外付け位相補償素子(C_C, R_C)の値はどのように求めればよいのか？

ⓓ 下側FETの役割は何か？ 本来，SW-PGND両端子間に接続されるはずの高速ダイオードの代わりか？ なぜFETにするのか？

コンバータ部のPWMデューティを制御する方法の1つとして，PWM周期の開始時にONしたスイッチの電流が増加して設定値に達したときにスイッチをOFFする「ピーク電流制御方式降圧コンバータ」と呼ばれる方式が知られています．以下においては特に断りのない限り，これを「電流モード降圧コンバータ」と呼び，電圧モード降圧コンバータと区別します．

回路技術者の多くは，早い段階で降圧コンバータの動作を学びます．しかし，それはほとんどの場合が「電圧モード」であり，「電流モード」の存在は知っていても後回しにしてしまい，十分な理解に至らないという現実があるようです[11]．現在では下記のようなメリットがあることから，専用ICにも「電流モード」が多く採用されています．設計するためには，動作を定性的に理解するだけでなく，動作値を定量的にも求めたいところです．

電流モード降圧コンバータは，以下の点などが特徴としてあげられます．

(1) 定電圧出力を得るためには，コンバータ部の電流制御ループをマイナ帰還とし，その外側に出力電圧制御のオーバーオール帰還をかける2重帰還システムとなる

(2) コンバータが「定電流特性」なので，平滑用LCフィルタおよび負荷抵抗を含む回路を「1次遅れ要素」[2]と見ることができ，電圧帰還ループの設計が容易である

(3) スイッチ電流制御が前提なので，過電流保護が容易である

(4) 定電流特性のコンバータは並列接続が可能であり，パワーアップが容易である

(5) PWMデューティが不規則になる不安定現象が発生する場合があり，対策を要する

前述の疑問点ⓐの答えは，スイッチ(上側FET)電流を検出してコンバータ部に電流帰還(マイナ帰還)をかけて定電流特性(電流モード)とするための電流検出です．降圧コンバータの出力電圧に対する電圧帰還は，電流マイナ帰還の外側のオーバーオール帰還によって行います．

疑問点ⓑの答えは，特徴(5)にあげたPWMデューティ不安定現象の解決策として，電流帰還信号にのこぎり波信号を重畳するためです．

疑問点ⓒは，上記の2重帰還のうちの外側の電圧帰還の設計によって求められますが，そのためには内側の電流帰還部(プラント)の特性をあらかじめ求めておく必要があります(サーボ・ループの制御対象部分をプラントと呼ぶ)．位相補償素子は，定電圧サーボ・ループの特性を決めるための素子です．

疑問点ⓓの答えは，高速ダイオードの代わりにFETで通電ON/OFFを制御し，損失を低下させ効率を改善する手段であり，同期整流方式と呼ばれます．

本稿はこれらの4つの疑問に対する以下の各節から構成され，電流モード降圧コンバータの動作と特性について述べます．

1. **基本動作とデューティ不安定現象**
2. **電流モード降圧コンバータの周波数特性**(マイナ・ループ)
3. **定電圧サーボ・ループの設計と評価**(オーバーオール・ループ)
4. **同期整流方式による効率改善**

各節で使用したLTspiceの回路図および解析結果の図中に記載された番号は，付属DVD-ROMで提供する関連ファイル名です．DVD-ROM内のCurrent DC-DCフォルダ内に回路図ファイル(xxx.asc)とプロット・ファイル(xxx.plt)をペアで収録します．回路図ファイルを開き，解析実行後にプロット・ファイルを呼び出すと，本文中の図と同じパラメータ選択と軸目盛で解析結果を表示できます．

本稿の技術内容を製品などに実施される場合は，事前に工業所有権などを調査してください．

1 基本動作とデューティ不安定現象

■ 基本動作

● 電流モード降圧コンバータの基本回路構成

降圧コンバータの基本回路は，図1-1に示すように比較的シンプルな構成です．

電流モード降圧コンバータは，図1-1のFETスイッチ電流の制御回路を付加したもので，基本回路例を図

1-2に示します．図1-2の部品のうち，スイッチング用MOSFETと電流制御部分，図1-2以外の出力電圧制御部分も内蔵したICが市販されています．これらのICの例はデータシート(3)，(4)を参照してください．

本節では，電流モード降圧コンバータ部の基本動作とともに，「はじめに」の特徴(5)に挙げた「電流モードにおけるPWMデューティが不規則になる不安定現象の原因」を考え，その対策と効果を確認します．さらに，電流モード降圧コンバータ部の入出力ゲインを求めておきます．

● ピーク電流制御回路の動作

図1-2において，入力電流I_{in}(FETスイッチQ_1の電流でもある)をシャント抵抗R_Sによって検出し，検出アンプで増幅します．電流検出信号I_{Q1}は制御回路の共通電位(COM)へレベル・シフトします．COM電位は図1-2に白三角で示した共通電位です．

PWMキャリア信号V_{car}はPWM周期の開始ごとにSRフリップフロップ(SR-FF)をセットし，FETスイッチQ_1をターン・オンさせます．コンパレータは電流指令電圧V_{SC}と電流検出信号I_{Q1}を比較します．I_{Q1}が増加してV_{SC}と同じレベルに到達した時点でSR-FFをリセットし，FETスイッチQ_1をOFFします．

SR-FFのQ出力はCOM電位基準なので，FETスイッチQ_1のゲートを駆動するためにレベル・シフトが必要です(図1-2では省略)．Q_1にはNチャネルMOSFETが使用されており，ONするまでゲートをドライブするには入力電圧V_{in}より大きな電圧が必要です．「ブートストラップ電源」を使用して駆動電圧を得ます．

図0-1において，下側のFETがONのとき，IC内部のブートストラップ用レギュレータからダイオードを通じてBST-SW端子間のコンデンサC_{BST}を充電し，C_{BST}端子電圧をゲート駆動用ドライバ回路に供給する電源をブートストラップ電源と呼びます．これにより，ドライバ回路は上側MOSFETのゲートを駆動できます．ブートストラップ電源については文献(2)などを参照してください．

以上により，I_{in}のピーク値はPWM周期ごとに電流指令電圧V_{SC}の指示値に一致します．この動作を「パルス・バイ・パルス」と呼ぶことがあります．

● 電流モード降圧コンバータの回路動作

図1-3は，図1-2をLTspiceで表した回路図です．PWMキャリア周波数f_C = 100 kHz(周期T_C = 10μs)，入力電圧V(in) = DC 24 V，電流指令電圧V(sc) = 8 A，負荷抵抗R_L = 2 Ωです．

シャント抵抗R_S = 10 mΩ，電流検出アンプE1のゲインは100倍なので，検出信号V(IQ1)と入力電流I(in)は同一振幅となります．アンプE1，E2の入出力間は絶縁されています．

ビヘイビア電圧源B1には，信号間の演算が設定できます．B1の出力電圧V(rst)の設定式は以下です．

V=if(V(IQ1)>=V(sc), 1V, 0V)

この意味は「もし電流検出信号V(IQ1)が指令信号V(sc)以上であればV(rst)を1 V(ハイ・レベル)にし，そうでなければV(rst)を0 V(ロー・レベル)とする」であり，コンパレータとして機能します．

電圧が0Vに設定された電圧源in，D，L，outは電流センサとして機能します．電圧源内部を＋端子から－端子へ向かう方向が電流の＋極性です．これらの電圧源は，電圧が0 Vで内部インピーダンスが0 Ωなので，回路動作には影響しません．例えばI(in)は入力電流を示します．

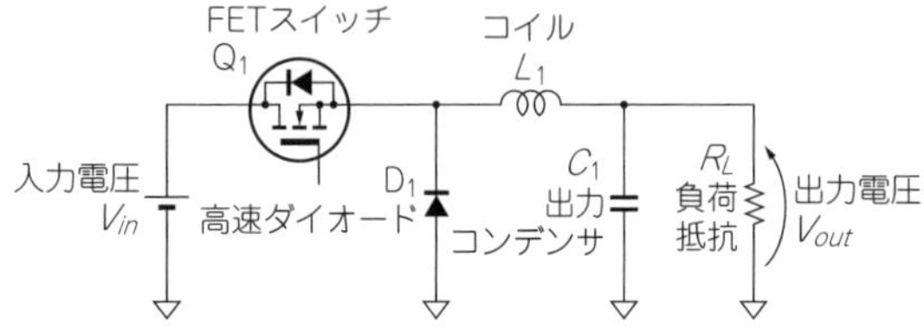

図1-1　降圧コンバータの基本回路

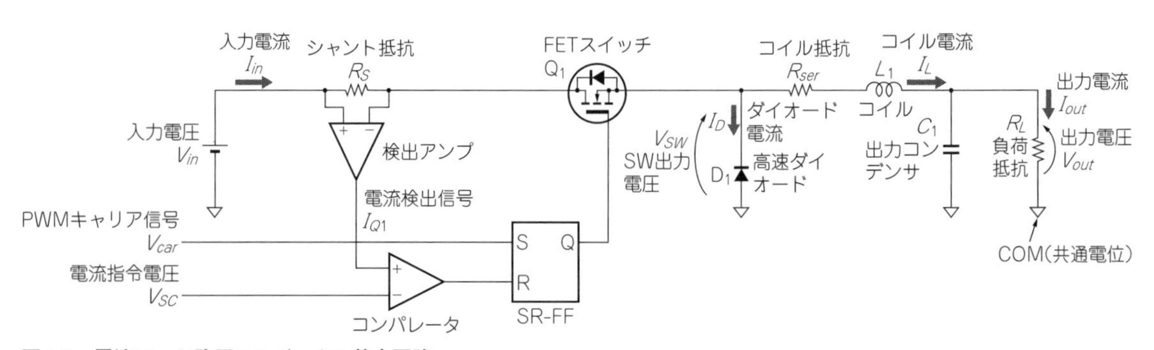

図1-2　電流モード降圧コンバータの基本回路
コンバータ部出力を定電流特性にするために，スイッチ電流をフィードバックして電流帰還回路を構成する

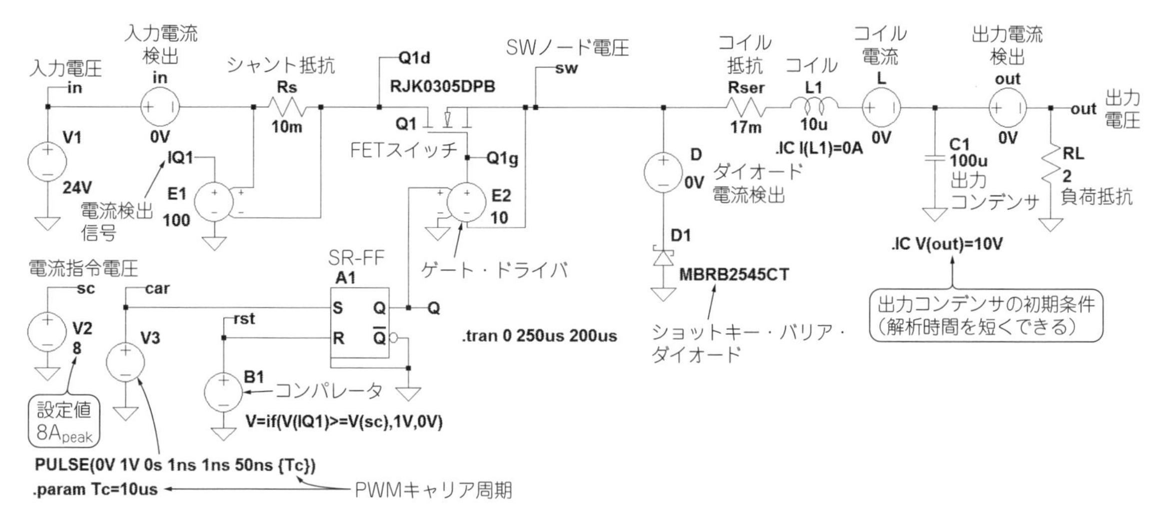

図1-3　LTspice上に作った電流モード降圧コンバータの基本回路(LTspiceのファイル名：103)

SR-FF A1の未使用端子がCOMに接続されています．これはLTspiceのロジック・デバイスの接続ルールであり，実際のデバイスで未使用端子をCOMにショートするわけではありません．入力端子をロー・レベルにする場合は，電圧源で0Vを作って接続します．

出力コンデンサC_1の下に

.IC V(out)=10V

という表記があります．解析スタート時点で出力端子V(out)を10Vに設定する，すなわち，C_1端子電圧を10Vに充電しておくというイニシャル・コンディション(初期条件)に対する指令です．事前にV(out)の収束値を確認して初期値に設定しておくと，C_1が充電される時間だけ解析時間を短縮できます．

その他，LTspiceの詳細については，文献(5)などを参照してください．

MOSFET Q_1とショットキー・バリア・ダイオードD_1は，第4節で電力損失の比較から効率改善を行う都合上，LTspiceの標準ライブラリから動作条件を満たす部品を選びました．Q_1，D_1以外は機能部品(理想部品)です．

動作確認段階のシミュレーションにおいては，理想部品を使用して動作上の基本問題を解決したあとで，必要に応じて実際の部品に置き換え，実用上の問題を検討する方法が効率的です．

LCに理想部品を使用する場合は，直列抵抗として現実的な値を設定しておくと，シミュレーション上のトラブル防止に役立ちます[(2)]．

● 正常動作時の結果

図1-3の動作波形を**図1-4**に示します．負荷抵抗R_L＝2Ωに対し，出力電圧V(out)＝10V，出力電流I(out)＝5Aです．

PWMキャリア信号V(car)の立ち上がりでSR-FFの出力V(Q)が立ち上がり，V(Q)のハイ区間でQ_1がONします．I(in)［＝I(Q1)］が増加してV(sc)に達すると，Q_1がOFFします．コイル電流I(L)はPWM 1周期全域で流れ続けており，この動作を「連続モード」と呼びます．それに対して，I(L)が0Aとなる期間が生じる動作を「不連続モード」，両者の境界動作を「臨界モード」と呼びます．

連続モードでは，入出力電圧比はデューティD_nに近い値になります．**図1-4**ではV(out)/V(in)＝10/24＝41.7％に対して，D_n＝43.2％であり，確かに近い値になっています．

各波形に異常は見られません．

■ デューティ不安定現象

● 負荷R_Lを2Ωから3Ωに変更すると，不安定現象が発生する

次に，**図1-3**の動作条件のうち，負荷抵抗R_L＝2Ωを3Ωに変更してみます．そのときの動作波形が**図1-5**です．

デューティD_nが一定でなくなり，I(L)の最大値は一定ですが，最小値が1周期ごとに変化しています．

D_nが小さくなった期間では，FETスイッチQ_1のOFF期間においてコイルL_1の充電エネルギーの放出が終わり，ダイオードD_1もOFFになり，コイル電流I(L)＝0Aとなります．すなわち，前述した不連続モードとなります．

Q_1，D_1がともにOFFの期間では，ノードswの電圧V(sw)に共振波形が現れています．ノードswに接続される容量成分C_SとL_1による共振です．共振周波数f_Rは約1.6MHzと読み取れるので，次式からC_Sが求められます．

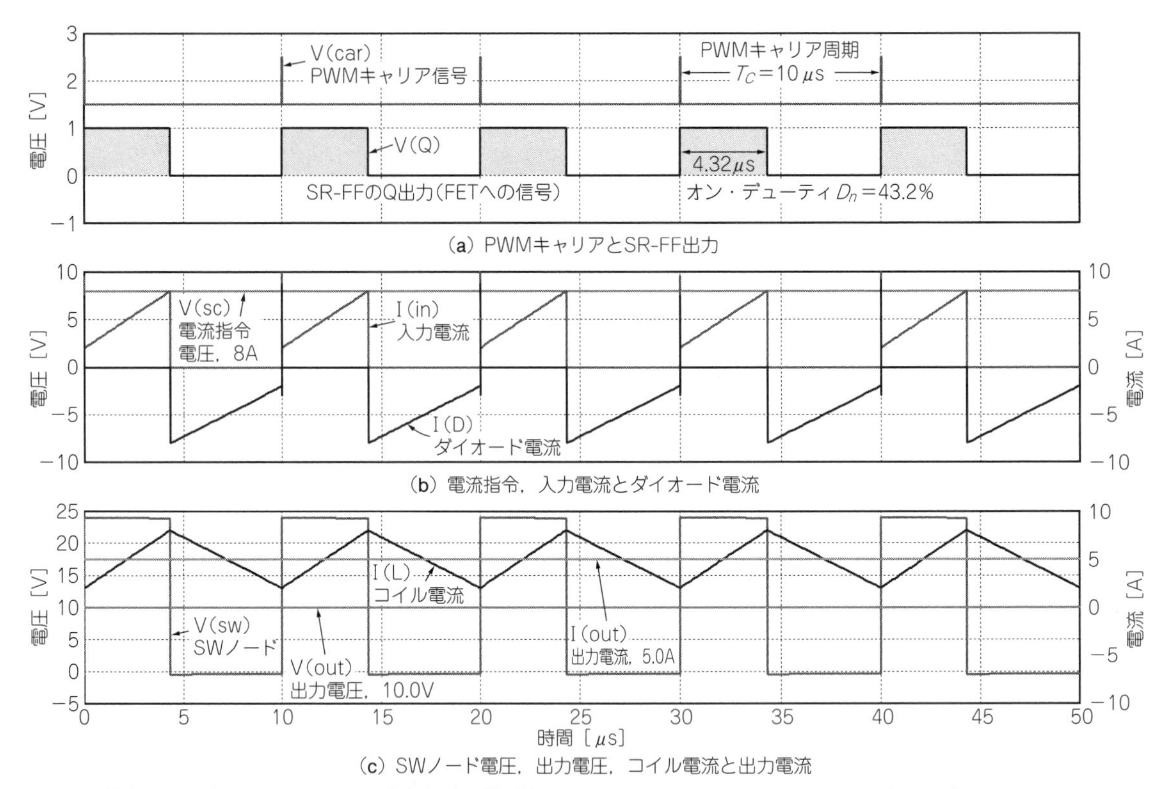

図1-4　電流モード降圧コンバータの通常動作時の波形(図1-3で$R_L=2\Omega$. LTspiceのファイル名：103)
PWM周期の開始時点で電流I_{in}が流れ始め, 指令信号V_{SC}レベルに達するとFETがOFFして通電が停止する動作を毎周期繰り返す正常な動作

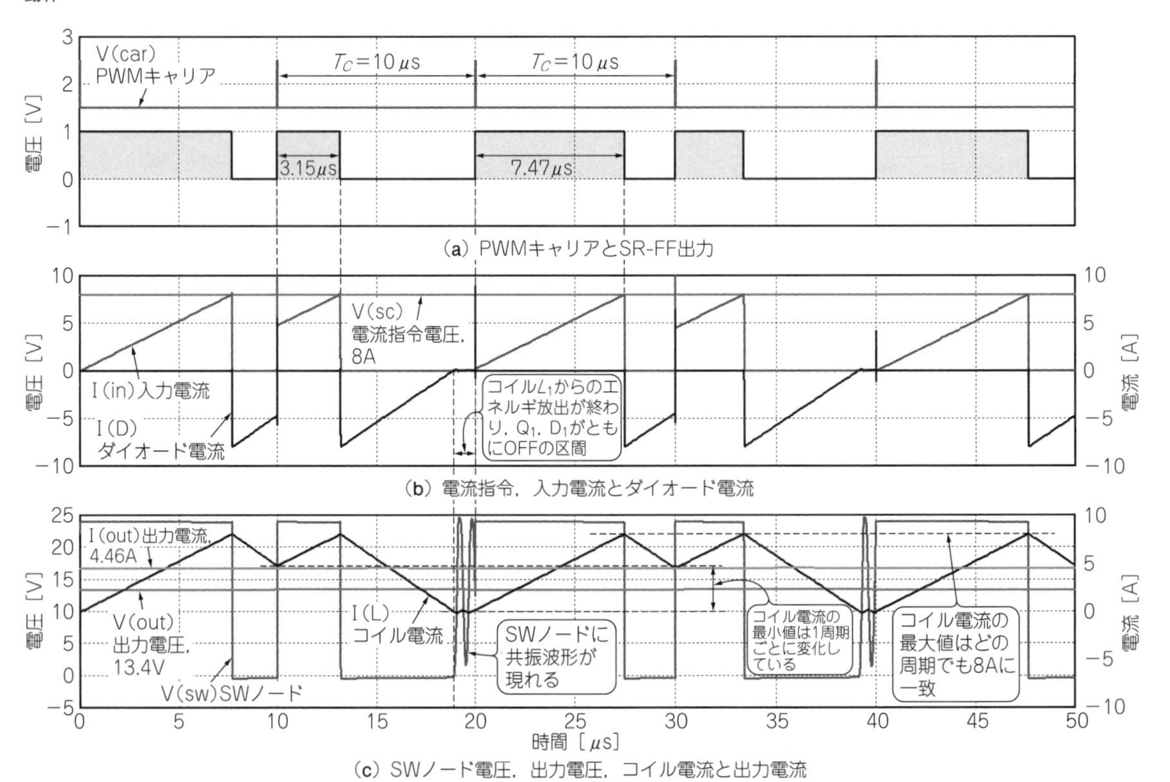

図1-5　電流モード降圧コンバータの不安定動作時の波形(図1-3で$R_L=3\Omega$. LTspiceのファイル名：104)
出力電圧が大きくなるとPWMデューティが1周期ごとに変化し, 不規則になる現象が発生している

$$C_S=\frac{1}{(2\pi f_r)^2 L_1}=\frac{1}{(2\pi\times 1.6\mathrm{M})^2\times 10\mu}\fallingdotseq 1000\ \mathrm{pF}$$

容量成分C_Sとしては，Q_1，D_1，L_1の並列容量や，ノードsw-COM間の寄生容量などが考えられます．

このように，R_Lの変更だけでPWMデューティが不安定になってしまいました．これが不安定現象と呼ばれる動作です．なぜ，このような現象が発生するのでしょうか？

● 不安定現象の発生条件

不安定現象の原因と対策は，文献(6)に記されています．**図1-6**の波形で発生条件を考えてみましょう．

図1-6においては，コイル電流i_Lの定常波形を直線(実線)で表せるものとします．PWMキャリア周期をT_C，スイッチのONデューティをD_n，OFFデューティをD_f，三角波i_Lの増加区間の傾斜をm_1，減少区間の傾斜を$-m_2$とします．以下においては，直角三角形の直角を挟む2辺と対辺の傾きから式を立てます．

$$m_1=\frac{I_A}{D_n T_C},\quad m_2=\frac{I_A}{D_f T_C}$$

$$\therefore m_1 D_n=m_2 D_f,\quad \frac{m_2}{m_1}=\frac{D_n}{D_f}\quad\cdots\cdots\cdots\cdots (1\text{-}1)$$

ただし，$D_f=1-D_n$

ここで，何らかの理由でi_Lの初期値が点線で示すように定常値からΔI_0だけ増加し，指令値V_{SC}に達する時刻がΔT_0だけ左方向にずれ，1周期TC後の定常値からの偏差がΔI_1であったとすると，次のような式を立てられます．

$$m_1=\frac{\Delta I_0}{\Delta T_0},\qquad \therefore \Delta T_0=\frac{\Delta I_0}{m_1}\quad\cdots\cdots\cdots\cdots (1\text{-}2)$$

$$m_1=\frac{I_A-\Delta I_0}{D_n T_C-\Delta T_0},\quad m_2=\frac{I_A+\Delta I_1}{D_f T_C+\Delta T_0}\quad\cdots (1\text{-}3)$$

式(1-3)から，

$$\Delta I_1=(m_2 D_f+m_1 D_n)T_C+(m_1+m_2)\Delta T_0-\Delta I_0\quad\cdots\cdots\cdots\cdots (1\text{-}4)$$

式(1-4)に，式(1-1)，(1-2)を代入すると，

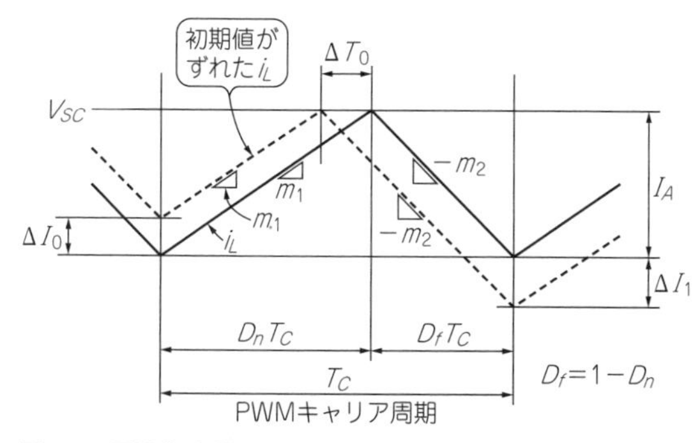

図1-6　電流指令電圧V_{SC}とコイル電流i_Lの波形
PWM周期開始時点における電流値が何らかの理由で前周期の値からずれると，周期を重ねるごとに，ずれが拡大してしまう

$$\Delta I_1=\frac{m_2}{m_1}\Delta I_0=\frac{D_n}{D_f}\Delta I_0\quad\cdots\cdots\cdots\cdots (1\text{-}5)$$

を得ます．式(1-5)から，$D_n/D_f>1$すなわち$D_n>50\%$のとき，$\Delta I_1>\Delta I_0$となるので偏差ΔI_1が次第に増加し，不安定現象が発生することがわかります．

i_Lの初期値が定常値から減少した場合の偏差も同様となります．

不安定動作の発生条件：$D_n>50\%$

前述のように連続モードでは，入出力電圧比は近似的にデューティD_nとほぼ等しいので，$V_{in}=24$ Vであれば，おおむね$V_{out}>12$ Vにおいて不安定となります．**図1-4**では$V_{out}=10$ Vで安定でしたが，不安定動作が発生した**図1-5**では$V_{out}=13.4$ Vでした．

● 不安定現象の対策…のこぎり波の傾斜$-m$を選ぶ

不安定現象を改善するための対策の1つとして，次の(1)，(2)のいずれかが有効です．

(1) 電流指令電圧V_{SC}にのこぎり波を重畳させる(のこぎり波の傾斜は負)
(2) 電流検出信号I_{Q1}にのこぎり波を重畳させる(のこぎり波の傾斜は正)

のこぎり波を加算する場所によって傾斜の極性が異なります．(1)の例を**図1-7**に示します．(2)も市販のICに採用されています[(3), (4)]．**図0-1**は(2)の例です．

上記(1)によって改善される理由を**図1-8**の波形で説明します．のこぎり波の負の傾斜を$-m$とします．ここでも，コイル電流波形i_Lが直線とみなせるものとし，実線の定常波形に対して何らかの理由で，初期値が点線のようにΔI_0増加し，のこぎり波が重畳された電流指令電圧V_{SC}に達する時刻がΔT_0だけ左方向にずれたとします．

$$m=\frac{I_B}{\Delta T_0},\quad m_1=\frac{\Delta I_0-I_B}{\Delta T_0}=\frac{\Delta I_0}{\Delta T_0}-m$$

$$\therefore \Delta T_0=\frac{\Delta I_0}{m_1+m},\quad I_B=\frac{m}{m_1+m}\Delta I_0\quad\cdots\cdots (1\text{-}6)$$

$$m_2=\frac{\Delta I_1+I_A+I_B}{D_f T_c+\Delta T_0}\quad\cdots\cdots\cdots\cdots (1\text{-}7)$$

式(1-7)をΔI_1について解き，式(1-1)，式(1-6)を代入すると次式が得られます．

$$\Delta I_1=m_2 D_f T_c+m_2\Delta T_0-I_\mathrm{a}-I_\mathrm{b}$$

$$=m_2 D_f T_c+m_2\frac{\Delta I_0}{m_1+m}-m_2 D_f T_c-\frac{m}{m_1+m}\Delta I_0$$

$$\therefore \Delta I_1=\frac{m_2-m}{m_1+m}\Delta I_0\quad\cdots\cdots\cdots\cdots (1\text{-}8)$$

式(1-8)から，$\Delta I_1<\Delta I_0$となるのは次の条件のときです．

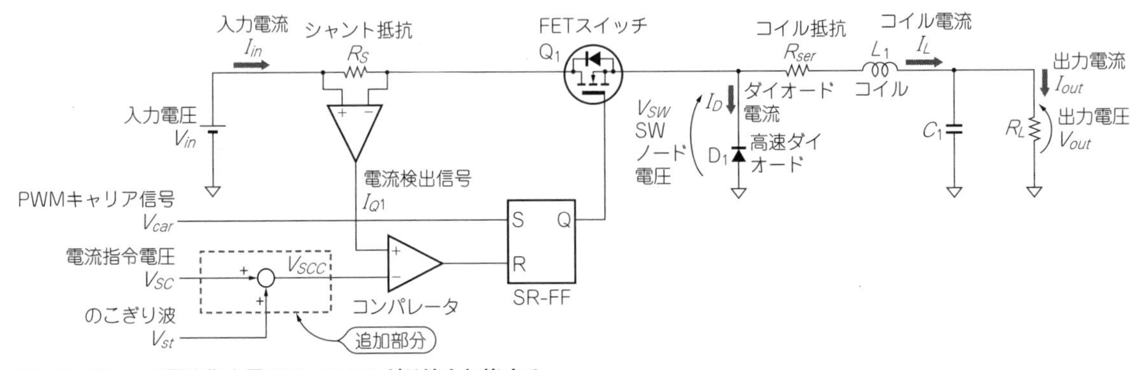

図1-7　図1-2の電流指令電圧V_{SC}にのこぎり波を加算する
指令信号V_{SC}に傾斜が負ののこぎり波V_{st}を加算することが，ずれの拡大（不安定現象）の解決策となる

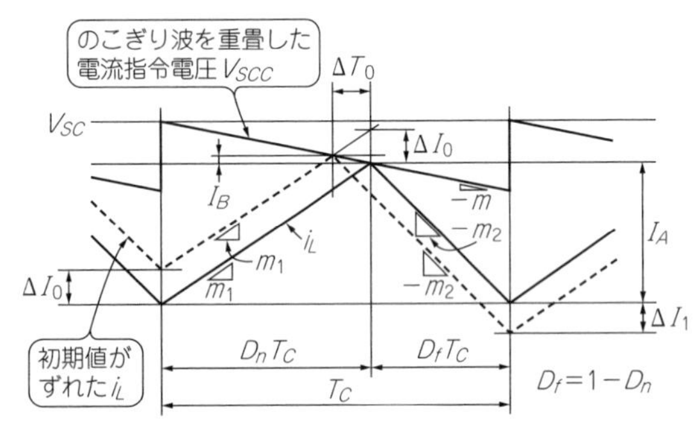

図1-8　のこぎり波を加算した電流指令電圧V_{SC}とコイル電流i_Lの波形
負の傾斜ののこぎり波指令信号により，ずれの拡大を抑える方向にコンパレータが動作する

$$\frac{m_2-m}{m_1+m}<1,\qquad \therefore m>\frac{m_2-m_1}{2}\quad\cdots\cdots\cdots\ (1\text{-}9)$$

式(1-9)のようにのこぎり波の傾斜$-m$を選べば，不安定現象は発生しないことがわかります．

さらに，式(1-8)からは，$m=m_2$のときは1周期後の偏差$\Delta I_1=0$となることもわかります．

i_Lの初期値が定常値から減少した場合の偏差も同様となります．

安定動作のための条件：$m>\dfrac{m_2-m_1}{2}$

■ 電流指令電圧にのこぎり波を加算すると安定動作になる

● 過渡応答特性

図1-5の不安定動作を改善してみましょう．電流指令電圧にのこぎり波を重畳した電流モード降圧コンバータ回路を**図1-9**に示します．電流指令電圧V(sc)に，傾斜が負ののこぎり波を加算したV(scc)を電流指令電圧とし，負荷抵抗は**図1-5**のときと同じ$R_L=3\Omega$としています．出力電流I(out)が**図1-4**と同じ5 Aとなるように電流指令電圧V(sc)の値を調整してあります．

図1-9の解析波形を**図1-10**に示します．$R_L=3\Omega$に対してV(out) = 15.1 V，I(out) = 5.03 Aとなっています．

デューティ$D_n=64.2$%であり，基本回路における不安定現象発生条件50%を越えていますが，各波形は正常で不安定現象は発生していません．

図1-10からI(L)およびV(scc)の傾斜を読み取ってみます．

- V(scc)の傾斜　　：$m=0.5$ A/μs
- I(L)増加部の傾斜：$m_1=0.87$ A/μs
- I(L)減少部の傾斜：$m_2=1.56$ A/μs

これらの値を式(1-9)に代入すると，

$$\frac{m_2-m}{m_1+m}=0.77<1,\ \ m=0.5>\frac{m_2-m_1}{2}=0.35$$

となり，安定動作のための条件を満たしていることがわかります．

以上で不安定現象の対策を行うことができました．

● 電流モード降圧コンバータ部の入出力ゲイン

▶解析条件

次に，電流モード降圧コンバータ部の入出力ゲインを求めておきます．対象とするのは以下の3回路です．

(**A**) 電流モード降圧コンバータの基本形回路：本節の**図1-3**

(**B**) 上記(**A**)に不安定現象対策（のこぎり波重畳）を行った回路：本節の**図1-9**

(**C**) 上記(**B**)に効率改善対策（同期整流）を行った回路：第4節の**図4-5**

同期整流については，後の第4節で解説します．

▶解析結果

上記(**A**)の基本形回路において，電流指令電圧V(sc)を0 Vから1 Vステップで増加させたときの出力電圧V(out)の波形を**図1-11**に示します．V(out) = 約12 V以上では飽和しています．V(sc)は1 Vステップですが，V(out)は値が大きくなるほど間隔が広がっています．

図1-12は，上記(**B**)ののこぎり波重畳回路の電流指令電圧V(sc)に同様のステップ信号を与えたときの

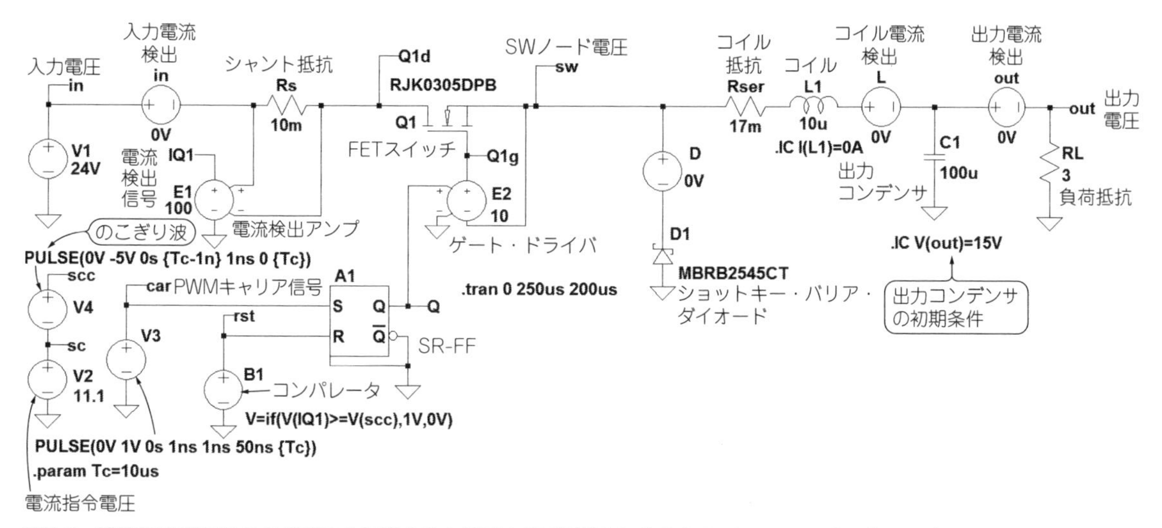

図1-9　電流指令電圧にのこぎり波を加算するよう図1-3に変更を加える(LTspiceのファイル名：108)

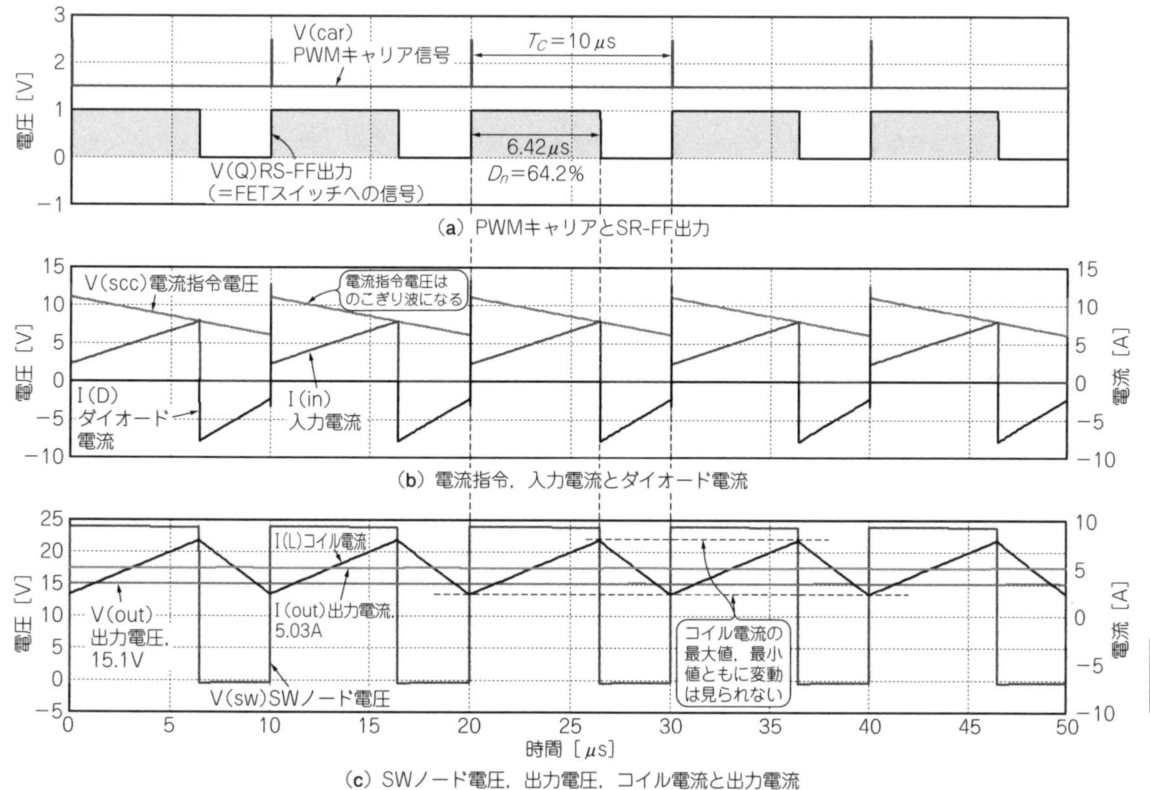

図1-10　図1-9の動作波形(LTspiceのファイル名：108)
のこぎり波の加算で図1-5の不安定動作が解消した

出力電圧V(out)波形を示しています．ピーク値V_P＝－9Vののこぎり波重畳によって，飽和が起こるのはV(out)＝20V以上になることがわかります．

上記(**B**)において，負荷抵抗R_Lおよび重畳のこぎり波ピーク値を変化させたときの各出力電圧を読み取ってグラフ化した入出力ゲイン特性を**図1-13**に示します．このグラフには上記(**C**)の同期整流方式も1条件のみ加えて示しています．横軸は指令電圧のDC成分を示します．

のこぎり波ピーク電圧V_Pが大きいほど，線形動作領域が広がり，負荷抵抗R_Lが大きいほどゲインが上がります．同期整流の有無で特性はほとんど変化しな

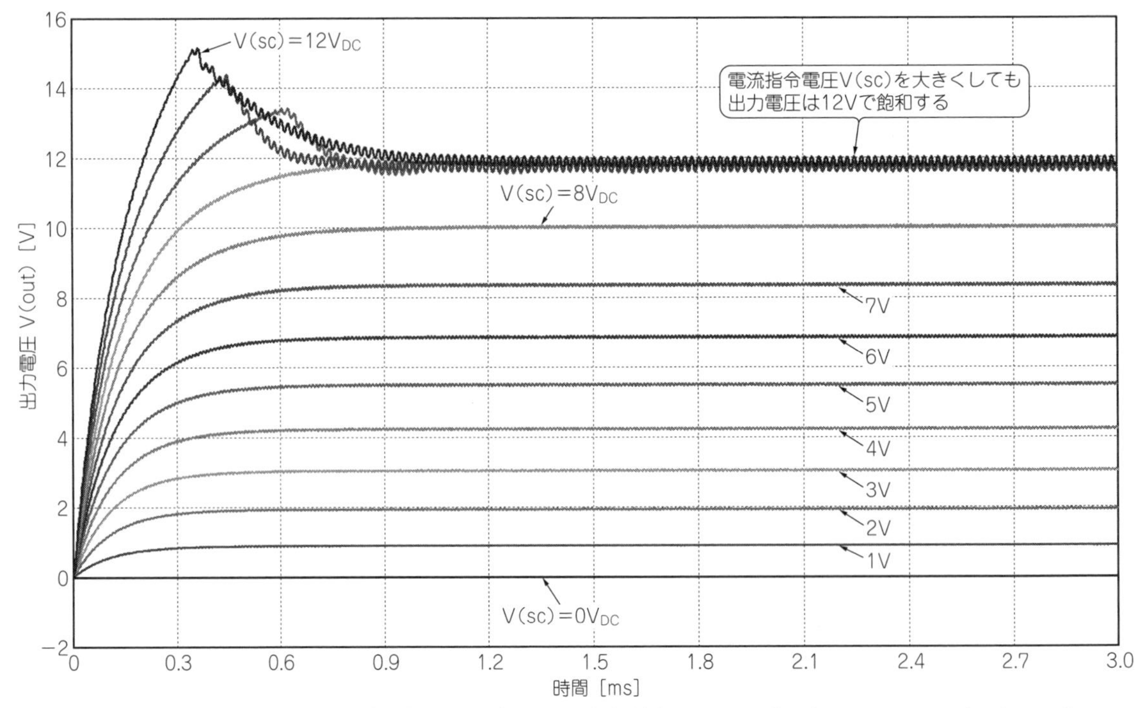

図1-11 のこぎり波重畳なしでは電流指令電圧を上げていっても出力電圧が上がらない(LTspiceのファイル名：206)
ダイオード整流，のこぎり波振幅V_P＝0 V_{peak}，R_L＝2Ω

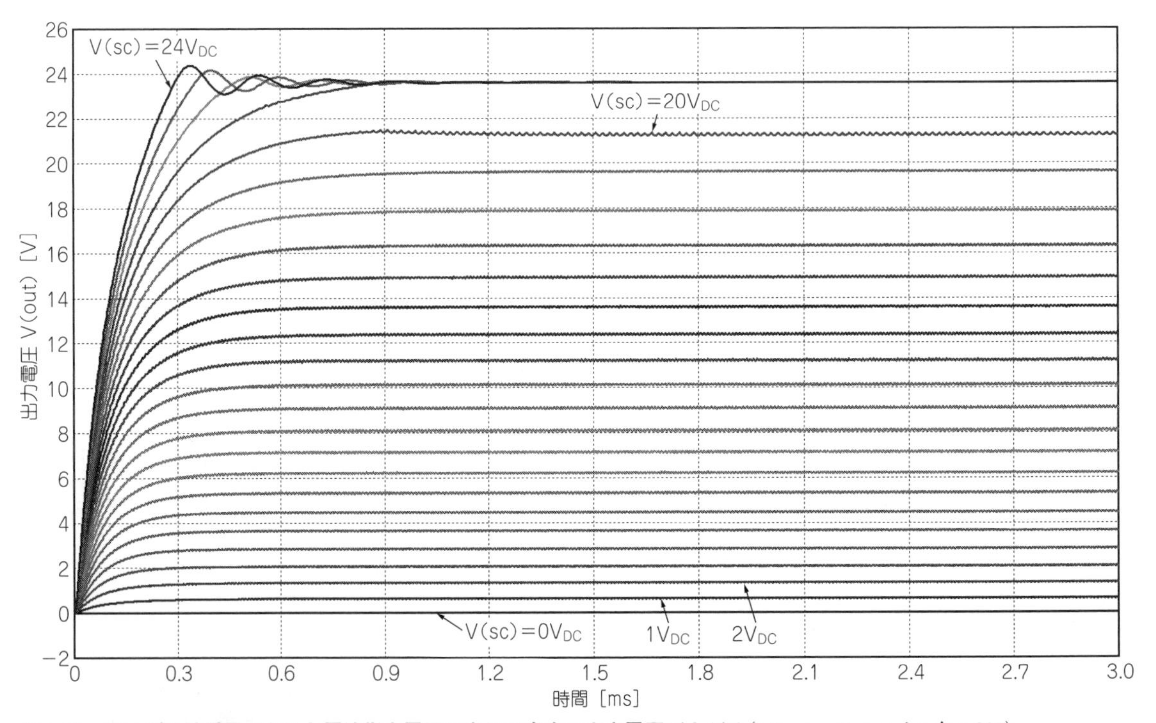

図1-12 のこぎり波重畳があると電流指令電圧に応じて素直に出力電圧が上がる(LTspiceのファイル名：207)
ダイオード整流，のこぎり波振幅V_P＝－9 V_{peak}，R_L＝2Ω

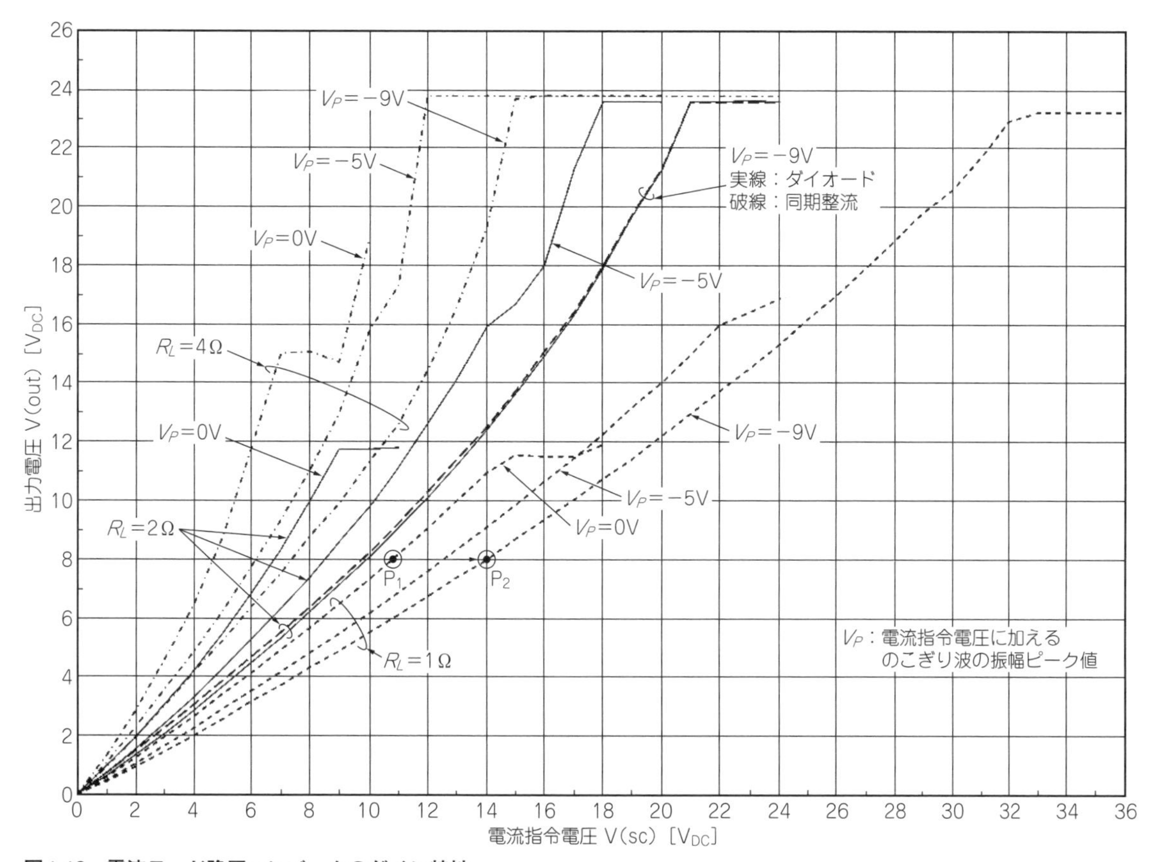

図1-13　電流モード降圧コンバータのゲイン特性

のこぎり波振幅V_p増大により，出力電圧V_{out}範囲は広がるがコンバータ・ゲインは低下する．また，指令電圧V_{SC}の増大により動作点がP_1→P_2に変化すればゲインは低下する

いこともわかります．

ゲイン特性は直線ではなく，下に凸の曲線になっており，入力信号が大きいほどゲインが大きくなることを示しています．

2 電流モード降圧コンバータの周波数特性

本節の目的は，オーバーオールの定電圧サーボ・ループのプラント（制御対象）となる電流モード降圧コンバータの周波数特性と等価回路を求めることです．プラントに電流帰還がかけられているので，全体として2重帰還となります．

プラントの周波数特性がわかれば，オーバーオールの定電圧サーボ・ループの設計ができます．また，周波数特性をシミュレーションする際に，スイッチング回路ではなく線形動作の等価回路を使用することができれば解析を短時間で行うことができます．

以下に述べるように，定電流特性を示すこのコンバータを理想電流源で置き換えただけでは，特性に誤差が生じます．しかし，出力インピーダンスを測定して付加すると，ほぼコンバータ回路の特性と一致する線形動作の等価回路を得られます．

一般に，スイッチング回路の周波数特性は，AC解析シミュレーションで求めることはできません．本節では，tran解析を利用してゲインと出力インピーダンスの周波数特性を求める方法を紹介します．

「はじめに」の特徴(1)に述べたように，周波数特性を「1次遅れ」とみなせることが，プラントとしての電流モード降圧コンバータの優位点の1つです．プラント特性が1次遅れか2次遅れかによって，オーバーオール帰還の設計の難易度が大幅に異なります．

以下，実際に特性を確認していきます．

■ 定電圧駆動と定電流駆動の違い

● 定電圧駆動は2次遅れ特性で位相遅れは最大180°

定電圧駆動と定電流駆動の違いをLTspiceで見てみます．

図2-1(a)の負荷抵抗を含むLCRフィルタ回路の定数は，動作確認を行った第1節の**図1-3**と同一です．ただし，現実のコンデンサには直列抵抗が存在し，ル

ープ特性の設計上で考慮が必要となることが多いので，出力コンデンサC_1，C_2には直列抵抗を挿入し，抵抗値R_Cを0Ωと50mΩに切り替えます．0Ω設定はできないので，かわりに1μΩとしています．

2つの同じLCRフィルタ回路を，それぞれ理想電圧源E1と理想電流源G1で駆動します．両者の低周波平坦部電圧ゲインが等しくなるように，E1およびG1ゲインを調整してあります．

図2-1(b)が，両者の周波数-ゲイン位相伝達特性(ボーデ線図[2])です．駆動方式によって特性が大幅に異なることがわかります．

定電圧駆動時(電圧モード)の遮断周波数は5.06kHzです．$R_C = 0Ω$ではゲインの減衰傾斜は−40dB/dec，位相遅れは最大180°です．遮断周波数において13.3dBものゲイン・ピークが生じています．

ゲイン・ピークはLC共振によって発生します．R_1，R_2，R_3を含むLCの値によって共振の減衰係数ζ(ジータ)が決まり，ζによってゲイン・ピーク値も変わります．このような特性を2次遅れ特性[2]または2次系LPF(ロー・パス・フィルタ)特性と呼びます．R_C＝50mΩとしても，2次遅れ特性を示します．

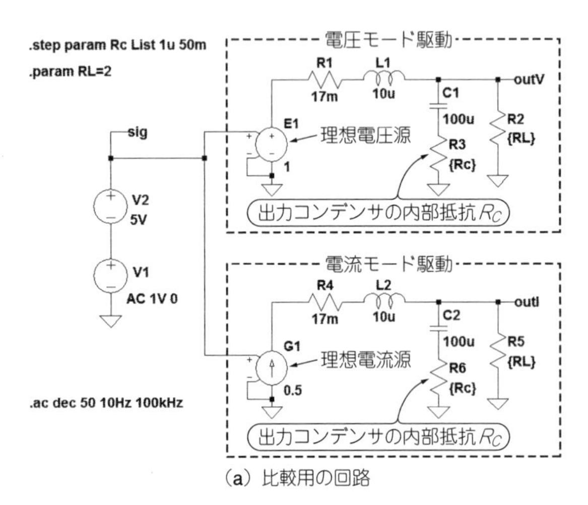

(a) 比較用の回路

● 定電流駆動は1次遅れ特性で位相遅れは最大90°

これに対して，定電流駆動時(電流モード)の遮断周波数は796Hzで，ゲインの減衰傾斜は−20dB/dec，位相遅れは最大90°です．傾斜や位相遅れは2次系特性の1/2です．このような特性を1次遅れ特性または1次系LPF特性と呼びます．1次系特性ではゲイン・ピークは生じません．

● 1次系特性がもつサーボ設計上の優位性

降圧コンバータなどのDC-DCコンバータは，PWMなどのキャリア周波数の高周波でスイッチングを行うため，スイッチ周辺には大振幅の高周波パルスが発生します．DC出力を得るには，この高周波パルスを減

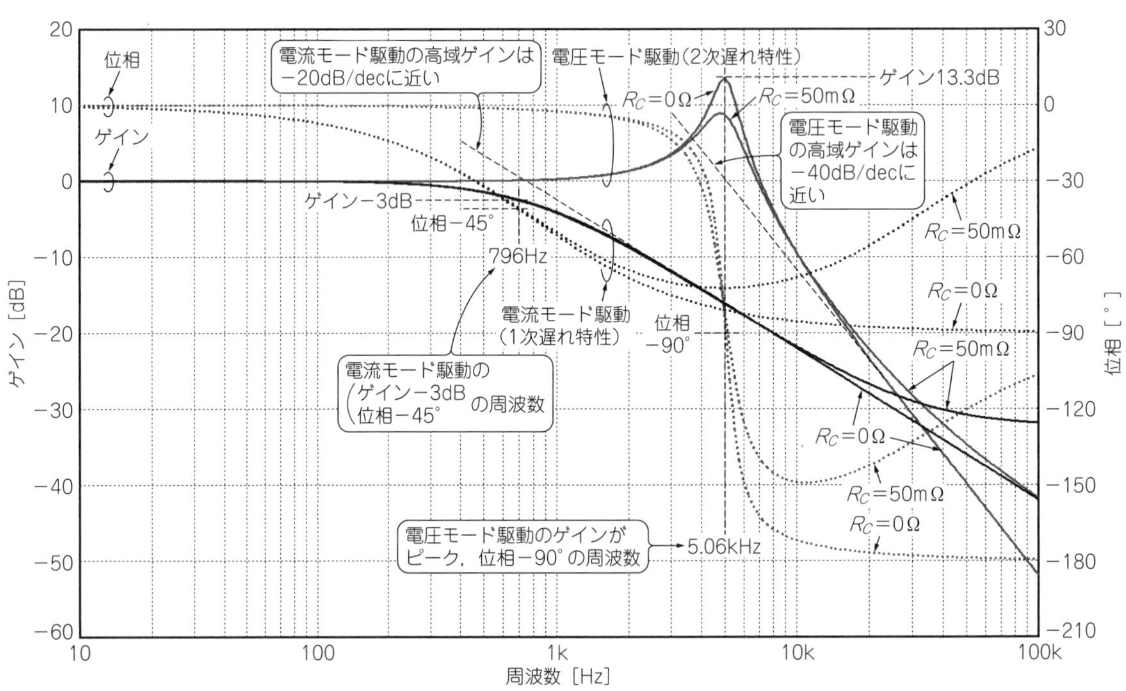

(b) 電圧モードは2次遅れ，電流モードは1次遅れ

図2-1　降圧コンバータは駆動方式により周波数特性が変わる(LTspiceのファイル名：301)

電圧モードはゼロ・インピーダンスでLCを駆動するので2次系周波数特性を示し，最大位相遅れは180°となり，電流モードは大きなインピーダンスでCを駆動することになるので1次系で位相遅れは90°と半減する

衰/平滑して除去しなければなりません．そのために，多くの場合はLCフィルタが使われます．その理由は，大電力伝送に対して損失が少ないことや，高周波における減衰度が大きいことなどがあげられます．

その反面，出力電圧を検出して負帰還をかける場合に，オーバーオールのサーボ・ループ内にLCフィルタ特性(2次遅れ特性)が存在すると，サーボ設計が難しくなります．一般に，出力精度などのサーボ効果を得るためには大きなループ・ゲインを必要とし，かつ過渡応答などの安定性を得るためには十分な位相余裕[2]が必要です．

位相余裕は必要とする安定性に応じて60～90°が必要とされ，ループ内の位相遅れは最小限にしたいところです．LCフィルタが2次遅れ特性であれば，遮断周波数以上での位相遅れが180°近くあり，安定性への影響が大きいとわかります．

■ 降圧コンバータのループ特性の解析時間を短縮する方法

● ゲイン-位相周波数特性を正しく求めるには

図2-1(a)の電流モード駆動に対応する第1節の回路(**図1-3**)の周波数特性を求める方法を検討します．

一般に，LTspiceを含むSPICE系の回路シミュレータの多くは，周波数特性を求めるための「AC解析」は，線形回路にしか適用できません．スイッチング回路は，スイッチのON/OFFいずれにおいても信号入力と出力の関係は非線形であり，SPICEのAC解析は適用できません．

これに対して，tran解析は非線形回路にも適用できます．それを利用して，ある周波数でtran解析によって得られた入出力波形から，演算[9]によりゲインと位相を求め，次々に周波数を変えて周波数特性を求める方法があります．

LTspice HelpのF.A.Q.のなかに，この手法の紹介と例題があります．この方法により，実際に設計したスイッチング・インバータの周波数特性を求めた例の解説が文献(2)にあります．

シミュレーションで周波数特性を求めるのとは別に，スイッチング回路を含む実機において周波数特性を測定できる計測器FRAがあります[9]．このFRAを使用して実機で測定した例も紹介されています[10]．

● [STEP1] 過渡解析の設定

上記LTspice Helpの方法で，電流モード降圧コンバータのスイッチング回路の周波数特性を求めてみます．

図2-2の図中に，周波数特性を求めるための演算命令(SPICE directive)を示します．演算命令は上記F.A.Q.の例題から引用しています．

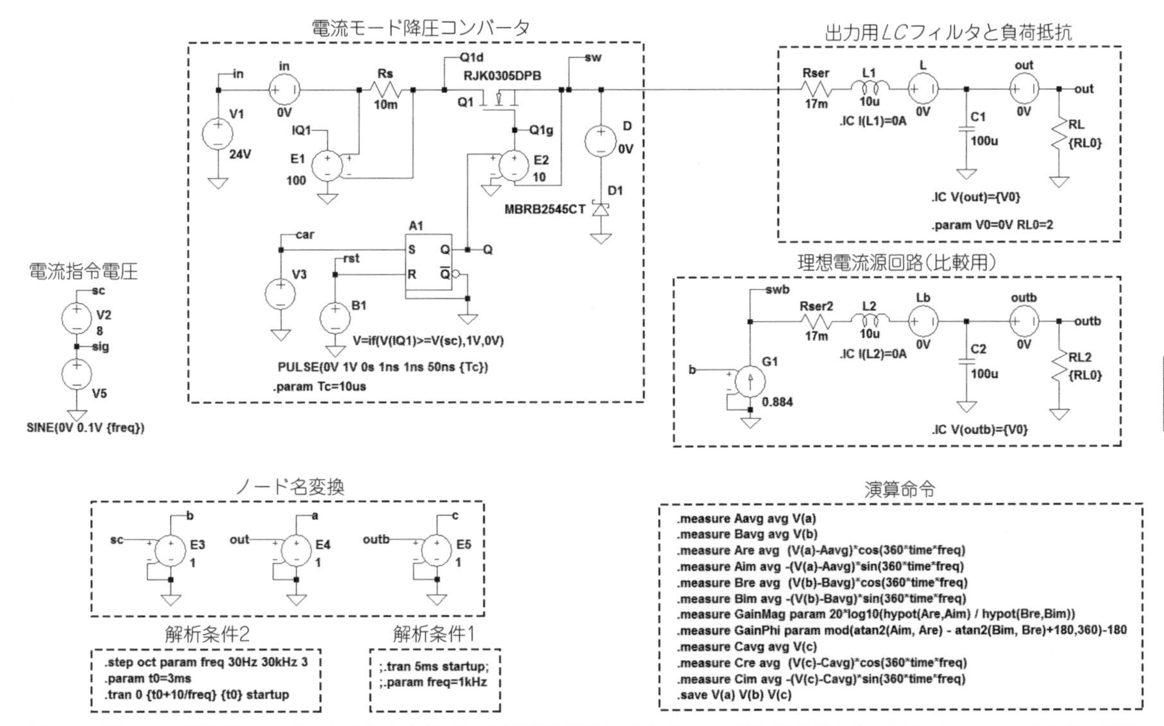

図2-2　電流モード降圧コンバータの入出力ゲインの周波数特性を求める(のこぎり波重畳なし．LTspiceのファイル名：302)
スイッチング回路の周波数特性をtran解析で求める方法．「ノード名変換」をすれば，回路が変わっても図中の演算命令(SPICEディレクティブ)を変更せずに引用できる

演算命令のなかで，ノード名としてa，b，cが使われています．**図2-2**の回路の対応ノードを1倍のバッファ・アンプE3，E4，E5でノード名a，b，cに変換しています．こうすると，演算命令のノード名を書き換えることなく引用できます．

図2-2の電流モード降圧コンバータは，動作確認を行った第1節の**図1-3**と回路も動作条件も同じです．不安定動作対策用ののこぎり波重畳，および第4節に述べる同期整流は行っていません．

この回路と特性を比較するために，理想電流源G1で出力*LC*フィルタ＋負荷抵抗を駆動する回路も用意します．両回路入力に同じ測定用DC＋AC信号V(sc)［＝V(b)］を加え，特性を比較します．

まず，**図2-2**中の「解析条件1」で，過渡応答が収束するまでの時間t_0を調べます．結果は省略しますが，本回路では3 msで収束することがわかりました．LTspiceでは，命令文(SPICE derective)の先頭にセミコロン(;)を付けることにより，命令文を無効にできます．**図2-2**の表示では「解析条件1」は無効になっています．

「解析条件2」で，「解析条件1」で求めた収束時間t_0＝3 ms後以降における各周波数ごとに正弦波10周期分の波形が得られます．演算誤差を生じさせないために整数周期とし，測定周波数ポイントは2倍変化ごとに3点，30 Hz～30 kHzの範囲で合計31点としました．

波形周期も周波数ポイントも多いほど，測定精度は上がりますが，解析時間が余分にかかります．低周波数ほど時間がかかります．

● ［STEP2］過渡応答波形を求める

図2-3が「解析条件2」で得られた各波形です．V(b)＝V(sc)は電流指令電圧，V(c)＝V(outb)は比較用出力，V(a)＝V(out)がコンバータ出力です．

V(c)，V(a)の30 Hzの振幅がほぼ等しくなるように，理想電流源G1のゲインを調整してあります．

V(a)には，キャリア周波数成分(ノイズ)が重畳しています．最低周波数30 Hzが10周期なので，*t*軸の最大値は333 msです．(**a**)，(**b**)，(**c**)それぞれ，全周波数31波形がすべて重なっています．V(c)，V(a)は，高い周波数ほどゲインが低下するので，左側の波形ほど振幅が小さくなっています．

図2-3の解析結果を得るには1時間近くかかりました．必要な時間はパソコンの能力によって変わります．

● ［STEP3］周波数特性を求める

図2-3の解析が終了したら，**図2-2**の回路図ウィン

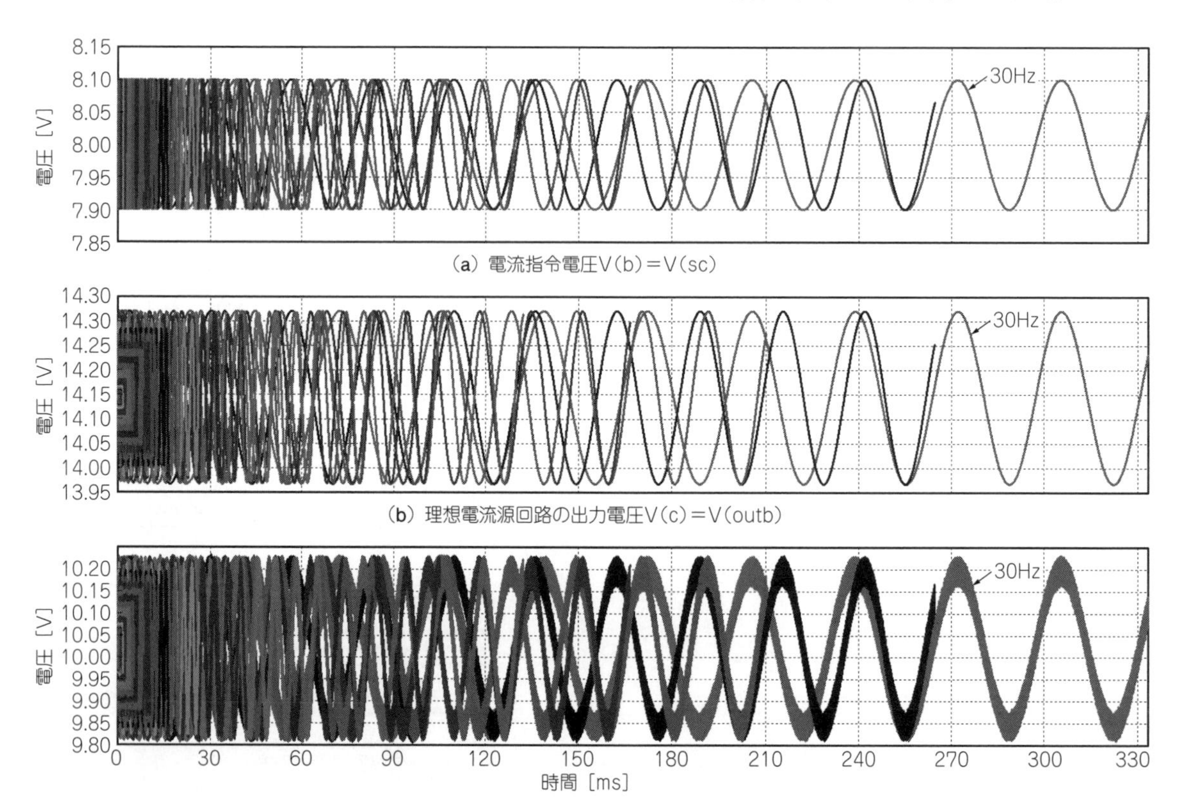

図2-3　測定周波数ごとに波形を求めてその結果からゲインと位相を求めてプロットする(LTspiceのファイル名：302)
整数周期の各波形を比較し，ゲイン，位相を演算によって求める

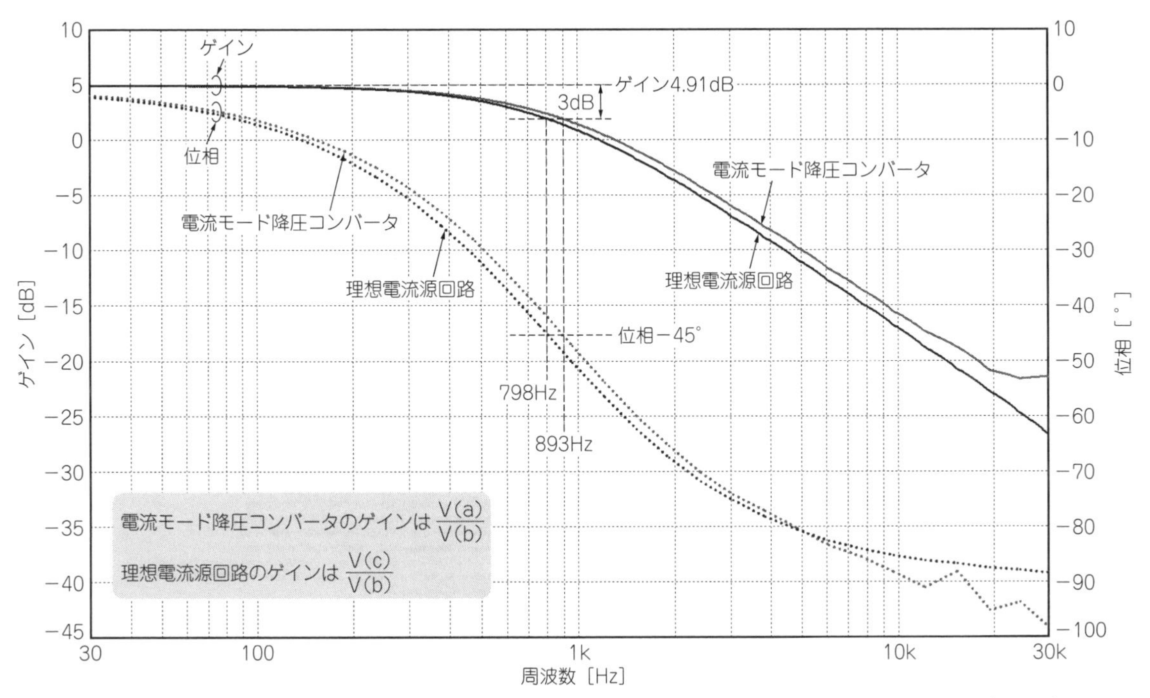

図2-4 電流モード降圧コンバータの入出力ゲインの周波数特性(のこぎり波重畳なし．LTspiceのファイル名：302)
スイッチング回路と理想電流源回路は特性がわずかに異なっている

ドウをクリックしてアクティブにし，メニュー・バーから［View］-［SPICE Error Log］を開きます．開いたLog上で右クリックから［Plot .step'ed .meas data］をクリックして現れる問いかけで［はい］をクリックすると，**図2-4**の周波数特性が得られます．

a/bで電流モード降圧コンバータ，c/bで理想電流源回路の周波数特性が得られます．

ともに**図2-1(b)**で確認した1次遅れ系特性を示していますが，両者の遮断周波数はそれぞれ893 Hz，798 Hzと異なっています．

電流モード降圧コンバータの周波数特性は，キャリア周波数成分(ノイズ)の影響を受けて10 kHz以上の周波数で乱れが見られます．理想電流源回路に比べて遮断周波数が高域側にずれています．

両者の周波数特性を一致させることができれば，今後の解析で理想電流源回路を電流モード降圧コンバータ回路の代わりに使えるので，解析時間を短縮できます．

▶周波数特性の差の原因

遮断周波数が異なる原因を調べるために，電流モード降圧コンバータの出力インピーダンスZ_O特性を求めてみましょう．

図2-5がZ_Oの測定回路です．電流モード降圧コンバータの出力out端子に電流源G4，G2を接続し，それぞれからコンバータ出力にDCおよびAC電流を流し込みます．out端子電圧V(out)をこのAC電流で割れば，Z_Oを求めることができます．コンバータのDC出力電流は5 Aとなるように設定し，電流源から流し込むDC電流もコンバータ出力電流を受け入れる向きに5 Aとします．

比較のために，理想電流源G1の出力に*LCR*回路を接続して，こちらにも電流源G5，G3を接続し，同様にして出力インピーダンスを測定します．G1の出力にR_1 = 2 kΩが接続してある理由は，G1とG5のDC電流のわずかな誤差を吸収し，swb端子のDC電位を定めるためです．大きな測定誤差とならない値としてあります．

図2-5中に示すノード名変換をすることで，周波数特性を求める**図2-2**の演算命令をそのまま引用して出力インピーダンスを求められます．

● ［STEP4］測定周波数を変えて電流，電圧の過渡応答波形を求める

前述の周波数特性を求めたときと同様に，**図2-6**のような過渡応答を求めます．

V(b) = V(sig)は測定用AC成分です．これと同振幅のAC電流を2つの被測定回路の出力端子へ流し込みます．

V(a) = V(out)，V(c) = V(outb)は，それぞれ電流モード降圧コンバータの出力電圧，理想電流源回路の出力電圧であり，各出力電圧を流し込み電流V(b)で割れば，それぞれの回路の出力インピーダンスが求められます．

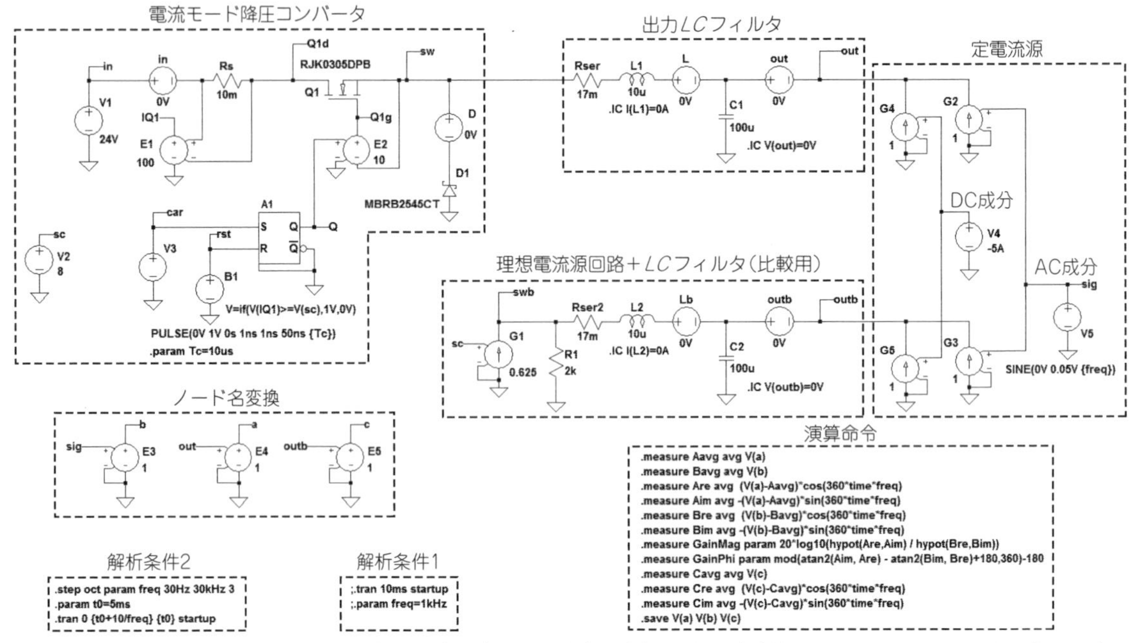

図2-5　電流モード降圧コンバータの出力インピーダンスZ_O測定回路(のこぎり波重畳なし．LTspiceのファイル名：303)
図2-4の特性差の原因を探るために，出力から電流を流し込み出力インピーダンスを測定する．図2-2と同様にtran解析で求める

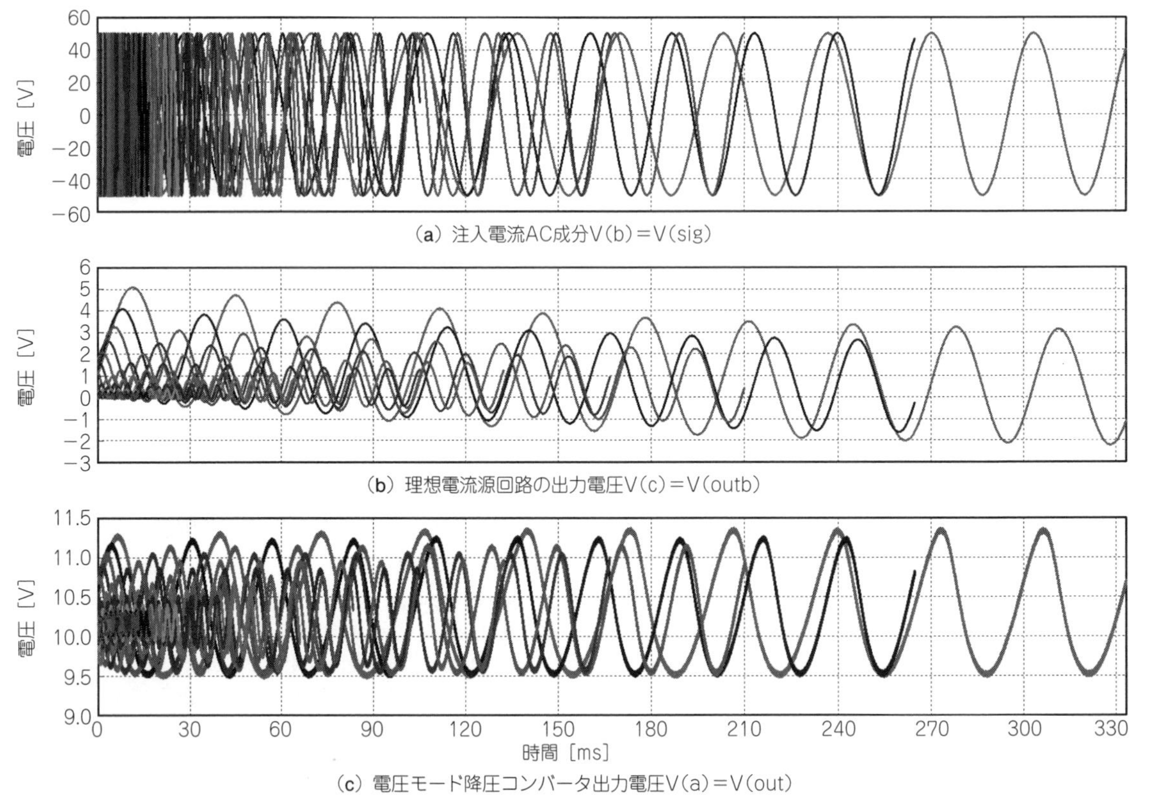

図2-6　図2-5で測定周波数を何度も変えて過渡解析を行う(LTspiceのファイル名：303)
出力インピーダンス測定用にノード変換してあるので，図2-2と同じ演算命令が使える

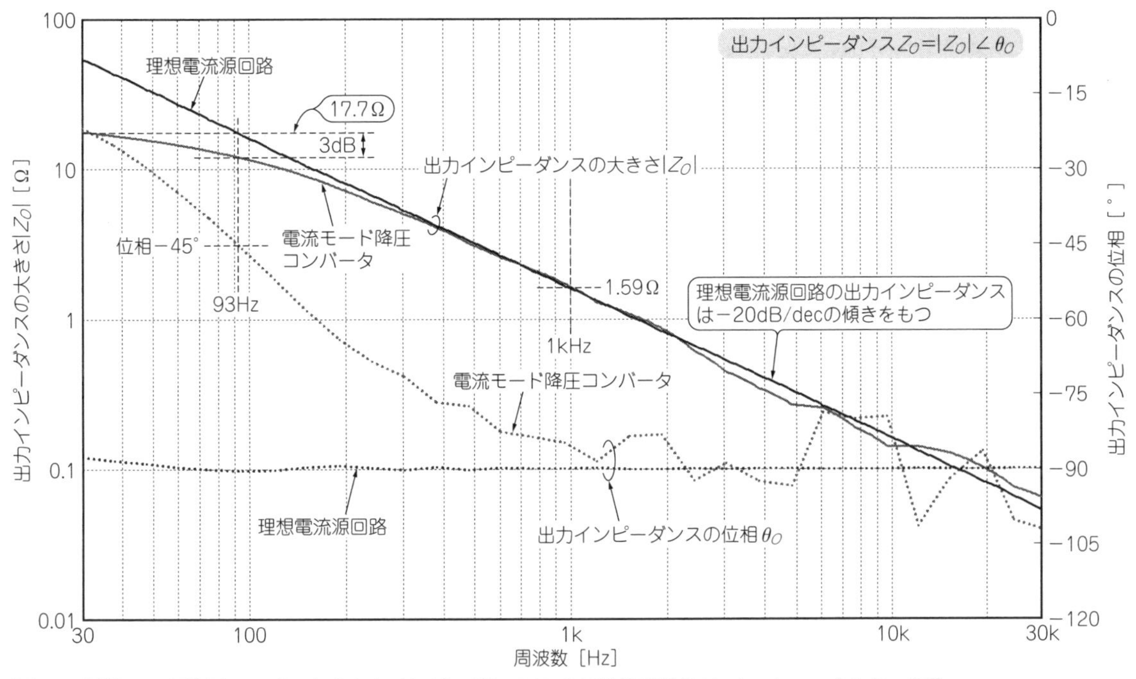

図2-7　電流モード降圧コンバータの出力インピーダンスZ_Oの周波数特性(LTspiceのファイル名：303)
電流モード・コンバータの出力インピーダンスが低周波域で一定値に収束することがわかる

● [STEP5] 出力インピーダンス特性を求める

図2-6の過渡解析が終了したら，**図2-4**を求めたときと同様の操作で**図2-7**のような出力インピーダンスの周波数特性が得られます．

a/b，c/bは，それぞれ電流モード降圧コンバータ，理想電流源回路の出力インピーダンスZ_Oです．解析結果からこれらの周波数特性$|Z_O|\angle\theta_O$がわかります．

理想電流源回路の出力インピーダンスは，全域で$|Z_O|$が周波数に反比例し，θ_Oが−90°(電圧が電流に対して90°遅れ)です．Z_Oがコンデンサ(容量性)であることがわかります．1kHzの値を読み取ると1.59Ωなので$C=1/(2\pi\times1\,\mathrm{k}\times1.59)=100\mu\mathrm{F}$であり，この容量性インピーダンスは出力端子間の$C_2$によることがわかります．この周波数範囲の$|Z_O|$の値から$R_1=2\,\mathrm{k}\Omega$による測定誤差はほとんどないことがわかります．

電流モード降圧コンバータの$|Z_O|$は低周波で17.7Ωに収束し，θ_Oは−90°から0°に向かっています．これは電流モード降圧コンバータの出力インピーダンスが17.7Ωの抵抗相当であることを意味します．CRによるコーナ周波数は図から93Hzです．

● [STEP6] AC解析用の等価回路に置き換えてゲイン-位相周波数特性を確認してみる

以上から，**図2-5**の電流モード降圧コンバータの出力インピーダンス$Z_O=R_O$がわかりました．そこで，理想電流源の出力に$R_O=17.7\,\Omega$を接続し，入出力ゲインの周波数特性を等価回路によって求めてみます．その詳細は第2節のコラムを参照ください．

ここではその結果をもとに，シミュレーションでボーデ線図を求めます．理想電流源回路を**図2-8**(a)に，結果を**図2-8**(b)に示します．

オーバーオールのサーボ・システムにおいてプラント・ゲインとなるので，電流モード降圧コンバータ・ゲインを$G_{pl}=|G_{pl}|\angle\theta_{pl}$とします．

出力コンデンサC_1の直列抵抗R_Cは50mΩ固定です．負荷抵抗R_Lを1Ω，2Ω，4Ωと変化させています．**図2-8**(b)からは，R_Lによって低周波域ゲインが変化することがわかります．

同図の$R_L=2\,\Omega$の$|G_{pl}|$特性は，コラムの**図2-B**の$R_C=50\,\mathrm{m}\Omega$の折れ線特性とそれぞれほぼ一致しており，**図2-8**(a)がループ特性検討用の等価回路として使えることがわかります．ループ特性の検討などに等価回路を使用すれば，AC解析が可能になり，短時間で解析を行えます．

図2-8(a)の等価回路は電流モード降圧コンバータの基本形相当ですが，コンバータの連続モード/不連続動作モードの違い，のこぎり波重畳や第4節で述べる同期整流方式の付加による電圧サーボ特性の変化も確認する必要があります．

コラム　等価回路の周波数特性

● 電流モード降圧コンバータ回路に対応する等価回路

第2節の**図2-7**の出力インピーダンスZ_O特性から，電流モード降圧コンバータの低周波域の出力抵抗がR_O = 17.7 Ωとわかりました．これをもとに，電流モード降圧コンバータの線形動作等価回路を求め，折れ線近似の周波数特性を求めます．

図2-A(**a**)がR_O = 17.7 Ωとしたときの等価回路です．以下においては次項のコーナ周波数を求めるために，この等価回路を順次変換していきます．

図2-A(**a**)の破線部(イ)の出力を開放したときの電流源の出力電圧V_{sw}は，電流源の電流ゲインをG_{sw}，出力電流をI_{sw}とすれば，次式となります．

$$V_{sw} = R_O I_{sw} = R_O G_{sw} V_{SC} \quad \cdots\cdots (2\text{-A})$$

ここで，「鳳・テブナンの定理」から，**図2-A**(**a**)の破線部(イ)と**図2-A**(**b**)の破線部(ロ)のそれぞれの内部回路が等価であることがわかります．**図2-A**(**b**)の(ロ)の出力を開放したときのV_{sw}は，電圧源の電圧ゲインをK_{sw}とすれば，次式となります．

$$V_{sw} = K_{sw} V_{SC} \quad \cdots\cdots (2\text{-B})$$

式(2-A)，(2-B)から，次式を得ます．

$$R_O G_{sw} V_{SC} = K_{sw} V_{SC} \qquad \therefore K_{sw} = R_O G_{sw} \quad \cdots\cdots (2\text{-C})$$

K_{sw}を式(2-C)とおけば，**図2-A**(**b**)の内部インピーダンスもR_O = 17.7 Ωとなります．なお，破線部(ハ)の$R_O \gg R_{ser}$なので，$R_O + R_{ser} \fallingdotseq R_O$とみなせます．

3 定電圧サーボ・ループの設計と評価

前節までで，オーバーオールの定電圧サーボ・ループのプラント(制御対象)となる「電流モード降圧コンバータ」の線形動作等価回路とそのボーデ線図(ゲイ

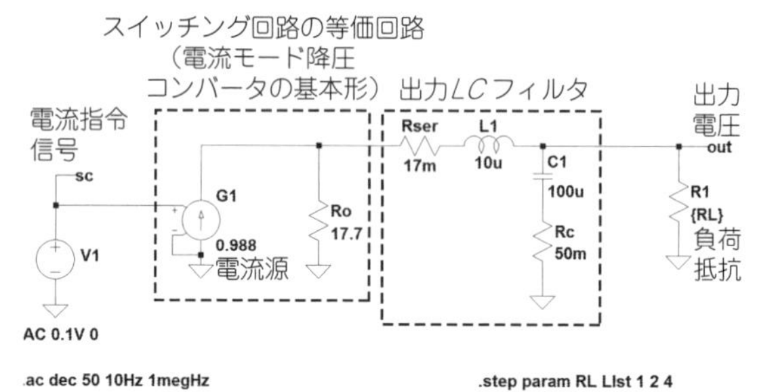

(**a**) 等価回路による表現

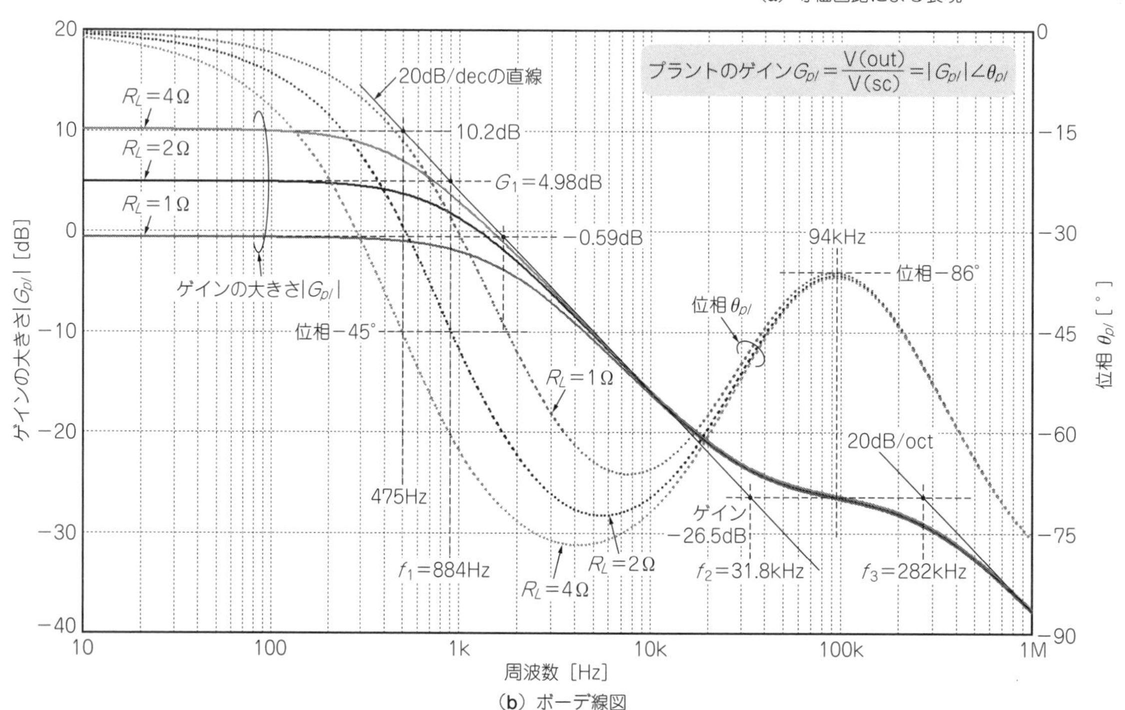

(**b**) ボーデ線図

図2-8　電流モード降圧コンバータの周波数特性(のこぎり波重畳なし．LTspiceのファイル名：304)
理想定電流源の出力にR_O=17.7 Ωを接続することによって，R_L=2Ω 時の低域特性が図2-4の電流モード・コンバータの特性と一致した

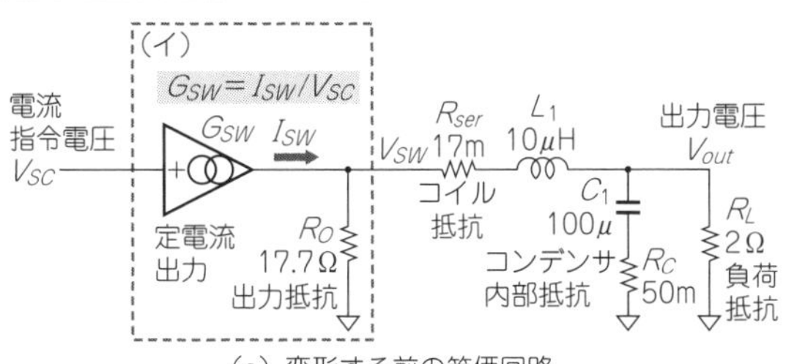

(a) 変形する前の等価回路

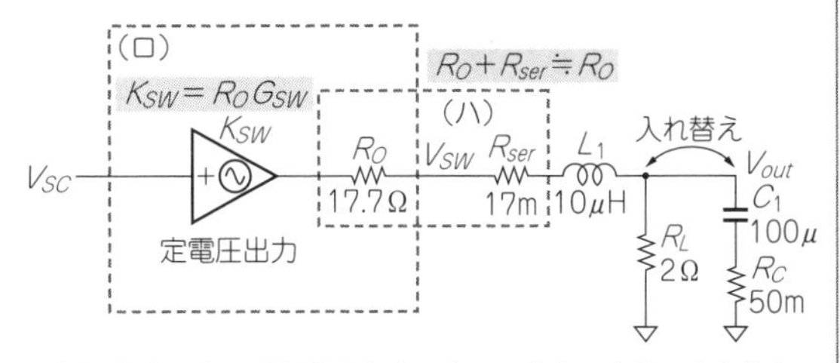

(b) (イ)の定電流部分を(ロ)の定電圧出力に変換で書き換え

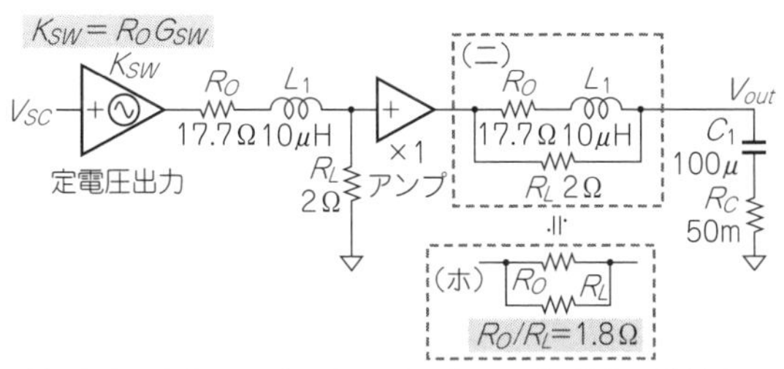

(c) 出力・負荷インピーダンスを1倍アンプの前後に分割する

(d) コーナ周波数が求まる

図2-A　電流モード降圧コンバータの等価回路を周波数特性がわかりやすい形に変形する
一見わかりにくい回路も適切な等価変換を重ねることによって，特性を求めやすい回路に変形できる

さらに図2-A(b)の出力を開放したとき(ここでは，C_1，R_Cを外した状態)の電圧V_{out}と内部インピーダンスから，鳳・テブナンの定理を使用して，図2-A(b)を図2-A(c)に変換することができます．図2-A(c)の破線部(ニ)内は，R_OとL_1の時定数による周波数，$1/(2\pi L_1/R_O)=1/(2\pi\times 10\mu/17.7)=282\ \mathrm{kHz}$より十分に低い領域では$R_O+L_1≒R_O$とみなせるので，破線部(ニ)と(ホ)の回路はほぼ等価とみなせます．

以上の結果，図2-A(a)の等価回路として図2-A(d)が得られます．

● 折れ線近似ゲイン周波数特性

図2-A(d)に示している各素子によって決まるコーナ周波数f_1～f_3は，次式により求められます．

$$f_1=\frac{1}{2\pi C_1 R_O//R_L}=\frac{1}{2\pi\times 100\mu\times 1.8}=884\ \mathrm{Hz}$$

$$f_2=\frac{1}{2\pi C_1 R_C}=\frac{1}{2\pi\times 100\mu\times 50\mathrm{m}}=31.8\ \mathrm{kHz}$$

$$f_3=\frac{1}{2\pi(L_1/R_O)}=\frac{1}{2\pi\times(10\mu\div 17.7)}=282\ \mathrm{kHz}$$

次に，図2-A(a)の電流ゲインG_{sw}を求めます．

図2-A(d)の低周波域(f_1以下)における入出力ゲインG_1は次のように求まります．

$$G_1=\frac{V_{out}}{V_{SC}}=K_{sw}\frac{R_L}{R_O+R_L}\ \cdots\cdots\cdots\cdots\ (2\text{-D})$$

式(2-D)に式(2-C)を代入して次式が得られます．

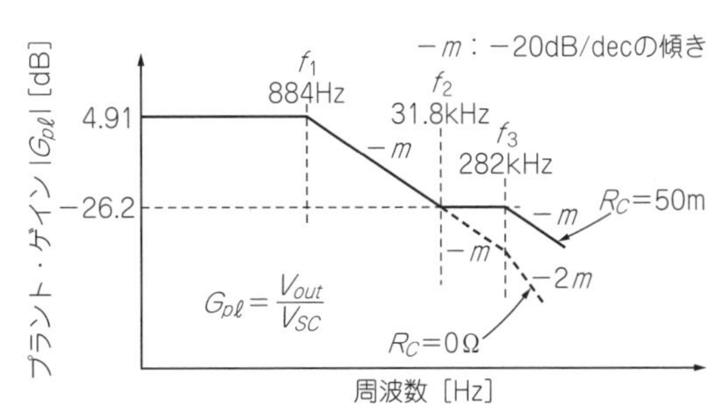

図2-B　電流モード降圧コンバータのゲイン周波数特性(折れ線近似)
折れ線近似で描くことにより，次のステップのループ特性の検討を含め，設計の見通しが立てやすくなる

$$G_1=G_{sw}R_O\frac{R_L}{R_O+R_L}$$

$$\therefore\ G_{sw}=G_1\frac{R_O+R_L}{R_O R_L}\ \cdots\cdots\cdots\cdots\ (2\text{-E})$$

本文の図2-4から，低周波ゲイン$G_1=4.91\ \mathrm{dB}(=1.76)$と読み取れます．式(2-E)に抵抗値とともに代入します．

$$G_{sw}=1.76\times\frac{17.7+2}{17.7\times 2}=0.988\ \mathrm{A/V}\ \cdots\cdots\ (2\text{-F})$$

以上の結果から，等価回路図2-A(a)の定数が求められました．検討に便利な「折れ線近似」のゲイン-周波数特性を図2-Bに示します．図2-Bの破線特性は，出力コンデンサC_1の直列抵抗R_Cが0Ωのときです．

図2-A(a)からシミュレーション回路図の図2-8(a)が得られます．

〈渡辺 健芳〉

ン/位相の周波数特性)が得られたので，本節では定電圧ループを設計し，周波数特性や過渡応答特性を調べます．

■ ゲインの非直線性

● DCゲインとACゲインが異なる

第2節のコラムにおいて，電流モード降圧コンバータの等価回路を求め，折れ線近似周波数特性を求めました．また第2節の**図2-3**に示したように，電流モード降圧コンバータおよびその等価回路の正弦波応答波形を求めました．その結果，これらの波形に関して不審な点があります．

図2-3の電流モード降圧コンバータ出力V(a)，および理想電流源回路の出力V(c)の各電圧波形から，DC分とAC分を読み取り，それぞれ比較してみます．

(1) DC分…電流指令電圧V(b) = 8 V_{DC}に対して
- 降圧コンバータ出力電圧V(a) = 10.02 V_{DC}
  ∴ DCゲインは10.02/8 = 1.25倍(= 1.94 dB)
- 理想電流源回路出力電圧V(c) = 14.13 V_{DC}
  ∴ DCゲインは14.13/8 = 1.77倍(= 4.94 dB)

(2) AC 30 Hz…電流指令電圧V(b) = 0.2 V_{P-P}に対して
- 降圧コンバータ出力電圧V(a) = 0.352 V_{P-P}
  ∴ ACゲインは0.352/0.2 = 1.76倍(= 4.91 dB)
- 理想電流源回路出力電圧V(c) = 0.352 V_{P-P}
  ∴ ACゲインは0.352/0.2 = 1.76倍(= 4.91 dB)

理想電流源回路の出力電圧V(c)はDCゲインとACゲインがほぼ等しいのに対して，電流モード降圧コンバータの出力電圧V(a)ではDCゲインとACゲインが一致していません．

電流モード降圧コンバータの30 Hzにおけるゲインが4.91 dBだったので，理想電流源回路の30 Hzゲインも4.91 dBとなるように**図2-2**の電流源G1ゲインを調整しています．その結果，理想電流源回路のDCゲインは4.91 dBとなりましたが，電流モード降圧コンバータのDCゲインは異なる値になっています．

電流モード降圧コンバータのDCゲインとACゲインが一致しないのは，なぜでしょうか？

● 出力電圧に応じて電圧ゲインが変化する

電流モード降圧コンバータの入出力ゲイン特性は，第1節の**図1-13**で求めました．**図2-3**の解析結果を得たときと同じ条件，$R_L = 2\,\Omega$，のこぎり波重畳なし(V_P = 0)，ダイオード整流での特性を**図3-1**に示します．

図3-1のグラフは下に凸であり，入力電圧V(sc)の増加とともに曲線の接線の傾斜も増加する，すなわち入出力ゲインが増大することを意味します．

図3-1の傾斜が1.76の点線はV(sc) = 8 Vにおける接線であり，傾斜が1.25の点線は原点と曲線上のV(sc) = 8 Vの対応点を結んだ直線です．入力DC = 8 Vに対してはゲインは1.25倍であり，DC = 8 Vに重畳した0.2 V_{P-P}という小信号に対するゲインは1.76倍になります．

これがDCゲイン，ACゲインが一致しない理由です．電流モード降圧コンバータでは，出力電圧に応じて，この程度の電圧ゲイン変化が発生します．

さらに，第2節の**図2-8(b)**からわかるように，負荷抵抗R_Lによっても入出力ゲインは変化します．

したがって，電流モード降圧コンバータの定電圧サーボ・システムの応答は，これらの特性変化を考慮して，動作条件を変えて確認する必要があります．

■ サーボ・コントローラ特性の最適設計

図3-2に示すのは，これから設計する定電圧サーボ・システムのブロック図を示します．これまでに検討してきた電流モード降圧コンバータは，本システムのプラント(制御対象)となります．

電流モード降圧コンバータは内部に電流帰還をもつ定電流出力ですが，その外側に電圧帰還をかけて，サーボ・システム全体としては定電圧出力となります．本図のサーボ・コントローラの特性を最適設計するのが本節の目的です．

第2節において，電流モード降圧コンバータの基本形について等価回路を求め，ゲイン周波数特性を求めました[**図2-8(b)**]．以下では，**図3-3**に折れ線近似で示された各特性をもとに，サーボ・ループの設計を行います．

図3-3(a)はすでに求めたプラント・ゲイン$|G_{pl}|$($R_L = 2\,\Omega$)，**(b)**はサーボ・コントローラ・ゲイン$|G_{SC}|$，**(c)**は電圧サーボ1巡のループ・ゲイン$|G_L|$，**(d)**はループ・ゲイン位相θ_Lです．

以下においては，出力コンデンサの直列抵抗を

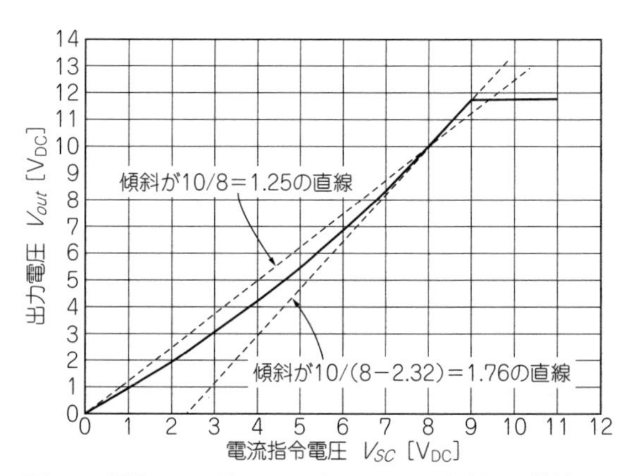

図3-1 電流モード降圧コンバータの入出力ゲイン特性
負荷抵抗$R_L = 2\,\Omega$，のこぎり波重畳なし，ダイオード整流．ゲイン特性の傾斜は下に凸であり，電流指令信号の増加とともにゲインが増大することを示している

50 mΩ固定として，$|G_{pl}|$の特性を**図3-3**(**a**)とします．

図3-3(**d**)のθ_Lは，後述する位相余裕を知るうえで必要なデータですが，(**a**)，(**b**)の位相特性は求めていません．θ_Lは(**c**)の$|G_L|$特性から直接求められるからです．

ループ・ゲイン$G_L = |G_L| \angle \theta_L$の特性を必要条件を満たすように決めることが目的です．

プラント・ゲイン$|G_{pl}|$はこの段階では変更できませんが，サーボ・コントローラ・ゲイン$|G_{SC}|$は必要に応じて自由に設計できます．ループ・ゲイン$|G_L|$は，単に$|G_{pl}|$と$|G_{SC}|$の値を加算することによって得られます．このときのゲインと位相の単位は，それ

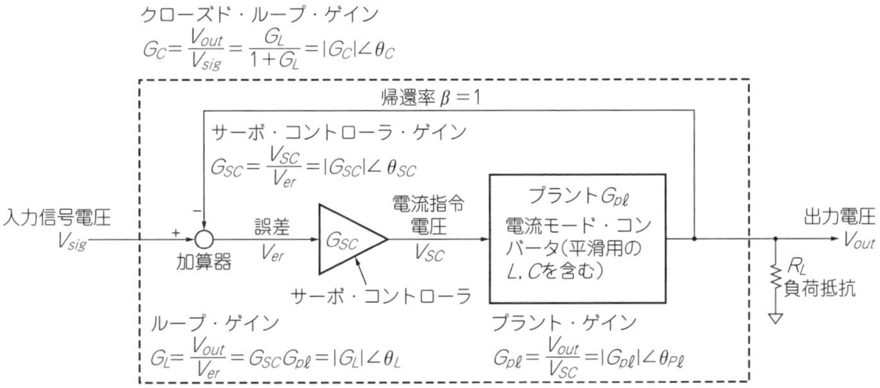

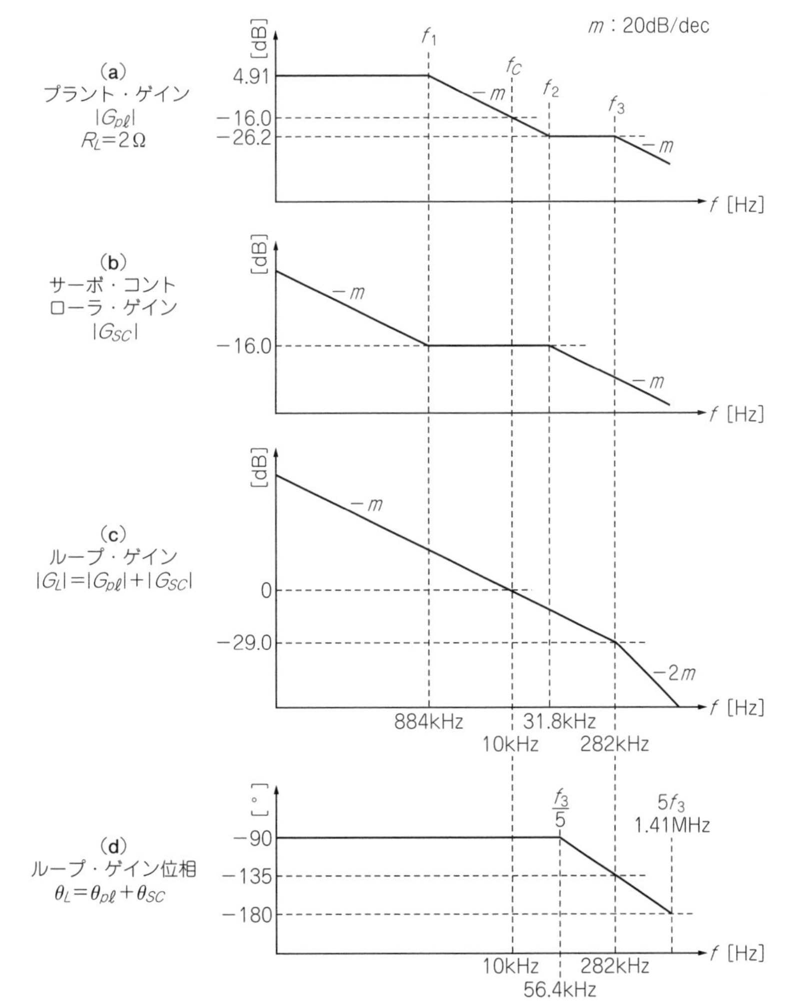

図3-2　電流モード降圧コンバータの出力電圧を制御する定電圧サーボ・システムのブロック図

定電流特性のコンバータ部をプラント(制御対象)とする定電圧サーボにより，定電圧出力を得る

図3-3　定電圧サーボ・ループの設計
(折れ線近似)

ループ1巡のゲイン(ループ・ゲイン$|G_L|$)の減衰傾斜を，ループの切れる周波数f_C近傍で−20 dB/decとすることにより，位相余裕90°が得られる

ぞれ[dB]と[°]とします.

● [STEP1] 位相余裕90°を目標にする

目標とするループ・ゲインG_L特性の条件として，ここでは位相余裕90°とします[2]．$|G_L| = 0$ dBとなる周波数f_C(ループが切れる周波数)において$\theta_L = -90°$であれば，位相余裕90°といいます．f_Cにおける限界値−180°に対して，θ_Lの値にどれだけの余裕があるかという意味で「位相余裕」と呼びます．

もし，$|G_L|$の減衰傾斜が広い範囲で−20 dB/decであれば，θ_Lは−90°です．したがって，位相余裕を90°にするということは，f_C近傍で$|G_L|$の減衰傾斜を−20 dB/decにすることと等価です．

−20 dB/decとは，ゲイン[倍]が周波数に反比例する傾斜のことです．**図3-3**では$-m$と表記しています．−6 dB/octも同じ傾斜を意味します．

前述のように，のこぎり波の重畳や負荷抵抗の変化など，各種の条件によって電流モード降圧コンバータの特性が変化するので，ループ設計に余裕をもたせておきたいところです．

図3-3(**a**)，(**b**)の比較から，サーボ・コントローラ・ゲイン$|G_{SC}|$の傾斜を周波数f_1以下で−20 dB/dec，周波数f_1～f_2の範囲で平坦，周波数f_2以上でふたたび−20 dB/decとすれば，(**c**)のように周波数f_3以下の周波数範囲で，$|G_L|$の減衰傾斜を−20 dB/decとすることができることがわかります．

ループが切れる周波数f_Cはクローズド・ループの周波数帯域(遮断周波数)なので，サーボ・システムとしての応答時間がf_Cによって決まります．そして，過渡応答波形のオーバーシュートやリンギングの程度が位相余裕で決まるといってよいでしょう[2]．ただし，応答時間は周波数帯域だけによって決まるのではなく，出力コンデンサに対する充放電電流も応答時間を制約する条件になりえます．過負荷に対する電流制限機能を設けた場合は，制限機能動作時の応答波形も確認する必要があります．

ここでは，PWMキャリア周波数を100 kHzとしたので，$f_C = 10$ kHzとします．f_Cにおける$|G_{pl}|$は−16 dBと折れ線図から計算できるので(ゲインと周波数の反比例関係から計算できる)，f_Cにおける$|G_{SC}|$を16 dBとすれば，$|G_L| = |G_{pl}| + |G_{SC}| = -16 + 16 = 0$ dBとなり，f_Cでループを切ることができます．

ゲイン特性の設計結果を折れ線近似で**図3-3**(**b**)，(**c**)のように表せます．位相θ_L特性も，(**c**)のゲイン$|G_L|$特性から折れ線近似で(**d**)のように表せます．f_Cにおけるθ_Lが−90°なので，位相余裕90°が確保できる見通しです．

出力電圧精度などの「サーボ効果」はループ・ゲイン$|G_L|$の大きさで決まりますが，$|G_L|$は積分特性を示し，DC域の$|G_L|$が極めて大きいので，電圧の定常偏差は十分に小さくなることが期待できます．

G_L特性の減衰傾斜はf_3以上で−40 dB/dec($-2m$)になり，位相θ_Lの遅れも増加しますが，f_3がf_Cに比べて十分に高いので($f_3 = 28.2f_C$)，その補正は行いません．

もし，プラント特性が第2節の**図2-1**(**b**)に示すような2次遅れ特性(電圧モード)であったとすれば，同じf_Cに対して位相余裕90°を確保することは格段に困難になるでしょう．電流モード方式によって得られる1次遅れ特性が，ループ設計上の大きな優位点であるとわかります．

● [STEP2] サーボ・コントローラの定数を求める

図3-3(**b**)で求めた特性をもつサーボ・コントローラが**図3-4**(**a**)です．回路が比較的シンプルなので，ここではいきなりLTspiceでシミュレーションできる回路を示します．

G1は定電流アンプであり，電流ゲインを300μA/Vとします．G1はC_1，R_1，C_2の各素子を駆動します．入力は**図3-2**の入出力の誤差電圧V(er)であり，出力V(sc)はプラント入力に供給されます．プラント入力はハイ・インピーダンスでV(sc)を受ける必要があります．

各定数は次式により求めます．

$f_1 = 884$ Hzにて16 dB(=6.3倍)なので，低域積分特性を高域側へ延長してゲイン0 dB(1倍)となる周波数f_{int}は，$f_{int} = f_1 \times 6.3 = 5.58$ kHzとなるので，以下の各式から，各素子の値が得られます．

$$C_1 = G_1 \frac{1}{2\pi f_{int}} = 300\mu \frac{1}{2\pi \times 5.58\text{ k}} = 8.56\text{ nF}$$
$$\rightarrow 8.2\text{ nF} \cdots\cdots (3\text{-}1)$$

$$R_1 = \frac{1}{2\pi C_1 f_1} = \frac{1}{2\pi \times 8.2\text{ n} \times 884} = 22\text{ k}\Omega \cdots\cdots (3\text{-}2)$$

$$C_2 = \frac{1}{2\pi R_1 f_2} = \frac{1}{2\pi \times 22\text{ k} \times 31.8\text{ k}} = 227\text{ pF}$$
$$\rightarrow 220\text{ pF} \cdots\cdots (3\text{-}3)$$

▶サーボ・コントローラの周波数特性

算出した各素子の値を適用した**図3-4**(**a**)のサーボ・コントローラのボーデ線図を**図3-4**(**b**)に示します．**図3-3**(**b**)の折れ線近似特性とほぼ一致しています．

f_1，f_2のセンタ周波数5.3 kHz($=\sqrt{880 \times 32\text{ k}}$)において，位相が−90°から−18.4°まで戻っています．

● [STEP3] サーボ・システムの周波数特性を調べる

上で求めたサーボ・コントローラ回路とプラントの等価回路を**図3-2**のシステムに適用し，**図3-5**(**a**)に示します．負荷抵抗R_Lを1 Ω，2 Ω，4 Ωに切り替えています．

AC解析結果（ボーデ線図）が**図3-5(b)**です．ループ・ゲイン$G_L = |G_L| \angle \theta_L$およびクローズド・ループ・ゲイン$G_C = |G_C| \angle \theta_C$の両特性を重ねて描いています．

$R_L = 2\,\Omega$の$|G_L|$特性は折れ線近似特性**図3-3(c)**とほぼ一致しており，位相余裕88.8°（＝180°－91.2°）が得られています．$R_L = 1\,\Omega$，$4\,\Omega$においても，大きな差はなく90°前後の位相余裕があるので，十分な安定度が得られていると考えられます．

したがって，クローズド・ループ・ゲイン$|G_C|$には，R_Lによらずゲイン・ピークは見られず，帯域(f_C)も設計どおり約10 kHzです．

図3-5(a)，**(b)**においては，便宜上帰還率$\beta = 1$としていますが，抵抗分圧により$\beta < 1$とする場合はサーボ・コントローラ・ゲイン$|G_{SC}|$をβ倍することで同じ結果が得られます．

本節の設計では，不安定現象対策ののこぎり波重畳を行っていませんが，重畳した場合のプラント・ゲインは第1節の**図1-13**に示されています．

同図からは，同期整流の有無によるプラント・ゲインの変化はほとんどないことがわかります．

● ［STEP4］定電圧サーボ・システムの過渡応答特性を調べる

▶プラントを電流モード降圧コンバータとした定電圧サーボ回路

等価回路のループ特性をボーデ線図（周波数特性）で評価し，良好であることが確認できました．周波数特性による評価とともに，過渡応答も調べなければなりませんが，こちらは等価回路ではなく，電流モード降圧コンバータ回路を使用し，実際上の問題も含めて評価します．

その回路を**図3-6**に示します．**図3-5(a)**のプラントを等価回路から電流モード降圧コンバータ回路に置き換え，さらに負荷抵抗R_LをスイッチでON/OFFできるようにしました．

▶振動は発生せず安定している

電流モード降圧コンバータの定電圧サーボ・システム（**図3-6**）の過渡応答波形を**図3-7**に示します．

区間Aは，起動直後の波形の乱れを防止するために，入力信号V(sig)を直線的に立ち上げる「スロー・スタート」動作としています．その後はV(sig)＝8 Vで

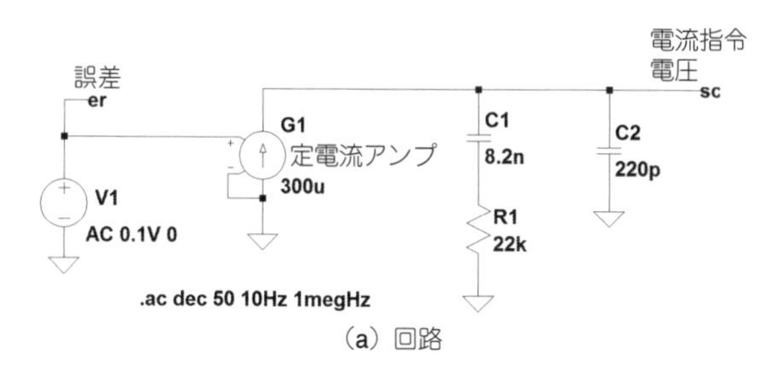

(a) 回路

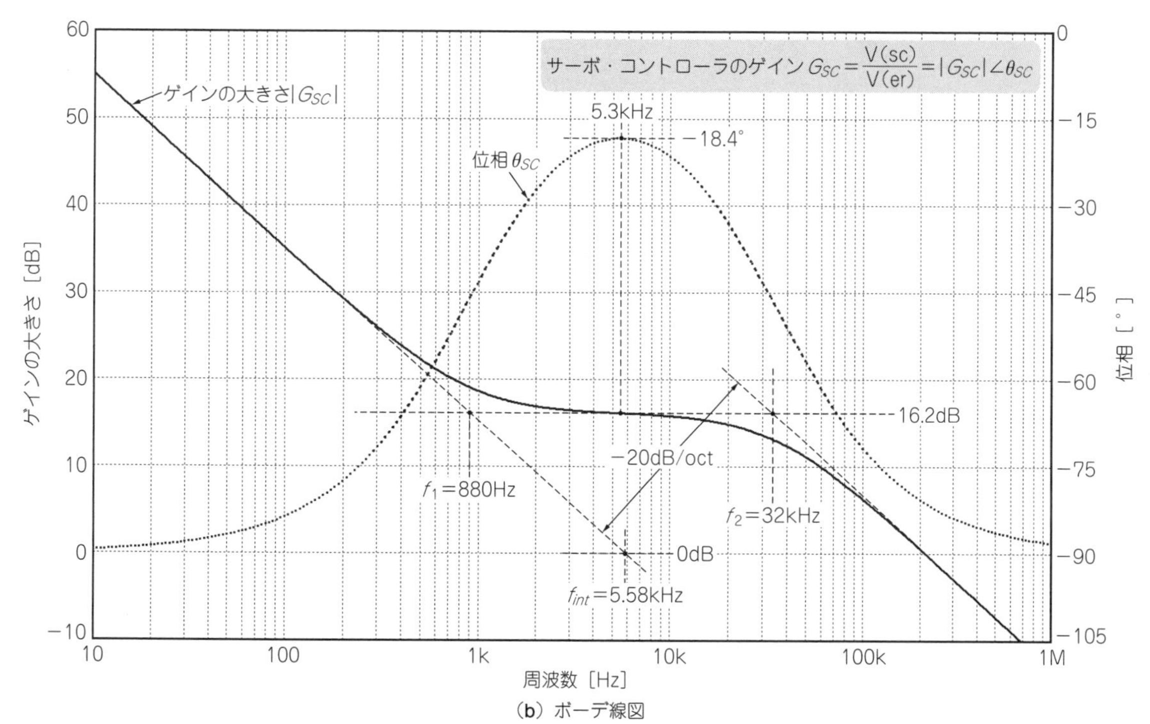

(b) ボーデ線図

図3-4　設計したサーボ・コントローラ（LTspiceのファイル名：404）
プラント特性とサーボ・コントローラ特性を合成することにより，必要とするループ・ゲイン特性を得る

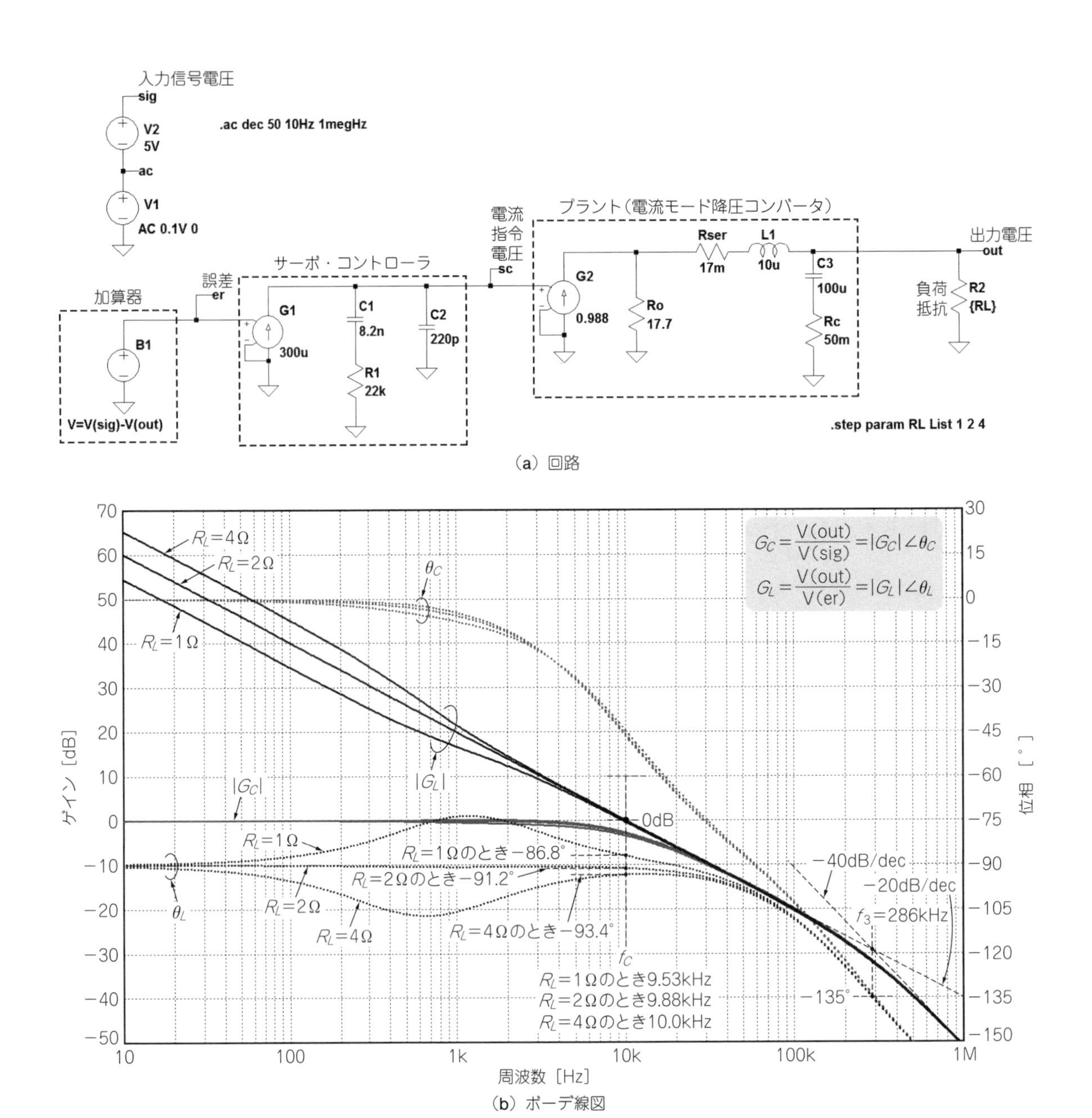

図3-5 電流モード降圧コンバータの定電圧サーボ・ループ(LTspiceのファイル名:405)
図2-8(a)のプラント等価回路と図3-4(a)のサーボ・コントローラ回路を図3-2のブロック図に適用して,定電圧サーボ・ループ回路を構成する

一定にしています.

図のように区間A~Gを設け,区間ごとに次々に負荷抵抗R_Lを変えています.R_L急変直後に出力電圧V(out)には増減いずれかの方向にオーバーシュートやアンダーシュート(過渡変動)が見られます.

コイル電流I(L)波形の最小値が正の区間A, B, C, F, Gは連続モード,0 Aまで低下している区間D,Eでは不連続モードとなっています.

コイル電流I(L)に重畳したキャリア周波数成分のリプルが出力コンデンサC_3によって平滑され,連続モードではI(L)波形の平均値が出力電流I(out)です.

電流指令電圧V(sc)に対する出力電流I(out)の比がプラント・ゲインに相当します.区間ごとにその比が変化しており,**図3-1**のようにゲインが変化していることがわかります.

▶出力電流が急激に変化したときに重畳リプル電圧の変化やロード・レギュレーションが観測できる

R_L急変直後の波形を**図3-8**,**図3-9**に拡大して示します.

図3-8は,R_Lを4Ω[I(out) = 2 A]から無負荷[R_L

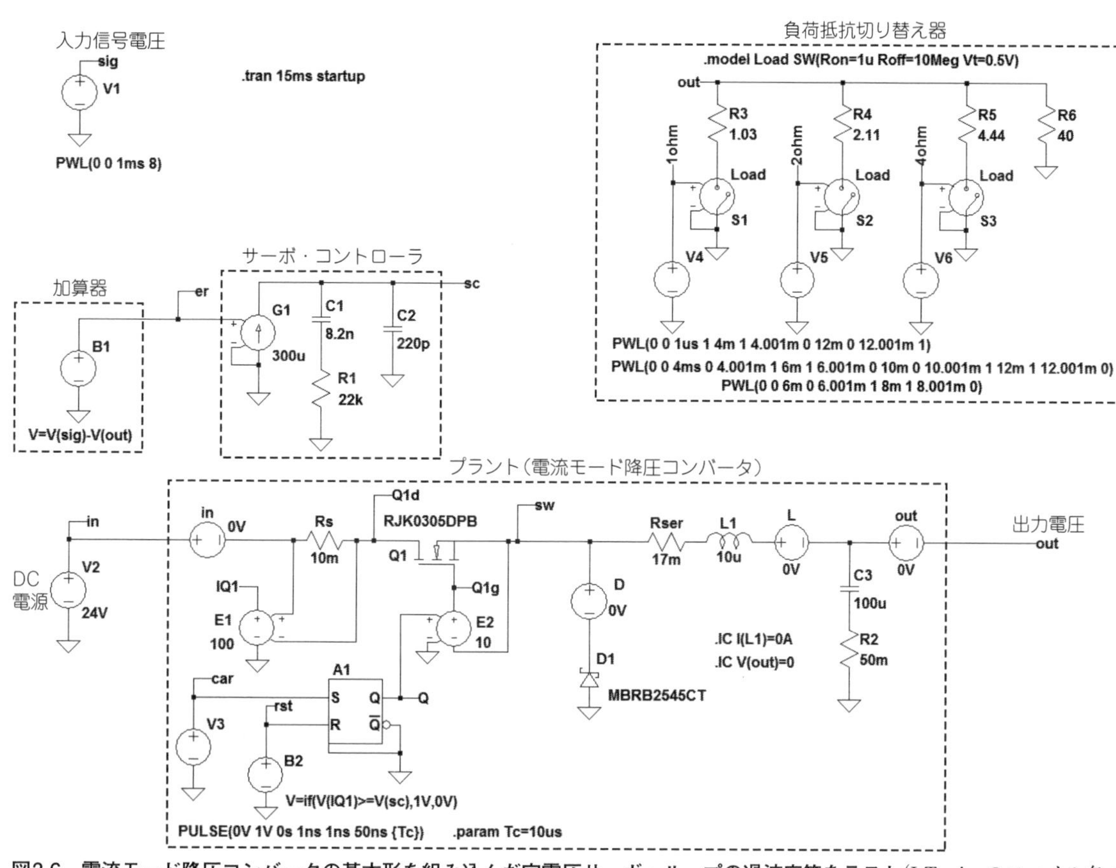

図3-6　電流モード降圧コンバータの基本形を組み込んだ定電圧サーボ・ループの過渡応答をテスト(LTspiceのファイル名：406)
図3-5(a)のプラントを等価回路から図1-3で求めたスイッチング回路に置き換えて，R_L急変時の過渡応答を調べる

= 40 Ω，I(out) = 0.2 A］に切り替えた直後の波形です(区間D→区間E).

コイル電流I(L)にはキャリア周波数(100 kHz)のリプルが重畳していることがわかります．R_L = 4Ω［I(out) = 2 A］時のV(out)の重畳リプルは0.23 $V_{P\text{-}P}$であり，R_L切り替え直後にV(out)には増大方向に0.38V(4.8%)の過渡変動が発生しています．

単一方向電流出力の降圧コンバータは，一般に，完全な無負荷においては動作不具合が発生します．コイル電流I(L)の供給方向が負荷に向かう一方向のみであり，出力コンデンサC_3を充電はできますが，放電することができないからです．

したがって，無負荷時に何らかの理由でV(out)が増大すると，電圧サーボ・コントローラはV(out)を下げる指令V(sc)を降圧コンバータに送ります．出力電圧V(out)を下げるためには，出力コンデンサC_3の電荷を放電する必要がありますが，それができないのでサーボ・ループは飽和してしまいます．

飽和を避けるために**図3-6**ではR_L = 40 Ωを常時接続しています．この場合は，出力コンデンサC_3と負荷抵抗R_Lの時定数は4 ms(= 100μF × 40Ω)です．一般に電圧サーボ・ループの応答時間がこの時定数より速ければ，R_LがC_3端子電圧を低下させるまえにループが飽和してしまう恐れがあります．

図3-9は，R_Lを2 Ω［I(out) = 4 A］から1 Ω［I(out) = 8 A］に切り替えた直後の波形です(区間F→区間G).

V(out)の重畳リプルは，I(out) = 4 A，8 Aともに，0.26 $V_{P\text{-}P}$，過渡変動は0.48 V(6%)です．

V(out)の定常値は

I(out) = 4 A時：7.9998 V

I(out) = 8 A時：7.9915 V

であり，ロード・レギュレーションは0.1%です．

●［STEP5］電流モード降圧コンバータに電流リミッタを設ける

過負荷保護のための電流リミッタを設けた回路を**図3-10**に示します．

電流モード降圧コンバータは，電流指令電圧V(sc)がスイッチ電流のピーク値を決めます．スイッチ電流のピーク値はコイル電流I(L)のピーク値でもあり，その平均値が出力電流I(out)なので，V(sc)を制限すればI(out)を制限できます．

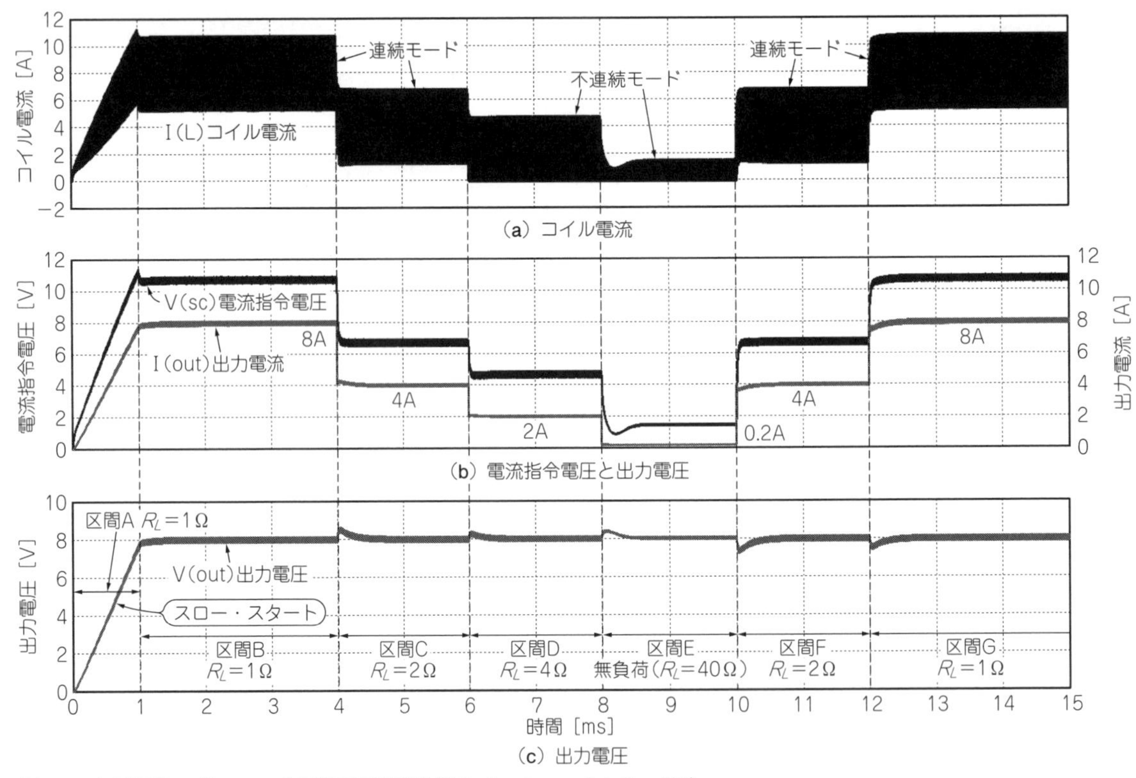

図3-7　定電圧サーボ・ループの過渡応答波形(LTspiceのファイル名：406)
出力電流急変直後に出力電圧に一瞬オーバーシュートやアンダーシュートが見られるが，振動は発生せず安定であることがわかる

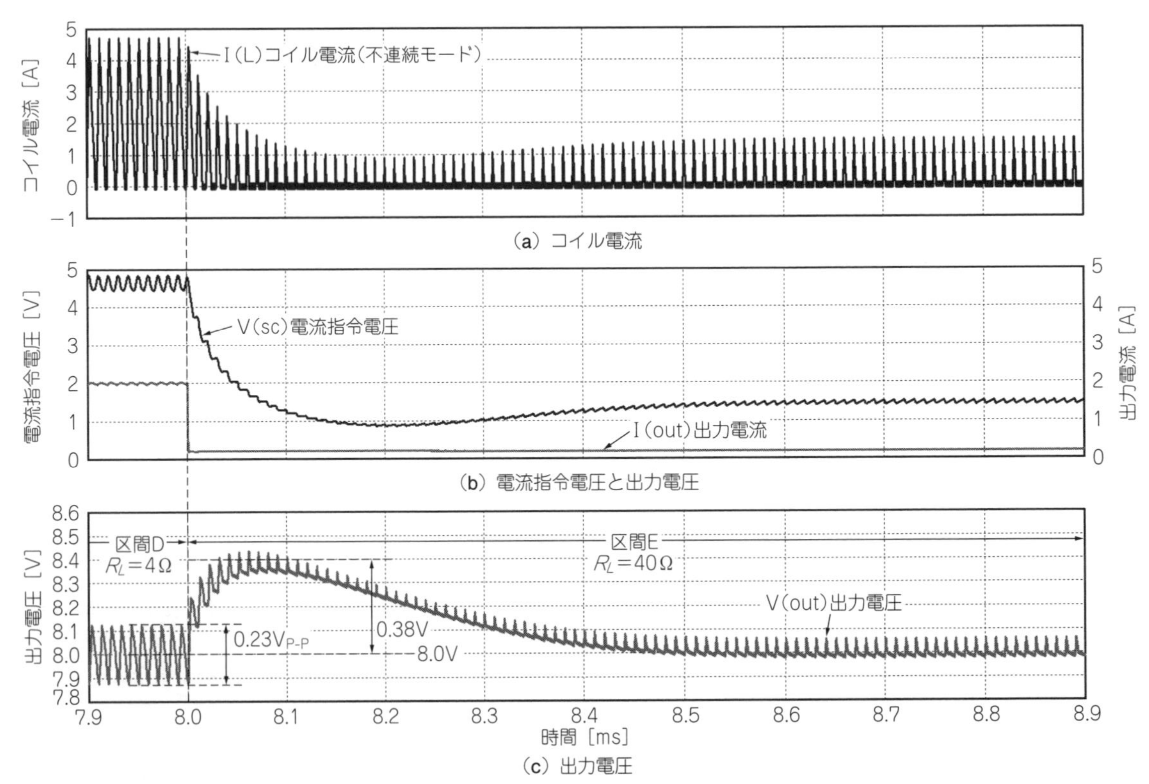

図3-8　出力電流が2Aから0.2Aに急減する期間D→Eの部分を拡大(LTspiceのファイル名：407)
出力電流急減時の重畳リプル電圧振幅の変化や過渡的なロード・レギュレーションが観測できる．安定な応答であることがわかる

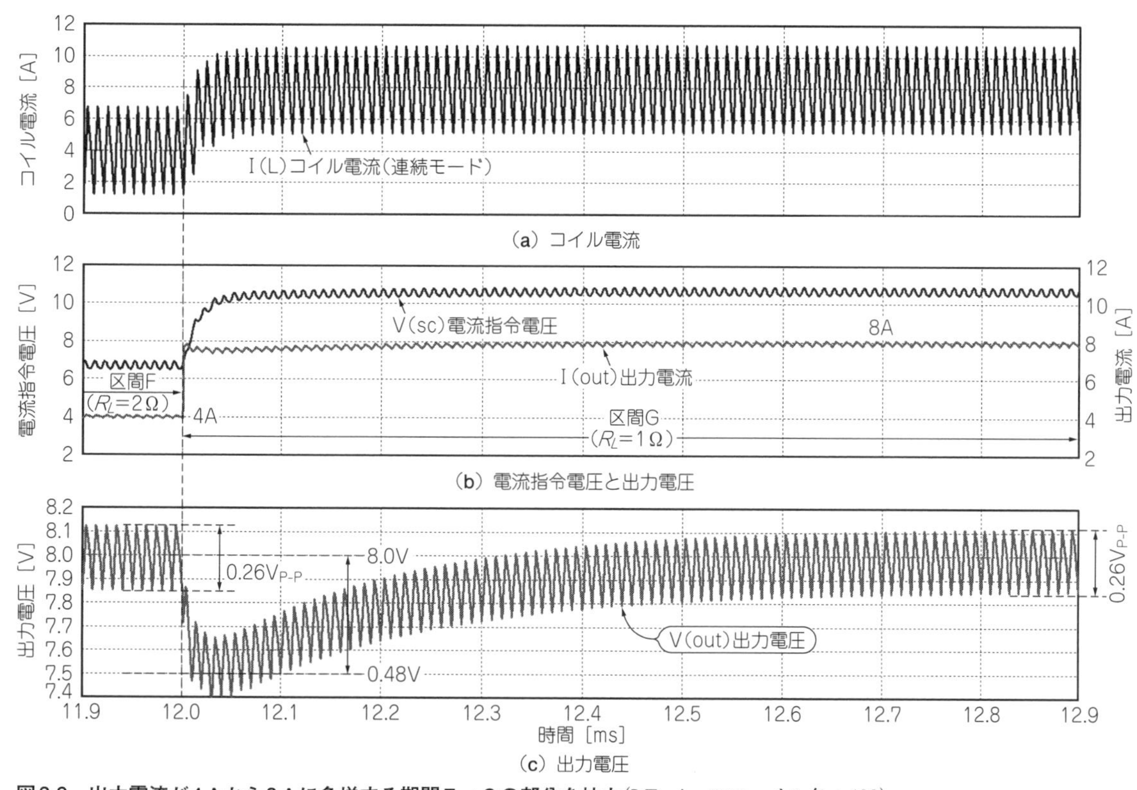

図3-9　出力電流が4Aから8Aに急増する期間F→Gの部分を拡大(LTspiceのファイル名：408)
出力電流急増時の重畳リプル電圧振幅の変化や，過渡的なロード・レギュレーションが観測できる．PWM動作にも異常は見られない

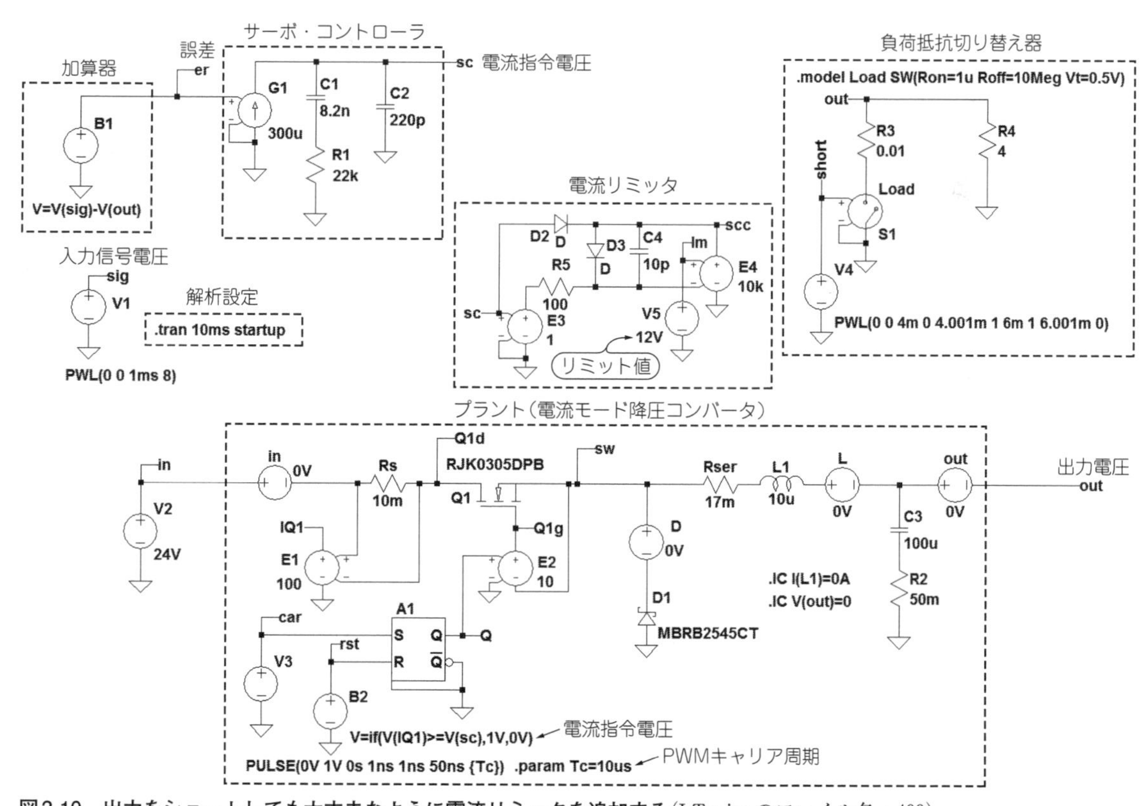

図3-10　出力をショートしても大丈夫なように電流リミッタを追加する(LTspiceのファイル名：409)
電流リミッタは実際の出力電流を検出し制限するのではなく，プラント入力振幅をリミットする．プラントが定電流特性であることを利用している

図3-10の電流リミッタは，V(sc)をリミット設定値V(lm) = 12 Vと比較し，これを上回らないように制限しています．

「はじめに」の(3)で述べたように，出力電流I(out)を検出することなしに電流リミッタを構成できることが電流モード降圧コンバータの特徴の1つです．

▶コイル電流と出力電流のピーク値はリミット設定値に制限される

出力短絡時の各波形を**図3-11**に示します．

短絡区間においては，電流指令電圧V(sc)，コイル電流I(L)ピーク値，出力電流I(out)ピーク値がともにリミット設定値V(lm) = 12 V相当に制限されていることがわかります．

短絡復帰直後には出力電圧V(out)に0.93 Vの過渡変動(オーバーシュート)が発生しています．短絡中は誤差電圧V(er)が8 V [V(sig) − V(out) = 8 − 0 = 8 V]発生し，電圧サーボ・ループは飽和しています．短絡復帰直後にV(sc)がサーボ・コントローラの応答時間だけ遅れることなどによりV(out)の制御が遅れることが，**図3-8**，**図3-9**の線形動作時より過渡変動が大きくなる原因だと考えられます．

短絡直後にパルス状に大きなI(out)が表示画面を越えて流れていますが(丸点線部)，出力コンデンサC_3の電荷が短絡経路を放電し流れることによるものであり，電流リミッタでは制限できません．

● [STEP6] 電流モード降圧コンバータにのこぎり波重畳を追加する

前項までにおいては，電流モード降圧コンバータの基本形について設計/評価してきました．

本項では**図3-6**の基本形回路にのこぎり波重畳を追加し，デューティ不安定現象対策を行った回路(**図3-12**)によって過渡応答を調べます．両図の違いは，のこぎり波重畳の有無だけであり，位相補償素子定数などは変えていません．

のこぎり波のピーク値V_P = −9 V時の応答波形を**図3-13**に示します．各波形とも，基本形回路の波形(**図3-7**)とほぼ同様で，異常は見られません．

図3-7の区間Bの動作点は第1節の**図1-13**に示す点P_1です．のこぎり波重畳を追加した**図3-13**の区間Bの動作点は，**図1-13**の点P_2に移動します．電流モード降圧コンバータ部のゲインが低下するので，同じ出力電流I(out) = 8 A_{DC}に対する電流指令電圧V(sc)は約11 V_{DC}から約14 V_{DC}に増加しています．サーボ安定性にかかわるような応答の変化は見られません．

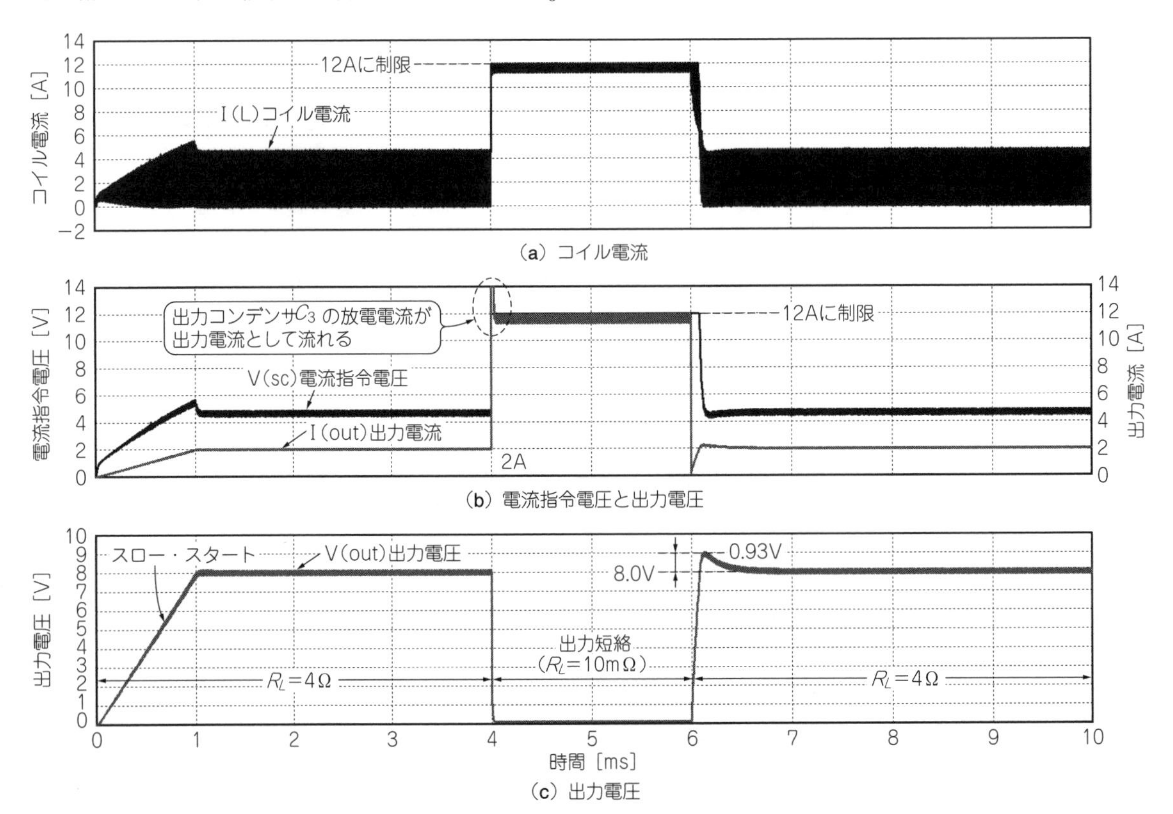

図3-11 出力ショート時の過渡応答波形(LTspiceのファイル名：409)
出力短絡時には，プラント入力振幅が一定値に抑えられるとともに出力電流も一定値にリミットされている．出力電流を検出する方式のリミッタでも出力コンデンサの放電電流は抑えられない

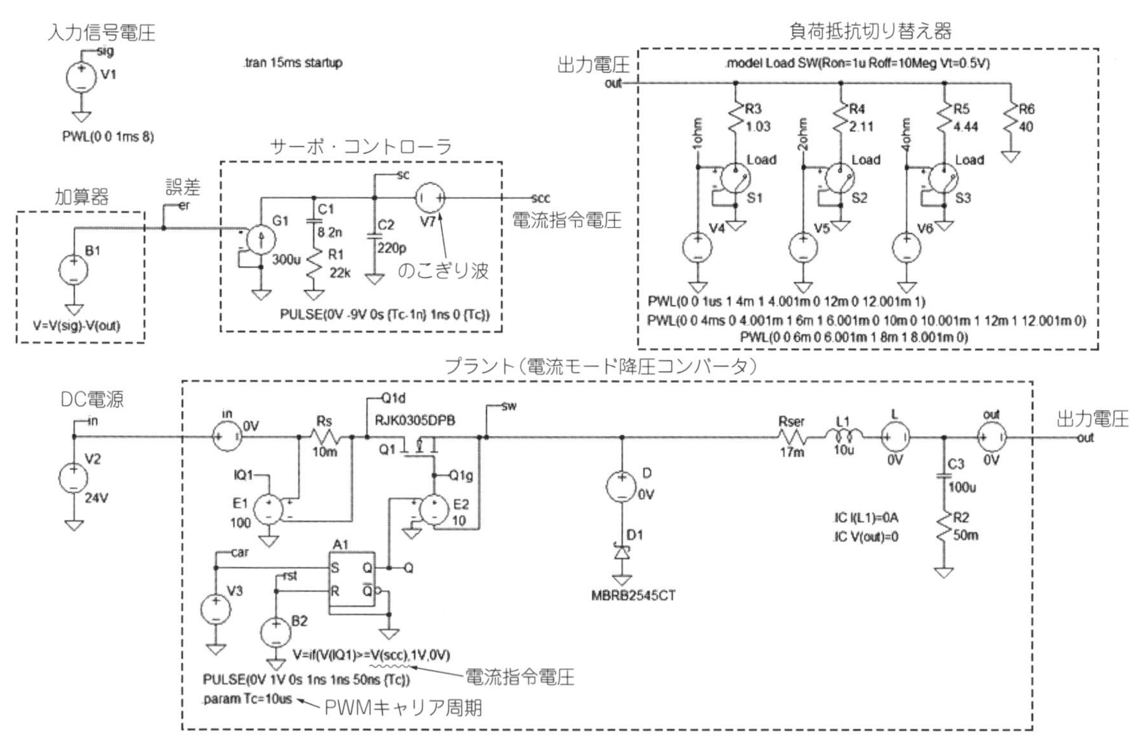

図3-12　定電圧サーボ・ループ内の電流モード降圧コンバータにのこぎり波重畳を組み込む（$V_P = -9\ V_{peak}$．LTspiceのファイル名：410）
のこぎり波重畳機能の有無により，サーボ・ループの過渡応答が変化するか否かを調べる

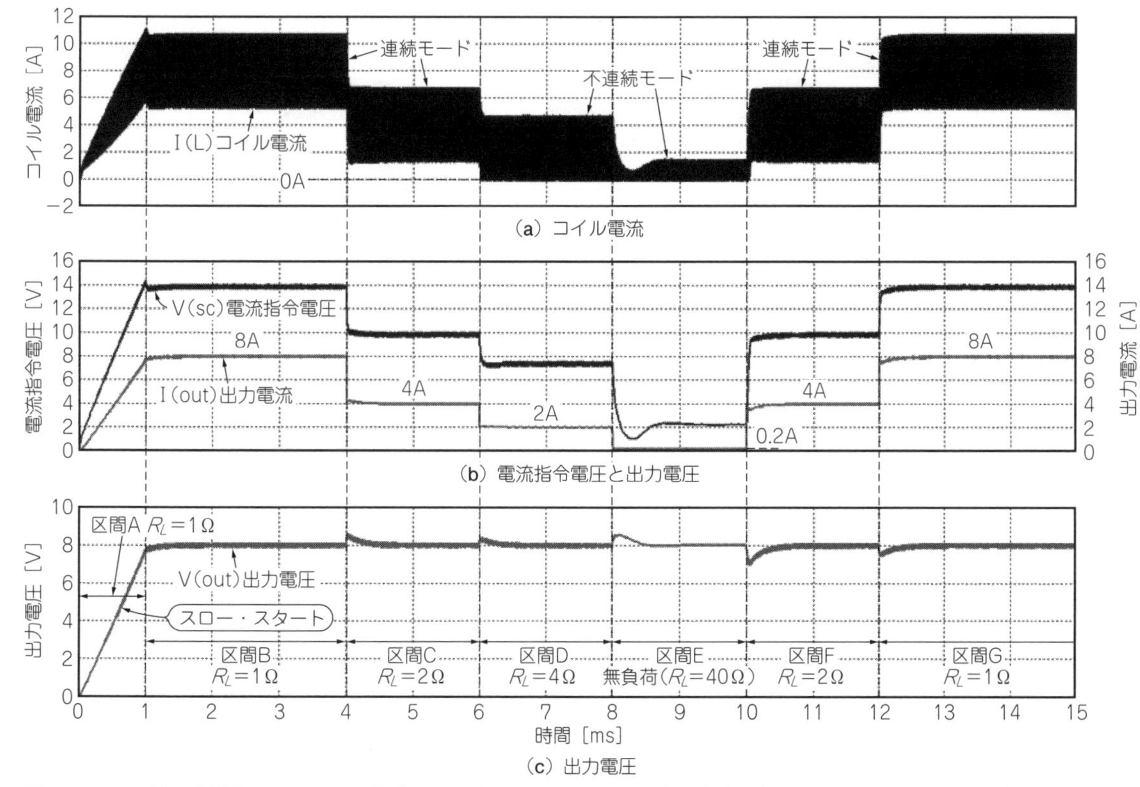

図3-13　のこぎり波重畳を組み込んだ電流モード降圧コンバータの過渡応答波形（LTspiceのファイル名：410）
重畳前の過渡応答 図3-7と比べて変化は見られない

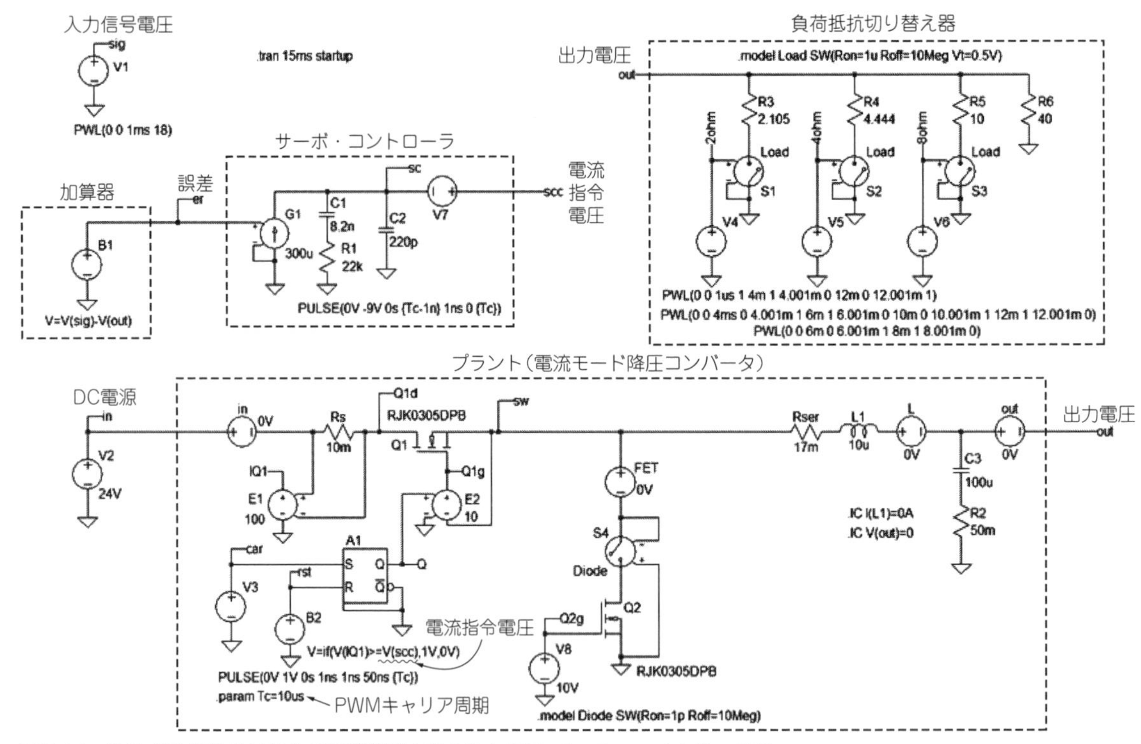

図3-14　のこぎり波重畳に加えて同期整流も組み込む(LTspiceのファイル名：411)

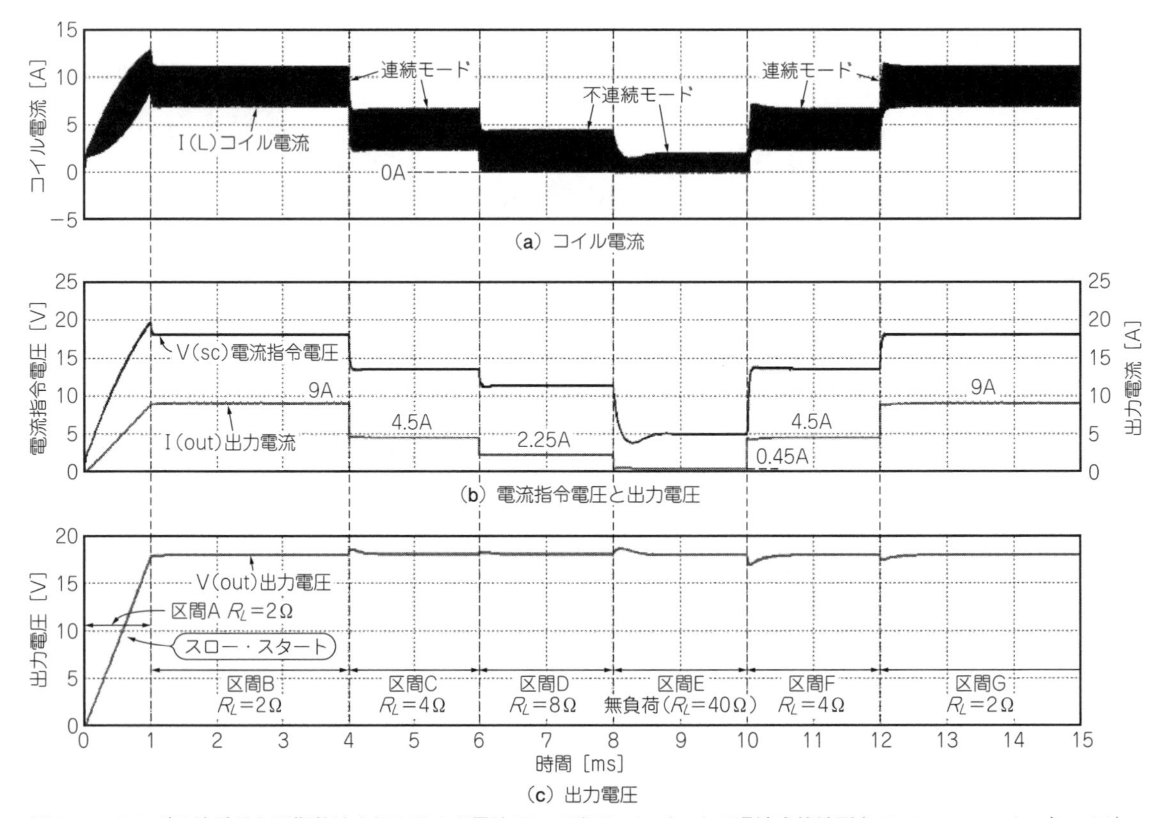

図3-15　のこぎり波重畳と同期整流を組み込んだ電流モード降圧コンバータの過渡応答波形(LTspiceのファイル名：411)
基本形の図3-7，同期整流なしの図3-13と比べて過渡応答に変化は見られない

● ［STEP7］同期整流方式に変更する

第1節の**図1-13**から，電流モード降圧コンバータのこぎり波($V_P = -9$ V)重畳，負荷抵抗$R_L = 2\Omega$の条件で，ダイオード整流と同期整流はゲイン特性が同じとわかります．ここでは同期整流回路の過渡応答波形を確認しておきます．

図3-14に同期整流の回路を示します．動作条件は，デューティ不安定現象が起こらないことを確認するために入力信号電圧V(sig) = 18 Vとし，負荷抵抗R_L = 2Ω，4Ω，8Ω，無負荷と変化させています．

図3-15に**図3-14**の回路における過渡応答波形を示します．コイル電流が連続モードの区間B，C，F，Gでは出力電圧V(out)は18 Vであり，DC電源電圧V(in) = 24 Vの50％を越えていますが，基本形回路では発生するはずのデューティ不安定現象は発生していません．V(out)の応答波形にも異常は見られません．

4 同期整流方式による効率改善

「降圧コンバータ」の効率改善のための1つの方法として「同期整流方式」があります．これは，「電流モード」でも「電圧モード」でも採用が可能です．

この方式は，第1節の**図1-1**に示した基本回路の部品のうち高速ダイオードD_1の損失低減を目的とした方法です．

第1節のシミュレーションで使用したショットキー・バリア・ダイオード(SBD)と，その代わりに使用するMOSFETの損失を比較し，優位なデバイスを選択することによって効率を改善します．

● ショットキー・バリア・ダイオードをMOSFETに置き換えると電圧損失が小さくなる

図4-1(a)は，SBD，MOSFET Q_1のオン抵抗，MOSFET Q_2内蔵のボディ・ダイオードという3者の電圧-電流特性(電圧損失)を比較する回路です．

NチャネルFET Q_1，Q_2はドレインに対してソースに+電圧を印加しているので，どちらも逆バイアスになっています．

Q_1はゲート-ソース間電圧$V_{GS} = 10\ V_{DC}$なのでONしており，ON抵抗が測定できます．MOSFETはON状態であれば，両方向にチャネル電流を流せます．

Q_2は$V_{GS} = 0$ VなのでOFFしており，FET内部のボディ・ダイオード(リカバリ時間$t_{rr} = 30$ ns)が測定できます．

DC電源V_1の電圧を変化させ，各デバイスに流れる電流を測定するDC解析を行います．さらに，ジャンクション温度T_Jも変化させて温度特性も求めます．

電圧-電流特性を**図4-1(b)**に示します．同じ電流値に対する電圧降下は，FETのON抵抗が最も小さいことがわかります．温度上昇とともに，SBDおよびボディ・ダイオードの端子電圧は低下するのに対して，ON抵抗は増加します．しかし，最高温度でも端子電圧は逆転しません．

シミュレーション結果だけでなく，メーカ発行のデータシート[(7), (8)]も確認してください．

SBDを電圧損失が最も小さいMOSFETに変えれば，降圧コンバータの効率改善が期待できます．

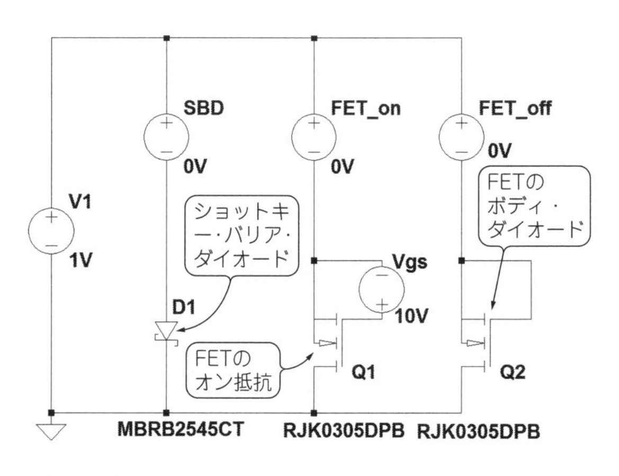

(a) 測定回路

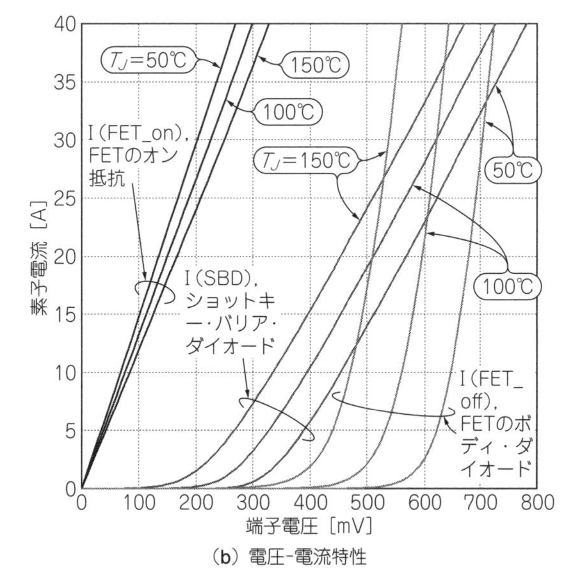

(b) 電圧-電流特性

図4-1 高速ダイオード，ONしたFET，FETのボディ・ダイオードを比較(LTspiceのファイル名：201)
3素子に印加するDC電圧を変化させ，各素子の通電電流を測定する

● ダイオード整流を利用した電流モード降圧コンバータの動作

図1-1(**図4-3**)のダイオード整流では，SBD D_1のON/OFFは自動的に行われます．FETスイッチQ_1がOFFすればコイルL_1が充電エネルギー放出のために逆起電圧を発生し，SBDのカソード電位を負側に励振してSBDを導通させます．その後にQ_1がターン・オンすれば，SBDは逆バイアスされてターン・オフします(**図4-4**)．

● 同期整流方式を利用した電流モード降圧コンバータの動作

SBD D_1をMOSFET(Q_2とする)に変えると，ON/OFF制御を行う必要が生じます．単にQ_2のON/OFFをQ_1と逆に制御するだけでは，不連続モードにおいてQ_1，Q_2をともにOFFさせることができません．

制御は，コイルL_1の逆起電圧発生の有無を検知して行います．ここでは**図4-2**に示すように，ノードsw(Q_2のドレイン)電位の極性をコンパレータで判別します．正のときはOFF，負のときはONとなるように制御します．Q2に流れる電流は必ずソースからドレインへの方向なので，V(sw)<0となります．

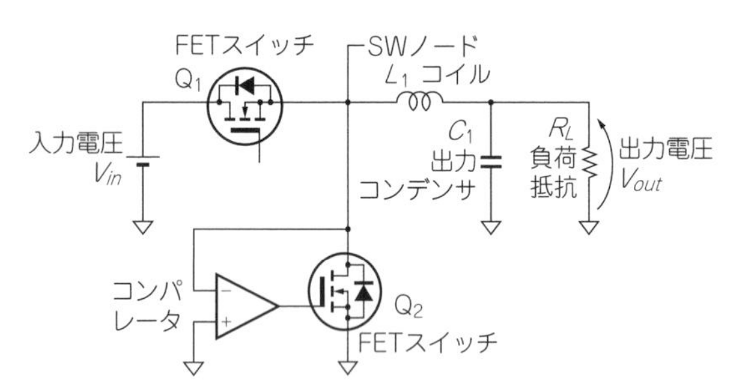

図4-2　同期整流を使う降圧コンバータの基本回路
コンパレータにより，SWノードの電位が負のときにFET Q_2をONさせる

図4-2に対応する同期整流方式を適用した回路を**図4-5**に示します．第1節の**図1-9**，のこぎり波を重畳した電流モード降圧コンバータをベースにしています．

図4-5では，LTspiceライブラリの理想スイッチをFET Q_2と直列に接続します．スイッチS1の制御入力機能をコンパレータとして使います．

スイッチS1のON抵抗R_{ON} = 0 Ω(1 pΩ)，OFF抵抗R_{OFF} = 10 MΩに設定しています．S1の制御入力電圧極性の+/−が，それぞれスイッチS1のON/OFFに対応します．スレッショルド電圧V_Tとヒステリシス電圧V_Hは無指定にすると，ともにデフォルト値0 Vに設定されます．

MOSFET Q_2のV_{GS}にはDC 10 Vが常時印加されているので常時ONです．直列に理想スイッチS1を接続しています．

この方法は，Q_2自身のON抵抗による電圧降下をON/OFFの判別に使っているため，シャント抵抗や電流検出トランス(CT)などの部品追加は不要ですが，実回路ではQ_1-Q_2間に流れる貫通電流への考慮が必要です．対策は文献(1)などを参照してください．

● 同期整流方式を採用すると効率が5.6%改善される

ダイオード整流の解析結果を**図4-4**，同期整流の解析結果を**図4-6**に示します．同期整流の解析結果から効率を算出します．

出力の電圧/電流は5 V_{DC}/10 A_{DC}であり，電流が比較的大きいので損失低減の効果が期待できます．

非同期整流の**図4-4**においてダイオードD_1が導通したときのSWノードの電位V(sw)は，−0.51～−0.46 Vであるのに対して，同期整流の**図4-6**におけるQ_2，S1

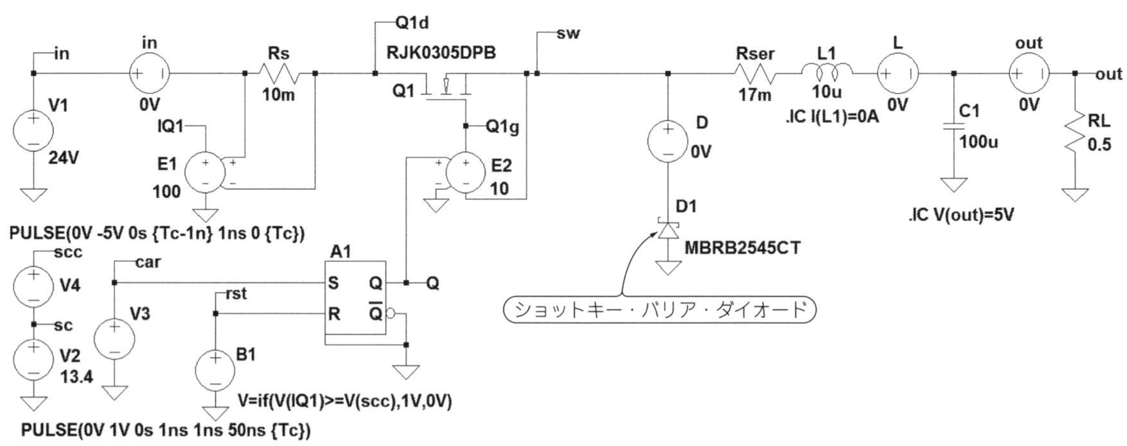

図4-3　ダイオード整流を使う電流モード降圧コンバータの損失を調べる回路(LTspiceのファイル名：203)
非同期整流，のこぎり波重畳動作における電圧電流波形を観測する

導通時のV(sw)は，－0.078～－0.052 Vであり，電圧損失が大幅に減っています．

両図から値を読み取り，**表4-1**にまとめて示します．出力電力P(out)がともに50.5 Wにおいて，同期整流方式により効率ηは5.6％改善し，コンバータ内部損失ΔPが3.3 W低減し，効果が確認できました．

ただし，**表4-1**の数値は，コンバータ回路構成部品の損失のみで，制御回路の損失は含まれていません．四捨五入して表示しているので，計算誤差があるように見える部分があります．

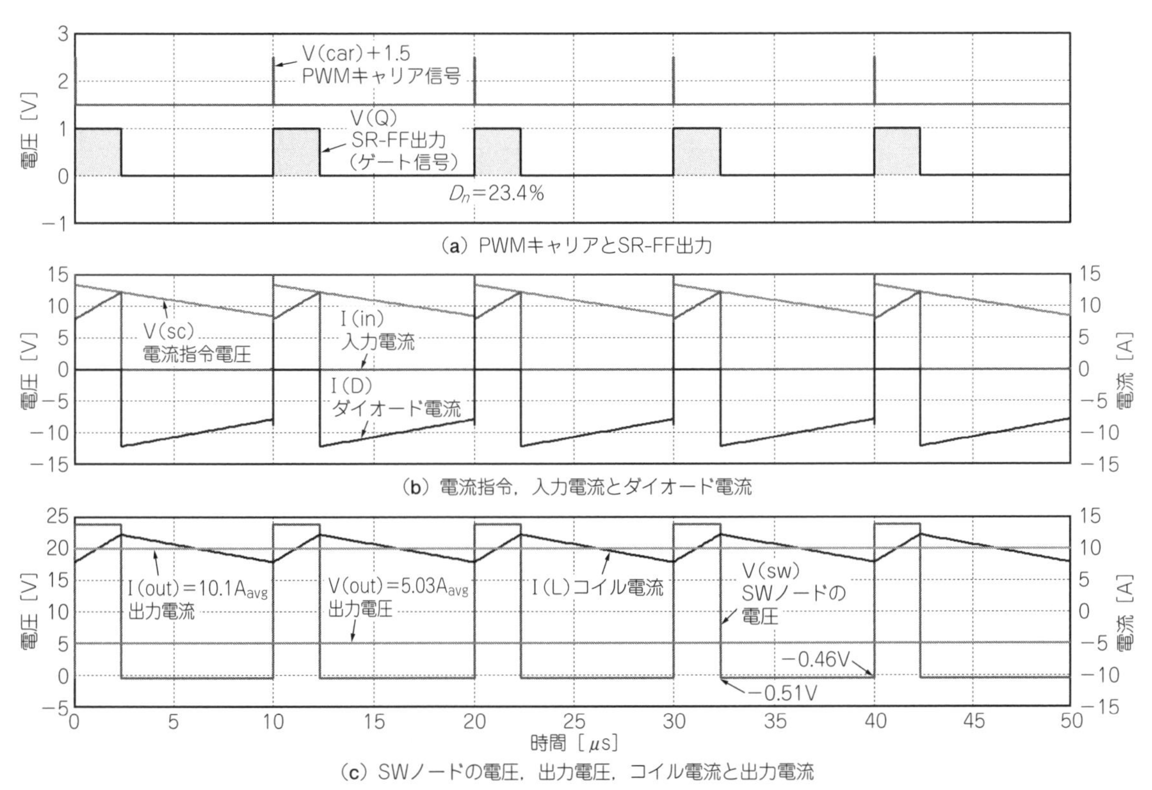

図4-4 ダイオード整流を使う電流モード降圧コンバータの動作波形
電圧V(sw)は，FET Q_1オフの区間で－0.46 V～－0.51 Vとなっている

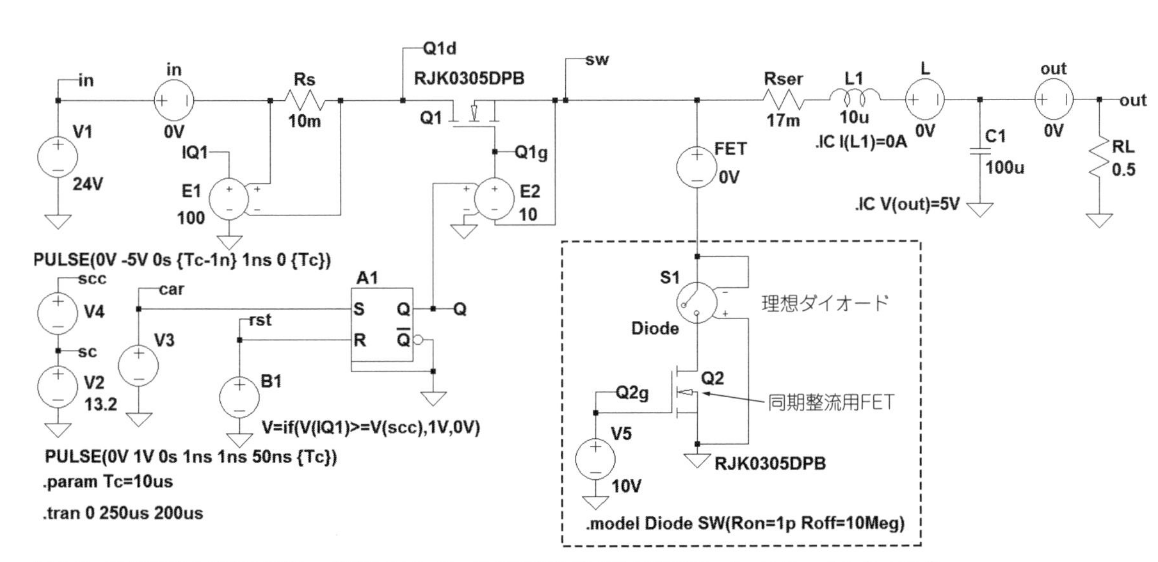

図4-5 同期整流を使う電流モード降圧コンバータの損失を調べる回路(LTspiceのファイル名：204)
SWノードの電圧V(sw)が負の区間において，スイッチS1がONになり，常時オンのFET Q_2のソースからドレインに向かって電流が流れる

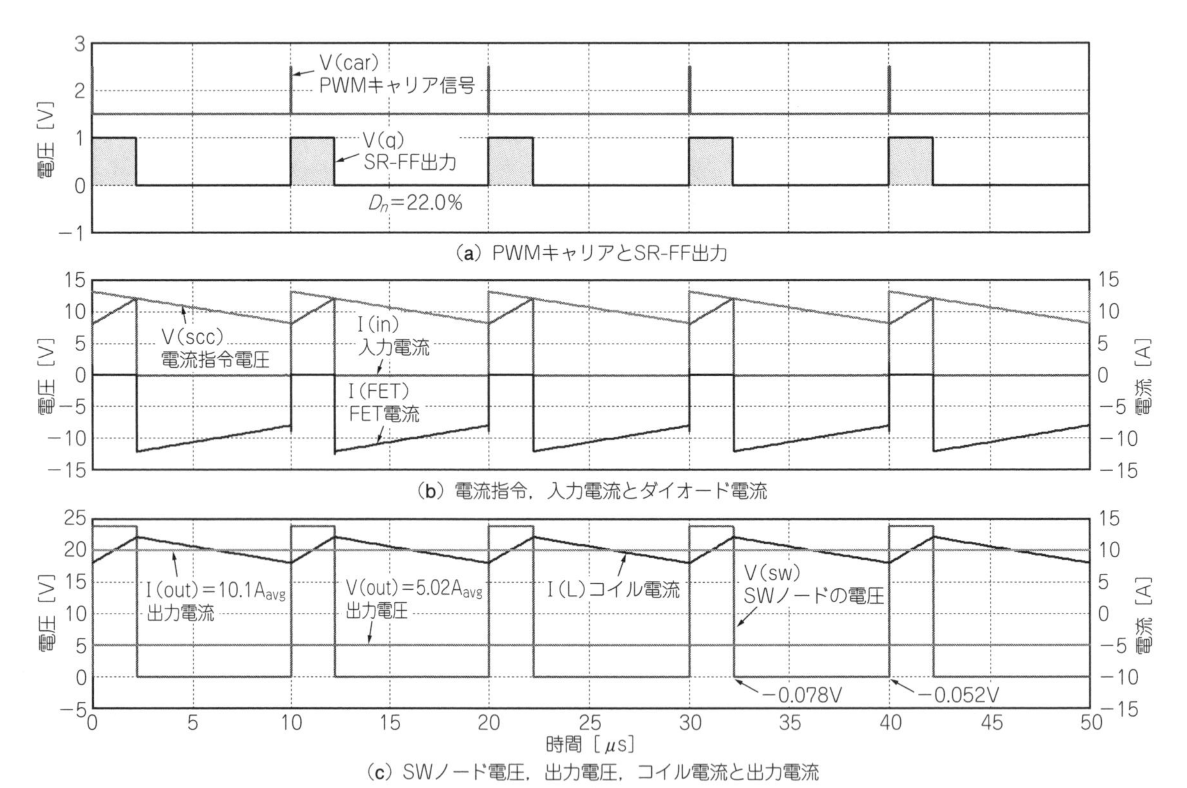

図4-6 同期整流を使う電流モード降圧コンバータの動作波形(LTspiceのファイル名：204)
SWノードの電圧V(sw)は，FET Q_1がOFFの区間で−0.052 V～−0.078 Vとなっており，図4-4のダイオードD_1使用時に比べFET Q_2の電力損失が大幅に低下している

表4-1 同期整流を使うことでダイオード整流より損失が減って効率が改善する
整流素子の電力損失が大幅に減ることにより，コンバータ部全体の損失ΔPが半減し，効率ηが改善されている

図番号	方式	入力電圧 V_{in} [V_{DC}]	入力電流 I_{in} [A_{avg}]	入力電力 P_{in} [W]	出力電圧 V_{out} [V_{DC}]	出力電流 I_{out} [A_{DC}]	出力電力 P_{out} [W]	損失ΔP $=P_{in}-P_{out}$ [W]	効率 η [%]
図4-4	ダイオード整流	24.0	2.35	56.4	5.02	10.0	50.5	6.0	89.4
図4-6	同期整流	24.0	2.21	53.1	5.02	10.0	50.5	2.7	95.0

● 同期整流方式の回路が不連続モードになっても正常に動作する

図4-5，**図4-6**の同期整流方式の電流モード降圧コンバータは連続モードで動作していますが，これが不連続モードとなったときの動作を見ておきます．

不連続モード時の回路を**図4-7**に，動作波形を**図4-8**に示します．のこぎり波V_P＝−5 Vを重畳しています．負荷抵抗R_L＝15 Ωに対して，出力電圧V(out)＝18 V，出力電流I(out)＝1.2 Aです．FET Q_1およびスイッチS1がともにOFFでコイル電流I(L)＝0 Aとなる区間が生じ，不連続動作モードとなっています．デューティD_n＝54.4%と50%を越えていますが，のこぎり波を重畳した効果によって各波形は正常です．

◆ 参考文献 ◆

(1) 馬場清太郎；電源回路設計成功のかぎ(第5版)，20013/8/1，CQ出版社．
[馬場清太郎氏は病気療養中のところ，2017/10にお亡くなりになりました．謹んでご冥福をお祈りいたします]
(2) 渡辺健芳；高効率・高速応答！ サーボ&ベクトル制御 実用設計(第2版)，2017/2/1，CQ出版社．
(3) 同期型ステップダウンDC-DCレギュレータADP2384，データシート，アナログ・デバイセズ．
http://www.analog.com/media/jp/technical-documentation/data-sheets/ADP2384_jp.pdf
(4) 降圧スイッチングレギュレータBD9G341AEFJ，データシート，ローム．
http://www.rohm.co.jp/web/japan/datasheet/BD9G341AEFJ
(5) 渋谷道雄；LTspiceで学ぶ電子回路(第2版)，2016/11，オーム社．
(6) 原田耕介他；ピーク電流制御型DC-DCコンバータの特性，1986/4，電子通信学会論文誌，Vol.J69-C No.4 pp.487-494.
(7) ショットキー・バリア・ダイオードMBRB2545CTデータシート，ビシェイ．
http://www.vishay.com/docs/87592/mbrb2535ct.pdf
(8) MOSFET RJK0305DPB，データシート，ルネサス エレクトロニクス．

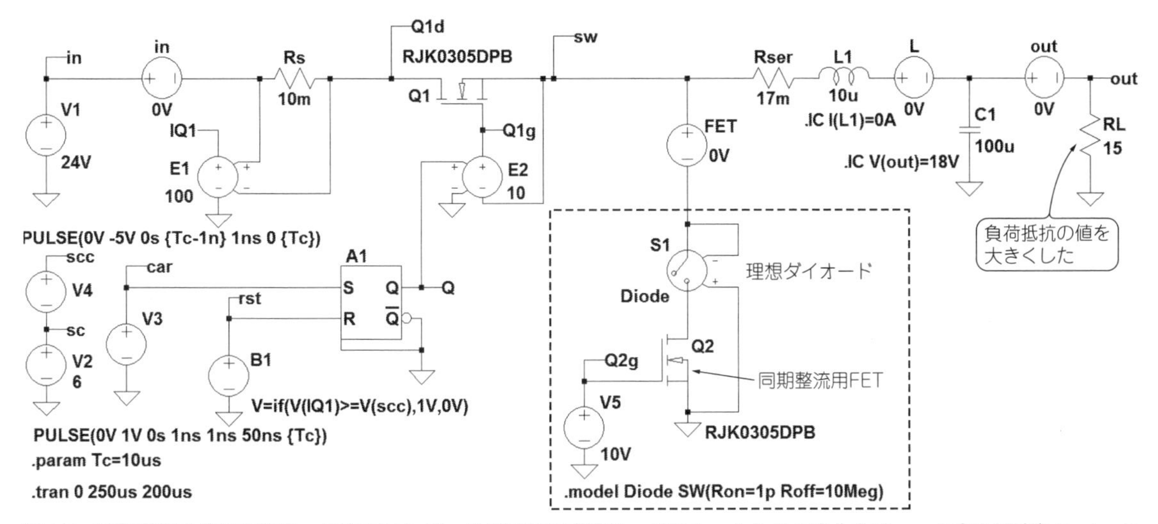

図4-7　同期整流を使う電流モード降圧コンバータが電流不連続モードに入ったときの動作をチェックする回路(LTspiceのファイル名：205)
図4-5に対して，出力電流を低下させ電流不連続モードで動作させる

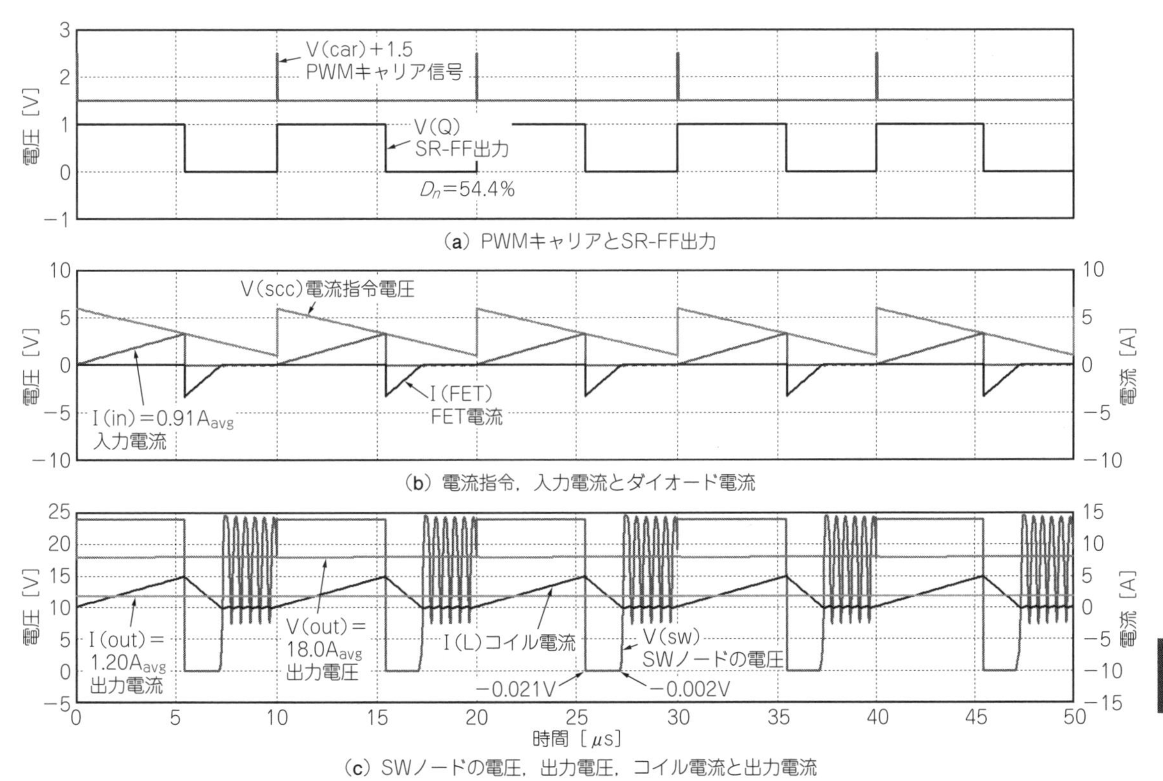

図4-8　同期整流を使う電流モード降圧コンバータが電流不連続モードに入ったときの動作波形(LTspiceのファイル名：205)
FET Q_1のOFF区間中にインダクタンスL_1電流が0になると，確実にFET Q_2電流もOFFとなることが確認できる

https://www.renesas.com/ja-jp/doc/products/transistor/003/r07ds1245ej0901_rjk0305dpb.pdf
(9) FRA周波数特性分析器　FRA5097，エヌエフ回路設計ブロック．
https://www.nfcorp.co.jp/pro/mi/fra/fra5087_97/index.html
技術情報・DFT(離散フーリエ変換)，エヌエフ回路設計ブロック．
https://www.nfcorp.co.jp/techinfo/dictionary/063.html
(10) FRAによる位相余裕測定方法，アプリケーション・ノート，ローム．
http://rohmfs.rohm.com/jp/products/databook/applinote/ic/power/switching_regulator/fra_phase_margin_appli-j.pdf
(11) 技術情報(電流モード制御の内側を探る)，日本テキサス・インスツルメンツ．
http://www.tij.co.jp/jp/lit/an/jaja399/jaja399.pdf

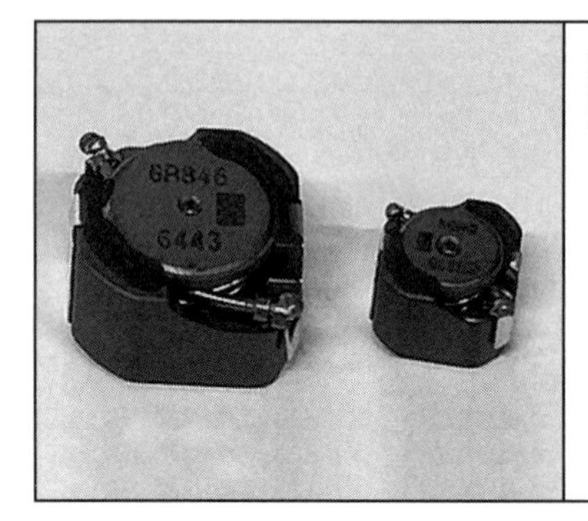

第17章 2素子，4素子から直流重畳特性を含んだ高精度タイプまで

電子部品メーカのインダクタ・モデル試用レポート

眞保 聡司
Satoshi Shinbo

インダクタの用途のうち，非常に広く使われるものにチョッパ型レギュレータがあります．これは，インダクタに流れる電流をON/OFFすることで，効率良く電圧を昇圧/降圧する回路です．大きく分けて3種類ありますが，そのうち電圧を下げる動作をするものを降圧型コンバータと呼びます．これはスイッチング・レギュレータの最も基本となるものの1つです．

インダクタを回路シミュレーションで使うには，インダクタ・モデルが必要です．これには，簡単なものから高精度なものまで種々存在します．

本稿では，まずはいくつかモデルの例を示し，それらの特性の違いをLTspice上でシミュレーションして，実測値との差異を確認します．次に，降圧型レギュレータのシミュレーション・モデルを使い，各種インダクタ・モデルを付け換えてシミュレーションを行い，ふるまいの違いを実測値と比較しながら確認します．

インダクタのシミュレーション・モデル

● 理想と現実のモデルの違い

LTspiceやその他のシミュレータでも，インダクタを回路図エディタ上に配置すると，まずは理想インダクタが置かれます．これは純粋にインダクタンスぶんしかない，まったく混じり気のないものです．無限の周波数までインダクタとして動作し，電流も無尽蔵に流せて，ロスもありません．理論計算では使いますが，現実にはまず存在しない特性です．

実際のインダクタは，多くの構造はコアに巻き線していることから，巻き線の抵抗や線間に生じる静電容量，コアで生じるロスなどが加わって成り立っています．これらを加味することで，より実際の製品特性に近い現実的な「インダクタ・モデル」にできます．

インダクタ・モデルは，これらの寄生素子ぶんを実測値に合わせて適切に配置し，素子の値を合わせ込むことで得られます．

● 簡易モデル

インダクタのデバイス・モデルとして一般的なのは，図1に示すような等価回路モデルです．

最も単純なものは，図1(a)に示すような，インダクタンスに巻き線抵抗のみを加えたものです．なお，インダクタンスだけという状態も考えられますが，スイッチング回路のシミュレーションでは収束性に影響する場合があるので，巻き線抵抗は入れるようにします．

次にもう少し素子数を増やして，より現実に近づけたのが図1(b)の4素子モデルです．L_1は公称インダクタンス，R_2は巻き線の直流抵抗，C_1は線間静電容量です．インダクタの周波数特性を測定すると共振点が必ず存在するので，その共振周波数からC_1の値を求めます．R_1は主にコア・ロスを表しますが，共振周波数でのインピーダンス値を入力します．

多くのコイル・メーカは，このパラメータを等価回路として公開しています．

またLTspiceでは，インダクタのモデル・パラメータが拡張されていて，モデル・パラメータ上でL_1，R_1，R_2，C_1に相当する値が指定できるようになっています(ただしR_2はL_1に直列に入っていて図1と若干形が異なる)．このため，他のシミュレータのように外部にLCRを追加して表現する必要がありません．インダクタのプロパティを開くと，各社の製品名でも指定できますが，データベースとして各製品の4素子等価回路のパラメータをもっているためです．

● 精度を高めた詳細モデルと直流重畳モデル

コイル・メーカによっては，これらの簡易モデルよ

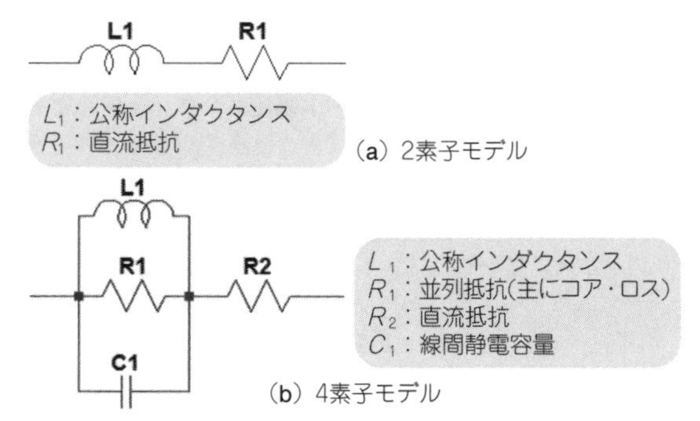

図1 インダクタの簡易モデル

りも精度を高めたモデルを提供しています．

例えば，今回の評価に使っているTDKのインダクタでは，簡易モデルの他に詳細モデルと直流重畳モデルも公開しています．このうち詳細モデルについてはメーカに依頼しないと入手できませんが，直流重畳モデルはウェブ・サイトから落とせます．

この直流重畳モデルは名前のとおり，コアが飽和することによってインダクタンスが変化する現象をモデリングしています．また，それに加えて，詳細モデルとほぼ同等の周波数特性もモデリングされています．この直流重畳モデルは22素子から成り，そのうち2素子はさらにサブサーキットで構成される複雑なものです．

ダウンロードした直流重畳モデルをテキスト・エディタで開くと，通常のSpiceモデルとは異なり，無意味な数字が並んでいるのに気づくでしょう．これはモデリング方法にノウハウがあるため，暗号化されているからです．LTspiceにはサードパーティ・モデルの暗号化機能があります．暗号化の方法はシミュレータごとに異なるため，直流重畳モデルはシミュレータごとに専用になっています．

実験① インダクタ・モデル単体の特性比較

● 精度が高いモデルほど実測結果に近い

次に，実際のインダクタをインピーダンス・アナライザで測定して，これまで説明した等価回路モデルと特性を比較してみましょう．

サンプルとして用いるのはCLF10060NIT-6R8N-D(TDK)です．この後の実験回路に合わせて，このアイテムを選定しています．

今回比較する周波数特性の項目は，インダクタの評価で一般的なインダクタンス-Q特性を使います．コイルのQはリアクタンス(ωL)と直列等価抵抗(R_S)を使って，

$$Q = \omega L_S / R_S$$

で表されます．これは「コイルの良さ」を表すパラメータとなります．

モデルの特性は，LTspiceを用いて**図2**のモデルを使って計算/表示して確認ができます．解析後，波形ビューワで以下の式を使い，L_SとQを描画します．

```
Ls: im(Z11(i1))/(2*pi*freq)/1ohm
Q: abs(im(Z11(i1))/re(Z11(i1)))
```

図3は，3つの等価回路モデルと実測値を比較したものです．LTspiceの波形ビューワで結果は表示できます．**図3**(b)では3つのデータを重ね描きするために，計算結果をExport機能でセーブして，Excelで作図しています．

2素子モデルでは共振点がなく，Qも単調増加です．4素子モデルになると，実測にもあるような共振点が現れます．ただ低周波と共振点近くでは実測に近いのですが，中間の周波数ではQが非常に高いです．直流重畳モデルになると，さらに中間の周波数帯も良く合致しています．このように，モデルが複雑になるほど，実測データにより近づけることができていることがわ

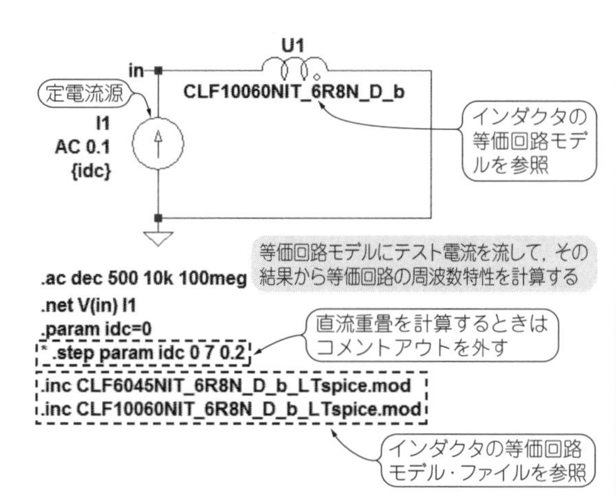

図2　周波数特性と直流重畳特性を計算するモデル

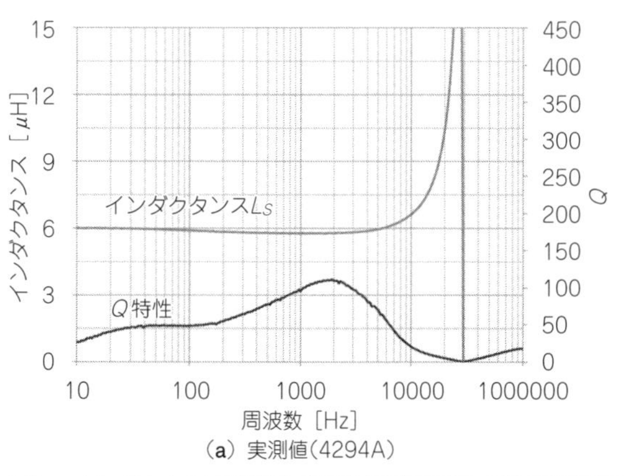

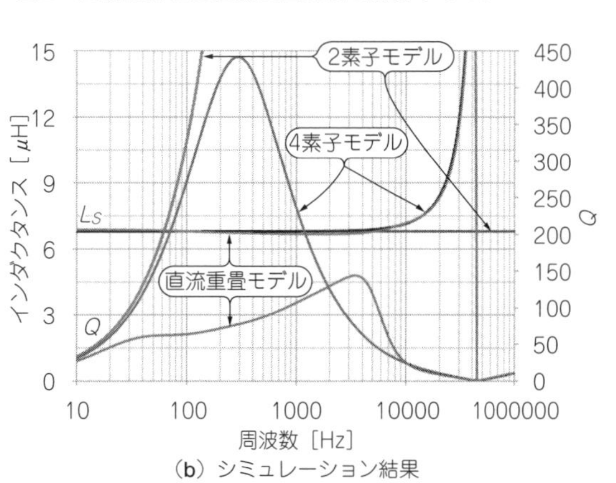

図3　インダクタの実測値と各等価回路モデルでの周波数特性の比較(CLF10060NIT-6R8N-D，TDK)
モデルが複雑になるほど実測値に近くなることがわかる

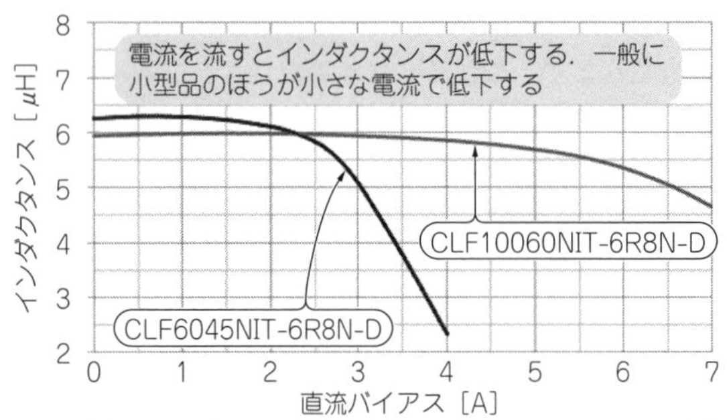

（a）実測値（E4980A＋42841A，100kHz，0.5V，25℃）

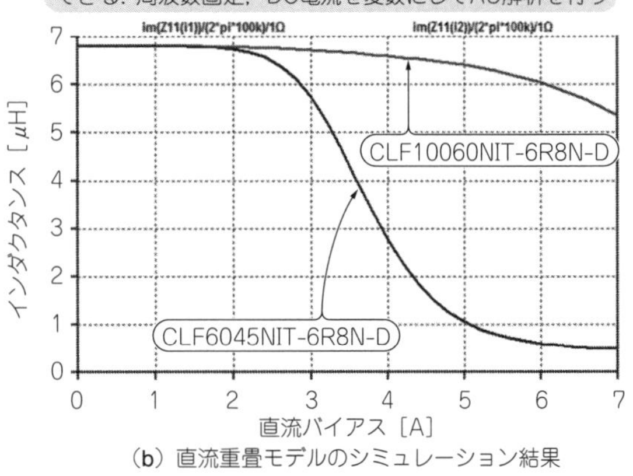

（b）直流重畳モデルのシミュレーション結果

図4　重畳特性の実測値と直流重畳モデルとの比較

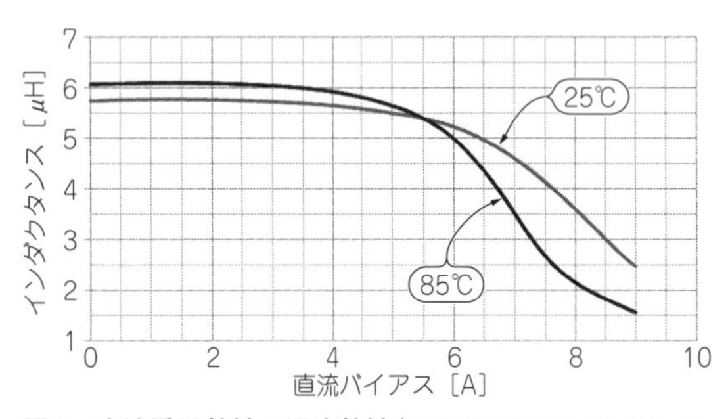

図5　直流重畳特性の温度特性（CLF10060NIT－6R8N－D，TDK）
フェライトの温度特性により温度が上がると重畳特性は悪くなる

かります．

● 直流重畳モデルは飽和現象を再現できている

図4は，直流重畳モデルの特徴である，インダクタの直流重畳特性を実測値と比較したものです．実測値は測定したサンプルのばらつきでやや低めですが，インダクタンス公差が±30％なので，これで規格内です．モデルはセンタ値に設定されています．

2アイテムありますが，このあと直流重畳モデルを使って飽和現象を見るために，動作点付近でコアが飽和するアイテムを追加しました．いずれも実測値のカーブがモデル上に良く再現されていると思います．

▶モデルは25℃でモデリングされているので環境が異なるときは温度上昇分を考慮する

フェライト・コアを使ったインダクタの直流重畳特性は，**図5**のように高温ほど悪化する温度特性があります．しかし，現状のモデルは常温（25℃）での特性のみモデリングされています．コイルの動作中は温度が上昇していることが多いので，温度による悪化ぶんを考慮しておく必要があります．

表1に，今回使用したインダクタの諸元を示します．いずれもコアはフェライトで，ドラム・コアに巻き線し，それを角型リング・コアにはめ込んで磁気シールド効果をもたせたものです．小型品のほうが定格電流が少なくなっています．

表1[(1)]　**使用したインダクタの諸元**

項目	単位	CLF10060NIT-6R8N-D	CLF6045NIT-6R8N-D
外形	mm	10.1×10×6	6.3×6.0×4.5
公称インダクタンス	μH	6.8	6.8
インダクタンス許容差	%	±30	±30
L測定周波数	kHz	100	100
直流抵抗	mΩ	13	27
定格電流Isat	A	4.25	2.5
定格電流Itemp	A	6.6	3.1

（a）仕様

項目	単位	CLF10060NIT-6R8N-D	CLF6045NIT-6R8N-D
L_1	μH	6.8	6.8
R_1	kΩ	10.9	8.6
C_1	pF	1.892	1.22
R_2	mΩ	13	27

（b）簡易モデル・パラメータ

実験② 降圧型コンバータにインダクタ・モデルを組み込んで特性比較

● シミュレーション回路の構成

つづいて，モデルの違いによって，解析結果にどのくらいの差があるか，降圧型コンバータを例にして比較します．使用する回路モデルを**図6**に示します．**写真1**に示す，同様の仕様の制御IC TPS5430（テキサス・インスツルメンツ）のデモボードを使い，実機の回路とも比較します．このICは，$V_{out}=5$ V，$I_{out}=3$ A，$V_{in}=10$～35 Vで動作し，スイッチング周波数は500 kHz固定です．これに合わせてシミュレーション・モデルも調整しました．

降圧コンバータの動作の詳細については，基本的な回路であり文献も多くありますので省略します．モデルの上段はパワー・ステージと呼ばれる電力を変換する部分で，下段の回路はエラー・アンプとPWM回路

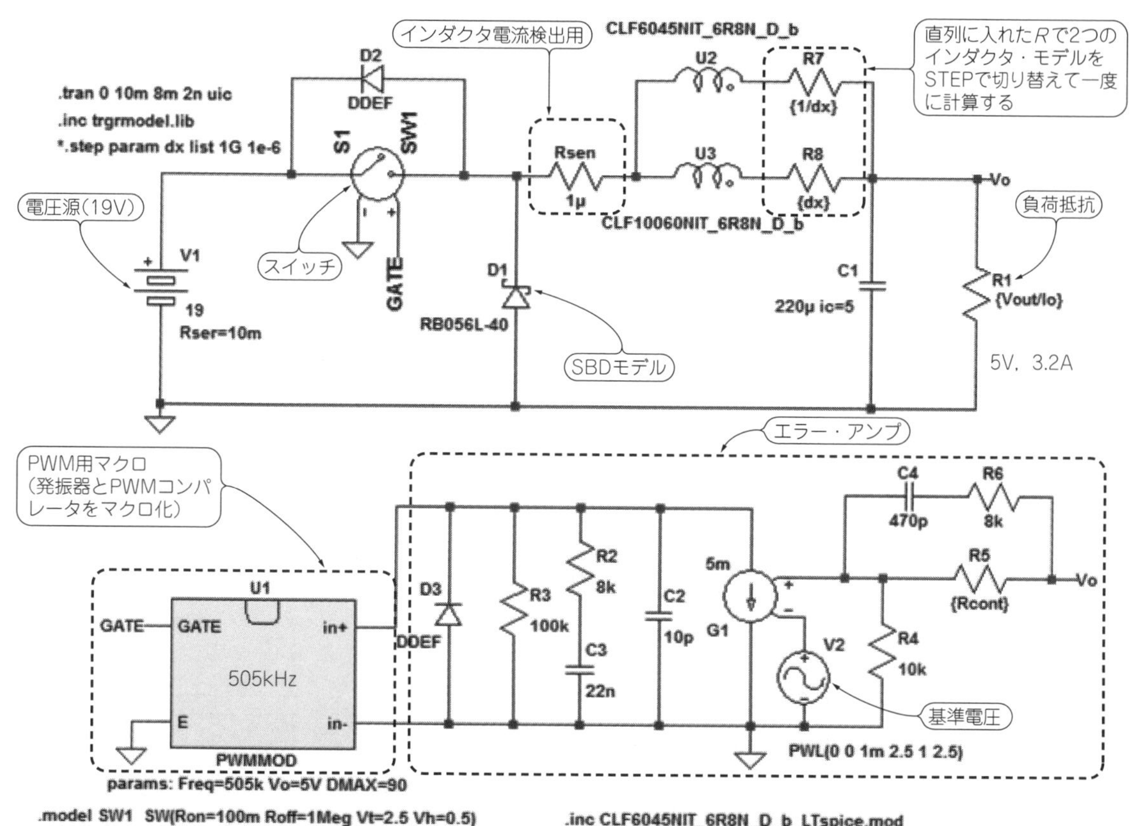

図6　インダクタ・モデルを評価するためのシミュレーション回路(PWM制御の降圧型コンバータ)

で構成される制御回路です．なお，モデルはインダクタ2つを切り換えて解析できるように工夫してあります．重ね描きができて比較には便利なためです．

いずれも動作条件は以下で行いました．

- 入力電圧：19 V　● 出力電圧：5 V
- 負荷電流：3.2 A ● スイッチング周波数：505 kHz

● 3つのモデルとも実測に近い結果が得られている

図7に，今まで説明した2素子，4素子簡易モデルと直流重畳モデルで同じ解析を行い，波形の差を確認しました．

インダクタ電流を見ると，4素子モデルで電流ピーク付近にヒゲが出ている以外は思ったほど差がないように見えます．Q特性はモデル間で差がありますが，電流波形の解析にはあまり影響していないようです．

いずれも**図8**の実測値に近い結果が得られています．このことから，今回の回路で，電流波形を比較するということに関して言えば，インダクタンスと抵抗だけという簡単なものでも十分に事足りるのではないかと思います．

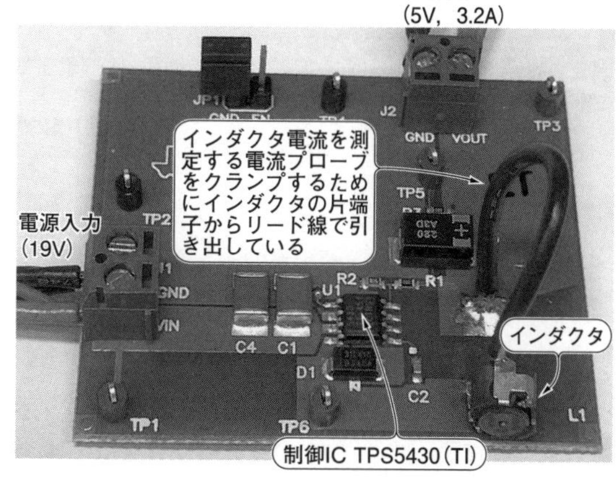

写真1[3]　**使用した降圧型コンバータの基板**
TPS5430デモ・ボード．IC内にMOSFETも内蔵されており部品数が少ない

● 高精度なモデルが必要な例

最後に，先ほどの解析ではモデルの違いによる差があまり出ませんでした．差の出る例を1つ挙げます．ここでは高精度なモデルが必要な例として，インダクタが飽和する現象を解析してみます．

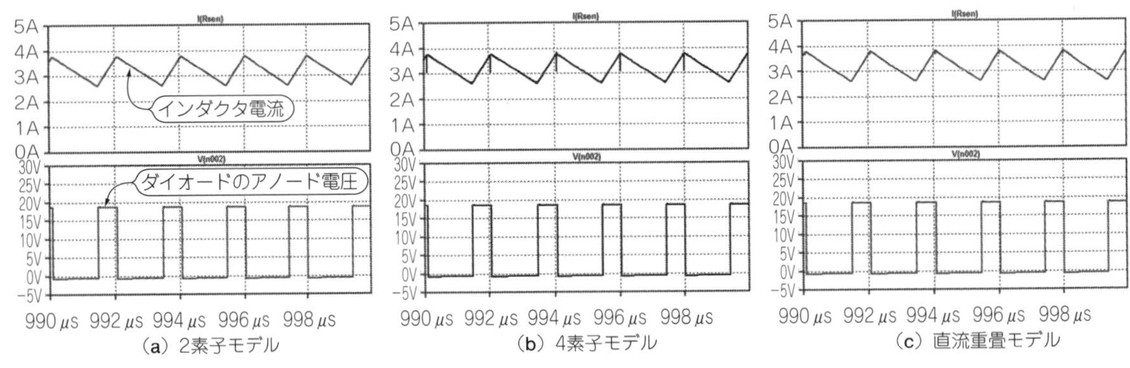

図7　モデルの精度とシミュレーション波形への影響(あまりインダクタ電流には差はない)

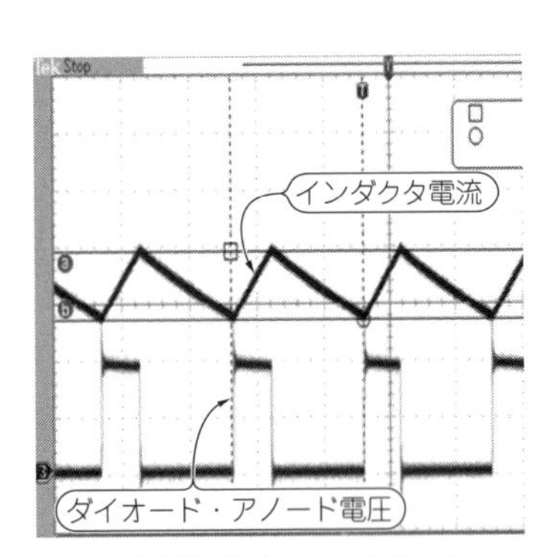

図8　実測波形(V_{in} = 19 V, V_{out} = 5 V, I_{out} = 3.2 A, 周波数：505 kHz, 10 V/div, 1 A/div, 1 μs/div)

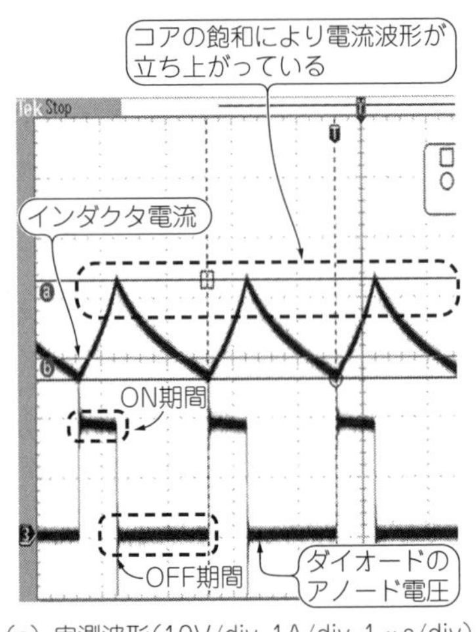

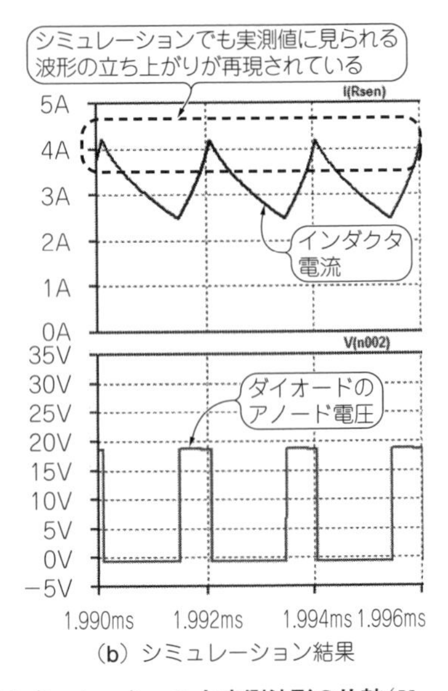

図9　直流重畳モデルを用いた飽和状態のシミュレーションと実測波形の比較(V_{in} = 19 V, V_{out} = 5 V, I_{out} = 3.2 A, 周波数：505 kHz)
インダクタを定格電流の小さいCLF6045NIT-6R8Nに交換して同様な測定と解析を行った

インダクタが飽和するとインダクタンスが低下します．ここで，降圧型コンバータのインダクタの電流波形の傾きは以下の式で表されます．

$$dI_L = \frac{V_{in} - V_{out}}{L} dt$$

V_{in}，V_{out}は，それぞれ入力電圧，出力電圧で，これは固定値です．また，dI_Lが電流の傾きを表します．ここで，時間とともに電流が上昇し，インダクタンスLが飽和で低下すると，分母にあるLが小さくなります．すると傾きの値が大きくなります．この状態を波形で見ると，電流が大→Lが低下→dI_Lが大…という流れで波形が立ち上がっていきます．

図9に，直流重畳特性が悪い，より小型のインダクタに交換して実測波形とシミュレーションを比較した結果を示します．**図7**，**図8**の波形と比べると，電流波形ののこぎり波の上端が立ち上がっていることがわかります．これがコアの飽和を表す典型的な波形です．

簡単なモデルでは，シミュレーションしても**図7**と同じ波形しか得られません．

今回使用した直流重畳モデルには，この現象に対応した特性がモデリングされていますので，シミュレーション上でも，ほぼ同じ波形が得られていることがわかると思います．

◆参考文献◆

(1) TDK；インダクタ(コイル)カタログ．
https://product.tdk.com/info/ja/products/inductor/inductor/smd/catalog.html
(2) TDK：技術支援，回路シミュレータ用電子部品モデル．
https://product.tdk.com/info/ja/technicalsupport/tvcl/general/ind.html
(3) テキサス・インスツルメンツ；9～36 Vin 3A 降圧型コンバータ・モジュール TPS5430EVM-173.
http://www.tij.co.jp/tool/jp/tps5430evm-173

第18章 電気仕様や巻き線仕様を入力するだけで SPICEシミュレータ用モデルの出来上がり

電源トランス/インダクタの設計解析ツールMagneitcs Designer

Hiroyuki Mashima

電源の省エネ化にスイッチング電源は必須です．ON/OFFだけのスイッチング動作なら，原理的にエネルギの損失が発生しないからです．しかし，入出力間の電位差が大きかったり，絶縁が必要だったりすると，トランスが必要です．しかも，スイッチング電源用のトランスは標準品がほとんどなく，自分で設計する必要があります．

トランスを含めたスイッチング電源の設計に活用できるツールはないのかと誰もが思うことでしょう．本章では，スイッチング電源用トランスの設計をサポートし，シミュレーション用モデルを作成するツールについて解説します．試用期間制限なしのデモ版もあります．章末のコラムを参照してください．

*

近年はスイッチング電源回路の分野でもシミュレーションが行われるようになっています．一般的には，LTspice，PSpice(OrCAD)，HSPICE，ICAP/4のようなSPICE系シミュレータが多く利用されています．SPICEとは異なるアルゴリズムを使用したパワー・エレクトロニクス系シミュレータのSCATやPSIMを利用している設計者もいます．

しかし，電源トランスに関しては，カット・アンド・トライによる設計を実施していることも少なくありません．現状，トランスを設計，解析，モデリング可能なツールは世の中に少なく，商用のトランスのモデルはあまり公開されていません．

トランスの解析には電磁界解析ツールや自社製のExcelで作ったツールを利用する設計者もいますが，ツールを習得したり，モデリングのノウハウを蓄積したりするには時間がかかります．

本章では，Intusoft社のトランス・インダクタ設計解析ツールMagnetics Desingerを利用して電源トランスを解析したり，シミュレーション・モデルを作成したりする方法を紹介します．Magnetics Designerは，電気仕様や巻き線仕様を入力するだけでリーケージ・インダクタンスや巻き線容量を含むシミュレーション・モデルを生成できます．

● トランスのモデルでシミュレーションの精度は大きく異なる

Magnetics Desingerにより作成したトランスのモデルを使った場合と，理想トランスを使った場合とでシミュレーション波形を比較したのが**図1**です．

シミュレーションしたのは，**図2**のようなフライバック型のスイッチング電源の基本回路です．

波形は大きく異なっていて，トランスのモデリングを行わないと，シミュレーションの精度が大きく落ちてしまうことがわかります．

Magnetics Designerの特徴

Magnetics Designerは，電気仕様をもとに，新規あるいは汎用のトランスやインダクタを簡単に設計，解析できるソフトウェアです．通常の巻き線トランスだけでなく，基板パターンを利用しコイルを巻かないプレーナ型トランスまで幅広く適用できます．主な特徴は以下のとおりです．

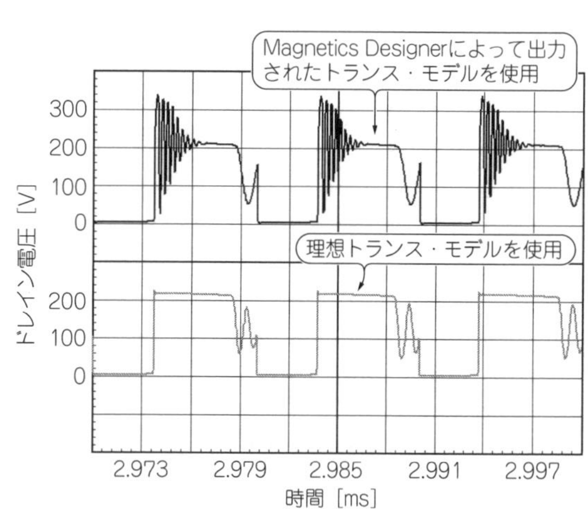

図1 図2のテスト回路におけるドレイン電圧波形のシミュレーション比較例
Magnetics Designerで出力されたトランス・モデルを使用した際には，リーケージ・インダクタンスや巻き線容量などの寄生成分の影響で，オーバーシュートやリンギングが発生していることがわかる

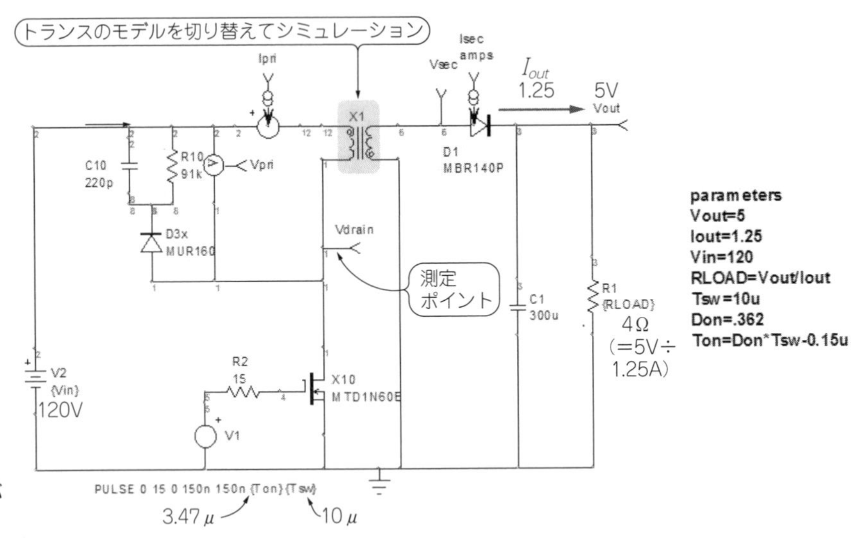

図2 フライバック・コンバータのテスト回路

(1) トランスやコイルのSPICEモデルを容易に出力

サンドイッチ巻きなどのさまざまな巻き線構造からAC/DC抵抗，周波数依存損失，リーケージ・インダクタンス，巻き線容量を含むSPICEモデルを簡単に出力できます．

(2) 巻き線が増えても容易にモデル化

最大32までの巻き線を容易にSPICEモデル出力できます．

(3) コア・データベースを装備

EI，プレーナ，EE，EER，ETD，EPC，PQ，トロイダルなど7000種の既存のコアを装備し，新規のコアも追加可能です．

(4) マグネット・ワイヤを装備

銅線，平角線，リッツ線，銅箔，プリント・コイルなどのマグネット・ワイヤを装備し，新規のワイヤも追加可能です．

(5) 指定した温度上昇値から最適なコアを選択

温度上昇範囲内でパワー損失が最小となる最適コア，ターン数，ワイヤ・サイズを自動的に決定します．すでに巻き線仕様がある場合はそれを基に設計することもできます．

(6) トランス特性のサマリ・レポート

励磁インダクタンス，リーケージ・インダクタンス，巻き線容量，ストレイ容量，最大磁束密度，DC/AC巻き線抵抗，銅損，コア損，温度上昇値などをサマリ・レポートとして出力できます．

5V，1.25Aフライバック・コンバータ用トランスの設計

Magnetics Designerを使用してフライバック・コンバータ用のトランスを設計し，モデル化するための方法を紹介します．フライバック・コンバータの基本構成と波形を**図3**に示します．TrがONする間，2次側電流は流れず，1次巻き線にだけ電流が流れます．

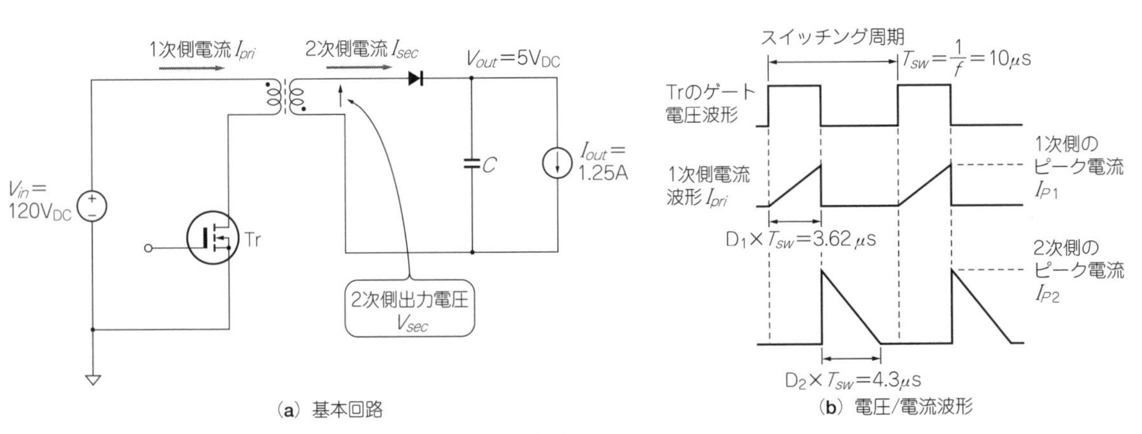

(a) 基本回路

(b) 電圧/電流波形

図3 フライバック・コンバータの基本構成と電圧，電流波形

TrがOFFすると，2次側巻き線の極性が反転して，電流が流れます．

最初にTDK製のEIコアを使用して通常の巻き線トランスを作成し，Magnetics Designerでの設計の流れを示します．その後，Ferroxcube製プレーナ型のコアに置き換えてコイルを巻かないプレーナ型トランスを作成します．

● トランス仕様

フライバック・トランスの設計仕様は以下であると仮定し，設計を開始します．

入力電圧 V_{in} ：120 V
出力電圧 V_{out} ：5 V
出力電流 V_{out} ：1.25 A
スイッチング周波数 f ：100 kHz
効率 η ：90 %
動作モード ：電流不連続モード
1次側のデューティ比 $D_1 = 0.362$
2次側のデューティ比 $D_2 = 0.43$
温度上昇 T_{rise} ：30 ℃

● 手順1…コアの選択

通常，トランスのシミュレーション・モデルを正確に作成する場合，コア特性も考慮する必要があります．Magnetics Designerは，標準でコア損失vs磁束密度特性，B-H情報，コア形状などをもったデータベースをもっており，それを利用して設計を実施できます．

Familyリスト内ではすでに登録されたEI，プレーナ，EE，EER，ETD，EPC，POT，PQ，トロイダル・コアなどがあり，所望のコアを選択できます．

図4ではTDK製EI 12.5コア，PC40(100kHz以上，100℃)のコア材を選択しています．

● 手順2…電気仕様を入力し設計値を出力させる

Magnetics Designerでは，フライバック・トランスはインダクタに属すると認識するので，**図5**のようなInductorスクリーン上で設計を開始します．

???マークが付いた箇所には必ず電気仕様の数値を入力する必要があり，インダクタ設計に関しては少なくとも，

ピーク電流(Current PK specified)
AC電流(AC Current)
最小インダクタンス(Minimum Inductance)

を入力する必要があります．[Add] ボタンを押すと巻き線を追加できます．

トランスの電気的な仕様を入力する方法としては，**図5**に示したInductorスクリーンへの直接入力のほか，SMPS Wizardを使用して，電源の仕様から間接的に入力する方法もあります．フィルタ用インダクタの設計などではSMPS Wizardを使用できません．

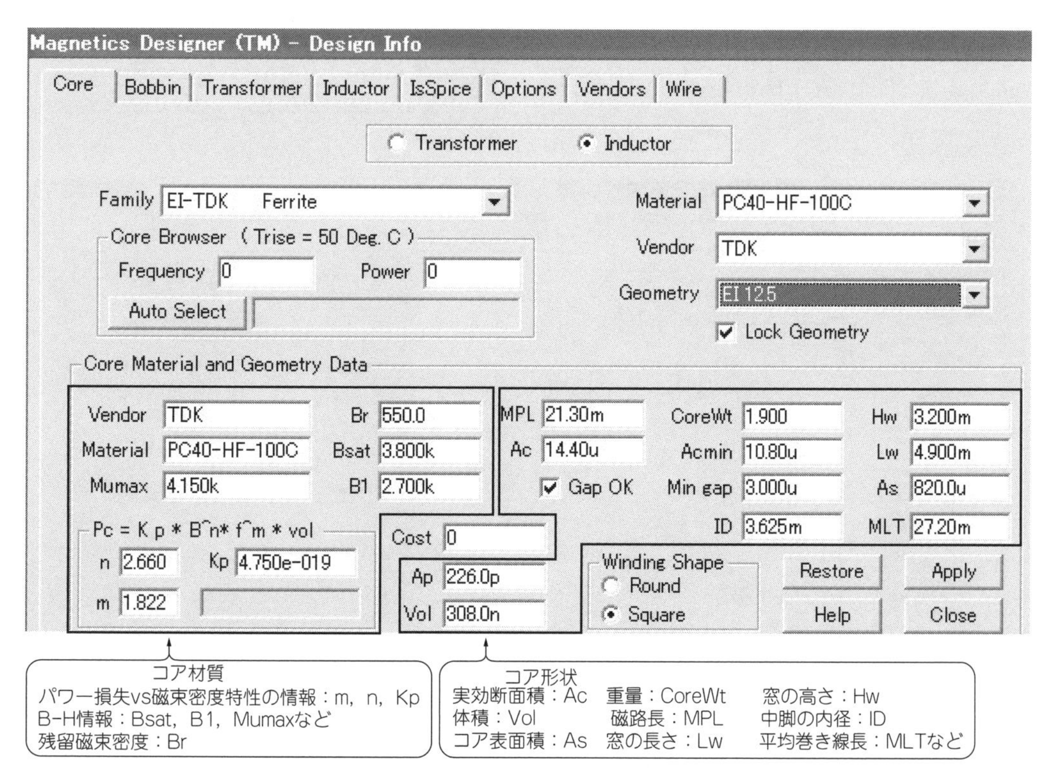

図4 トランスやインダクタの解析と設計が可能なツール Magnetics DesignerのCoreスクリーン

ここでは**図3**の電気仕様と波形を基に，Magnetics DesignerのInductorスクリーンへ直接入力する方法を紹介します．Magnetics Designerに必要な電気パラメータを算出する過程は以下のとおりです．

▶1次側/2次側の平均電流

2次側に流れる電流I_{sec}の平均電流I_{DC2}は出力電流I_{out}と同じなので，1.25 Aとなります．トランスの効率は式(1)によって計算されます．

$$\eta = \frac{V_{sec} \times I_{DC2}}{V_{in} \times I_{DC1}} \times 100 \quad \cdots\cdots (1)$$

効率90 %で，V_{sec}は2次側ダイオードのV_Fを0.5 Vとして考慮し，5.5 Vとします．式(1)から1次側に流れる電流I_{pri}の平均電流I_{DC1}は約63.657 mAとなります．

1次側と2次側に流れる平均電流I_{DC1}とI_{DC2}は，式(2)と式(3)によっても求められます．

$$I_{DC1} = \frac{D_1}{2} I_{P1} \quad \cdots\cdots (2)$$

$$I_{DC2} = \frac{D_2}{2} I_{P2} \quad \cdots\cdots (3)$$

▶1次側/2次側のピーク電流

1次側のデューティ比D_1は0.362で，2次側のデューティ比D_2は0.43です．式(2)と式(3)から，1次側のピーク電流I_{P1}は約0.352 A，2次側のピーク電流I_{P2}は約5.814 Aです．

▶1次側/2次側のAC電流

1次側と2次側に流れるAC電流I_{AC1}とI_{AC2}は式(4)と式(5)によって求められます．

$$I_{AC1(\mathrm{RMS})} = I_{P1}\sqrt{\frac{D_1}{3}\left(1 - \frac{3}{4}D_1\right)} \quad \cdots\cdots (4)$$

$$I_{AC2(\mathrm{RMS})} = I_{P2}\sqrt{\frac{D_2}{3}\left(1 - \frac{3}{4}D_2\right)} \quad \cdots\cdots (5)$$

式(4)と式(5)からI_{AC1}は約0.104 A_{RMS}，I_{AC2}は約1.812 A_{RMS}となります．

▶1次側/2次側の最小インダクタンスと電圧時間積

1次巻き線のインダクタンスは式(6)によって求められます．

$$L_p = \frac{Edt_{\#1}}{I_{p1}} = \frac{V_{in} \times D_1 T_{sw}}{I_{p1}} \quad \cdots\cdots (6)$$

1次巻き線の電圧時間積$Edt_{\#1}$は434.4 μV・secであり，式(6)からL_pは約1.235 mHとなります．

ターン比K_tは式(7)によって求められます．

$$K_t = \frac{V_{sec}}{V_{in}} \times \frac{D_2}{D_1} = \sqrt{\frac{L_s}{L_p}} \quad \cdots\cdots (7)$$

K_tは0.0544なので，L_sは約3.661 μHです．

▶過負荷を考えて入力するピーク電流は1.5倍に

Magnetics Designerではデバイスを飽和させないように電流リミットを指定可能なので，50 %過負荷の場合を考慮し，ピーク電流I_{P1}，I_{P2}(Magnetics DesignerではCurrent PK specifiedパラメータ)は計算値の1.5倍程度の電流値を入力することにします．

▶値を入力して設計を開始

Magnetics Designerに入力する電気パラメータを整理すると以下のとおりです．

Frequency	= 100 kHz
Pri. Current Pk Specified	= 0.528 A
Pri. AC Current(I_{AC1})	= 0.104 A_{RMS}
Pri. DC Current(I_{DC1})	= 63.657 mA
Pri. Minimum Inductance	= 1.235 mH

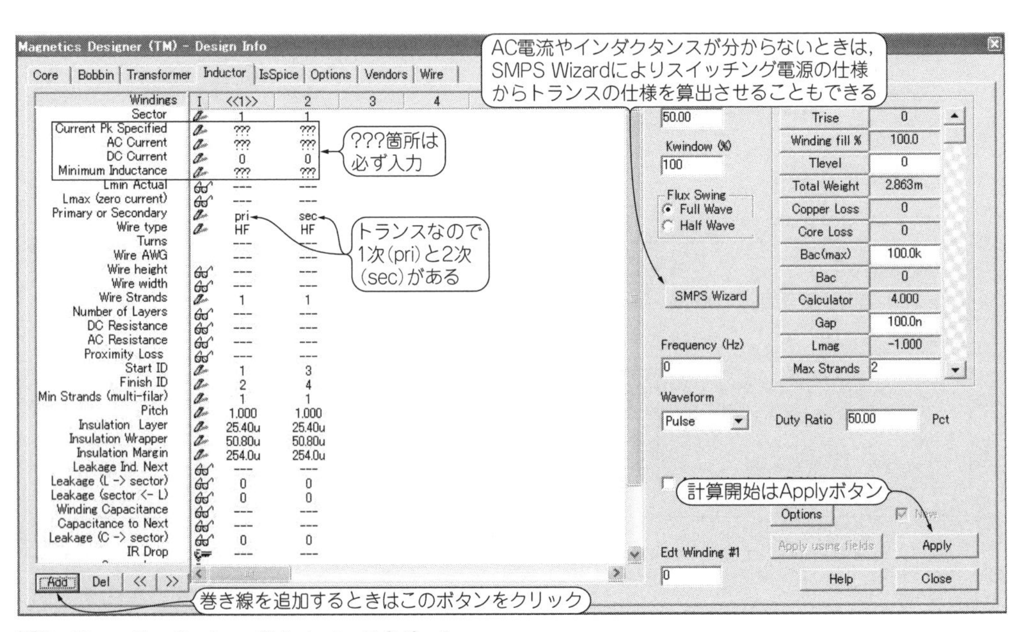

図5　Magnetics DesignerのInductorスクリーン

Sec. Current Pk Specified = 8.721 A
Sec. AC Current (I_{AC2}) = 1.812 A_{RMS}
Sec. DC Current (I_{DC2}) = 1.25 A
Sec. Minimum Inductance = 3.661 μH
$Edt_{\#1}$ = 434.4 μV・sec

これらの値をInductorスクリーンに入力した後，［Apply］ボタンを押すと，Magnetics Designerはトランス設計を開始します．

図6に示したように，ターン数，ワイヤ・サイズ，励磁インダクタンス，巻き線容量，最大磁束密度，DC/AC巻き線抵抗，銅損，コア損などを自動的に求めてくれます．

先に述べたとおり，別の入力手段としてSMPS Wizardを使用することも可能です．このWizardは仕様の値を入力するだけで，電気パラメータの計算も実施するので，さらにシンプルです．いずれの方法も値を入力後，［Apply］ボタンを押す必要があります．

● 手順3…巻き線を変更して温度上昇を確認

温度上昇Triseを30 ℃に指定した後，線種(Wire Type)を2UEWに変更し再度［Apply］ボタンを押すと，変更した温度上昇範囲内での最小コアを自動的に選択します．**図7**から今回の温度上昇範囲内では，EI16が最小コアであることがわかります．

図7では，2次側の巻き線に関してリッツ線を使用することを促されています．WireTypeをリッツ線に変更した結果が**図8**で，約3 ℃下がったことがわかります．

User DataのUser Button内にtlitzというパラメータがあり，リッツ線内部の径を確認できます．リッツ線内部の本数は外径とtlitzから概算でき，ここではΦ0.1 mm，59本となっていました．リッツ線を使用したわりには，温度上昇の低減の効果が少ないので，コストを考慮すると今回は2UEWにしたほうがよいことがわかります．

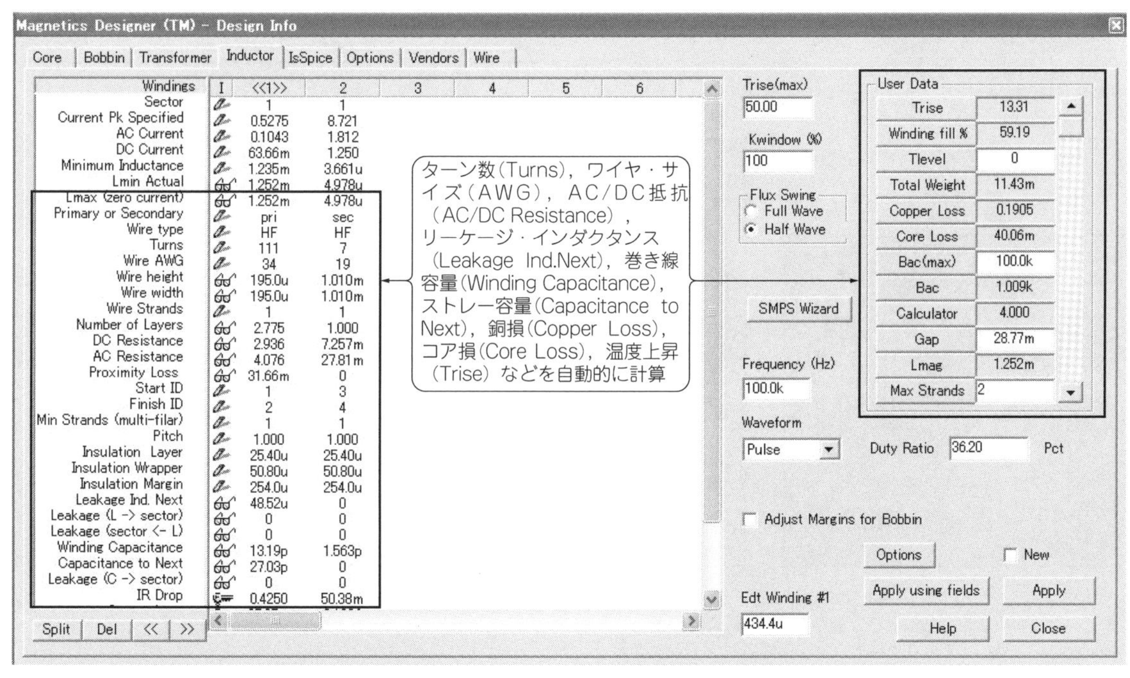

図6 Magnetics Designerによって計算されたフライバック・トランスの各パラメータ

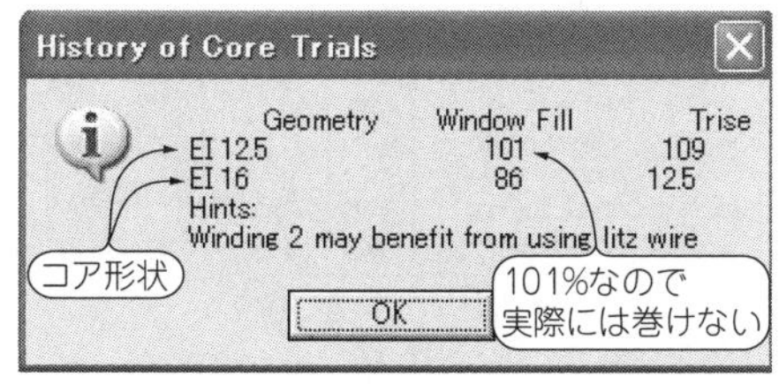

図7 Magnetics Designerによって計算されたコア形状と温度上昇の値

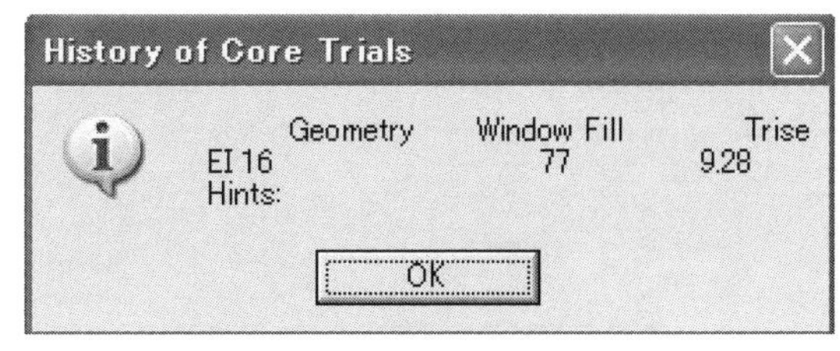

図8 リッツ線に変更後の温度上昇値

● 手順4…巻き線断面の確認

Magnetics DesignerのBobbinスクリーンを表示させると，**図9**のような巻き線断面を確認できます．ここでは1次巻き線Φ0.17 mm(絶縁被膜を含んだ径は0.199 mm)，2次巻き線Φ0.95 mm(絶縁被膜を含んだ径は1.008 mm)のワイヤが表示されています．

Magnetics Designerによる自動設計では，基本的に指定した温度上昇の範囲内で最適化されたコアとデフォルトの設定パラメータで巻き線を満たしていくので，均等に巻かれていない可能性があります．均等に巻かれていないと計算値よりも特性が悪くなりやすいので，その際にはInductorスクリーンのPitchパラメータを使用してワイヤ間隔を調整したり，AWGパラメータを使用してワイヤ・サイズを変更したりする必要があります．

● 手順5…プレーナ型トランス設計のためコア変更

同じ仕様で多層基板のプリント・コイルを巻き線に使うプレーナ型トランスも設計してみます．

まず，EIコアをプレーナ型コアに切り替える必要があります．コア形状はFerroxcube製のE22/6-E，材質3C90に変更します．自動選択でコアが変更されないように，**図10**に示すようにLock Geometryにチェックを入れます．

● 手順6…プリント・コイル型ワイヤ作成と選択

プレーナ型トランスを設計するためには，プリン

リスト1　プリント・コイル型ワイヤの記述例(pcb8.pw)

```
Multiply by=1cm/m
Thickness of copper=0.016；銅の厚み
Minimum trace width=0.010；銅の最小幅
Minimum trace spacing=0.020；銅の最小間隔
PWB Thickness=0.110；基板絶縁部分の厚み
```

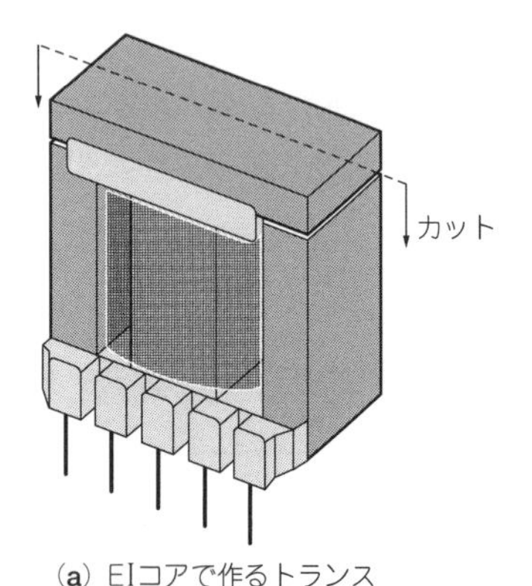

(a) EIコアで作るトランス

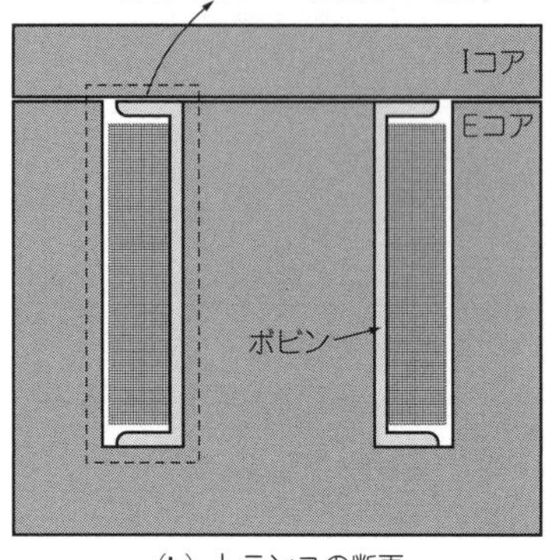

(b) トランスの断面

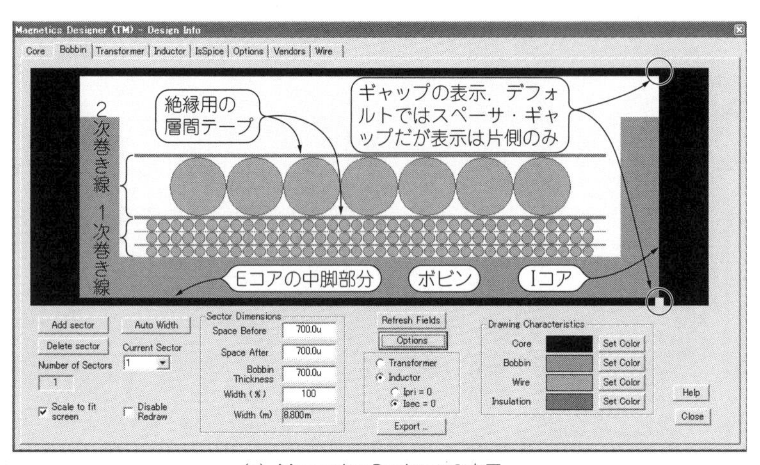

(c) Magnetics Designerの表示

図9　Magnetics Designerでの巻き線トランス断面図
Magnetics Designerでは巻き線トランス断面の片側のみが表示

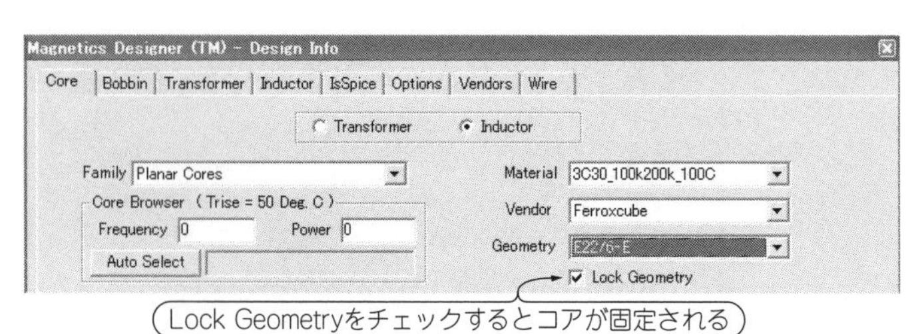

図10　CoreスクリーンでPlanar Cores(プレーナ型コア)を選択

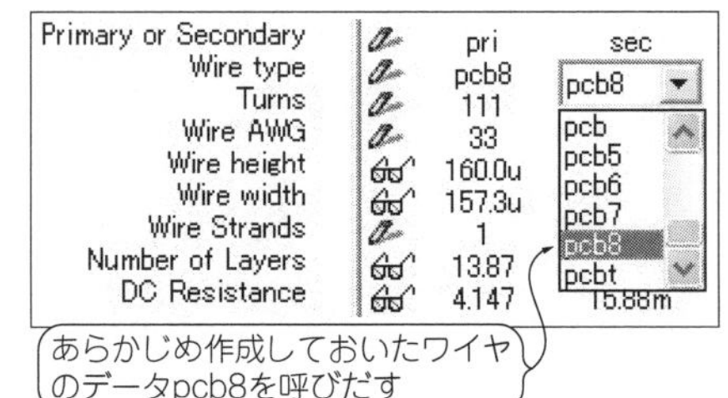

図11　InductorスクリーンのWire Typeで作成したプリント・コイル型のワイヤpcb8を選択

ト・コイル型のワイヤを作成する必要があります．Windows標準のメモ帳など，テキスト・エディタを使用してレイヤごとに銅の厚み，幅，間隔，基板絶縁部分の厚みを所望の値に設定した**リスト1**のような内容のテキスト・データを作ります．拡張子pwでセーブすると，Magnetics Designerで**図11**のようにプリント・コイル型のワイヤを選択可能になります．

● 手順7…プレーナ型トランス断面の確認

プリント・コイル型ワイヤを選択後にNewボックスをチェックし［Apply］を押すと，Magnetics Designerはプレーナ型トランスの設計を実行します．

Bobbinスクリーンを開くと，**図12**のようにプレーナ型トランスの断面を確認できます．ここでは1次側の銅幅0.505 mmで32ターン，2次側の銅幅2.59 mmで2ターンとなっています．

● 手順8…プレーナ型トランスのSPICEモデル出力

IsSpice4スクリーンを開くと，巻き線構成を反映して，AC/DC抵抗，周波数依存損失，リーケージ・インダクタンス，巻き線容量を含んだ回路シミュレーション用のSPICEモデルを**図13**のように自動的に生成

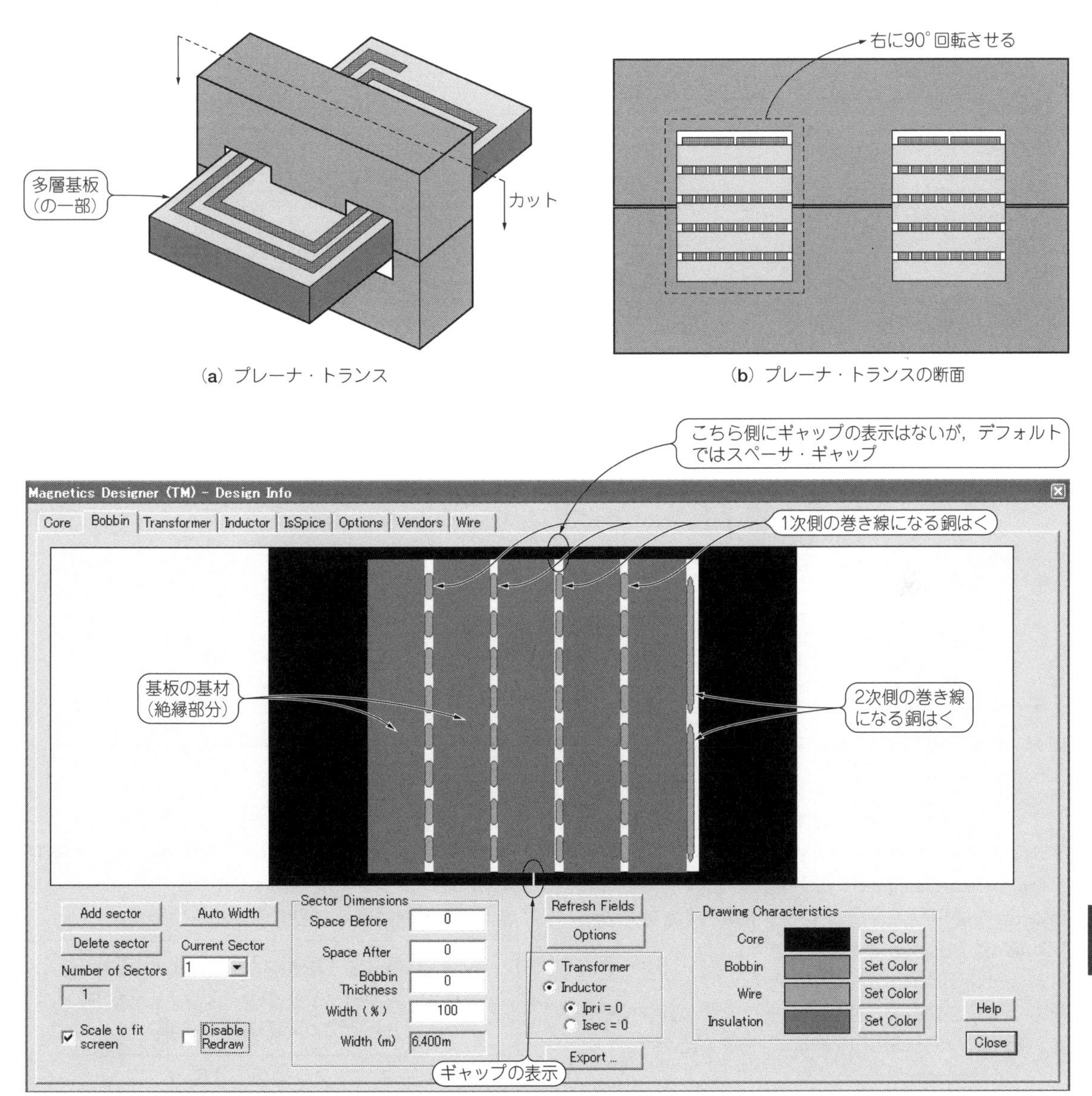

図12 Magnetics Designerでのプレーナ型トランス断面表示
巻き線トランスと同様にプレーナ型トランスでも片側のみ表示

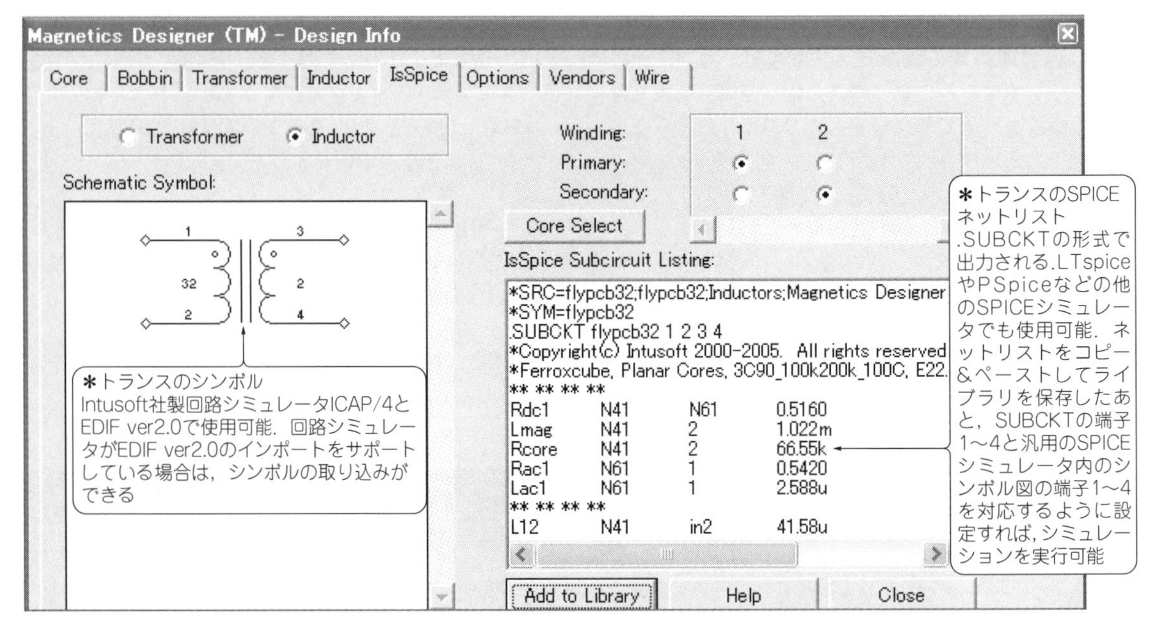

図13　IsSpiceスクリーンで表示されたプレーナ型トランスのSPICEモデル

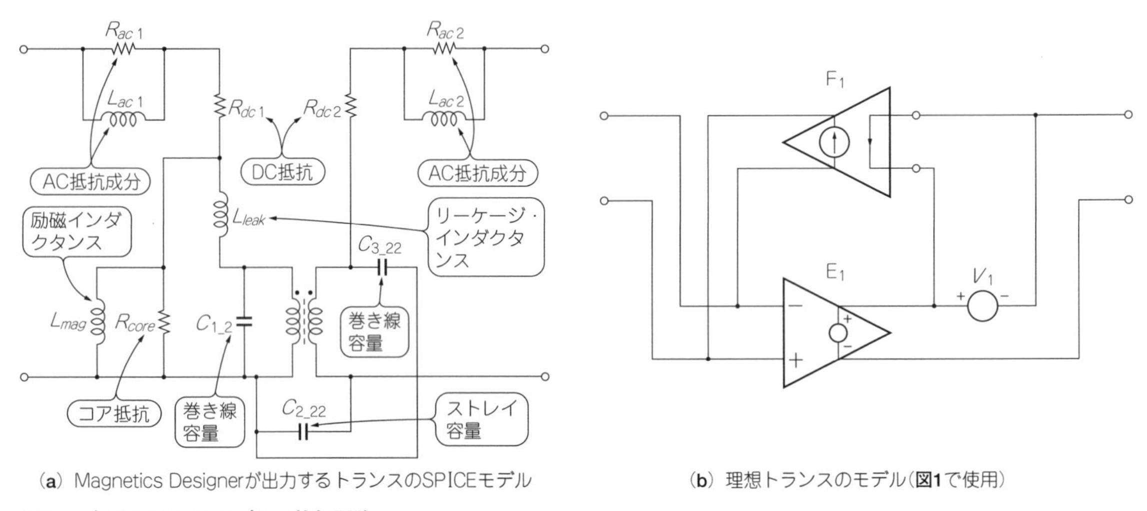

(a) Magnetics Designerが出力するトランスのSPICEモデル

(b) 理想トランスのモデル(図1で使用)

図14　今回のSPICEモデルの等価回路

します．出力されるトランスのモデルは，**図14**のモデルで各値が設定されたものです．

Magnetics Designerで出力されたSPICEモデルはIntusoft社製SPICEシミュレータICAP/4だけでなく，LTspiceやPSspiceでも動作します．

Magnetics Designerは回路シミュレーション機能をもっていないので，作成したトランスの動作を検証するためには別途SPICEシミュレータが必要です．

● 手順9…プレーナ型トランスの回路シミュレーション

汎用のSPICEシミュレータなどにMagnetics Designerによって出力されたトランスのSPICEモデルを登録後，シミュレーションを実行します．**図15**は回路シミュレータICAP/4でトランス・モデルを登録後，電源回路図上に配置したようすです．

Magnetics Designerによって作成したフライバック・コンバータ用トランスの設計結果

シミュレーション結果の波形を**図16**に，Magnetics Designerが出力する設計結果のレポートを**リスト2**に示します．

Magnetics Designerでは基本的に2つの設計方法が

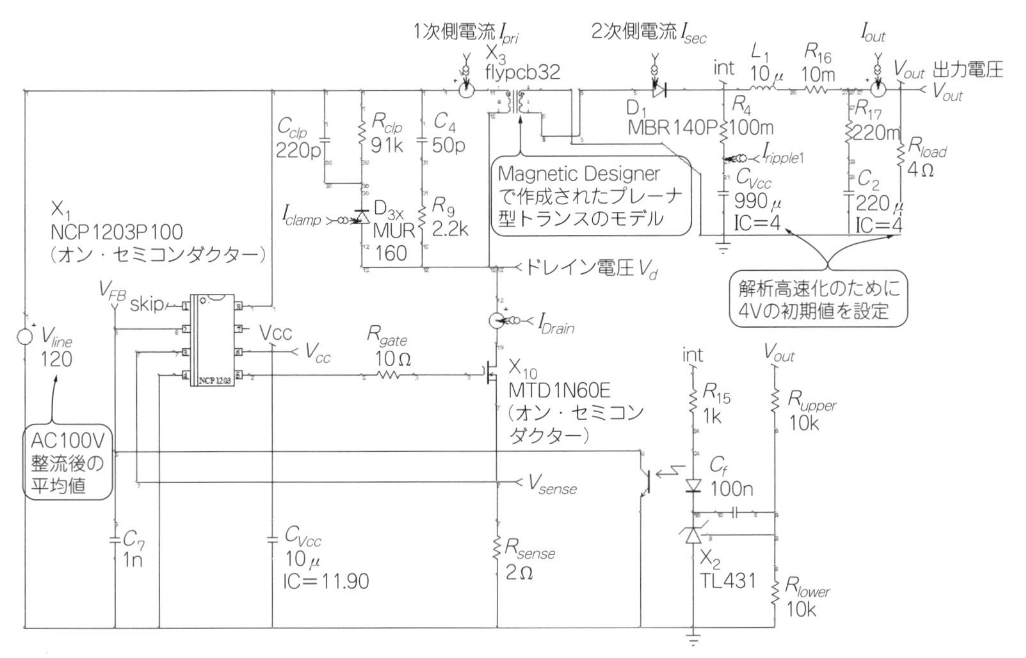

図15　作成したプレーナ型トランスのモデルとPWM IC NCP1203のモデルを使用した電源回路
回路シミュレータICAP/4にはONsemiconductorなどのICを使ったひな型(Power Supply Template)が多数あり，それらを利用してすぐにシミュレーション実行可能

■ **Magnetics Designerの問い合わせ先**

株式会社アイヴィス
〒240-0005 横浜市保土ヶ谷区神戸町134
横浜ビジネスパークイーストタワー11F
Tel：045-332-5381
Fax：045-332-5391
E-mail：info@i-vis.co.jp

あります．1つはMagnetics Designerに温度上昇内での最適なコア，ターン数，ワイヤ・サイズなどを導き出してもらい，それを基に設計を進める方法です．

もう1つは，指定のコアや巻き線仕様がある場合，それを基に設計解析を実施する方法です．状況に応じて新規設計を実施したり，汎用の製品を解析したりすることができます．

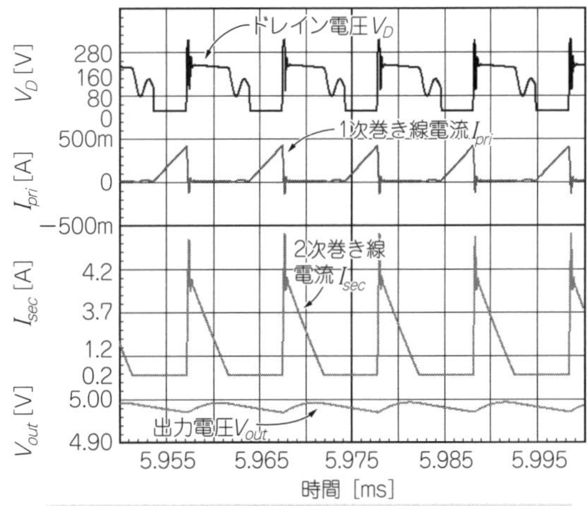

図16　図15の電源回路でのシミュレーション結果
当初設定した値に近くなっていることを確認．結果をアクセプトできない場合は，巻き線構成やパラメータなどを変更し何度でもWhat if解析が可能

◆参考文献◆

(1) 戸川 治朗；実用電源回路 設計ハンドブック，p.121-147，CQ出版社.
(2) 原田 耕介 監修；スイッチング電源ハンドブック，p.31-67，p.131-150，日刊工業新聞社.
(3) Abraham A. Dauhajre; "Modelling and Estimation of Leakage Phenomena in Magnetic Circuits." 1986, Thesis, California Institute of Technology, Pasadena, California.
(4) John A. Collins; "An Accurate Method for Modeling Transformer Winding Capcitances", IEEE IECON , Nov 1990, Vol 2 pages 1094-1099.
(5) Lawrence Meares；Creation of Non - linear Magnetic Devices for Circuit Simulation.
(6) Lawrence Meares; SPICE Models For Power Electronics.
(7) Christophe BASSO;Write your own generic SPICE Power Supplies controller models.

リスト2　Magnetics Designerで設計したプレーナ型トランスのサマリ・レポート出力例
解析を実施するごとにサマリを出力可能

```
INDUCTOR DESCRIPTION                                        使用したコアやギャップ等
Core Family:    Planar Cores         Core Weight (Grams): 13.00
Geometry:       E22/6-E              Total Gap (m):        87.28u
Material Name: 3C90_100k200k_100C    Manufacturer:         Ferroxcube

INDUCTOR PERFORMANCE DATA                                   トランスのデータ
Pk. Flux Density (Gauss):  2.275k    Core Loss (Watts):     0.1228
AC Flux Density (Gauss):   864.6     Copper Loss (Watts):   0.1027
Ambient Temp. (deg C):     50.00     Temp. Rise (deg C):    8.371

WINDING DESCRIPTION, RATINGS, AND CHARACTERISTICS
Winding Number:                  1          2
Primary or Secondary:            pri        sec
Peak Current Spec. (Amps):       0.5275     8.721     ┐
AC Current (Amps):               0.1043     1.812     │
DC Current (Amps):               63.66m     1.250     ├ Magnetics Designerに入力した値
Minimum Inductance (Henry):      1.235m     3.661u    ┘
Min Induct. Actual (Henry):      1.022m     3.993u    ┐
Max Induct. 0 Amps. (Henry):     1.197m     4.676u    ┘ 励磁インダクタンスと0A時のインダクタンス
AC Resistance (Ohms):            2.879      6.651m    ┐
DC Resistance (Ohms):            0.5201     6.342m    ┘ AC抵抗/DC抵抗
Power Loss, Copper (Watts):      68.53m     34.17m    ┐
Current Density (Amp/m^2):       1.511Meg   5.311Meg  ┘ 各巻き線の銅損，電流密度
Wire Type:                       pcb8       pcb8      ┐
Wire Size (AWG):                 28         21        │
Wire Height (m):                 160.0u     160.0u    ├ 使用したワイヤ情報
Wire Width (m):                  505.4u     2.590m    ┘
Wire Strands:                    1          1         ┐
Turns:                           32         2         │
Number of Layers:                4.000      1.000     │
Turns per Layer:                 8.000      2.000     ├ 巻き線情報
Start ID:                        1          3         │ 総ターン数やレイヤごとのターン数など
Finish ID:                       2          4         │
Pitch:                           1          1         ┘
Layer Insulation (m):            25.40u     25.40u    ┐ 入力した絶縁情報
Wrapper Insulation (m):          50.80u     50.80u    │ プレーナ型トランスでは使われないが，巻き線トランスでは使用
End Margins (m):                 2.540u     254.0u    ┘
Leakage Ind. Next (Henry):       41.58u     177.7n    ┐
Leakage(L->Sector) (Henry):      0          0         ├ リーケージ・インダクタンス
Leakage(Sector<-L) (Henry):      0          0         ┘
Winding Capacitance (Farad):     1.144p     8.422p  ← 巻き線容量
Capacitance to Next (Farad):     7.202p     8.473p  ← ストレー容量
```

コラム　Magnetics DesignerとICAP/4のデモ・プログラム

Magnetics DesignerとICAP/4のフリーのデモ・プログラムは下記サイトでダウンロードできます．

http://www.intusoft.com/demos.htm

▶対応OS：Windows 2000/XP/Vista

それぞれ制限はありますが，簡単なトランス・インダクタの設計・解析，電源回路のシミュレーション解析を一通り実行することは可能です．

● Magnetics Designerの主な制限

- Fair Riteの限られたコアのみ使用可能
  コアの定数変更は可能ですが新たな登録は不可です．
- 巻き線は2つまで(製品版は最大32)
- セーブが不可
  SPICEモデル出力は可能です．ただし，巻き線容量は含まれません．
- サマリ・レポート出力が不可
- Flyback SMPS Wizardは利用できますが，Buck SMPS Wizardの起動は不可
- 非線形モデルの追加が不可

● ICAP/4の主な制限

- 基本的には20素子までのシミュレーション
  SUBCKTを構成すればもう少し素子数の多いシミュレーションを実施できますが，一つのSUBCKT当たり20素子までとなっています．
- Power Supply Templateファイルの定数変更は不可
- ライブラリは1514種(製品版は21900種以上)
- Scope5で拡張子txtのファイルを読み込み不可
- PSPICEからIsSpice4ネットリストに変換するためのコンバータの利用が不可

〈真島 寛幸〉

Appendix

フリーの3次元CAD×3Dプリンタでトランス・ボビンの製作

並木 精司
Seiji Namiki

● 試作用のボビンを3Dプリンタで作れれば開発費用も大幅セーブ可能

スイッチング電源を開発するとき，形状や大きさが限定される場合，通常簡単に入手できるボビンではどうしてもその用途に合わないことが多々あります．ちょうど良い形状サイズの鉄心はあるがボビンの入手が困難とか，世の中に製品が存在していない場合，自社で金型を起こすことになります．その場合，以前は業者に依頼して手作りでボビンを作り，動作確認を行っていました．普通，手作りボビンはプラスチックの板から削り出して各部分を接着して製作します．そのため，試作ボビンの価格は数十万円もする高価なものでした．また，接着剤による張り合わせなので強度に問題がありました．

現在は3Dプリンタが普及してきたので，ボビンの試作を行うのに大幅な時間とコストの節約が可能となります．今回は，一般ユーザ向けの10万円以内で購入できる3Dプリンタを使用して，どこまで使用に耐えるボビンが製作可能か挑戦をしてみました．

● どんなボビンを作るか

今回はウェブで購入可能なのでわざわざ3Dプリンタで作る必要はないのですが，普及品3Dプリンタの可能性確認が目的なので，比較的形状が複雑なTDKの標準フェライト鉄心PQシリーズの一番小さいサイズであるPQ20/16用のボビンを製作してみました．

● 使用した3D CADについて

3Dモデルを作成するために使用したCADはRSコンポーネント社が無償で配布している“DesignSpark Mechanical”を使用しました．本CADの謳(うた)い文句は「3Dデザインをすべての人に」です．謳い文句どおり，初めて3D CADをやってみるという人でも粘土細工のように直感的にイメージを構築できるCADと言えます．

● 使用した3Dプリンタについて

3Dプリンタは，XYZプリンティングジャパンが販売している「ダビンチ1.0A」(**写真1**)を使用しました．この機種は現在すでに生産が終了しており，後継機種は「ダビンチ1.0 Pro」となっているようです．

両者の違いは1.0Aが専用カートリッジ入りのフィラメントしか使用できなかったのに対して，他社製の1.75 mmの汎用フィラメントが使用可能となっています．また，両者ともフィラメント材質はABS，PLAのどちらでも使用できます．それ以外ではインターフェースがUSB以外にWiFiに対応，オートフィーディング・システム，プラットフォーム自動校正機能が追加されています．ちなみに，1.0Aが69,800円，1.0 Proが95,000円となっています．

印刷精度は仕様を見る限りにおいて，ほぼ同等と言えます．

● 3Dモデリング結果

基本的には，TDKのボビン寸法図および鉄心寸法図を参考に構築しました．しかし，図面にすべての部分の寸法が書いてあるわけではなく，不明な部分につ

写真1　使用した3Dプリンタ(ダビンチ1.0A，XYZプリンティングジャパン)

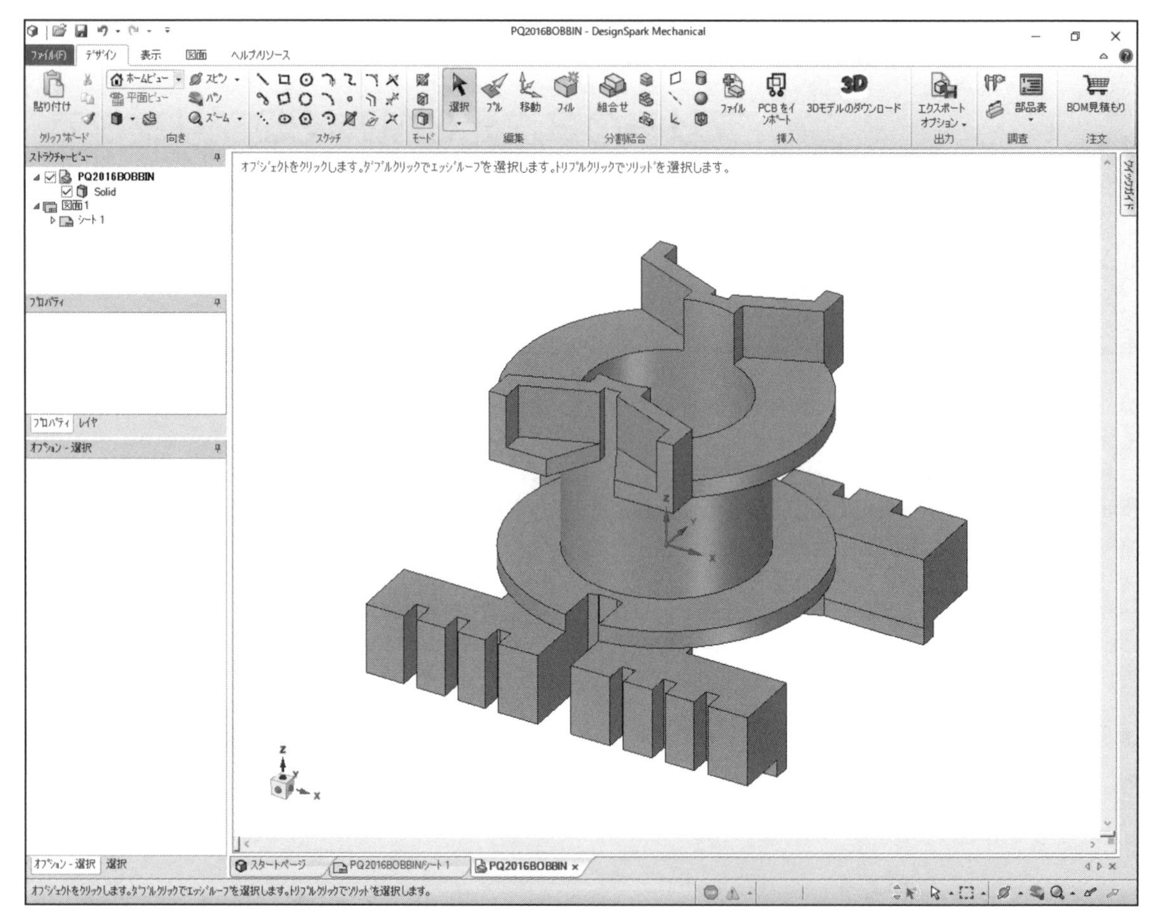

図1　完成した3Dモデル(DesignSpark Mechanicalによる)

いては現物を測定しました．

完成した3Dモデルは図1を参照してください．なお，3Dファイル・フォーマット.stl形式のファイルは，付属DVD-ROMに収録しています．.stlファイルはインターネットからダウンロードできる無料の3Dビューワで見られます．

● 3D印刷

印刷材料は，耐熱および強度を考慮するとABSを使用するのがベストと言えます．印刷精度は，標準設定の0.2 mm積層ピッチの印刷で問題ありませんでした．ちなみに，0.1 mm積層ピッチで印刷をしてみましたが印刷結果に大きな違いがなく，積層ピッチを小さくするとそれだけ印刷に時間がかかるので，0.2 mmピッチで十分と言えます．

ラフトあり，サポートありの標準設定で印刷しました．ラフトとは造形物をプラットフォーム上に固定するための土台で，底面が十分に大きければ省くことも可能です．サポートとは造形物の空中にせり出した部分を支える支柱になる部分です．

ラフトとサポートは余計な部分なので，印刷後に取り除きます．これらを取り除いた跡が造形物表面に残って汚いので，その部分をやすりや紙やすりで綺麗に削ってやる必要があります．この作業が割合大変で，現在の3Dプリンタの問題点と言えます．プリンタの詳細設定で，サポートの密度やサポート材の厚さなど細かい設定ができるようになっていますので，最適値に設定すればサポート材除去ももう少し簡単になるかもしれません．

今回の3D印刷で唯一どうにもならなかった問題があります．それはボビンのピン穴の再現です．本来，TDKのボビンはϕ0.6 mmの錫めっきカッパープライ・ワイヤ(鋼線の上に銅を被せて表面に錫めっきを施したワイヤ)を使用していますので，ピン穴径をϕ0.6 mmとしました．しかし，ダビンチ1.0Aではϕ0.6 mm穴をまったく再現できませんでした(ϕ1.0 mmでも無理)．よって，ピン穴はピン・バイスを使用して自分で後加工をする必要がありました．積層方向に対して水平方向の穴であれば再現できるようですが，垂直方向の穴は再現できないようです．ピン穴を精密に印刷したいのであれば，プロ用の数十万円もする高価なプリンタが必要なのかもしれません．

ピンはϕ0.6 mmの錫めっき線をピン・バイスで空けた穴に差し込み，瞬間接着剤で固定をしました．ボビン材質が熱可塑性のABSで，ピンをアロンアルファで固定しているので，引き出し線をはんだ付けするときはあらかじめ引き出し線に予備はんだをして短時間ではんだ付けを行う必要がありますので注意してください．はんだ時間が長すぎるとボビン材料が柔らかくなり，変形してしまいます．

完成したボビンは**写真2**を参照してください．

写真2　3Dプリンタで製作したボビン

最後に

今回の挑戦の結果，外観は良くないが試作品に使用できるレベルのボビンの製作は可能という判断でした．

3D CADも一度やってみればそんなに難しくはないので，ぜひ挑戦してみてください．どんな複雑な形でも試行錯誤を重ねていけば必ずモデリングは可能です．その過程をいろいろな工夫で解決していくのも，ゲーム感覚で楽しいと言えます．

現在は3Dプリンタに関する話題もひところに比べて下火になっていますが，明らかに革新的な技術と言えますので，今後利用範囲が広がっていくことは間違いないと言えます．現時点では精度や使用できる材料の制限があり，まだまだ進歩する余地は十分にあります．プロもマニアも小ロットの部品であれば，すべて3Dプリンタで生産できる時代はすぐそこに来ていると思います．この記事が，これから3D CADと3Dプリンタを始めてみたいと思っている読者の参考になれば幸いです．

DVD-ROM付き

クルマとパワエレの電源トランス＆コイル技術教科書［LTspice対応］

編　集　トランジスタ技術SPECIAL編集部
発行人　櫻田 洋一
発行所　CQ出版株式会社
〒112-8619　東京都文京区千石4-29-14
電　話　編集 03-5395-2148
広告 03-5395-2131
販売 03-5395-2141

2019年5月1日　初 版 発 行
2023年1月1日　第2版発行

定価は裏表紙に表示してあります
乱丁，落丁本はお取り替えします
編集担当者　真島 寛幸
DTP・印刷・製本　三晃印刷株式会社
DTP　有限会社新生社
表紙デザイン　株式会社ナカヤデザイン

ISBN 978-4-7898-4669-1
Printed in Japan